新世纪全国高等中医药院校创新教材

药用植物组织培养

（供中草药栽培与鉴定专业用）

主　编　钱子刚（云南中医学院）

副主编　李　明（甘肃中医学院）

　　　　罗光明（江西中医学院）

主　审　刘飞虎（云南大学）

U0230007

中国中医药出版社

·北　京·

图书在版编目（CIP）数据

药用植物组织培养/钱子刚主编. —北京：中国中医药
出版社，2007.1（2017.8重印）

新世纪全国高等中医药院校创新教材

ISBN 978 - 7 - 80156 - 903 - 5

Ⅰ. 药… Ⅱ. 钱… Ⅲ. 药用植物 – 组织培养 – 中
医学院 – 教材 Ⅳ. S567.035.3

中国版本图书馆 CIP 数据核字（2006）第 026202 号

中 国 中 医 药 出 版 社 出 版
北京市朝阳区北三环东路 28 号易亨大厦 16 层
邮政编码：100013
传真：64405750
廊坊市三友印务装订有限公司印刷
各地新华书店经销
*
开本 850 × 1168 1/16 印张 18.25 字数 422 千字
2007 年 1 月第 1 版 2017 年 8 月第 5 次印刷
书 号 ISBN 978 - 7 - 80156 - 903 - 5
*
定价：39.00 元
网址 www.cptcm.com

如有质量问题请与本社出版部调换
版权专有 侵权必究
社长热线 010 64405720
读者服务部电话：010 64065415 010 84042153
书店网址：csln.net/qksd/

中草药栽培与鉴定专业系列教材

编审委员会

主 任 委 员　李振吉

副主任委员　贺兴东　胡国臣　刘延祯　沈连生

总 主 编　刘延祯　李金田

副总主编　邓 沂　张西玲

总 主 审　沈连生

委 员　（按姓氏笔画排序）

王德群　石俊英　龙全江　叶定江　任 远

任跃英　庄文庆　刘 雄　李成义　李荣科

姚振生　晋 玲　顾志建　徐 良　钱子刚

郭 玫　阎玉凝　董小萍　詹亚华

学 术 秘 书　李荣科　晋 玲

策 划　李金田　邓 沂　王淑珍

前　言

目前，我国大多数中医药院校均已开设有中药学专业，其培养方向主要立足于能进行中药单味药及复方的化学、药理、炮制和鉴定的生产、教学、科学研究等工作，就业方向主要是中医院、中药研究机构、药检所和制药企业。随着中药现代化及产业化的飞速发展，特别是国家颁布了中药规范化种植的条例（GAP）以后，该专业的课程设置和所培养学生的知识结构已不能完全适应社会需求，具体表现在有关中草药栽培的知识基本空缺，中药材鉴定方面的知识也缺乏深度和广度。截止 2000 年，国内所有高等院校无任何一家设置有培养中草药栽培与鉴定方面专门人才的专业。经努力，甘肃中医学院于 2000 年获国家教育部批准，设立中草药栽培与鉴定本科专业，填补了我国高等教育专业设置的空白。

该专业是中药学－农学－生物学结合的一门交叉边缘性技术学科，旨在培养从事中草药的科学栽培与解决中药商品流通过程中中草药原材料的质量问题、实施 GAP 和实现中药材规范化生产和管理等高级专门人才，因而课程设置以中药学、农学和生物技术为基础，使学生系统掌握中草药栽培和鉴定的基础理论、基本知识和技能，并养成创新意识和能力，以培养适应 21 世纪社会主义现代化建设和中药现代化发展需要，德、智、体全面发展，系统掌握中草药资源分布、栽培、科学采收加工及鉴定领域的基本理论、基本知识和基本技能，能胜任中草药栽培和鉴定方面的生产、科研、开发、研究和经营等方面的高级实用型人才。

由于中草药栽培与鉴定专业属国家教育部颁布的高等学校专业目录外专业，是中药学－农学－生物学交叉的一门新兴边缘学科，系国内首创，因而，国内外没有现成的适用教科书。而教学计划中含有较多的新型特色课程，其教学内容大多需通过将现有不同学科的专业知识和技能合理撷取、有机整合，从而自成体系。鉴于这一现实，根据教育部《关于"十五"期间普通高等教育教材建设与改革的意见》精神，由全国中医药高等教育学会、全国高等中医药教材建设研究会负责组织，甘肃中医学院牵头，20 多所高等中医药院校和农业大学等100 余名专家、教师联合编写了这一套"新世纪全国高等中医药院校创新教材——中草药栽培与鉴定专业系列教材"，计有《中药材鉴定学》《中药材加工学》《中药养护学》《中药成分分析》《药用植物生态学》《药用植物栽培学》《中草药遗传育种学》《药用植物组织培养学》等 8 部教材。

中草药栽培与鉴定专业的新世纪创新教材编写的指导思想与目标是：以邓小平理论为指导，全面贯彻国家教育方针和科教兴国战略，面向现代化、面向世界、面向未来；认真贯彻全国第三次教育工作会议精神，深化教材改革，全面推进素质教育；实施精品战略，强化质量意识，抓好创新，注重配套，力争编写出具有世界先进水平，适应 21 世纪中药现代化人才培养需要的高质量教材。编写原则和基本要求是：①更新观念，立足改革。要反映教学改革的成果，适应多样化教学需要，正确把握新世纪教学内容和课程体系的改革方向。教材内容和编写体例要体现素质教育和创新能力与实践能力的培养，为学生在知识、能力、素质等方面协调发展创造条件。②树立质量意识、特色意识。从教材内容结构、知识点、规范化、标准化、编写技巧、语言文字等方面加以改革，从整体上提高教材质量，编写出"特色教材"。③注意继承和发扬、传统与现代、理论与实践，中医药学与农学的有机结合，使系列教材具有继承性、科学性、权威性、时代性、简明性、实用性；同时注意反映中医药科研成果和学术发展的主要成就。

本系列教材的出版，得到了全国高等中医药教材建设研究会、中国中医药出版社领导的诚心关爱，全国高等中医药院校和吉林农业大学在人力、物力上的大力支持，为教材的编写出版创造了有利条件。各高等院校，既是教材的使用单位，又是教材编写任务的承担单位，在本套教材建设中起到了主体作用。在此一并致谢。

由于本教材属首次编写，加之时间仓促和水平有限，教材中难免存在一些缺点和不足，敬请读者和兄弟院校在使用过程中提出批评和建议，以便修订完善。

中草药栽培与鉴定专业系列教材编审委员会

2005 年 12 月 9 日

新世纪全国高等中医药院校创新教材
《药用植物组织培养》编委会

主　编　钱子刚　（云南中医学院）

副主编　李　明　（甘肃中医学院）

　　　　罗光明　（江西中医学院）

编　委　（以姓氏笔画为序）

　　　　王　兵　（云南师范大学）

　　　　任跃英　（吉林农业大学）

　　　　杜　勤　（广州中医药大学）

　　　　杨生超　（云南农业大学）

　　　　杨耀文　（云南中医学院）

　　　　胡　珂　（安徽中医学院）

　　　　巢建国　（南京中医药大学）

主　审　刘飞虎　（云南大学）

编 写 说 明

中草药栽培与鉴定专业是中药学及农学交叉的一门新兴学科，国内首次创办。根据教育部《关于"十五"期间普通高等教育教材建设与改革的意见》的精神，为适应我国高等中医药教育改革发展的需要，全面推进素质教育，贯彻国家教育方针和科教兴国战略，面向现代化、面向世界、面向未来，认真贯彻全国第三次教育工作会议精神，深化教材改革，实施精品战略，强化质量意识，抓好创新，注重配套，力争编写出具有世界先进水平，适应21世纪中药现代化人才培养需要的高质量教材。

《药用植物组织培养》是中草药栽培与鉴定专业的专业课，与《药用植物学》、《中草药栽培学》等相关课程的关系十分密切，其主要对象为全国高等中医药院校中药类专业本科、专科及成人教育或自学学生。

本教材内容分为上下两篇：上篇为药用植物组织培养的原理和方法，下篇为药用植物组织培养的应用。作为第一本药用植物组织培养教材，本书注重介绍国内外药用植物组织培养研究的新进展和新成果，特别是随着现代植物生物工程技术突飞猛进地发展，着重介绍植物细胞工程内容和植物种质资源离体保存、有关有效成分植物次生代谢产物以及可用于实践的组培苗工厂化生产内容。虽然作为一个学科，其系统性和完整性仍有不足，但本教材已将涉及的相关方法和内容尽可能全面详细地介绍。通过教学要求学生掌握专业需要的本学科的基础理论、基本知识和基本技能，为学习相关课程，开发、利用和保护中药资源以及培养继承发扬我国中医药事业的应用型人才奠定良好基础。

教学过程包括课堂讲授和实验两部分。本课程是实践性很强的学科，课堂讲授要求理论联系实际，贯彻少而精的原则，注重启发式，发挥学生的主观能动性和创造性，充分运用音像教材以提高教学效果。并充分利用实验课培养学生严谨的科学态度、理论联系实际的工作作风和分析问题的能力。

本书的编写分工是：上篇第一章实验室的设备和技术、第三章细胞全能性与器官的发生以及下篇的甘草、黄连、红花和罗布麻由甘肃中医学院李明副教授编写；第二章培养基、第十章药用植物种质离体保存以及下篇的半夏、黄柏、杜仲和枳壳由江西中医学院罗光明教授编写；第四章体细胞胚胎的发生以及下篇的牡丹皮、菊花和薄荷由安徽中医学院胡珂副教授编写；绪言、第五章胚胎培养和胚乳培养以及下篇的枸杞、附录由云南中医学院钱子刚教授编写；第六章子房、胚珠培养与离体授粉以及下篇的银杏由南京中医药大学巢建国副教授编写；第七章花粉和花药培养以及下篇的人参、厚朴、刺五加和长春花由吉林农业大学任跃英教授编写；第八章原生质体培养和细胞融合、第十一章药用植物脱毒技术以及下篇的巴戟天、何首乌、莲、广藿香、穿心莲和芦荟由广州中医药大学杜勤副教授编写；第九章药用植物细胞培养和转化以及下篇的黄芪、当归、桔梗、川乌、贝母、百合、金铁锁、枇杷、金银花、月季、山楂、龙眼和荔枝由云南中医学院杨耀文副教授编写；第十二章药用植物组培苗工厂化生产以及下篇的石斛和灯盏花由云南农业大学杨生超副教授编写；第十三章药用植物次生代谢产物的产生由云南师范大学王兵讲师编写。实验指导部分：胡珂副教授编写实验一植物组织培养基制备，罗光明教授编写实验二百合愈伤组织的诱导，杨耀文副教授编写实验三桔梗体细胞胚胎发生的诱导、实验四百合花药培养实验、实验六黄芪遗传转化实验、实验七百合组织培养及快速繁殖实验、实验八月季组织培养及快速繁殖实验，杜勤副教授编写实验五细胞融合实验。书中插图主要由云南中医学院张洁实验师绘制。教材内容先由钱子刚教授、罗光明教授和李明副教授分别审阅修改，经过定稿会最后由钱子刚教授统一审改定稿。

在本书的编写过程中，始终得到了各参编单位领导的热情鼓励和支持，同时得到了主审刘飞虎教授的支持和指导。在编写过程中还得到了中国科学院昆明植物研究所孙航教授、杨崇仁教授等支持并提出宝贵的意见，在此深表谢意。

由于编者水平有限，加之时间仓促，疏漏之处在所难免，敬请读者和兄弟院校在使用过程中提出批评和建议，以便修订完善。

《药用植物组织培养》编写委员会
2006 年 10 月

目　　录

下篇　药用植物组织培养的应用

实验指导

附录

绪　　论

一、药用植物组织培养的定义和任务

药用植物组织培养（tissue culture of medicinal plant）是以现代生命科学理论为基础，结合化学学科的科学原理，采用先进的生物工程技术手段，以药用植物为研究对象，进行其组织器官的发生、培养和细胞融合、转化以及次生代谢产物和药材组培苗工厂化生产研究的一门新兴的综合性应用学科。药用植物组织培养的形成和发展，与资源的合理开发、可持续利用和保护的社会发展趋势相吻合，是中药产业发展的支撑学科，关系到中药现代化和国际化进程，具有广阔的应用前景；其应用技术和研究成果，在保障中药和其他医药产品的生产原料，新资源的开发和培植方面都具有重要的应用价值，在培养具有综合素质的高级专门技术人才方面具有重要作用。

药用植物组织培养是中药材栽培与鉴定专业和中药专业的一门专业课，主要讲述药用植物的人工培养条件、愈伤组织培养、悬浮细胞培养和转化、器官培养、分生组织培养和原生质体培养以及脱毒技术和工厂化育苗、种质的离体保存和次生代谢产物的产生等。所以药用植物组织培养和中药的优良品种筛选繁育、种质资源保存、有效成分生产等密切相关，在专业课程中具有重要的地位。

（一）植物组织培养的一般概念

广义的组织培养，不仅包括在无菌条件下利用人工培养基对植物组织的培养，而且包括对原生质体、悬浮细胞和植物器官的培养。根据所培养的植物材料的不同，组织培养分为器官培养和组织细胞培养两类。其中愈伤组织培养是一种最常见的培养形式。所谓愈伤组织，原是指植物在受伤之后于伤口表面形成的一团薄壁细胞；在组织培养中，则指在人工培养基上由外植体长出来的一团无序生长的薄壁细胞。愈伤组织培养之所以成为一种最常见的培养形式，是因为除茎尖分生组织培养和一部分器官培养以外，其他几种培养形式最终都要经历愈伤组织才能产生再生植株。此外，愈伤组织还常常是悬浮培养的细胞和原生质体的来源。

在组织培养中，当把分化组织中的不分裂的静止细胞，放置在一种能促进细胞增殖的培养基上以后，细胞内就会发生某些变化，从而使细胞进入分裂状态。一个成熟细胞转变为分生状态的过程叫做脱分化。在组织培养中，把由活植物体上切取下来进行培养的那部分组织或器官称为外植体。外植体通常是多细胞的，这些细胞常常包括各种不同的类型，因此由一个外植体所形成的愈伤组织中不同的组分细胞具有不同的形成完整植株的能力，即不同的再分化能力。一个成熟的植物细胞经历了脱分化之后，之所以还能再分化形成完整的植株，是因为这些细胞具有全能性。所谓全能性，即任何具有完整的细胞核的植物细胞，都拥有形成一个完整植株所必需的全部遗传信息。

全能性只是一种可能性，要把它变为现实必须满足两个条件：一是要把这些细胞从植物体其余部分的抑制性影响下解脱出来，也就是说必须使这部分细胞处于离体的条件下；二是要给予它们适当的刺激，即给予它们一定的营养物质，并使它们受到一定的激素的作用。一个已分化的细胞要表现它的全能性，必须经历上面所说的两个过程，即首先要经历脱分化过程，然后再经历再分化过程。在大多数情况下，再分化过程是在愈伤组织细胞中发生的，但在有些情况下，再分化可以直接发生在脱分化的细胞当中，其间不需要插入一个愈伤组织阶段。

脱分化后的细胞进行再分化的过程有两种不同的方式，一种是器官发生方式，其中茎芽和根是在愈伤组织的不同部位分别独立形成的，形成的时间可以不一致，它们为单极性结构，里面各有维管束与愈伤组织相连，但在不定芽和不定根之间并没有共同的维管束把二者连在一起；另一种是胚胎发生方式，即在愈伤组织表面或内部形成很多胚状体，或称体细胞胚，它们经历的发育阶段与合子胚相似，成熟胚状体的结构也与合子胚相同。胚状体是双极性的，有共同的维管束贯穿两极，可脱离愈伤组织在无激素培养基上独立萌发。一般认为，愈伤组织中的不定芽起源于一个以上的细胞，而体细胞胚只起源于一个细胞，因此由体细胞胚长成的植株各部分的遗传组成应当是一致的，不存在嵌合现象。

(二) 组织与器官培养的类别

1. 器官培养

植物的器官培养，主要是指植物的根、茎尖、叶、花器（包括花药、子房等）和幼小果实的无菌培养。目的是研究器官的功能及器官间的相关性，器官的分化及形态建成等问题，以更好地认识植物生命活动的规律，控制植物的生长发育，加快珍稀植物材料的繁殖，为人类生产实践服务。

（1）离体根培养　培养的离体根，常用作根系生理和代谢的研究材料，其优点为生长迅速、代谢活跃、无性繁殖系变异性小。同时，因其能在无菌条件下生长，所以既可排除微生物的干扰，又可根据研究的需要，增减培养基中某些成分，以研究其生长和代谢的变化。应用离体根的培养技术，已研究了碳素和氮素代谢、无机营养的需要、维生素的合成与作用、生长素和生物碱的合成与分泌、形成层中细胞的分裂、分化与伸长以及芽和根的相关性等。

（2）茎尖培养　茎尖培养包括小到十至几十微米的茎尖分生组织和大到几十毫米的茎尖或更大的芽的培养。由于在培养中它会长出茎叶，并分化出根而形成小植物，从而在培养过程中失去器官培养的含义。但这并不妨碍它成为研究植物形态建成，尤其是由营养生长转入生殖发育过程的有用工具。由于它能长成小植物，并可进一步培养成正常植株，可进行开花生理研究、无病毒植株的培养，因此茎尖培养具有一定的实用价值。

（3）叶培养　叶是植物进行光合作用的自养器官，又是某些植物（例如蕨类植物）的繁殖器官，因此，叶培养不仅可用于研究叶的形态建成、光合作用、叶绿素形成等理论问题，而且在园艺上也是繁殖稀有名贵品种的有效手段。

（4）花与果实的离体培养　花与果实培养始于 1942 年，花与果实的培养较多地用于花的"性别决定"及果实发育和花器官的再分化研究。

(5) 胚胎培养　20 世纪 20 年代，用胚胎培养技术培养了亚麻的种间杂种胚，得到了杂种植物，克服了杂交不亲和的障碍，从而开创了植物胚胎培养应用于实际的时期。因为在通常情况下，高等植物在种间或属间远缘杂交时，由于不亲和性常常发生花粉不能在异种植物柱头上萌发，或花粉管生长受到抑制不能伸入子房，或即使受精，但胚乳发育不良或因胚与胚乳间不亲和而使胚在早期败育。目前，胚胎培养除了用于育种的实践之外，也广泛地被用来研究胚胎发育过程中与胚发育有关的内外因素，以及与其发育有关的代谢和生理生化变化。

2. 组织细胞培养

植物的组织细胞培养，主要是指植物各个部分组织、单个细胞或很小的细胞团和原生质体等的离体无菌培养。目的是研究植物组织、细胞在离体培养条件下，各种环境因子对植物形态发生的影响及其遗传稳定性和变异性、次生代谢产物的生成等科学问题。

(1) 组织培养　组织培养系指植物各个部分组织的离体培养，使之形成愈伤组织称为组织培养。植物组织包括茎组织、叶肉组织、根组织、中柱鞘、形成层、髓组织、贮藏薄壁组织、珠心组织等。

(2) 细胞培养　细胞培养系指用能保持较好分散性的植物细胞或很小的细胞团为材料进行离体培养，如生殖细胞、叶肉细胞、根尖细胞和髓组织细胞培养等。

(3) 原生质体培养　原生质体培养系指除去植物细胞的细胞壁，培养裸露的原生质体，使其重新形成细胞壁并继续分裂、分化，形成植株的方法。

从以上方面延伸的内容有：药用植物脱毒培养技术、突变体筛选、细胞融合、种质离体保存和人工种子、次生代谢产物的生产等。

二、药用植物组织培养的发展

要明了植物组织和细胞培养的目的、方法及其在生物学研究中的重要性，必须理解细胞学说的两个基本观点。即植物细胞是生物有机体的基本结构单位，并且植物细胞又是在生理上、发育上具有潜在的全能性的功能单位。

(一) 建立基本方法阶段

这一阶段为 20 世纪初至 20 世纪 30 年代中期。在 20 世纪初，德国著名植物学家 Harberlandt 根据细胞理论，提出了高等植物的器官和组织可以不断分割直至单个细胞的观点。为了证实这一观点，他试图培养高等植物的离体细胞，但是没能观察到细胞分裂。其他人在以后多年继续进行类似的实验尝试，均由于技术原因而进展很小。

在胚胎培养和其他器官培养的范围则取得了一些成功。1904 年 Hänbning 最先在无机盐溶液及有机成分的培养基上成功地培养了萝卜和辣根菜的胚，结果发现离体胚均可发育，并有提早萌发形成幼苗的现象。Laibach 在 1925 年通过培养亚麻种间杂交时形成的幼胚，成功地得到了杂种。我国李继侗等在 20 世纪 30 年代就曾进行银杏离体胚的培养，发现 3mm 以上大小的胚即可正常生长，以及银杏胚乳提取物能够促进银杏离体胚的生长，后一发现对于后人使用植物胚乳液汁或幼小种子及果实的提取液促进培养组织的生长具有启迪意义。离体根尖培养获得成功虽由 Kotté 和 Robbins 于 1922 年分别报道，但直到 1934 年 White 由番茄根建立了第一个活跃生长的无性繁殖系时，有关离体根的培养试验才获得真正成功。由于 White 1937 年发现了 B 族维生素对培养离体根的生长具有重要意义，以及对生长素（IAA）在控制植物生长中的作用的不断认识，使 Gautheret 在 1937 年、1938 年所使用培养基中加入这些生长因子，结果使得培养的柳树形成层的生长大为增加。与此同时，Nobécourt 培养了胡萝卜根的外植体并使细胞增殖获得了成功。不久，White 报道用烟草种间幼茎切段的原形成层组织建立了类似的组织培养，成功地进行了继代培养。在 Gautheret 和 White 工作中建立起来的植物组织培养的基本方法，成为以后各种植物进行组织培养的基础技术。

（二）奠基阶段

这一阶段为 20 世纪 30 年代中期至 50 年代末期。30 年代末以后的近 10 年时间内，很多植物组织培养的研究与探讨培养器官、组织的营养需要有关。40 年代末至 50 年代初，由于在植物生理及实验形态研究方面产生了许多问题，使植物组织培养研究又进入了一个新的活跃时期。Camus 在 1949 年将芽嫁接在培养的组织上，结果诱导分化出微管组织。Skoog 和崔澂在烟草茎段和髓培养以及器官形成的研究中，发现腺嘌呤或腺苷可以解除培养基中生长素（IAA）对芽形成的抑制作用并诱导形成芽，从而确定了腺嘌呤/生长素的比例是控制芽和根形成的主要条件之一。为了寻找促进细胞分裂的物质，Miller 等于 1956 年发现了激动素。不久即发现激动素可以代替腺嘌呤促进成芽，并且效果增加约 3 万倍。于是控制器官分化的激素模式即改为激动素/生长素。1958 年 Steward 等在悬浮培养中成功地诱导形成了胚状体，此工作与 Skoog 等的研究为以后研究组织培养中的器官形成及胚胎发生奠定了基础。

此外，Muir 由无菌的冠瘿肿瘤组织的悬浮培养液和易碎的愈伤组织分离得到单细胞，并使其开始分裂生长，并建立了单细胞无性系。而 Bergman 所采用的琼脂平板培养法技术经过改进，已在实验室广泛应用。Nitsch 关于离体果实的培养工作，促进了对植物幼小果实、子房、胚珠、种子、胚胎及花各部器官的培养研究。

（三）迅速发展阶段

这一阶段为 20 世纪 60 年代至今。由于培养技术的日趋成熟与完善，对培养细胞的生长、分化规律已有所认识，此时期研究目的明确，与相关学科的研究结合较为紧密。而具有重要意义的研究主要集中于花药培养和原生质体培养方面。用纤维素酶分离植物的原生质体获得成功，并且可以诱导分化、培养成再生植株，以及证明原生质体可以从外界摄取病毒、细菌和蛋白质、核酸等大分子，由此原生质体培养已成为遗传工程研究的适宜方法。在原生质体融合研究中，通过聚乙二醇（PEG）、高钙、高 pH 等方法，已在多种植物原生质体之间得到融合。应用选择性筛选的方法，分别从品种间、种间的杂种细胞培养成新的杂种植株。以上这些工作无疑给高等植物的遗传育种研究带来了深远的影响。

从以上对历史的简要回顾可以看出，植物的组织和细胞培养的发展，与所处时代的生产力和科学技术的水平有密切关系。目前，以细胞大规模培养技术生产次生代谢产物为依托的新型医药产业正在蓬勃发展。

三、药用植物组织培养研究进展

由于合成新药的成功几率日益下降导致新药研制的周期延长、投资增加，以及合成药的副作用较大等原因，人们越来越多地关注药用植物成分的开发利用。植物来源的药物不但对新药开发有很大潜力，还可为设计更理想的新药提供独特的化学结构以作为创制新药的先导化合物。但是，对野生植物的盲目采集、生态环境的破坏以及引种栽培困难、品种退化等，使得药用植物资源日益枯竭。随着植物生物技术的发展与成熟，尤其是植物细胞全能性的广泛证实，人们越来越寄希望于利用植物组织培养技术进行药用植物无性系的快速繁殖和育种，特别是直接生产某些药用成分，以满足社会需要，为人类健康服务。

（一）植物的无性系快速繁殖及育种

植物细胞具有潜在的分化成整个植株的能力，即具有形态建成全能性。利用这种特性诱导器官分化，繁殖大量无性系试管苗，在药用植物的繁殖、育种、脱毒以及种质保存等方面越来越显示其优越性，特别对一些珍稀濒危中草药的保存、繁殖和纯化是一条有效途径。运用组织培养技术可以快速繁殖药用植物种苗，而药用植物种苗的工业化生产，可以达到迅速、大量、无病、高质量、一致性等，无疑对药材产量与质量都是非常有益的。另外，植物组织培养技术的发展，也为药用植物品种改良提供了新的途径。

1. 体细胞杂交合成新物种

当在染色体组没有同源性的种间或属间的体细胞杂种是双二倍体时，如果双亲的染色体组之间没有相互排斥的现象，这样的杂种有可能具有有性生殖的能力，成为人工合成的新物种。这类研究不仅在育种上有意义，而且可以用来研究近缘物种之间的亲缘关系和物种的起源与进化。

2. 体细胞杂交培育抗病新种质

体细胞杂交育种的一个重要内容是获得抗病的野生近缘种与栽培品种的体细胞杂种培育抗病的新种质。野生种不仅把抗病性状带给体细胞杂种，而且也将不利的野生性状传递给体细胞杂种。一般说来，体细胞杂种只有经过回交、分离和选择，才能形成有利用价值的新种质和新品种。

3. 胞质杂种在育种上的利用

与常规的有性杂交过程不同，原生质体融合涉及了双亲的细胞质。它不仅可把细胞质基因转移到全新的核背景中，也可使叶绿体基因组与线粒体基因组重新组合。双亲线粒体基因组之间的重组已被很多实验所证实，也有叶绿体在融合产物中重组的报道，这些研究创造了细胞质变异的新源泉。

4. 花药培养的单倍体育种

通过花药（花粉）培养，获得来源于花粉的单倍体，双单倍体植物用于育种。单倍体育种可以简化育种程序，缩短育种周期。利用单倍体植物控制杂种分离，加快常规育种速度。利用单倍体植物进行育种，不仅可以迅速获得纯系，缩短育种时间，而且还有提高选择效率的作用。

（二）药用植物组织与细胞培养直接生产药用成分

植物细胞具有物质代谢的全能性，通过药用植物细胞或组织的大量培养，可以获得某些有用成分。通过组织培养已产生的药用成分有生物碱、苷类、甾醇、萜烯类、醌类、木质素类、黄酮类、糖类、蛋白质类、有机酸类、芳香油、酚类等。

1. 培育高产稳产细胞株，增加有效成分含量

在药用植物组织培养中，细胞株不够稳定，有效成分含量在继代培养中会逐渐降低，此外，许多药用植物细胞株有效成分含量太低，不利于工业化生产。解决这一问题，首先是选育高产稳产的细胞株。用诱变结合反复更新的培养方法，可有效地获得高产稳产的细胞株。如在近年来利用红豆杉细胞培养生产抗癌新药紫杉醇的研究中，高产稳产细胞株的筛选成为提高紫杉醇产量的首选方法，并取得一定进展。

2. 培养液中加入诱导子，增加有效成分含量

植物细胞培养液中引入诱导子一般可以提高有用物质的产量，形成更有利的产物分布，同时可促进产物分泌到培养基中。诱导子可以是高压灭活的真菌、细菌和酵母的细胞壁的萃取物、滤液或孢子等生物诱导子，也可以是重金属、矾酸盐和阿魏酸、苯甲酸等人工合成的化合物。

3. 建立适宜的培养程序和条件，保证细胞系高产稳产

从许多植物细胞培养与次生产物的形成来看，生物合成作用往往出现在细胞生长的后期。据此提出二步培养法（two – step culture），第一步培养基称为生长培养基，主要适合于细胞的生长；第二步培养基称为生产培养基，用于次生产物的合成。两种培养基往往有所区别，后者通常具有较低含量的硝酸盐或磷酸盐，或者两者含量均较低。此外，通常也含有较低的糖分或少量可利用的碳源。二步培养法已在许多药用植物细胞培养中得到应用。

（1）细胞的固定化培养　将悬浮培养的植物细胞包埋于固体基质中，成为一个固定的生物发应系统。固定植物细胞已成为植物次生代谢物的生产和生物转化研究的重要分支，并日趋实用化。包埋植物细胞的基质，主要是一些多糖和多聚化合物，由于这些支持物胶体本身的交联方式，使之对养料、水分及气体有一定的通透性，在不同程度上维持细胞的生活力，从而保证进行生化反应的酶系和辅助因子的存在。基于此原理，在细胞产生次生产物的时期将其固定化，加以营养介质及底物进行反应，将其制成颗粒状，注入柱式反应器，就可进行连续循环反应。通过固定化细胞进行连续培养是实现商业化生产的有效途径。

（2）代谢产物胞外释放研究　由于大部分有用的次生代谢物并不释放到培养基中，而是储存于液泡中，所以提取药用植物次生代谢物的传统方法是破碎细胞，使本来生长缓慢的植物细胞只能一次性使用，导致经济效益大大降低。而使储存在液泡中的次生代谢物释放到胞外也是通过固定化细胞进行连续培养要解决的一个重要问题。近年来这方面已有一些研究，发展出了化学试剂法、改变离子强度法、pH扰动法、电击法等多种方法。

（3）产物的原位提取研究　产物的原位提取技术可以快速地从培养基中移走产物，清除产物与细胞间的相互干扰，提高产量。

（4）药用植物成分生物合成途径及关键酶　在药用成分的生物合成途径清楚是植物细胞或组织培养生产药用成分的基础。另外，药用植物次生产物的形成总是与连接初生和次生代谢的酶的活性呈正相关，这些酶对于获得最适的生产率是一个限制因子。近年来，随着植物次生代谢关键酶基因克隆而兴起的药用植物基因工程发展很快。

（5）发状根培养技术　土壤微生物发根农杆菌能使许多双子叶植物以及某些单子叶植物和裸子植物染上发根病。1982 年 Chilton 率先报道发根农杆菌含有诱导长根的质粒——Ri 质粒，短短几年时间，科学家就通过 Ri 质粒转化药用植物，建立了许多发状根无性系。发状根具有生长快、培养条件简单、无需外源激素、次生合成能力较稳定等优点，且来源于单细胞，便于突变体筛选。发状根是具有一定分化水平的器官，能合成某些悬浮细胞不能合成的次生物质，即亲体植株能合成的次生代谢物都可用发根培养物来生产，因而被认为是利用生物技术生产药用次生代谢物的有效途径。发状根培养生长迅速，不便采用固定培养，一般采用液体培养法进行成批培养或大规模发酵培养。与细胞培养类似，有些植物的发根次生代谢物积累趋势并不与其生长趋势平行，这就需要二步培养法，即开始在生长培养基上培养发根以获得最大生物量，然后在生产培养基上培养以获得次生代谢物最高含量的发根。为了获得药用次生代谢物和减少其对发根生长的不良影响，可采用两相培养法，或在培养基中加入诱导子使代谢物分泌到培养基中及时收集的方法。

（三）展望

近年来，国内主要围绕人参、紫草、青蒿、红豆杉等药用植物的培养开展工作，取得了一定成绩，今后还需加强以下几个方面的研究：①把药用植物组织培养与药用植物化学、药理学研究有机地结合起来，加强对疗效确切的药用植物成分的生物合成途径及关键酶的研究；②选育高产稳产细胞株并建立适宜的培养程序和条件，以保证培养细胞和组织的高产稳产；③加强各种生物反应器的研究，降低生产成本，使利用植物组织培养生产药用成分早日走向工业化生产。另外，生物合成的后续过程的调控，如主要代谢物结构的化学变化，物质在细胞中的运转、贮存和分泌、代谢分解等方面都需要深入研究。

药用植物组织和细胞培养过程模型已被成功应用于设计、分析和生物体系的优化。由于悬浮培养过程中代谢产物的合成不均一，模型的应用有一定的局限性。但可以将不同的操作方案用于具有不同代谢合成动力学特征的不同细胞体系；利用两液相培养法可以在不损伤细胞的情况下促进代谢物从胞内向胞外释放，并可收集产物而避免反馈抑制的发生，同时也降低后续分离的成本；细胞固定化方法的应用可以营造一个低剪切力环境，增强细胞之间的联系。同时，图像分析技术已被用于药用植物细胞培养过程中细胞颜色、生长速率、形态、聚集体以及结构的分析和研究。

由于药用植物组织和细胞培养可以实现人工调控，成为生产次生代谢产物的最具潜力和吸引力的技术和研究领域。虽然目前成功地利用药用植物组织培养和细胞培养工业化生产药用成分还有许多技术问题亟待解决，利用药用植物组织与细胞培养直接生产药用成分能够达到工业化生产水平的例子还很少，但利用药用植物组织培养技术工业化生产意义深远，有待进一步的探求。

四、药用植物组织培养和相关学科的关系

药用植物组织培养与涉及药用植物的人工培养条件、组织培养、细胞培养和转化、器官发生以及工厂化育苗、种质保存和次生代谢产物的产生等内容的专业学科均有关系，其中关系最为密切的有以下几个学科。

（一）药用植物学

药用植物学是用植物学的知识和方法来研究具有防治疾病和保健作用的植物的一门学科。药用植物是中药的主体，中药的种类来源和品质是决定中药质量的重要指标之一。其主要任务是鉴定中药的原植物种类，确保药材来源的准确，寻找以及开发新的药物资源，利用和保护资源等，与药用植物组织培养最为密切相关。

（二）药用植物栽培学

药用植物栽培学是研究药用植物生长发育、产量和品质形成规律及其与环境条件的关系，并在此基础上采取栽培技术措施，以达到稳产、优质、高效为目的的一门应用学科，其研究对象是各种药用植物的群体。药用植物栽培学也是一门综合性很强的直接服务于中药材生产的学科。药用植物组织培养是药用植物栽培学的一个分支学科。由于生产目的、产品的质量要求、栽培技术以及经营方式的特殊性，药用植物栽培学已成为一门颇具特色的基础应用学科。

（三）中药化学

中药化学是应用化学原理和方法来研究中药所含化学成分的提取、分离、结构测定和必要的结构改造的学科。同时涉及有效成分的生物合成途径，外界条件对这些化学成分的影响，以及有效成分的结构和中药药性之间的关系等。药用有效成分绝大多数是次生代谢物，研究次生代谢产物的产生对于筛选、繁育优良药用植物品种有重要意义。

（四）生物工程技术

生物工程技术是指人们以现代生命科学为基础，结合其他基础学科的科学原理，采用先进的工程技术手段，按照预先的设计改造生物体或加工生物原料，为人类生产出所需产品或达到某种目的的一门新兴技术。先进的技术手段是指基因工程、细胞工程、酶工程、发酵工程和蛋白质工程等新技术。改造生物体是指获得优良品质的动物、植物或微生物品系。生物原料则是指生物体的某一部分或生物生长过程产生的能利用的物质。由此可以看出，生物工程技术与中药的优良品种筛选繁育、种质资源保存、有效成分生产方法和技术等密切相关，并有着重要作用。近年来，在药用植物组织培养研究与应用过程中，先进的生物工程技术手段的应用，特别是植物细胞工程、基因工程的成果的推广，极大地补充和完善了药用植物组织培养的内容。

（五）中药资源学

中药资源学是研究中药资源的种类、分布、形成、蕴藏量、品质、保护与可持续利用的学科。中药资源是在生物学、农学、化学和管理学等相关学科的理论和技术基础上，吸取生物技术和计算机技术等现代科学技术而发展起来的新兴边缘学科。从内容来看，中药的优良种质资源和中药资源的保护与可持续利用等方面与药用植物组织培养有密切关系。

此外，药用植物组织培养与中药学、分子生物学、细胞生物学和药用植物遗传育种学也有较密切的关系。

五、药用植物组织培养的学习方法

药用植物组织培养是一门实践性很强的学科，因此学习时必须密切联系实际，认真、仔细进行实验操作，并且树立严格的无菌观念。同时必须理论指导实践，通过细致观察，增强对药用植物组织培养原理和方法的熟悉。然后再结合理论知识，进一步加深理解。药用植物组织培养专业术语较多，正确理解和熟悉这些术语，就能掌握所需的研究内容和方法，制定研究方案，但切勿死记硬背。学习过程中应抓住重点，带动一般，如掌握了细胞全能性，就能理解细胞、组织、器官培养获得均可以经过体外培养成为一个完整的植株；正确理解难点，如熟悉次生代谢产物的合成和分解过程，就能掌握药用植物有效成分的产生和积累，用于指导筛选和繁育优良药用植物品种的知识。

纵横比较联系是学习药用植物组织培养行之有效的方法，"举一反三"，对亲缘相近的植物种类的研究内容和方法以及优良品系的筛选繁育等工作可以相互借鉴实施。就具体的药用植物种类而言，如果同属近缘种植物、近缘属植物，甚至同科植物，则研究方法有一定的参考价值。

最后，综合运用所学知识，联系实际，培养解决实际问题的能力，应用于药用植物脱毒技术、组培苗工厂化生产和次生代谢产物的生产，可以为今后从事相关专业工作奠定坚实的基础。

上　篇

药用植物组织培养的原理和方法

第一章

组织培养实验室的设备和培养技术

第一节　植物组织培养的基本设备

植物组织培养和细胞培养所需的各种设备，系根据不同研究目的而定的，也可以根据需要自行设计一些特殊的仪器。用于微生物实验室、化学实验室及动物组织和细胞培养实验室的器皿和设备，大多也可用于植物组织和细胞培养工作。

一、清洗设备

为了保证培养工作的顺利进行，关键之一是要保证无菌，以免污染。培养前除了对实验材料和用具进行严格消毒外，各种培养用具也需洗涤清洁，以防止带入一些有毒的或影响培养效果的化学物质。对于使用得最多的玻璃用具的清洁要求更为严格，清洗的工作量也较大。

清洗玻璃器皿的设备包括水槽、水桶、各种规格的试管刷、洗涤架及适用的工作台等。在水槽内应有良好的下水道，使带酸或碱的水液很快流出，不致腐蚀水管。烘箱也是必需的，特别是对一些急需使用的器皿及一时不易晾干的玻璃用具如移液管、液管及各种弯管等，常需加热烘干以备使用。洗涤后不需立即使用的器皿可放至有盖的容器或器械柜中贮存，以免落上尘土。

用于洗涤的洗涤剂有肥皂、洗衣粉和洗液（即铬酸－硫酸混合液，取 40g 工业用重铬酸钾经少量水溶化，然后缓缓加粗制浓硫酸至 1000ml 即成）等，也可使用特制的洗涤剂，把器皿在洗涤液中浸泡足够的时间（最好过夜）。清洗玻璃器皿时，可先用水洗净，再泡入热的肥皂水或洗衣粉水中，洗刷直至器皿内外壁上冲水后不挂水珠，然后用清水反复冲洗数遍以去除洗涤剂的黏附物，最后用蒸馏水淋一遍，晾干或烘干后备用。对于较脏的玻璃器皿则先用碱洗，再用酸洗。即用洗衣粉刷洗及冲净后，晾干再浸入洗液。在洗液内浸泡的时间视器皿的肮脏程度而定。为便于清洗，洗液可盛于 1L 或 2L 容量的圆形标本瓶中。像吸管、滴管之类的小器皿，经碱洗晾干后泡入洗液中 3 至数天即可取出，在流水中冲洗干净后再用蒸馏水冲洗一遍就可放入烘箱中烘干备用。为了保持洗液的使用时间，盛洗液的容器上应盖一片大小适合的玻璃，以免洗液吸水而冲淡。

对于一些带有石蜡或胶布的器皿，洗涤前先将石蜡和胶布除去，再用常规方法进行洗涤。石蜡用水煮沸数次即可去掉。胶布黏着物则需用洗衣粉液煮沸数小时，再用水冲洗，晾干后再浸入洗液，以后的洗涤步骤同前。

二、消毒设备

培养植物组织和细胞的培养基含有各种营养物质，这些也是细菌和霉菌的上好养料。在培养时如污染有细菌或霉菌，它们会比植物细胞生长得更快且产生使培养物死亡的毒性物质。因此，防止污染是植物组织培养技术中的重要环节。引起污染的因素很多，包括器皿与用具、培养基、培养材料、操作时的空气、工作人员的衣物等。

对于器皿、衣物和培养基可用高压灭菌锅进行消毒，即高温高压消毒。消毒时间一般在 1.2 个大气压下保持 15 ~ 20 分钟即可。像刀、剪、镊子等用具，在使用前可插于 70% 的乙醇中，用时再在酒精灯的火焰上消毒，待冷却后应用。同时，亦可将它们装在金属盒内放置电热烘箱内 150℃ 下 40 分钟或 120℃ 下 2 小时进行消毒。灭菌后须待烘箱冷却后再取出。

对于接种室（箱）内的空间及地面和墙壁，则可用甲醛（在甲醛内加入高锰酸钾以使甲醛剧烈挥发）熏蒸灭菌或用紫外灯照射。接种前亦可用 70% 酒精喷雾，使空间灰尘降落，并擦拭操作台表面。近年来多数实验室都使用各种类型的超净工作台进行无菌操作（图 1 - 1）。为了延长超净工作台中过滤器的使用寿命，超净工作台绝不应安装在尘埃太多的地方。在每次操作之前，先把实验材料和在操作中需使用的各种器械、药品等放入台内，不要中途拿进，台面上的物品也不宜太多。在使用操作工作台时，还应注意安全，当台面上的酒精灯已经点燃后，千万不要再喷洒酒精消毒台面，否则很易引起火灾。

接种材料的消毒则因材料的类别而异（详见本章第二、三节），一般用于表面消毒的消毒剂有漂白粉、安替福民（次氯酸钠溶液，活性氯含量不少于 5.2%）或升汞（氯化汞）。升汞为剧毒药品，贮存和使用时均应倍加小心。

三、无菌操作设备

主要指接种室、接种箱、超净工作台及各种接种时使用的刀、镊、剪等物品。无菌条件的好坏对培养结果影响极大。在用接种室或接种箱进行无菌操作时，除定期用甲酸及高锰酸钾熏蒸外，每次工作前还应用紫外灯照射 20 分钟及用 70% 酒精喷雾降尘。接种室外最好设有准备室，使工作人员进入接种室前有一个过渡以减少将室外杂菌带入室内的机会。准备室中可放置工作服、拖鞋、帽子等，并用紫外灯随时进行灭菌，其设计方案可参考图 1 - 2。在条件较差的情况下亦可用接种箱（图 1 - 3）来代替接种室。接种箱上层装置玻璃，正面的木板上分左右两侧各有一孔，以便可以从孔放入用具及进行操作，孔的内侧均装有布制的袖罩以更好地防止灰尘或杂菌混入。近年来，很多单位已采用超净工作台来代替无菌的接种室（箱），超净工作台的工作原理是利用鼓风机，使通过高效滤器的空气徐徐通过台面。所以在使用超净工作台时周围不能有较大的气流，而且最好放置在清洁无尘的房间，防止灰尘堵塞滤器，如发现滤器被堵塞应及时更换。

用于无菌操作的工具有酒精灯、贮存酒精（70%）棉球的广口瓶及各种镊子、接种针、接种钩（或铲）、剪子等（图1-4）。

四、培养基原料的配制与贮存设备

配制培养基的药品尽可能采用分析纯的药品（二级）。为了保证培养基成分能够稳定一致，一些必需的标准成分的药品应有适当数量的贮备。由于实验室内常常使用几种基本培养基，所以贮备的药品种类可以稍稍多一些，亦可根据几种常用培养基的配方成分贮备各种化学药品及按一定排列顺序存放在专门的药品柜（架）内。对于一些容易变质的有机化合物如维生素、氨基酸、核酸以及各种激素类物质应贮存于冰箱中。

图1-1 超净工作台的外观（引自 Razdan，1993）

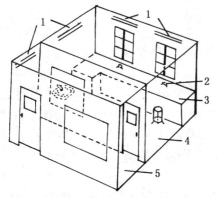

图1-2 无菌室及准备室立体示意图
1.紫外灯 2.煤气龙头或酒精灯
3.接种台 4.接种室 5.准备室

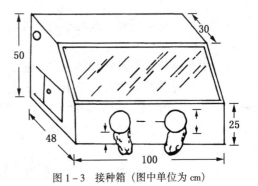

图1-3 接种箱（图中单位为 cm）

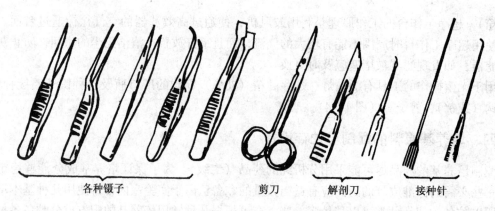

各种镊子　　　　剪刀　　解剖刀　　接种针

图 1-4　接种时用的各种刀、剪及镊子

　　基本培养基所包括的大量元素、微量元素和铁盐，可分别配成 10 倍或 1000 倍的母液（贮备液），装于 100～1000ml 的白色或棕色细口瓶中，放在 2℃～4℃冰箱中备用。无机盐母液最好能在 1 个月内用完，如发现有沉淀或微生物（霉球）污染时，应立即倒掉并用 70% 酒精清洗玻璃瓶后重新配制。而各种有机或激素类物质，可用 25ml、50ml 或 100ml 容量瓶分别按所需浓度配制，亦放于冰箱中贮藏。

　　配制培养基的玻璃器皿，应备有不同容积的烧杯（10ml、50ml、100ml、500ml、1000ml、2000ml）、量筒（5ml、10ml、50ml、100ml、200ml、500ml、1000ml）、移液管（0.2ml、1ml、2ml、5ml）及玻璃棒等。为了称量和加热，还应配备电炉、感量为 1g 或 0.1g 的电子天平、精确度为 0.1mg 的分析天平。感量大的用于称培养基中的大量元素，精密度高的用于称量要求精确数量又少的维生素、激素等药品。热分解化合物溶液的灭菌是通过滤膜过滤进行的，然后再将之加入高压灭菌过的培养基中。如果要制备半固体培养基，须待培养基冷却到大约 40℃时再加入这种无菌的热分解化合物；如果要制备液体培养基，则要待培养基冷却到室温后再加。在进行溶液过滤消毒时，可使用孔径为 0.45μm 或更小的微孔滤膜。

五、培养容器

　　根据研究目的与培养方式的不同，可以采用不同类型的培养容器（图 1-5）。

1. 试管

　　试管是组织培养中最常用的一种容器，特别适于用少量培养基及试验各种不同配方时用，在茎尖培养及移苗时有利于小苗向上生长。试管有平底和圆底两种，一般大小以 2cm×15cm 为宜，过长的试管不利操作。不过，进行器官培养及从培养组织产生茎叶及进行花芽形成等试验，则往往需用口径更大及更长的试管。试管塞多为棉塞，亦可用铝箔等。

2. L 型管和 T 型管

　　L 型管和 T 型管多为液体培养时所用，便于液体流动。在管子转动时，管内培养的材料能轮流交替地处于培养液和空气之中，通气良好，有利培养组织的生长。

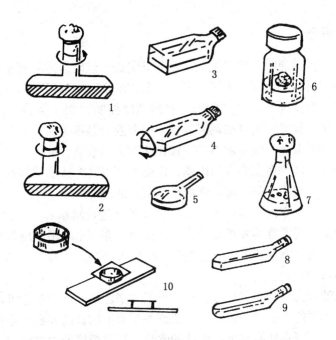

图 1 - 5　用于组织培养的各种玻璃器皿

1. T 形管　2. L 形管　3. 角形培养瓶　4. 长方形扁瓶　5. 圆形扁瓶　6. 圆形培养瓶　7. 三角瓶
8. 平型有角试管　9. 平型无角试管　10. 细胞微室培养工具：玻璃杯及盖玻片、载玻片

3. 长方形扁瓶及圆形扁瓶

长方形扁瓶可以用来离心，使所需材料沉积于尖的底部。圆形扁瓶多用于细胞培养及生长点培养，可以在瓶外直接用显微镜观察细胞分裂和生长情况及进行摄影。

4. 角形培养瓶和圆形培养瓶

角形培养瓶用于静置培养，圆形培养瓶用于胚的培养。

5. 三角瓶

三角瓶也是组织培养中最常用的容器，适于作各种材料的培养。通常有 50ml 和 100ml 两种，口径均为 2.5cm。三角瓶放置方便，亦可用于静置培养或振荡培养。

6. 培养皿

培养皿多用于固体平板培养，一般多用直径 6cm 的小培养皿。培养皿的底和盖要上下密切吻合，使用前要进行挑选。

7. 平型有角试管和无角试管

平型有角试管和无角试管用于液体转动培养。由于试管的上下都是平面，所以也适于在显微镜下观察和摄影。

8. 细胞微室培养的器皿

微室培养也是能在显微镜下观察细胞生长过程的好方法。制作方法是：将硬质玻璃管切成小环，将小环放在载玻片上，基部用凡士林和石蜡（1:3）固封起来，再在小环上放一块盖玻片，对它们接触的部分亦用凡士林封闭加固，使成"微室"。细胞微室培养法多用于进行悬滴培养。

六、培养室设备

培养室的设备主要由照明及控制温湿度两部分组成。温度的控制对于植物组织和细胞的生长十分重要，不同材料对温度有不同要求。有条件的实验室可用电热恒温恒湿培养箱，保持一定的温湿度。一般情况下，大多数培养室的温度控制在25℃～28℃之间。为了使全室温度保持一致与恒定，故需安装自动调温装置，如调温调湿机等。若是只控制温度，可以采用空调或热风机。对于湿度一般要求不严，像在北方干燥季节，就可以通过室内煮开水或地面洒水等办法来增加湿度。而在南方的雨季，常由于高温高湿造成培养管的棉塞发霉，则可以利用加强通风或用干燥的石灰吸湿以降低培养室内的湿度。

根据实验要求，培养室内还应有照明或暗室设备（进行暗培养）。照明可通过在培养架上安装日光灯来解决。光源既可安置在培养物的侧面，亦可垂直吊于培养物之上。

除培养架之外，培养室内还可以放置摇床、转床等各种培养装置，其式样和规格可因培养室的空间及使用目的而定。

如果是一个大的较为综合的实验室，植物组织和细胞培养的设备还可以列出很多。对于从事具体工作内容不同的实验室来说，可以根据各实验室的目的和要求适当选择，也可以根据实验需要因地制宜、因陋就简地进行设计和改装。在整个培养的过程中，保证无菌操作和无菌培养才是真正的关键，抓住这两点，就可以从实际出发，逐步创造条件而正常开展组织和细胞培养的工作。

七、其他常备装置

1. 冰箱

各种培养用液、培养基母液和部分试剂都要储存在4℃或更低的温度中，普通冰箱是组织培养工作的必备设施。

2. 真空泵

是用于液体除菌过滤的负压装置。使用时为了防止泵体内进入水分或酸性气体和滤瓶内进入泵油或其他有毒气体，在泵体和滤瓶之间，应安装一个盛有无水氯化钙的吸收瓶。

3. 洗涤器

组织培养中刷洗工作量很大，备有洗涤器可以减轻劳力，节省时间，保证质量。市场上有超声波洗涤器和安瓿冲洗器出售，可处理多种器皿。

4. 显微镜

应备有普通光学显微镜、解剖显微镜、倒置光学显微镜、相差显微镜。根据研究目的，可增添荧光显微镜、显微照相和显微摄影装置。

5. 其他

如酸度计、电磁搅拌器、冷藏瓶等。

第二节 植物组织培养的一般技术

一、实验材料的选择和消毒

（一）材料的选择

目前实验使用的植物组织培养材料中，几乎包括了植物各个部分的各种组织，如茎的切段、髓、皮层及维管薄壁组织、髓射线薄壁细胞、表皮及亚表皮组织、树木的形成层、块茎的贮藏薄壁组织、花瓣、根和茎尖、叶、子叶、鳞茎、胚珠、子房、胚乳、花药等等。几乎可以说，植物的任何部分，均能在合适的条件下成功地进行培养。但这并不意味着一切植物材料的一切部分均适合培养或同一母体植株各个部分的组织在离体培养下的脱分化和再生能力是相同的。实际上，来自同一植物的各部分离体组织中，其脱分化和形态发生能力可因植株的年龄、季节及生理状态而各异。因此，在决定一个合适的研究材料时应考虑到：①哪一部分器官最适于作为组织培养的材料来源；②器官的生理状态和发育年龄；③取材的季节；④离体材料（外植体）的大小；⑤取得离体材料的植株质量。譬如，许多兰科植物及石刁柏和非洲菊等的组织培养，用茎尖作材料最合适，而在旋花科植物中则宜用根。在秋海棠及茄科的一些植物中则宜用叶。侧柏属、冬青属和莴苣中则用子叶更好。同一植物的不同部分在离体下的反应也有不同，如在粉兰烟草和矮牵牛中，它们茎的部分和愈伤组织，在细胞分裂素和生长素的影响下不能产生不定根和不定芽，但在同样条件下采用茎尖培养却能产生大量的不定根和不定芽。自然，在这种情况下，我们选择材料时显然应选择茎尖而不是茎。

外植体的生理年龄是影响器官形成的另一重要因素。如在拟石莲花叶的培养中，用幼小叶为材料仅生根而用老叶可以形成芽，中等年龄的叶则能同时产生根和芽。

季节性变化对再生作用的影响也是微妙的。在马铃薯的组织培养中，12 月和 4 月采取的马铃薯茎外植体有高的块茎发生能力，而在 2 月、3 月或 5 月、11 月取得的外植体却很少发生反应。

其他方面，如外植体大小、取材母株的全部生理状态等对实验结果的影响也是很明显的。一般说来，较大的外植体比较小的外植体的再生能力强。不过，对于通过分生组织培养分离无病毒感染的清洁组织来说，则取材愈小去掉病毒感染的可能性愈大。

此外，在正式开展工作以前，对材料进行一次全面的预试验是很有必要的。

（二）材料的消毒

为了成功地进行培养，在材料接种前必须消毒。因为植物体的外面常常带有各种各样的微生物，一旦带入，它们就会迅速滋生，从而使实验前功尽弃。故此，在接种前，必须使材料完全无菌。消毒的一个基本原则，应该是既要将材料上附着的微生物杀死，同时又不伤及材料。所以，消毒时采用的消毒剂、浓度、处理时间等，均应根据材料的情况及对消毒剂的敏感性来定。

消毒前要事先选好适当的消毒剂。目前常用的消毒剂有好几种都能起到表面消毒作用。如次氯酸钠,它能分解成具有杀菌效能的氯气,然后散失在空气中而对植物组织无害;过氧化氢也易分解成无害的化合物而散失掉。低浓度的氯化汞溶液也是一种令人满意的消毒剂,但缺点是消毒后汞离子粘在材料上不易去掉,所以使用后,材料必须多次经无菌水清洗。对于有些带茸毛的材料,由于茸毛间带有空气常常使药剂不易浸入,则可以在材料放入消毒剂之前先用70%酒精漂洗数秒钟或更长时间。70%酒精比其他浓度酒精有更强的穿透力和杀菌力,而且能使材料表面湿润以利于消毒剂的渗入及增加杀菌能力。但用70%酒精时如果时间稍久常容易把材料杀死,故应严格控制时间。表1-1为不同消毒剂的比较,为选择适宜消毒剂提供参考。

表1-1　　　　　　　　　　　几种常用消毒剂的比较

消毒剂	使用浓度	去除消毒剂残留的难易	消毒时间(分钟)	效果
次氯酸钙	9% ~ 10%	易	5 ~ 30	很好
次氯酸钠	2%	易	5 ~ 30	很好
过氧化氢	10% ~ 12%	最易	5 ~ 15	好
氯化汞	0.1% ~ 1%	较难	2 ~ 10	最好
抗生素	4 ~ 50mg/L	中	30 ~ 60	较好

不同的植物组织或器官要求有不同的消毒方法。

1. 花药的消毒

用于培养的花药,按小孢子发育时期要求,实际上多未成熟,由于它的外面有花萼、花瓣或颖片保护着,通常处于无菌状态,所以一般只将整个花蕾或幼穗进行消毒就可以了。以茄子的花药为例,消毒时先去掉花蕾外层的萼片,用70%酒精擦拭花蕾,然后将花蕾浸泡在饱和的漂白粉上清液中10分钟,经无菌水冲洗2~3次后即可接种。这一消毒程序对其他植物花药的消毒亦可获得良好效果。

2. 果实及种子的消毒

消毒前果实和种子分别可用纯酒精迅速漂洗一下,或将种子浸泡10分钟。对于果实,一般只要将表面用2%次氯酸钠溶液浸10分钟,再用无菌水冲洗几遍后就可剖出内面的种子或组织进行接种。单个种子的情况要复杂一些,消毒时可先用10%(重量/体积)次氯酸钙浸20~30分钟甚至几小时,持续时间视种皮硬度而定。对难以消毒的,还可用氯化汞(0.1%)溶液或溴水(1% ~ 2%重量/体积)消毒5分钟。对用于进行胚或胚乳培养目的的种子,有时因种皮太硬在无菌室内很难操作,则可在消毒前去掉种皮(硬壳大多为外种皮),再用4% ~ 8%的次氯酸钠溶液浸泡8~10分钟及用无菌水清洗后即可解剖出胚或胚乳进行接种。

3. 茎尖、茎段及叶片的消毒

茎尖、茎段及叶片的培养是进行植物无性繁殖或获得无病毒植株常用的方法。它们的消毒程序与花药的消毒方法相似。但植物的茎、叶部分多暴露于空气中且常有毛或刺等附属物，所以消毒前应先用自来水洗尽、吸干，再用纯酒精漂洗，以使附属物萎缩并赶出其中的气泡，消毒时按材料的老、嫩及枝条的坚实程度，可分别采用2%～10%的次氯酸钠溶液（现在市场上有含此成分的"安替福民"商品出售，配制十分方便）浸泡10～15分钟再用无菌水清洗3次后即可用于接种。

4. 根及地下贮藏器官等的消毒

由于这类材料多埋于土中，取出后常有损伤并带有泥土，消毒较为困难。一般除用自来水清洗外，对于凸凹不平处及芽鳞或苞片等处，还应用软毛刷轻轻刷洗以去掉杂物，用吸水纸（或粗滤纸）吸干后再用纯酒精漂洗。消毒液可用0.1%～0.2%氯化汞浸5～10分钟或2%次氯酸钠溶液浸10～15分钟，然后用无菌水洗3次并用消毒滤纸吸干后再接种。如果用以上方法仍不能完全排除杂菌污染时，也可以将材料浸入消毒液中进行抽气减压，帮助消毒液渗入以彻底消毒。

二、接种与培养

（一）无菌操作

预防污染是一项综合措施，除了前面提到的培养基、接种室及接种材料等的消毒之外，操作过程中因工作人员本身不慎所引起的污染也常有发生。一般说来，接种操作过程中的污染有细菌性污染和真菌性污染两种情况。

1. 细菌性污染

主要是工作人员使用了未经充分消毒的工具（如镊子、培养皿等）及呼吸时排出的细菌所引起的，有时也因操作人员用手接触材料或器皿边缘，造成了微生物落入材料或器皿的机会。因此，为了避免这种污染，接种前工作人员必须剪指甲并用肥皂洗手，然后还要用70%酒精擦拭双手。工作进程中，还应特别注意避免"双重传递"的污染。如器械被手污染后又污染培养基等。因此，每接种完一两瓶（管）材料后，最好再用酒精棉球擦拭一下手指。接种的镊子或接种针等也必须经常在酒精灯的火焰上烧灼灭菌，冷却后再用于接种材料。接完材料后，将瓶口置于火焰上转动，瓶口各部分都须烧到，以杀死存留在瓶口上的细菌及避免灰尘沾染瓶口。图1-6示花药培养时的接种方法，其他材料的接种过程也类似。

另外，因工作人员的呼吸所产生的污染，主要是在接种时谈话或咳嗽所引起的。故此，在工作时应禁止谈话并戴上口罩，在条件许可的情况下，最好穿上专用的实验服并戴上帽子等。

2. 真菌性污染

一般多由接种室（箱）的空气污染造成。形成此结果的原因，一是接种室的空气本身未很好消毒；二是接种时由于打开棉塞使管口（瓶口）边缘沾染的真菌孢子落入管内；三是在去掉包头纸和解除捆扎包头纸的线绳时扬起了带有真菌孢子的灰尘等，致使接种室空间污染。故在接种前除要求无菌室采用空气循环过滤装置使空气过滤消毒或通过紫外线照射灭菌之外，更主要的是要严格操作。如在接种前先去掉线绳；打开棉塞时动作要轻；不去包头纸的可以把棉塞同包头纸一起拔出。同时，打开棉塞时，瓶子应拿成斜角并把瓶（管）口放在

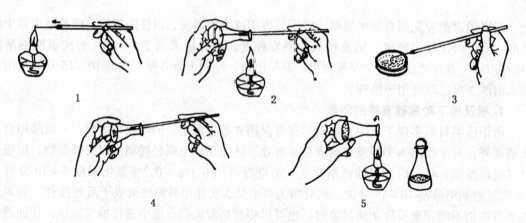

图1-6　花药接种程序

1.接种钩的消毒　2.冷却接种钩　3.取花药　4.接种　5.瓶口消毒及塞棉塞

酒精火焰的前上方,这样亦可借助火焰上升的气流防止空气中漂浮的孢子进入瓶内。

(二)切取外植体

　　接种时外植体的大小和形状取决于实验目的及对外植体的要求。对仅用于诱导愈伤组织的外植体,材料大小并无严格限制。只要将茎的切段、叶、根、花、果实、种子或其中的某种组织切成小片或小块接种于培养基上就可以了。而切块的具体大小可以考虑在0.5cm左右,太小产生愈伤组织的能力弱,太大在培养基上占的地方太多,所以应以适当为宜。假如是定量地研究愈伤组织的发生,则对外植体的要求不但大小必须一致,形状和组成也要基本相同。只有这样,才能平行地比较实验的结果。用于进行这类研究的实验材料也要求用较大的组织块,以保证能提供足够数量和内容一致的培养材料。

　　从无菌块茎(块根)获得外植体的方法,是在无菌条件下用钻孔器在材料的薄壁组织部分先钻出一批圆柱形的组织块并将它们平行排好,然后用一把镶有等距离刀片的刀,将材料切割成等距离的圆柱形,这样就可迅速地获得大量长短一致的圆柱形外植体,圆柱形外植体长度及直径为0.5~2cm。这样切段的表面积大,有利于组织块形成愈伤组织。至于茎尖、胚、胚乳等的培养,则可按器官或组织单位切离即可。

(三)培养方法

　　植物组织培养技术几乎都是从微生物培养技术演变过来的。目前培养方式可分为固体培养和液体培养两大类。植物的组织既可以培养在固体的琼脂培养基上,亦可以培养在不加琼脂的液体培养基上。在琼脂培养基上培养的方法对于细胞系的起动和保持较为方便,同时也是进行器官培养、胚胎培养及研究器官发生的常用方法。液体悬浮物则是由细胞团、细胞球和单细胞的混合物组成。培养物在液体培养基中的生长速度要比在琼脂培养基上的快得多。由于在液体培养基中较易控制环境,且大多数细胞处于培养基的包围之中,所以细胞材料在生理上更为一致。

1. 固体培养

　　固体培养基是在培养基中加入一定凝固剂配制而成的。最常用的凝固剂是琼脂,使用浓度为 0.6% ~ 1.0%（重量/体积）。偶尔也有用明胶、硅胶、丙烯酸胺或泡沫塑料作为凝固剂的。

固体培养的最大优点是简便，实验设备要求简单，一般只要有一间小的培养室及接种箱等即可开展工作。缺点是外植体或愈伤组织只有部分表面接触培养基，当外植体周围的营养被吸收后就容易造成培养基中营养物质的浓度差异，影响组织的生长速度。同时，外植体插入培养基的部分，常因气体交换不畅及排泄物质（如分泌单宁酸等褐色物质）的积累影响组织的吸收或造成毒害。另外还有因光线分布不均匀及很难产生均匀一致的细胞群体等缺点。尽管如此，由于其方法简便，目前仍是一种重要的、应用较为普遍的组织培养方法。

2. 液体培养

（1）静止液体培养　即在试管里通过滤纸桥把培养物支持在液面上，通过滤纸的吸收和渗透作用不断为培养物提供水分和养料。在花药培养中有人把花药直接飘浮在液面上，这也是一种静止液体培养的方式。静止培养方法目前采用不很普遍。

（2）振荡液体培养　此培养的特点就在"振荡"二字上，顾名思义，这一方法要使外植体在液体培养基中不断转动。振荡的方式有连续浸没及定期浸没两种。前者通过搅动或振动培养液使组织悬浮于培养基中，为了保证有最大的气相表面，造成较好的通气条件，一般要求培养液的体积只占容器体积的 1/5。进行中小量振荡培养时，可采用磁力搅拌器，其转速约在 250rpm。如果外植体体积较大，则就应采用往复式摇床或旋转式摇床，振动速度一般为 50 ~ 100rpm。在定期浸没振荡液体培养中，培养的组织块可定期交替地浸在液体里及暴露在空气中，这样就更有利于培养基的充分混合及组织块的气体交换。进行定期浸没振荡培养的仪器是转床。转床在一根略为倾斜（12°）的轴上平行排列着多个转盘，转盘上装有固定瓶夹，培养瓶（用 T 型管或奶头瓶）就固定在瓶夹上，转盘向一个方向转动时，培养瓶也随之转动，这时瓶内的材料即随着转动而交替地处于空气和液体之中。

3. 单细胞培养

单细胞培养是针对培养对象而言的，虽然它的培养方式也有固体或液体的，但由于方法较为专用，为方便起见故归为一类。细胞培养为从不同植物中获得单细胞无性系并进行细胞杂交及研究细胞的脱分化和再分化的重要方法。从分散性较好的愈伤组织或悬浮培养物制备的单细胞或用纤维素酶和果胶酶从植物组织中直接制备的单细胞，均可以通过平板培养、看护培养、微室培养（包括悬滴培养）等方法来获得单细胞的无性繁殖系及进一步应用于其他研究。

（1）平板培养　是一种将悬浮的细胞接种到一薄层固体培养基上的方法（图 1 – 7）。为了使今后培养出来的细胞群都来自单细胞或至少多数是单细胞，对用于培养的悬浮培养物应根据细胞大小选用适当孔径的细胞筛进行无菌过滤，以除去大的细胞集聚体。经过滤的悬浮培养材料计数后再依试验要求用新鲜培养基稀释或用低速离心方法浓缩至所规定的细胞密度。

用于无菌培养的培养基含 0.6% 琼脂，待其溶化后冷却至 35℃时（尚未固化），将已知规定浓度的细胞悬浮液倒进去，充分混合后分装于直径 9cm 的培养皿中，每个培养皿中含混合液 10ml。培养皿放在 25℃的黑暗中培养，21 天后再按培养皿中出现的细胞团数目标出植板率（即每 100 个铺在板上的细胞中有多少个长出了细胞团）。

（2）看护培养　通过一块愈伤组织提供的物质来滋养上面的细胞使之生长和增殖的方法。看护培养的方法很简单，如图 1-7，在固体培养基上放一块数毫米大小的愈伤组织，在这块愈伤组织上再放一张已灭菌的滤纸，放置过夜以使滤纸充分吸收渗透培养基的成分，第二天可将单花粉接种在滤纸上培养。

（3）微室培养　微室培养是将细胞接种在由盖玻片与载玻片组成的微室中，以便对它们进行连续观察的一种培养方法，对研究单个细胞的生长，分裂及发育情况较为方便。但由于接种的培养基数量少，所以有容易失水及 pH 易变动等缺点。培养方法如图 1-7，先在一块小的盖玻片上放一滴细胞悬浮液（悬滴），将小的盖玻片粘在一块大的盖玻片上，然后翻过来放在一块凹形载玻片上，再用石蜡、凡士林混合物或石蜡油将玻片周围密封。

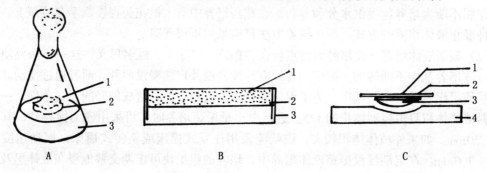

图 1-7　几种细胞培养的方法

A．看护培养　1．滤纸，上铺单细胞　2．看护用的愈伤组织　3．培养基
B．平板培养　1．培养基和分散的单细胞　2．石蜡封口　3．培养皿盖
C．微室培养　1．大的盖玻片　2．小的盖玻片　3．悬滴　4．凹形载玻片

三、培养条件

组织培养的主要环境因素是光线和湿度。

（一）光照

组织培养中，除某些培养材料要求在黑暗中生长外，一般均需要光照。与自养的整体植株不同的是，用于组织培养的培养基含有足够的碳水化合物，因此对培养的材料来说，通过光照来进行光合作用不是一个必需的活动，但光照对于苗的形成、根的发生、叶状枝的分化和胚状体的形成都是重要的条件。

在光照条件中，还可进一步从光强度、光照时间及光质这些方面来考虑。一般培养室中所用的光照多在 1000～4000 Lux，光源以荧光灯管为多。当小植株准备移栽前，加大光照强度有利于提高移植的成活率。光照时间和光质对形态发生也有明显影响。如菊芋块茎的培养中，每天光照 12 小时利于根的形成；石刁柏的茎尖培养中，根和茎的分化则需每天光照 16小时、1000 Lux 照度。对短日照敏感的葡萄品种，其茎切段的组织培养物只有在短日照条件下才能形成根；反之，对日照长度不敏感的品种则在任何光周期下都能生根，可以设想，对光周期有要求的植物，在组织培养中也会显示出这方面的需要。

不同波长的光谱成分（光质）对培养组织器官分化的作用也是微妙的。烟草的试验表明，诱导烟草愈伤组织形成芽，其关键的光谱成分是蓝光，红光没有效应。在 467nm 波长的蓝光区之外，419nm 波长的紫光部分也有刺激芽形成的作用。但根的形成正好与芽的诱导相反，它是受红光所刺激的，蓝光则没有效应。对于形态发生的光效应不同植物之间是不完全相同的。在苔藓植物 *Pohlia nutans* 的组织培养中发现，芽的形成需要一个红光与蓝光的平衡照射，每天 11 小时的红光和 6 小时的蓝光诱导芽产生的频率最高，若是单独使用红光或蓝光则都无效应。有关光质、光量对离体组织形态发生的影响，目前仍缺乏系统的研究，但它们在组织培养中的作用是一个值得重视的因素。

（二）温度

培养物要求的温度一般保持在 23℃～28℃之间。温度过低，会使培养物生长停顿；过高，则常使愈伤组织老化，对培养物的生长不利。在石刁柏的茎尖培养中，温度恒定在 27℃的情况下，对产生芽和根都有利。不过，在有的植物中，变温对培养物的生长和分化亦十分有利。用灯心草粉苞苣（*Chondrilla juncea*）的根所作的组织培养表明，为了高频率地形成不定芽，以白天光照期间的温度为 21℃～27℃和晚上黑暗条件下的温度为 16℃～22℃最适宜。用菊芋块茎作材料也发现，在白天为 26℃、晚上为 15℃地交替变温下，对培养物根的形成有利。

在唐菖蒲和麝香百合这一类具球茎及鳞茎的植物的组织培养中，在获得再生植株之后，必须有经过低温处理，才能使它们在移栽后正常生长，形成健壮植株。如唐菖蒲在小植株移至土壤之前要放置于 2℃下 4～6 周，麝香百合要放置在 5℃的黑暗条件下 4 周等。

第二章

培 养 基

第一节　植物组织培养基的种类和组成成分

一、培养基及其种类

培养基（culture medium）是组织培养中最重要的基质。选择合适的培养基是组织培养的首要环节。不同的培养对象、阶段和目的，需要选择不同的培养基。

最早产生的培养基是一种简单的无机盐溶液，Sacks（1860）和 Knop（1861）对绿色植物的成分进行了分析研究，根据植物从土壤中主要是吸收无机盐营养，设计出由无机盐组成的Sacks 和 Knop 溶液，至今仍作为基本的无机盐培养基而得到广泛应用。此后，根据不同目的进行改良，产生了许多种培养基。在 20 世纪 40 年代用得最多是 White 培养基，至今仍是常用培养基之一。在 30 ~ 40 年代组织培养工作的早期大多采用无机盐浓度较低的培养基，这是由于当时化学工业不发达，药品中杂质含量高，浓度低些可适当减轻药害，以免影响愈伤组织生长。直至 60 ~ 70 年代，则大多采用 MS 等高浓度无机盐培养基，可以保证培养材料对营养的需要，促进生长分化，且由于浓度高，在配制消毒过程中某些成分有些出入也不致影响培养基的离子平衡。

培养基的名称，一直根据沿用的习惯，多数以发明人的名字来命名，再加上年代，如White（1943）培养基；Murashige 和 Skoog（1962）培养基，简称 MS 培养基。也有对某些培养基的某些成分进行改良后，称为改良培养基，如 White 改良培养基。培养基中各种成分的计量单位在文献中有两种表示方法，一种是用 mol/L 来表示，其中大量元素用 mmol/L 为单位，微量元素、有机附加物及植物生长调节物质用 μmol/L 为单位。另一种以 mg/L 来表示，我国学者发表的文献中多以 mg/L 为单位。

目前国际上流行的培养基有几十种之多。1976 年，Gambory、Murashige、Thorpe、Vasil 四位国际上著名的组织培养专家受国际组织培养学会植物组委托，对国际上所有流行的培养基进行了调查研究，随后发表了"植物组织培养基"的论文。在论文中列出了国际上五种常用的培养基，这就是 MS（1962）、ER（Erikssor）（1965）、B$_5$（Gambor etc.）（1968）、SH（Shenk & Hildebrandt）（1972）、HE（Heller）（1953）培养基。下面分别介绍各种培养基的特点。

（一）MS 及类似的培养基

MS 培养基是为培养烟草细胞设计的，它的无机盐（如钾盐、铵盐及硝酸盐）含量均较高，微量元素的种类齐全，浓度也较高，是目前植物组织培养应用最为广泛的一种培养基。将 MS 培养基略加修改后，用于植物的离体培养也获得良好效果。下面是文献中常见的几种与 MS 培养基十分类似的培养基。

1. LS 培养基（Linsmaier & Skoog，1965）

其中大量元素、微量元素及铁盐同 MS 培养基，有机物质中保留了 MS 培养基中的盐酸硫胺素 0.4mg/L、肌醇 100mg/L、蔗糖 3%，去掉了甘氨酸、烟酸和盐酸吡多醇。

2. BL 培养基（Brown & Lawrence，1968）

成分和 MS 培养基类似，有学者报道曾用这种培养基培养花旗松外植体，获得较好效果。

3.BM 培养基（Button & Murashige，1975）

其成分与 MS 培养基基本相同，仅将盐酸硫胺素除去，蔗糖仍为 3%。

4.ER 培养基（Eriksson，1965）

其成分与 MS 培养基基本相似，但其中磷酸盐的量比 MS 高 1 倍，微量元素的量却比 MS 低得多。此种培养基适合豆科植物组织的离体培养。

（二）硝酸钾含量较高的培养基

1. B_5培养基（Gambory 等，1968）

种培养基初为大豆的组织培养而设计，其成分中硝酸钾和盐酸硫胺素含量较高，氨态氮含量较低。许多实验表明，铵对不少培养物有抑制生长的作用，只适合豆科植物的组织培养。

2. SH 培养基（Sckenk & Hildebrandt，1972）

它与 B_5 培养基成分基本相似，矿物盐浓度较高，其中铵与磷酸盐是由一种化合物（$NH_4H_2PO_4$）提供的，适合多种单子叶植物的组织培养。

3. N_6培养基（朱至清等，1975）

在我国广泛采用 N_6培养基进行禾谷类作物花药培养，取得满意效果，在枸杞、柑橘、楸树等木本植物花药培养中也曾采用，还用改良 N_6培养基进行针叶树的组织培养（Liisa 等，1982），均取得较好的效果。

（三）中等无机盐含量的培养基

1. H 培养基（Bourgin & Nitsch，1967）

H 培养基中大量元素约为 MS 培养基的一半，但磷酸二氢钾及氯化钙稍低，微量元素种类减少但含量较 MS 为高，维生素种类较 MS 多。

2. Nitsch（1969）培养基

与 H 培养基成分基本相同，仅生物素含量较 H 培养基高 10 倍。

3. Miller（1963）培养基和 Blaydes（1966）培养基

两者成分完全相同。

（四）低无机盐培养基

这类培养基多数情况下用作生根培养基。主要有以下几种。

1. White（WH）培养基

许多文献中发表的 White（1943）培养基，无机盐成分多不一致，这里所引用的系 1981 年对 White 标准无机盐溶液重新规范化的配方（Evans etc.，1983）。WH 培养基在早期用得较多，它含有植物细胞所需要的营养，但是要使愈伤组织或悬浮培养物在这种培养基中不断且快速地生长，其中氮和钾的含量就不合适了，应补充酵母提取物、蛋白质水解物、氨基酸、椰子乳或其他有机附加物。

2. WS 培养基（Wolter & Skoog，1966）

适用于进行生根培养，曾用于山杨、柳杉及樱树等植物的培养，使愈伤组织生根，从山杨愈伤组织获得生根的完整植株。

3. HE 培养基（Heller，1953）

在欧洲得到广泛应用，它的盐含量比较低。其特点是培养基中的钾盐和硝酸盐是通过不同的化合物来提供的，镍盐和铝盐可能是不必要的，其中没有钼盐，然而按植物营养需要来说，培养基中应有钼盐。

4. 改良 Nitsch（1951）培养基

曾用于烟草花药培养。

5. HB 培养基（Holley & Baker，1963）

用这种培养基曾进行一些花卉植物（如康乃馨）的脱毒培养，效果良好。

讨论不同培养基的相似性，主要是比较它们的矿物质盐的成分。因为培养基中维生素、激素和其他有机附加物而随着不同种的植物和不同的研究目的而异。过去曾报道过不少新的培养基，往往认为由于加入了有机附加物而满足了细胞对氮和其他营养物的需要，适宜细胞的生长，可得到良好的效果。但是在多数情况下，这种需要可以通过增加无机盐的浓度，特别是提高氮、蔗糖和维生素的浓度来获得同样的效果。

二、培养基的成分

植物细胞培养大多数情况下是异养生长，所以除植物必需的矿质营养物外，还必须供给作为能源的碳水化合物以及微量的维生素和激素。此外，有时还需要某些有机氮化合物、有机酸和复杂的天然物质。在植物组织培养中，不同的植物、不同的器官和组织、不同的研究目的决定着不同培养基的使用，即不同的基本培养基与不同的附加成分。基本培养基由于所含成分的种类、用量上存在着差异，所以到目前为止，人们使用的是多种类型的各式培养基。尽管培养基千差万别，从其性质和含量来看，无非水、无机盐、有机化合物、植物生长调节物质（常称为激素）、天然复合物和培养体的支持材料等六大类，有时还添加抗生物质及中药等其他物质。

（一）水

培养基的大部分是水，配制培养基时一般用重蒸馏水。但是，在大量培养时使用重蒸馏水配制培养基会增加成本，也相当麻烦，所以受到一定限制。中国医学科学院药物研究所朱蔚华等关于不同水质对人参愈伤组织生长的影响试验结果表明，在井水配制的培养基上，人参愈伤组织生长最慢，其中人参皂苷含量也最低，自来水培养基上人参愈伤组织的生长速度与蒸馏水基本一致；而蒸馏水培养基上生长的人参愈伤组织，虽然其中人参皂苷含量较生长于重蒸馏水培养基的低 9.50%，但其生长速度却比在重蒸馏水培养基上快 18%，所以一般均用自制的蒸馏水配制培养基。

（二）无机营养成分

无机营养成分就是人们平时所说的矿物质、无机盐或无机元素。根据植物对这些元素需要量的不同或者根据目前植物培养基中添加这些元素量的多少，可将它们分成大量元素和微量元素。大量元素一般指在培养基中浓度大于 0.5mmol/L 的元素，微量元素指浓度小于 0.5mmol/L 的元素。组织培养需要的无机营养成分与植物营养的必需元素基本相同，包括氮（N）、磷（P）、钾（K）、钙（Ca）、镁（Mg）、硫（S）六种大量元素和铁（Fe）、锰（Mn）、铜（Cu）、锌（Zn）、氯（Cl）、硼（B）、钼（Mo）七种微量元素。

1. 大量元素

主要包括氮、磷、钾、钙、镁和硫六种。它们在植物生活中具有非常重要的作用，如氮、硫、磷是蛋白质、氨基酸、核酸和许多生物催化剂即酶的主要或重要组分。它们与蛋白质、氨基酸、核酸和酶的结构、功能、活性有直接的关系，不可或缺。氮占蛋白质含量的 16% ~ 18%，在植物生命活动中占有首要的地位，故又称为生命元素。磷是三磷酸腺苷（ATP）的主要成分之一，与全部生命活动紧密相连，在糖代谢、氮代谢、脂肪转变等过程中不可缺少。钾对于参与活体内各种重要反应的酶起着活化剂的作用，钾供应充分时糖类合成加强，纤维素和木质素含量提高，茎秆坚韧，植株健壮。胱氨酸、半胱氨酸、蛋氨酸等氨基酸中都含有硫，这些氨基酸是几乎所有蛋白质的构成分子。镁是叶绿素分子结构的一部分，缺少镁，叶绿素就不能形成，叶子就会失绿，就不能进行光合作用。镁也是染色体的组成成分，在细胞分裂过程中起作用。钙是细胞壁的组分之一，果胶酸钙是植物细胞胞间层的主要成分，缺钙时细胞分裂受到影响，细胞壁形成受阻，严重时幼芽、幼根会溃烂坏死。现代生物学研究还证明钙是植物体内的信号分子（信使）之一，在植物信号转导中发挥重要作用，钙离子与钙调蛋白结合形成的 $Ca_2^+ \cdot CaM$ 复合体能活化各种酶，调节植物对外界环境的反应与应答过程。

氮是培养基中大量需要的，除 White 培养基只含硝态氮（NO_3^-）外，大多数培养基中既含硝态氮，又含铵态氮（NH_4^+）。铵态氮对很多植物生长有利。大多数在含硝态氮的培养基上生长良好的植物材料，加铵态氮后生长更好。NO_3^- 的用量一般为 20 ~ 40 毫克分子，NH_4^+ 为 2 ~ 20 毫克分子。细胞培养中 NH_4^+ 的用量不宜超过 8 毫克分子，否则就会对培养物产生毒害作用，如果培养基中含有柠檬酸、琥珀酸或苹果酸，NH_4^+ 可用到 10 毫克分子。缺氮时某些植物的愈伤组织会出现一种很引人注目的花色素苷的颜色，愈伤组织内部不能形成导管。

磷常以 $NaH_2PO_4·H_2O$、KH_2PO_4 或（NH_4）H_2PO_4 的形式提供。试验表明，培养基中磷酸盐增加时，细胞生长的对数和指数期就会延长。若开始时磷酸盐浓度低，次生代谢就会受到强烈促进。很明显，磷酸盐的减少相比其他任何营养成分的减少，对次生代谢物的生物合成的影响作用都大。也有报道指出，与这些降低培养基中初始磷酸盐水平的有利作用相反，在少数情况下，提高初始磷酸盐水平可明显促进次生代谢。钾常以 KCl、KNO_3 或 KH_2PO_4 形式提供。缺磷或钾时细胞会过度生长，愈伤组织表现出极其蓬松状态。镁常以 $MgSO_4·7H_2O$ 的形式提供，既提供了镁也提供了硫。硫也可以 Na_2SO_4 的形式提供，不过其中的钠（Na）对植物并不是必需的，甚至常常是不利的。缺硫时培养的植物组织会明显退绿。钙常以 $CaCl_2·2H_2O$、Ca（NO_3）$_2·4H_2O$ 或其无水形式提供。

2．微量元素

培养基中的微量元素主要包括铁、锰、铜、锌、氯、硼和钼等。这些元素有的对生命活动的某个过程十分有用，有的对蛋白质或酶的生物活性十分重要，有的则参与某些生物过程的调节。铁有两个重要功能，作为酶的重要组成成分和合成叶绿素所必需，缺铁时细胞分裂停止。锰对糖酵解中的某些酶有活化作用，是三羧酸循环中某些酶和硝酸还原酶的活化剂。硼能促进糖的过膜运输，影响植物的有性生殖如花器官的发育和受精作用，增强根瘤固氮能力，促进根系发育；同时还具有抑制有毒的酚类化合物形成的作用，改善某些植物组织的培养状况；缺硼时细胞分裂停滞，愈伤组织表现出老化现象。锌是吲哚乙酸生物合成必需的，也是谷氨酸脱氢酶、乙醇脱氢酶等的活化剂。铜是细胞色素氧化酶、多酚氧化酶等氧化酶的成分，可影响氧化还原过程。钼是硝酸还原酶和钼铁蛋白的金属成分，能促使植物体内硝态氮还原为氨态氮。氯在光合作用的水光解过程中起活化剂的作用，促进氧的释放和还原 NADP（辅酶Ⅱ）。为了某些植物组织培养的特殊需要有人还把钠（Na）、镍（Ni）、钴（Co）、碘（I）等也加入微量元素的行列。钠对某些盐生植物、C_4 植物和景天酸代谢植物是必需的。镍对尿酸酶（urease）的结构和功能是必需的。但是有些成分的作用至今还不十分清楚，可人们仍然把它们加入培养基中，如碘和钴等。

铁作为一种微量元素，对植物是必需的，植物缺铁产生缺铁症，叶片呈淡黄色，铁也被认为是植物细胞分裂和延长所必需的元素，由于 Fe_2（SO_4）$_3$、$FeCl_2$、柠檬酸铁、酒石酸铁等在使用时易产生沉淀，植物组织对其吸收利用率较差，故目前多以螯合铁的方式供应，以防止沉淀和帮助植物吸收。但 EDTA 可能对某些酶系统和培养物的形成发生有一定的作用，使用时应慎重。

为了使用方便，无论是大量元素还是微量元素通常都是先配制成母液（即比实际使用浓度更高的贮存液），贮存在 4℃冰箱内或在室温下短期存放。关于母液配制将在后面介绍。

（三）碳源

在组织和细胞培养中，碳源是培养基的必要成分之一，碳源一般分为三类，即碳水化合物、醇和有机酸，由于醇和有机酸作为碳源不能有效地被植物组织利用，有关研究不多，而将碳水化合物作为碳源的研究较多。

1. 碳源的作用

组织培养中碳水化合物的作用是作为碳源和渗透压的稳定剂。一般植物组织和细胞培养以蔗糖作为碳源。在同种类碳源上不同植物组织生长能力有显著差异，有的碳水化合物完全不能被细胞利用。依据 Limberg 等的看法，可能有两种原因：一是细胞缺少相应的酶，或是细胞对这种糖不能渗透，因此不能代谢这种糖。

2. 碳源种类对愈伤组织生长和次生代谢产物产生的影响

实践证明，一切组织都不能在没有碳水化合物的条件下生长。即使富有叶绿体的外植体，在培养期间，由于色素几乎完全消失，因而也不例外。

在组织培养中，常用的碳源是蔗糖，有时也用葡萄糖。研究表明对大多数植物组织来说蔗糖是最好的碳源，用量在 2% ~ 3% 之间。原生质体培养，则用葡萄糖比蔗糖效果好。果糖虽也能用，但不太合适。Gautheret（1941）以胡萝卜组织为材料，研究了组织生长的蔗糖最适浓度和几种碳源的效应，结果表明，蔗糖是最好的碳源，以下依次为葡萄糖、麦芽糖、棉子糖、果糖和半乳糖，而甘露糖和乳糖效果较差，戊糖和多糖不能被胡萝卜组织利用。

可溶性淀粉作为碳源对含糖量较高的植物组织来说，有较好效果。

植物不同组织对相同碳源的反应也是不同的。Mathes 等用糖槭（*Acer saccharum*）的茎和根进行碳源利用比较试验，在糖槭根的组织培养中分别以葡萄糖、纤维二糖、海藻糖和蔗糖作为碳源时，组织均生长良好，而且前三种糖培养的组织生长重量高于蔗糖，但对糖槭茎来说，蔗糖和葡萄糖是良好的碳源，纤维二糖和海藻糖虽能维持该组织的生长，但不理想。

碳源对培养细胞次生代谢物质产量的影响也有不少研究报道。Davies（1972）在烟草和玫瑰细胞培养中观察到，提高培养基初始蔗糖水平可以提高培养物次生代谢产量，蔗糖对烟草细胞产生烟碱及玫瑰细胞产生多元酚有积极的作用。尽管在各自的培养中代谢物的生物合成在同时间开始，蔗糖的主要作用是增加代谢物生产的水平。山本久子等（1985）在黄连组织培养中对碳源试验结果表明，培养基蔗糖浓度在 0% ~ 8% 的范围内，随着浓度增加，生物碱含量相应增加，其中以 5% 的浓度最好。但如果从经济效益来考虑，蔗糖用 3% 的浓度最为合适。各种碳源试验结果是：在 3% 浓度下，五种糖类对愈伤组织生长和生物碱的生物合成的效果（以蔗糖作为对照），葡萄糖接近于蔗糖；麦芽糖大大超过蔗糖，甘露糖、果糖、半乳糖表现出同样的倾向，大致是蔗糖的 50% ~ 70%；而属于糖醇的 D – 山梨糖醇，D – 甘露糖醇只有蔗糖的 10% 以下，效果较差。

3. 组织培养中糖的最适浓度

Gautheret 于 1941 年用胡萝卜组织进行最适蔗糖浓度的研究，指出组织生长速度由于蔗糖浓度不同而有很大差异，最适浓度为 3%，高于 3% 生长速度减慢，但没有观察到毒害作用。Hildebrandt 等以不同浓度蔗糖培养向日葵和莨草肿瘤组织，发现最适浓度为 1%，此后他们用万寿菊、木茼蒿、长春花、向日葵和烟草等组织，研究葡萄糖、果糖、蔗糖、麦芽糖、半乳糖和淀粉等 10 多种碳水化合物的最适浓度，结果表明，葡萄糖、果糖和蔗糖为0.5% ~ 4% 时均能促进组织生长，其最适浓度为 1% ~ 2%，当浓度低于 0.5% 或高于 4% 时，仅有微弱的生长或完全停止生长。试验还表明，最适浓度和糖分子量之间似乎不存在相关性。Sttans 等以不同浓度蔗糖培养玉米胚乳组织，用鲜重或干重作为生长指标时，两者的最适浓度不同，用鲜重表示时，蔗糖最适浓度为 2%，而用干重计算时，蔗糖最适浓度为 8%，蔗糖浓度增高，鲜重与干重比值减少。

诱导花药愈伤组织和胚培养时采用高浓度（9%～15%）的蔗糖可获得较好效果。如 Drew（1979）在胡萝卜胚状体的培养中，在无蔗糖的 White 培养基中进行滤纸桥培养，胚状体形成植株的比例仅为 15%，而加蔗糖的可达 85%～95%，说明蔗糖对胚状体发育成植株有重要作用。

（四）有机化合物

除碳水化合物外，植物生长调节物质、维生素、氨基酸等有机物，对组织培养物的作用也极为重要。

1. 植物生长调节物质

植物生长调节物质是一些调节植物生长发育的物质。植物生长物质可分为两类：一类是植物激素；另一类是植物生长调节剂。植物激素是指自然状态下在植物体内合成，并从产生处运送到别处，对生长发育产生显著作用的微量（$1\mu mol/L$ 以下）有机物。植物生长调节剂是指一些具有植物激素活性的人工合成的物质。但在平常工作中人们并没有将它们严格区分开来，而笼统称之为"激素"、"植物激素"或"植物生长调节物质"。这类物质既可以刺激植物生长，也可抑制植物生长，对植物的生命活动真正起到调节作用。在植物组织培养中使用的生长调节物质主要有生长素和细胞分裂素两大类，少数培养基中还添加赤霉素 GA_3 等。

（1）生长素　生长素在植物体中的合成部位是叶原基、嫩叶和发育中的种子。成熟叶片和根尖也产生微量的生长素。在植物组织培养中，生长素主要被用于诱导刺激细胞分裂和根的分化。在植物组织培养中常用的生长素有：NAA（萘乙酸），IAA（吲哚乙酸），IBA（吲哚丁酸），NOA（萘氧乙酸），P-CPA（对氯苯氧乙酸），2,4-D（2,4-二氯苯氧乙酸），2,4,5-T（2,4,5-三氯苯氧乙酸），毒莠定（4-氨基-3,5,6-二氯吡啶甲酸）等。NAA 有 α 和 β 两种形式，是由人工合成的，培养基中总是用 α 型，所以在配制培养基时总是加入 α-萘乙酸。与 IBA 相比，NAA 诱发根的能力较弱，诱发的根少而粗，但对某些植物如杨树等却具有很好的效果。IBA 在根的诱导与生长上作用强烈，作用时间长，诱发的根多而长，特别有效，但也不可一概而论。IBA 是天然合成的生长素，可在光下迅速溶解或被酶氧化，由于培养基中可能有氧化酶存在，所以在使用浓度上应相对较高（$1～30mg/L$）。对愈伤组织增殖最有效的是 2,4-D，特别是对单子叶植物，$10^{-7}～10^{-5}mol/L$ 即可以诱导产生愈伤组织，常常不需再加细胞分裂素。但 2,4-D 是一种极有效的器官发生抑制剂，不能用于启动根和芽分化的培养基中。毒莠定比 2,4-D 具有更多的优越性，它是一种水溶性的生长素，最先作为除草剂使用，在组织培养中比 2,4-D 的浓度更低即有效，在有效浓度范围内对培养的植物细胞更少毒副作用，可使愈伤组织直接分化产生植株。

（2）细胞分裂素　细胞分裂素是腺嘌呤（adenine，也叫 6-氨基嘌呤）的衍生物。腺嘌呤的第 6 位氨基、第 2 位碳原子和第 9 位氮原子上的氢原子可以被不同的基团所取代，当被取代时就会形成各种不同的细胞分裂素。因此，确切地讲应该叫细胞分裂素类物质。植物和微生物中都含有细胞分裂素。细胞分裂素在植物生长发育的各个时期均可表现出它的调节作用，由于它是一种腺嘌呤的衍生物，所以人们联想到它的调节作用可能与对核酸的影响有关。它可以影响某些酶的活性，影响植物体内的物质运输，调控细胞器的发生，还可以打破某些植物种子的休眠和延缓叶片的衰老。现代生物学研究初步证明，细胞分裂素可以结合到高等植物的核糖核蛋白体上，促进核糖体与 mRNA 的结合，加快翻译速度，从而促进蛋白质的生物合成。它还可以与细胞膜和细胞核结合，影响细胞的分裂、生长与分化。在 tRNA 分子的反密码子附近发现有细胞分裂素的结合位点，这可能预示着细胞分裂素在基因表达的翻译水平上具有调节作用。其实，细胞分裂素本身就是 tRNA 的组成部分，植物 tRNA 中的细胞分裂素就有异戊烯基腺苷、反式玉米素核苷、甲硫基异戊烯基腺苷和甲硫基玉米素核苷等数种。

自然情况下，细胞分裂素主要在根中合成，但根并不是唯一的合成部位，茎端、萌发中的种子、发育中的果实和种子也能合成。

在组织培养中使用细胞分裂素的主要目的是刺激细胞分裂，诱导芽的分化、叶片扩大和茎长高，抑制根的生长。培养基中经常使用的天然细胞分裂素主要有：从甜玉米未成熟种子或其他植物中分离到的玉米素 [6 - （4 - 羟基 - 3 - 甲基 - 反式 - 2 - 丁烯基氨基）嘌呤]，在椰子胚乳中发现的玉米素核苷 [6 - （4 - 羟基 - 3 - 甲基 - 反式 - 2 - 丁烯基氨基） - 9 - β - D - 核糖呋喃基嘌呤]，从黄羽扇豆中分离出来的二氢玉米素 [6 - （4 - 羟基 - 3 - 甲基丁基氨基）嘌呤]，从菠菜、豌豆和荸荠球茎中分离出来的异戊烯基腺苷 [6 - （3 - 甲基 - 2 - 丁烯基氨基） - 9 - β - D - 核糖呋喃基嘌呤] 等。人工合成的细胞分裂素主要有激动素（KT，6 - 呋喃氨基嘌呤）、6 - 苄基腺嘌呤（6 - BA）、Zip（异戊烯氨基嘌呤）、IPA（adenine，吲哚丙酸）和 TDZ（thidiazuron，噻二唑苯基脲）等。

细胞分裂素常常与生长素相互相配合，用以调节细胞分裂、细胞伸长、细胞分化和器官形成。

（3）赤霉素　主要是 GA_3。虽然已经用于顶端分生组织的培养和维管分化的研究，但在培养基中很少添加，因为它的作用往往是负面的。虽然也有赤霉素能刺激不定胚发育成正常小植株的报道，但在使用中仍需慎重，不可轻易添加。如果想在实验中添加赤霉素，则必须先用一些不重要的材料做预试验，待获得肯定结果时再用于正式实验。

（4）乙烯　乙烯的作用逐渐引起重视，它在芽的诱导和管胞分化上具有一定作用，管胞分化往往是器官发生的基础。乙烯单独地或与 CO_2 共同加入瓶中以代替 BA 或 BA + 2，4 - D 的作用，促进水稻愈伤组织芽的生长，CO_2 对乙烯促芽的促进作用明显，$AgNO_3$ 可逆转乙烯和 2，4 - D 的抑制作用，促进小麦愈伤组织生芽。在有 IAA 和 KT 时乙烯促进 Wigitalis obscura 芽的形成。乙烯对芽形成的这种相对独立的效果不只是因为种的差异，也与不同发育时期植物对乙烯的敏感性不同有关。如烟草的组织随着培养时间而对乙烯的敏感性有变化，在培养早期促进芽的发端，后期则起抑制作用。温度可以影响乙烯的产生量，25℃～35℃下产生量较高，可促进水稻培养细胞产生根，15℃或40℃下产生量降低，不生根。番茄叶圆片培养时，乙烯抑制 IAA 诱导的生根。一般说来，乙烯抑制体细胞胚胎发生，非胚性愈伤组织比胚性愈伤组织产生更多的乙烯。在悬浮培养中，乙烯对细胞的指数生长期有双向作用。由于乙烯是一种简单的不饱和碳氢化合物，在生理环境的温度和压力下，是一种气体，比空气轻，实验中很难掌握用量，所以一般不使用。高等植物各器官都能产生乙烯，但不同组织、不同器官和不同发育时期，乙烯的释放量不同。在组织培养中，培养的植物组织也会产生乙烯，如果封口用的是不透气的塑料膜，容器内就会逐渐积累乙烯，严重时可引起培养物的死亡。培养瓶内乙烯的积累量因植物种类而不同，小麦的悬浮细胞培养物24小时中每克干重可产生乙烯 5nmol，水稻为 6nmol，亚麻可高达 900nmol。烟草愈伤组织产生的乙烯量比胡萝卜的高 400 倍。

2. 维生素

整体植物是能够制造维生素的，在组织培养中，很多组织也能合成维生素，但大量实验证明，如果外加维生素于培养基中，则组织生长得更好。维生素在植物生活中非常重要，因为它直接参加有机体生命活动最重要的进程，如参加生物催化剂——酶的形成，参加酶、蛋白质、脂肪的代谢等。

维生素种类很多，从组织培养的生长强度来看，B 族维生素起着最主要的作用，经常使用的有维生素 B_1、维生素 B_6 等，一般使用浓度为 $0.1 \sim 0.5mg/L$。除维生素 B_1、维生素 B_6 之外，在部分培养基中还添加维生素 B_x（氨酰苯甲酸）、维生素 C（抗坏血酸）、维生素 E（生育酚）、维生素 H（生物素）、维生素 B_{12}（氰钴胺酸）、维生素 B_C（叶酸）、维生素 B_2（核黄素）、泛酸钙和氯化胆碱等维生素。除叶酸外各种维生素都溶于水，叶酸需要先用少量稀氨水溶解，再加蒸馏水定容。

（1）维生素 B_1（盐酸硫胺素）　维生素 B_1 可能是几乎所有植物都需要的一种维生素，缺少维生素 B_1 时离体培养的根就不能生长或生长十分缓慢。在培养基中添加维生素 B_1，不仅能增加愈伤组织的数量，而且能增加愈伤组织的活力，如维生素 B_1 低于 $0.5\mu g/L$，则组织不久就转深褐色而死亡。培养花药的培养基中，一般维生素 B_1 都加到 $400\mu g/L$；维生素 B_1 常常以盐酸盐的形式即盐酸硫胺素加入培养基中。维生素 B_1 广泛参加有机体的物质转化，活化氧化酶，能促进生长素诱导不定根的发育。但维生素 B_1 不耐高温，在高压灭菌时，维生素 B_1 分解为嘧啶和噻唑，不过大多数植物组织能把这两种成分再合成为维生素 B_1。

在细胞分裂素浓度低于 $0.1mg/L$ 的情况下特别需要添加维生素 B_1，在细胞分裂素浓度高于 $0.1mg/L$ 时，烟草细胞在没有维生素 B_1 的培养基上亦可缓慢生长，这表明细胞分裂素可能有诱导植物合成维生素 B_1 的作用。

（2）维生素 B_6（盐酸吡哆醇）　试验表明维生素 B_6 可能有刺激细胞生长的作用，能促进番茄离体根的生长，特别在含氮物质转化中，维生素 B_6 作用更为显著，培养基中加入维生素 B_6 的量要少，否则对组织分化和培养物的细胞分裂及生长均无效。

（3）烟酸（维生素 PP）　对植物的代谢过程和胚的发育都有一定的作用。高浓度时大多对组织生长有阻碍作用。在花药培养中加入烟酸可能促进花粉形成愈伤组织。

（4）肌醇（环己六醇）　能起到促进培养物组织和细胞繁殖、分化以及细胞壁的形成，增强愈伤组织生长的作用。肌醇主要以磷酸肌醇和磷脂酰肌醇的形式参与由 Ca^{2+} 介导的信号转导，在培养基中加入肌醇还可增加维生素 B_1 的效应。$1mg/L$ 肌醇就足以影响维生素 B_1 的效果，一般使用浓度为 $100\ mg/L$。

（5）其他维生素　培养基中加入叶酸（维生素 B_C），能刺激组织生长，一般培养物在光下生长快，在暗中生长缓慢，这与其在光下形成对氨基苯甲酸有关，后者是叶酸的一个组成部分。维生素 C 有防止组织变褐的作用。

3. 氨基酸

氨基酸为重要的有机氮源。天然复合物中的大量成分是氨基酸，氨基酸对培养体的生长，分化起重要作用。如胡萝卜不定胚的分化中，L－谷氨酰胺、L－谷氨酸、L－天冬酰胺、L－天冬氨酸、丙氨酸等一起使用起促进作用，但是，培养组织对复杂的有机氮利用功能较弱，所以大多数培养基中只添加简单的氨基酸——甘氨酸（氨基乙酸），比较容易被培养物吸收利用。有的还添加甲硫氨酸（蛋氨酸）、L－酪氨酸、L－精氨酸等氨基酸。添加少量甲硫氨酸有促进乙烯合成和刺激木质部发生的作用，但添加多种氨基酸后往往有抑制生长的作用，这可能是由于各种氨基酸之间的相互竞争而引起的。

（五）天然复合物

天然复合物的成分比较复杂，大多含有氨基酸、激素、酶等一些复杂的化合物，它对细胞和组织的增殖和分化有明显的促进作用，但对器官的分化作用不明显。对天然提取物的应用有不同观点，有的主张使用，有的主张不使用，因为其营养成分和作用仍不确定，但在用已知化学物质无法达到目的时，适当使用一些天然混合物，的确可使一些用常规培养方法无法获得愈伤组织或不能诱导再生的植物产生了愈伤组织和分化形成植株。

1. 椰乳（CM）

是椰子的液体胚乳，主要含有活性物质。它是使用最多、效果最好的一种天然复合物。一般使用浓度为 10% ~ 20%，与其果实成熟度及产地关系很大，它在愈伤组织及细胞培养中有促进作用。

2. 香蕉

用量为 150 ~ 200g/L，用熟的小香蕉，加入培养基后即变为紫色。对 pH 的缓冲作用较大。主要在兰花的组织培养中应用，对发育有促进作用。

3. 马铃薯

去掉皮和芽后使用，用量为 150 ~ 200g/L。通常将马铃薯煮 30 分钟后，过滤，取汁。马铃薯对 pH 缓冲作用大，在培养基中添加马铃薯可得到健壮的植株。

4. 水解酪蛋白（LH）

为蛋白质的水解物，主要成分为氨基酸，使用浓度为 100 ~ 200mg/L，受酸和酶的作用易分解，使用时要注意。

5. 其他

酵母提取液（YE），使用浓度 0.01% ~ 0.05%，主要成分为氨基酸和维生素。此外尚有麦芽提取液（使用浓度 0.01% ~ 0.05%）、苹果和番茄的果汁、豆芽汁、西红柿汁、李子汁、香蕉粉、橘子汁、可可汁、胰蛋白胨、酵母和未成熟玉米胚乳浸出物等，它们遇热较稳定，大多在培养困难时使用，有时有一定的效果。

（六）前体物质

在细胞大规模悬浮培养中，有各种各样提高植物细胞培养产生特殊代谢物的尝试，其中有的尝试采用已知前体和（或）中间代谢物进行饲喂，目的是促进特殊酶的代谢途径。Yeoman 等（1980）在用辣椒的愈伤组织培养生产辣椒素的工作中，得到令人鼓舞的结果。如在含放射活性标记的苯丙氨酸和缬氨酸（辣椒素的氨基酸前体），但总氮水平低，且无蔗糖的培养基上（这样处理是用来限制生长，特别是阻抑蛋白质的合成）培养细胞时，标记物显示已掺入产物。在含较多中间前体，特别是香草胺和异癸酸（二者浓度均为 5 毫克分子）的培养基中，培养细胞辣椒素产量得以提高。其他关于相应的已知前体促进次生代谢物生产的著名例子有：Chewdhury 和 Chaturvedi（1979）所报道的关于向三角叶薯蓣培养物饲喂 100 mg/L 胆甾醇，能使地奥配质的产量提高 100%，以及 Zenk、Elshagi 和 Vlbrich（1977）用 500 mg/L 苯丙氨酸饲喂鞘蕊花（Coleus blumei）培养物，对迷迭香酸生产的促进为 100%。

启蒙者是一组特殊的触发因子。它们是一类从微生物中分离出的物质，能促进植物次生代谢的某些特殊方面。它们在诱导植物抗毒素（属不同类的化合物，如异类黄酮、类萜、聚乙炔和二羟菲）的形成上发挥作用，作为植物防御病原体机制的一部分。

（七）培养材料的支持物及其他添加物

1. 培养材料的支持物

除旋转和振荡培养外，为使培养材料在培养基上固定生长，要外加一些支持物。

就目前情况而言，琼脂是一种极为理想的支持物。它是由海藻中提取的多糖类物质，但并不是培养基中的必需成分，只是作为一种凝固胶黏剂使培养基变成固体或半固体状态，以支撑培养物。虽然琼脂只是作为一种胶黏物，但由于其生产方式和厂家不同而可能含有数量和种类不等的杂质，如 Ca、Mg、Fe、硫酸盐等，从而可能影响到培养效果或实验结果。在选择琼脂时，最好购买固定厂家的优质商品。琼脂的使用浓度取决于培养目的、使用的琼脂性能（胀力张度、灰分、热水中不溶物、粗蛋白等）等因素，一般浓度为 0.4% ~ 1%，质量越差的琼脂用量越大。除琼脂外，为了更好地调控培养物的生长，现在发展的趋势是使用一种含有琼脂的混合物作为固体胶黏剂，如 Sigma 公司生产的 Agargel 就是用琼脂和 Phytagl 混合在一起的一种新型胶黏剂，可以用来控制培养物的玻璃化。如果经济条件允许，建议使用新型混合物来代替琼脂，可能会使实验获得更为理想的结果。

培养基中添加琼脂使培养基呈固体或半固体状态，使培养物能够处于表面，既能吸收必需的养分、水分，又不致因缺氧而死亡。但固体或半固体状态，一方面限制了培养基中营养成分和水的移动，另一方面也限制了培养的植物组织分泌物特别是有毒代谢产物的扩散，使培养物周围的营养成分逐渐匮乏，代谢产物逐渐积累，植物生长受阻或受到毒害。为了解决这个问题，人们试验使用其他支持物来代替琼脂。滤纸桥法即是一种，该法是将一张较厚的滤纸折叠成 M 型，放入液体培养基中，将培养的植物组织放在 M 的中间凹陷处，这样培养物可通过滤纸的虹吸作用不断吸收营养和水分，又可保证有足够的氧气。在此基础上，又发展出了一种类似于"看护"培养的方法，即在滤纸桥的中间凹陷处加一种固体培养基，固体培养基中也可混有分散的植物细胞团，将材料放在固体培养基上，再把滤纸放入另一种液体培养基中，用两种不同的培养基同时培养材料，可收到较好的效果。现在也有用玻璃纤维滤器或人工合成的聚酯羊毛代替滤纸的报道，并获得了成功。从滤纸、玻璃纤维滤器和聚酯羊毛代替琼脂的试验中人们或许能受到一些启发，即培养基中添加琼脂的目的主要是为了支持培养物，只要达到这个目的，可选用不同的材料和方法来进行代替琼脂的试验。需要考虑的主要问题是，这种材料必须无毒害作用，且不被培养的植物组织所吸收，不与培养液成分发生化学反应。

琼脂作为支持物或凝固剂对绝大部分植物都是有利或者无害的，但也有一些报道表明琼脂对某些培养物不利。在马铃薯、胡萝卜、烟草、小麦等作物组培中，均发现以淀粉代替琼脂更有利于培养物的生长和分化。

2. 活性炭

活性炭能从培养基中吸附许多有机物和无机物分子，它可以清除培养的植物组织在代谢过程中产生的对培养物有不良或毒副作用的物质，也可以调节激素的供应。也许是由于活性炭的存在使培养基变黑，产生了类似于土壤的效果，以利于植物的生长。还有报道指出，活性炭有刺激胚胎发生或组织生长和形态发生的作用。活性炭来源的不同也可能使它所起的作用不同，如木材活性炭比骨质活性炭含有更多的碳，而骨质活性炭中含有的混合物可能对培养物有副作用。

（八）抗生物质

培养的植物组织很容易发生细菌或真菌污染。引起的原因是多方面的，有的是消毒不彻底，有的是无菌操作过程中器皿或操作人员不注意，有的是培养过程中由于培养容器的盖子破损或没扎紧，有的是培养的植物组织内部携带有病原物。污染常给组培工作带来很大影响或损失，尤其是已经培养一段时间的材料再发生污染所造成的损失更大。为了解决或防止这个问题，可在配置培养基时添加抗生素，比如加 200～300U 的庆大霉素可使细菌污染受到很好的控制，浓度超过 600U 时可在一定程度上抑制分化，但这种抑制作用可在除去庆大霉素后一段时间内得到恢复。

（九）人参等中药提取物

我国的中药材以品种繁多、功效特异而闻名于世，同样在组织培养中也有其应用价值。徐是雄等（1980）的研究，发现补益药类有对生理功能和细胞新陈代谢有促进作用；跌打损伤科药类有加速恢复的功能，可以进行利用。尤其是和适量的激素配合时，效果更好。尝试过的多种中药中又以人参效果最好。

第二节 植物组织培养基的选择

要设计一种新的培养基，首先要了解植物组织细胞在营养上和生长上的要求。其次，应了解这种植物细胞对营养化合物的要求。同时，还要了解加入这些化合物与其他化合物是否有结合效应。选择合适的培养基是植物组织培养成功的基础。选择合适的培养基主要从以下两个方面考虑：一是基本培养基；二是各种激素的浓度及相对比例。

一、基本培养基的选择

在进行一种新的植物材料组织培养基本培养基的选择时，为了能尽快建立起再生体系，最好选择一些常用的培养基作为基本培养基，如 MS、B_5、N_6、White、SH、Nitsch、ER 等培养基。MS 培养基适合于大多数双子叶植物，B_5 和 N_6 培养基适合于许多单子叶植物，特别是 N_6 培养基对禾本科植物小麦、水稻等很有效，White 培养基适合于根的培养。首先这些培养基进行初步试验，可以少走弯路，大大减少时间、人力和物力的消耗。当通过一系列初试之后，可再根据实际情况对其中的某些成分做小范围调整。在进行调整时，以下情况可供参考。一是当用一种化合物作为氮源时，硝酸盐的作用比铵盐好，但单独使用硝酸盐会使培养基的 pH 向碱性方向漂移，若同时加入硝酸盐和少量铵盐，会使这种漂移得到克服。二是当某些元素供应不足时，培养的植物会表现出一些症状，可根据症状加以调整，如氮不足时，培养的组织常表现出花色苷的颜色（红色、紫红色），愈伤组织内部很难看到导管分子的分化；当氮、钾或磷不足时，细胞会明显过度生长，形成一些十分蓬松，甚至呈透明状的愈伤组织；铁、硫缺少时组织会失绿，细胞分裂停滞，愈伤组织出现褐色衰老症状；缺少硼时细胞分裂趋势缓慢，过度伸长；缺少锰或钼时细胞生长受到影响。培养基外源激素的作用也会使培养物出现上述类似的情况，所以应仔细分析，不可轻易下结论。

二、激素浓度和相对比例的确定

组织培养中对培养物影响最大的是外源激素，在基本培养基确定之后，试验中要大量进行的工作是用不同种类的激素进行浓度和各种激素间相互比例的配合试验。在试验中，首先应参考相同植物、相同组织乃至相近植物已有的报道；如果没有可借鉴的例子，则在建立激素配比中，将每一种拟使用的激素选择 3~5 个水平按随机组合的方式建立起试验方案。在安排激素水平时，可将激素各水平的距离拉大一些，但各水平的距离应相等。如表 2-1 设计的激素配比试验方案。通过上述培养基的初试，你会找到一种或几种是比较好的。此后，再在这些比较好的组合的基础上将激素水平距离缩小，并设计出一组新的配方。如在表 2-1 中，如认为 6 号培养基试验结果最好，就可以在此基础上做出如表 2-2 的一组新的设计。

表 2−1	第一次激素配比组合试验			
生长素（mg/L）	细胞分裂素（mg/L）			
	0.5	1.5	3	4.5
0	1	2	3	4
0.5	5	6	7	8
1.0	9	10	11	12
2.0	13	14	15	16

表 2−2	第二次激素配比组合试验			
生长素（mg/L）	细胞分裂素（mg/L）			
	1.0	1.25	1.50	1.75
0.25	1	2	3	4
0.5	5	6	7	8
0.75	9	10	11	12

一般来说，经过第二次试验就可能选出一种适合于试验材料的培养基，或许不是最好的，但结果是可靠的。

上述随机组合设计的方法使用最广泛，结果分析最直接，但较难对试验结果进行定量分析，正交试验设计和均匀试验设计恰恰弥补了这种不足。

正交试验设计的使用使培养基的筛选工作更加科学合理，它解决了如下四个问题：①确定因素各水平的优劣；②分析各因素的主次；③确定最佳试验方案；④定量地反映各因素的交互作用。

均匀试验设计法是将数论的原理和多元统计结合的一种安排多因素多水平的试验设计，均匀试验设计除具有正交试验设计的"均匀分散、整齐可比"的优点外，还具有如下优点：①试验次数少；②因素的水平数可多设，可避免高低水平相遇；③可定量地预知优化结果的区间估计。由于均匀试验设计在同等试验次数情况下最大限度地安排各因素水平，因此在选择培养基中得到广泛应用。

至于培养基中其他成分的选择，一般多以 MS 培养基中的维生素、蔗糖和肌醇的量作为培养基设计中的一种起点浓度。如果要加有机氮（如水解干酪素），应作一系列的浓度试验。有机氮不一定必要，但有提高生长速度的效果，特别是愈伤组织起动时更是如此，在作添加维生素实验时，应设对照组，即只加盐酸硫胺素，因为已知盐酸硫胺素对某些植物细胞是必需的。

三、培养基效果鉴别

新培养基效果优劣鉴别，不仅要看其是否有较好的重复性，而且还要与现有的培养基比较，必须有 3 次以上的继代培养，每次都定量测定细胞生长速度和成分含量，才能肯定其优劣。此外，当一个细胞株转移到一个新的培养基中，因没有适应新的环境往往生长速度减缓。因此，只有经过 2~3 次继代培养后，才能正确评价某种培养基是否适宜于某种植物材料的生长。

第三节　植物组织培养基的制备

　　配制培养基有两种方法可以选择，一是购买培养基中所有化学药品，按照需要自己配制；二是购买混合好的培养基基本成分粉剂商品，如 MS、B_5 等。就目前国内的情况看，大部分试验室还是自己配置。

一、培养基的配制

　　为了方便起见，现以 MS 培养基为例介绍配制培养基的主要过程。

（一）母液的配制

　　培养基需经常配制，为了减少工作量，便于低温贮藏，一般配成比所需浓度高 10～100 倍的母液，配制培养基时只要按比例量取即可。

　　母液的配制通常按所使用药品的类别，分别配成大量元素、微量元素和维生素等，配制母液时要特别注意各无机成分在一起时可能产生的化学反应，如 Ca^{2+} 和 SO_4^{2-}、Ca^{2+}、Mg^{2+}、PO_4^{2-} 一起溶解后，会产生沉淀，不能配在一起作母液贮存，应分别配制和保存。

　　配制母液时要用重蒸馏水等纯度较高的水。药品应采用等级较高的化学纯或分析纯，药品的称量及定容都要准确。各种药品先以少量水让其充分溶解，然后依次混合。

　　以 Murashige 和 Skoog（1962）培养基为例，根据各种药品的特点，母液可配成 6 种，见表 2 - 3。

表 2 - 3　　　　　　　　　　　　母液的配制

	成分	含量（mg/L）	配制方法
母液 1	KNO_3	95.5g	50 倍液，加水定容至 1000ml。配 1L 培养基时，取 20ml，如果配成 100 倍，其中 KNO_3 会成为过饱和状态
	NH_4NO_3	82.5g	
	$MgSO_4 \cdot 7H_2O$	18.5g	
母液 2	$CaCl_2$	22.0g	100 倍液，加水定容至 500ml。配制 1L 培养基时，取 10ml
母液 3	KH_2PO_4	8.5g	100 倍液，加水定容至 500ml。配 1L 培养基时，取 10ml
母液 4	Na_2EDTA	3.73g	100 倍液，加水定容至 1000ml。配 1L 培养基时，取 10ml
	$FeSO_4 \cdot 7H_2O$	2.78g	
母液 5	H_2BO_3	620mg	100 倍液，加水定容至 100ml。配 1L 培养基时，取 10ml
	$ZnSO_4 \cdot 7H_2O$	860mg	
	$MnSO_4 \cdot 4H_2O$	2230mg	
	KI	83mg	
	$Na_2MoO_4 \cdot 2H_2O$	12.5mg	
	$CuSO_4 \cdot 5H_2O$	1.25mg	
	$CoCl_2 \cdot 6H_2O$	1.25mg	

（续表）

	成分	含量（mg/L）	配制方法
母液6	肌醇	5g	100倍液，加水定容至500ml，配1L培养基时，取10ml
	甘氨酸	100mg	
	烟酸	25mg	
	盐酸硫胺素（B₁）	5mg	
	盐酸吡哆醇（B₆）	25mg	

配制好的母液瓶上应分别贴标签，注明母液号、配制倍数、日期及配1L培养基时应取的量。配制好的母液可贮藏在冰箱备用，在低温下可保存几个月。如发现有霉菌和沉淀产生则不能再使用。

（二）植物激素母液的配制

各类植物激素的用量极微，通常使用浓度是 mg/L。各种植物激素要单独配制，不能混合在一起。

有些药品在配制母液时不溶于水，需先经加热或用少量稀酸、稀碱及95％酒精溶解后再加水定容。常用植物激素和有机类物质的溶解方法如下。

萘乙酸（NAA）：先用热水或少量95％酒精溶解，再加水定容。

吲哚乙酸（IAA）：先用少量95％酒精溶解后加水，如溶解不全可加热，再加水定容。

吲哚丁酸（IBA）、2，4－二氯苯氧乙酸（2，4－D）、赤霉素（GA）、毒莠定等：溶解方法同IAA。

激动素（KT）、6－苄基氨基嘌呤（BA）等：先溶于少量的1mol/L盐酸，再加水定容。

玉米素（ZT）：先溶于少量95％酒精中，再加热水定容。

叶酸：先用少量的氨水溶解，再加水定容。

（三）培养基的配制

配制培养基时要预先做好各种准备：首先将贮藏母液按顺序排好，再将所需的各种玻璃器皿如量筒、烧杯、吸管、玻棒、漏斗等，放在指定的位置；称取所需的琼脂、蔗糖，配好所需的生长调节物质；准备好重蒸馏水及盖瓶用的棉塞、包纸、橡皮筋或棉线等。由于琼脂比较难溶解，所以要及早放在水浴锅中，让其慢慢溶化。

先在量筒内放一定量的重蒸馏水，以免加入药液时溅开。再依母液顺序，按其浓度量取规定量的母液。接着加入规定量的生长调节物质。加入母液或生长调节物质时，应事先检查这些药品是否已变色或产生沉淀，已失效的不能再用。加完后方可将其倒入已溶化的琼脂中，再放入蔗糖，继续加温，不断搅拌，直至琼脂和蔗糖完全溶解，最后定容到所需体积。琼脂必须充分溶化，以免造成浓度不匀。

（四）pH 值调整

培养基配制好，再用 0.1mol/L 的 HCl 或 NaOH 对培养基的 pH 值进行调整。一般调至 pH5.4～6.0 为宜。可用 pH 试纸或酸度计进行测试。经高压灭菌后 pH 值又会下降 0.1～0.3 左右。pH 值的调整有的在灭菌前进行，也有的在灭菌后进行。培养基的 pH 值会影响离子的吸收，培养基过酸或过碱都对细胞、组织的生长起抑制作用，pH 值过高或过低还会影响琼脂培养基的凝固。

（五）培养基分装

配制好的培养基要趁热分注。分注的方法有虹吸分注法、滴管法及用烧杯直接通过漏斗进行分注。分注时要掌握好分注量，太多浪费培养基，且缩小了培养材料的生长空间；太少则影响培养材料的生长。一般以占试管、三角瓶等培养容器的 1/4～1/3 为宜。分注时要注意不要把培养基沾到管壁上，尤其不能沾到容器口上，以免导致杂菌污染，分注后立即塞上棉塞或加上盖子。有不同处理的还要及时做好标记。

（六）培养基灭菌

首先检查灭菌锅内有无足够量的水，最好用蒸馏水或去离子水，因为自来水往往含有较多的矿物质，容易使锅内形成水垢，影响锅的使用寿命。然后将需要灭菌的器皿、培养基等放入锅内，不要装得太满，以不超过锅容量的 3/4 为宜，加上盖拧紧后即可开始加热。当灭菌锅上的压力表指针达到 0.05MPa 时，断掉电源或其他加热源，打开放气阀放气至指针回复到 0。关上放气阀继续加热，当指针又升到 0.05MPa 时再断开加热源，放气一次。关上放气阀，继续加热直到指针至 0.1MPa 时开始计时，使指针在 0.1～0.15MPa 之间维持 20 分钟。停止加热，使温度慢慢下降，直到 0.05MPa 时慢慢打开放气阀，使压力回复到 0，打开锅盖，取出物品，在室温下晾干或在 60℃温箱中烘干。

在培养基灭菌的同时，蒸馏水和一些用具等也可同时进行消毒。

培养基灭菌后取出放在干净处让其凝固，并放到培养室中进行 3 天预培养，若没有污染反应，即证明是可靠的，可以使用。配好的培养基放置时间不宜太长，以免干燥变质。一般至多保存 2 周左右。

二、配制培养基时应注意的有关问题

（一）高温下培养基成分的降解

一些化学成分在高温高压下会发生降解而失去效能或降低效能。如经高温灭菌后赤霉素 GA_3 的活性仅为不经高温灭菌的新鲜溶液的 10%。蔗糖经高温后部分被降解成 D - 葡萄糖和 D - 果糖，果糖又可被部分水解，产生抑制植物组织生长的物质。高温还可使碳水化合物和氨基酸发生反应。

IAA、NAA、2，4 - D、激动素和玉米素在高温下是比较稳定的。

维生素具有不同程度的热稳定性，但如果培养基的 pH 值高于 5.5，则维生素 B_1 会被迅速降解。泛酸钙、植物组织提取物等要过滤灭菌，不能高温灭菌，否则会失去作用。

高温高压还会影响培养基的酸度，促使琼脂部分分解，培养基颜色变深，且凝固性能降低。

（二）商品培养基

使用商品粉状培养基来代替自己配制的培养基，可简化手续、节约时间，更重要的是可使试验结果比较稳定。MS 基本培养基、B_5 基本培养基等已有商品出售，可向 Sigma 等公司购买。在配制培养基时推荐使用缓冲液代替蒸馏水，这样更能充分发挥培养基各成分的作用。配制的各种培养基母液最好在尽可能短的时间内用完，一次配制量不要过大，这样既会影响其效果，也会因长霉而造成浪费。维生素母液在冰箱中有效保存期为 1 个月，超过期限即使没有发霉变质也要丢弃。配制各种母液的容器及配制过程中使用的各种器皿、工具应尽量干净，最好都用双蒸水冲洗烘干、高温灭菌后再用，这样才能保证母液不被微生物污染。

（三）高压灭菌锅的使用

高压灭菌锅是一种非常规压力性容器，操作不当可能会有一定危险。使用灭菌锅前需仔细检查其压力表、安全阀、放气阀、密封圈等是否正常，以及锅内的水位。

第三章

细胞全能性与器官的发生

早在 20 世纪初，德国著名植物学家 Haberlandt 根据细胞学说的理论就曾预言，植物细胞具有全能性（totipotency）。也就是说每个体细胞像胚胎细胞一样，可以经过体外培养成为一个完整的植株，这是因为植物体的每个细胞都含有该个体的全部遗传信息，都具有一套完整的基因组，因而具有在适宜条件下被诱导生长分化形成完整植株的潜力。Haberlandt 用多种植物的叶肉细胞、基髓薄壁组织和表皮细胞等部位进行离体培养以证实他的设想，但由于当时科学的发展和技术条件的限制都未获得成功。直到 30 年代，由于在植物中发现了激动素（kinetin），White 用番茄根组织离体培养获得成功，建立了第一个无性繁殖系，也称"克隆"（clone）。后来用烟草茎形成层进行组织培养也获得了成功。Gautheret 和 Nobecourt 用胡萝卜根组织离体培养，经过脱分化（dedifferentiation）产生了大量的愈伤组织（callus），并再分化（rededfifferentiation）形成了完整植株。60 年代，一些学者从曼陀罗、烟草、水稻等花粉培养中获得单倍体植株（haploid plant），由此证明了性细胞亦具有全能性。到 70 年代，Takebe 等又从烟草原生质体（protoplast）培养出再生植株。

近 20 年，植物组织和细胞培养技术得到了迅速的发展，大量的植物无论是二倍体细胞或单倍体性细胞以及原生质体离体培养均可获得再生植株。由于近年来分子生物学的迅猛发展，其相关技术与植物组织和细胞培养技术的有机结合，由此衍生出一些新兴的交叉科学，如植物体细胞遗传学，是研究离体培养植物细胞遗传和变异规律的科学。

植物组织和细胞培养技术无论是在植物学的理论研究还是在植物基因工程、良种选育等方面都具有重大意义。植物体内的组织或细胞之间是相互作用、相互影响和相互制约的，因此，用整株植物来探讨细胞分化等一系列重大理论问题的机制和生理生化过程比较困难，而且细胞的突变体筛选和遗传转化以及细胞杂交等也无法实施。利用植物组织和细胞培养技术，可以按照一定的目标，研究细胞分化和发育的规律、器官分化和形态建成在植物体中的控制、发育过程中的分子基础、细胞转化与突变体筛选等理论或实际问题。

第一节　愈伤组织形成的条件和过程

植物体是一个具有复杂结构的多细胞系统。植物体中的细胞及其组成的不同组织均是高度分化的，它们相互协调而发挥作用，这些分化的体细胞经过分裂后只产生相应的组织或器官，细胞的全能性不能表达。可见细胞全能性表达潜力首要的条件是该细胞必须处于未分化的原始状态，而一旦这些细胞脱离了母体植株，摆脱了原来所受遗传上的控制和生理上的制约，在一定的培养条件下，细胞恢复为原始不分化或分生组织状态，并再次呈现其分裂机能和分化潜力，称为脱分化现象。脱分化现象的实质是逆转细胞的分化状态，使其形成分化前的原始状态，恢复细胞的全能性。

大量的研究表明，有结构的组织或器官，如根、茎、叶、幼穗和幼芽等，离体后在一定的条件下培养，都能产生愈伤组织。愈伤组织最重要的特性，从其功能来看，是这种非正常生长的组织具有发育形成幼苗的正常根、茎和胚的潜力。愈伤组织诱导的成败关键不在于植物材料的来源，而在于培养条件。其中，激素的成分和浓度是最重要的因素。在通常的情况下，生长素和细胞分裂素对诱导愈伤组织的产生及保持其高速生长是必要的。特别是当细胞分裂素与生长素联合应用时，能更有效地促进愈伤组织的形成。但有些激素，如赤霉素，虽然已观察到它对茎段形成层活动及游离细胞悬浮培养中的细胞分裂有刺激作用，但无一例外地抑制单子叶植物的组织活动。最常用的生长素是 IAA、NAA 和 2，4 – D，所需浓度依生长素类型和愈伤组织的来源而有不同。其使用浓度范围一般在 0.01 ~ 10mg/L，最常用的细胞分裂素是 KT 和 6 – BA，使用浓度范围约在 0.1 ~ 10 mg/L（汪丽红等，1991；韩碧文等，1993）。在多数情况下，只用 2，4 – D 就可以成功地诱导愈伤组织，但要注意所用的浓度，浓度过低（10^{-9}mol/L 以下）时，愈伤组织生长缓慢，浓度过高（10^{-3}mol/L）时，生长会受到抑制。愈伤组织形成后，可通过继代培养（定期转移到新鲜的培养基上）而长期保存。这些愈伤组织能在悬浮培养的摇动液体培养基中生长及用于细胞培养以获得细胞系或原生质体。

从外植体脱分化形成愈伤组织可以划分为三个时期，即起动期、分裂期和分化期。

1. 起动期

起动期是愈伤组织形成的起点。外植体（explant）中已分化的活细胞在外源激素的作用下，通过脱分化的起动期而进入分裂期，并开始形成愈伤组织。这时在外观上看不到外植体有多大变化，但实际上细胞内却在发生着激烈变化。RNA 的含量迅速增加，细胞核也变大。绿豆子叶形成愈伤组织的初期 RNA 含量明显增加（韩碧文等，1993），枸杞叶片接种后的 12 小时过氧化物酶的活性就开始上升，到 24 小时其酶活性为起始时的 1 倍（王亚馥等，1989）。由此表明脱分化起动期的实质是在外源生长素诱导下，首先激活了这些细胞中特定基因的表达，为进入细胞分裂的 DNA 复制奠定了基础。起始期的细胞分裂，受很多环境因子的影响。损伤就是诱导细胞分裂的一个重要因素。当细胞受伤时，由受伤细胞释放出来的物质（损伤激素）对诱导细胞分裂具有很大影响。其他因素，如光线和氧气，对外植体最初的细胞分裂也有明显的影响。起动期的长短由一系列内部和外部因素决定的，如菊芋的起动期有时还不到 1 天，而胡萝卜则需要好几天。

2. 分裂期

在细胞分裂期外植体切口边缘开始膨大，外层细胞开始分裂，这时细胞核大，核仁明显，可见大量分生细胞团的形成。当细胞最小、细胞核和核仁最大、RNA 含量最高时，标志着细胞分裂进入了高峰期。处于分裂中的细胞，体积小且无大的液泡，很像处于分生组织状态的根尖或茎尖细胞，也表明它们由原来已分化的细胞回复变化为具分生状态的脱分化时期的细胞。故细胞的脱分化也是指细胞由静止状态进入分裂时期，它们重新恢复分裂机能的这一状态。脱分化细胞不断进行分裂，从而形成愈伤组织。愈伤组织在培养基上生长一定的时间后，由于其营养物质枯竭，水分散失，以及代谢产物的积累，必须转移到新鲜的培养基中培养，才能保持其正常的生长状态，这个过程称为继代。通过继代培养，可使愈伤组织无限期地保持在不分化的增殖状态。随着培养组织的不断生长和细胞分裂，不久即形成愈伤组织并开始分化新的结构。

3. 形成期

紧接分裂末期，从细胞形态和 RNA 含量变动来看，反映了逐步进入细胞分化而形成愈伤组织并进入再分化的过程。这时的特征是细胞大小趋于稳定，原在分裂期出现于组织边缘的细胞分裂多呈平周分裂，从而使创伤形成层的细胞呈辐射状排列，接着内部组织细胞开始分裂，细胞数目进一步增加，以致冲出表层形成大量愈伤组织，从而完成脱分化过程。

经过启动、分裂和分化等一系列过程而形成的愈伤组织，尽管在形态上可以划分为三个时期，但实际这些时期的界限不是很严格的，尤其是分裂期和分化期往往可以在同一组织中出现。所以，时期的划分只是为了便于我们根据组织的代谢状况、结构及细胞大小水平以了解愈伤组织生长时的相对状况。细胞脱分化的结果在大多数情况下是形成愈伤组织，但这绝不意味着所有细胞脱分化的结果都必然形成愈伤组织。相反，愈来愈多的实验证明，一些外植体的细胞脱分化后直接分化为胚性细胞而形成体细胞胚。

第二节　愈伤组织增殖方式和状态的调控

对于培养中已建成的愈伤组织的形态学变化，卡普林（Caplin, 1947）曾作过仔细的观察。他将烟草愈伤组织切成小方块置于琼脂培养基上，发现在不与琼脂接触的愈伤组织表面有惊人的生长变化。由于愈伤组织的迅速增殖，方块组织变成了一个不规则的组织团块。从结构上看，方块组织的变形是由于愈伤组织表面或近表面瘤状物生长的结果。在培养 9 周后，方块愈伤组织的鲜重由平均 5.8mg 增加到了平均 105.0mg，约为原来的 18.1 倍。

在愈伤组织的培养过程中，其生长特性与外植体种类、培养基的组成和环境条件形成一个复杂的关系。一些愈伤组织的生长木质化严重，结构紧密，坚实，而另一些愈伤组织相对疏松且易分成小块。疏松的愈伤组织是悬浮培养生长的最合适的材料，因用机械振动即可使组织处于分散状态。Torrey 和 Shigemura（1957）用豌豆愈伤组织、Reinert 和 White（1956）用白云杉愈伤组织做材料，发现坚实的愈伤组织可以产生脆性的变异，但无相反情景发生。用高浓度的酵母提取物能诱导豌豆愈伤组织变脆。在培养基中改变椰子汁和萘乙酸的量就能使单冠毛菊脆的与坚实的愈伤组织之间相互转变。不同植物来源的愈伤组织，在质地和物理性状上均有明显的差异，它们可以是浅黄色、白色、绿色或者含有花青素的红色。中华猕猴桃的茎段在离体培养下所产生的愈伤组织通常为淡绿色或绿色，致密而呈瘤状，生长缓慢，但在 2, 4 - D 的作用下，愈伤组织则呈黄白色，发脆且易于分散。在仙人掌科植物金牛掌的组织培养中，在同一茎段上还可以同时产生致密的绿色愈伤组织和雪花状疏松的白色愈伤组织。一般说来，来源于相同组织的愈伤组织，其色素大多相同，但也可能通过反复继代培养而失去色素，此外，还受培养基的葡萄糖水平、可溶性淀粉的存在、氮水平，培养条件的温度、光以及外源激素等营养物质和环境因素的影响。

在结构上，从细胞分化方面分析，存在显著的可变性。一个均一的愈伤组织含有的细胞都是薄壁细胞的现象很少，仅在龙舌兰和玫瑰的细胞中发现这种现象（Narayanaswamy，1977）。均一的组织是用作接种的理想材料。愈伤组织细胞最初可由各种类型、大小及不同液泡化程度、细胞壁厚度的细胞组成。外部形态上表现出的不同质地，在内部结构上也体现出明显差异。随着愈伤组织的生长，它们在不同的培养条件的刺激下可以发育出导管分子、筛管分子、栓化细胞、分泌细胞和毛状体部分等形式的细胞分化。生长活跃的愈伤组织，其细胞类似于薄壁组织或分生组织的细胞群，或含有类似于木质部、韧皮部和形成层的组织。培养基中含有高水平的生长素或延长培养时间有利于类管胞细胞的发育。早期的研究认为，来源于含有叶绿体等器官的愈伤组织培养是自养的，然而，自养的愈伤组织，即使有足够的光照强度，也需依赖于外源的糖才能继续生长。在愈伤组织的培养过程中，绿色的外植体可能产生无色的愈伤组织，而一些不含叶绿素的外植体可能发育为叶绿体。在培养期间，无论正常的叶绿体是否存在，一些化学、物理条件限制了培养细胞的光合潜能，尽管它们仍具有光合活性。

愈伤组织培养的一个重要研究问题是在培养过程中的核细胞学问题。在长期培养过程中，虽然最初的细胞可能都是二倍的，但由于离体状态下体细胞中所发生的细胞学变化，会引起染色体畸变、基因突变，以及核内再复制引起的多倍体等，致使组织变为混倍。随着离体材料培养年龄的增加，这种核异常的频率亦会增加，且随着培养基的组成、培养的时间和植物的种类而变化。通过内加倍或对早已存在的多倍性细胞的选择刺激，二倍体细胞可能变为多倍体。这种现象，甚至可加以控制，使它有规律地发生，如利用延长继代培养，以通过强制的选择，迫使离体细胞群体中建立优势的染色体组型，致使愈伤组织变为只由四倍体、八倍体或一倍体细胞组成。烟草和胡萝卜的愈伤组织的培养物，培养几个月后呈现出高水平的多倍性变化。愈伤组织的倍性变化，可能发生在愈伤组织的起始阶段。但还阳参属、Capillaris 和向日葵等的愈伤组织培养物，能保持其稳定的倍性达两年之久。

培养物中细胞染色体的不稳定性，是植物组织培养技术应用于科研生产实践（如植物育种、繁殖和生化遗传等）的一个重大障碍。然而，尼克尔（Nickell，L.G.）和海因斯（Heinz，D.J.，1973）将甘蔗组织培养中愈伤组织的遗传变异性用于作物改良的工作，却是一个很好的突破。他们从节间组织发生的愈伤组织中分离出了单细胞系。正如它们在进行植物再生时的情况一样，这些无性细胞系在形态和细胞学上是彼此不同的。利用培养技术，已能从单个甘蔗变种中获得大量新的具更高抗病性的细胞系并用于甘蔗的育种工作。

为了不同的目的，理想的愈伤组织状态，应当具有以下特征中的 2～3 个。

（1）为了获得再生植株，愈伤组织应具有高度的胚性。

（2）为了建立悬浮系，愈伤组织应易散碎。

（3）为了建立大规模的愈伤组织无性系，愈伤组织应具有很强的自我增殖能力。

（4）为了便于对愈伤组织进行各种遗传操作，经过长期继代培养的愈伤组织应不丧失胚性。

为了达到以上的目的，在诱导愈伤组织时通常采用的策略如下。

（1）选择合适的基因型和适当的外植体。同一物种的不同基因型在离体培养时的反应可能不同，同一植株不同的组织对于离体培养的反应可能也不相同。例如小麦和其他一些禾谷类植物愈伤组织的培养，如果选择其未成熟的胚和幼穗作为外植体，可以获得具胚性的愈伤组织，而以其幼叶和根作为外植体，所产生的愈伤组织就是非胚性的。

（2）由于研究目的不同，选择合适的培养基，注意植物激素的种类、浓度以及生长素与细胞分裂素间的最合适比例、氮源的状态等因素。一般来说，生长素是促使细胞进入亢进状态的因子，细胞分裂素是促使细胞进入保守状态的因子。氮源除了供给培养物氮素营养外，还原态氮还具有促进细胞分裂的作用，硝态氮具有抑制细胞分裂的作用。还原态氮有谷氨酰胺、精氨酸、水解酪蛋白等有机形式。例如，在小麦成熟胚的离体培养中，王海波（1989）等通过变换使用不同水平的 2，4 - D 或调整培养基中还原态氮的含量，建立了小麦的胚性愈伤组织无性系，又从中诱导出适合悬浮培养的松脆愈伤组织，建立了悬浮系，并从悬浮细胞中分离原生质体并培养成功。他们具体的做法是，根据愈伤组织的状态，每次继代时，在 0～8mg/L 的范围内变换使用不同浓度的 2，4 - D。

（3）控制培养基的一些特殊的理化因素或培养条件。例如在玉米幼胚愈伤组织培养中，在培养基中添加 5mg/L 或 10mg/L $AgNO_3$，抑制组织内乙烯的作用，可以大大提高玉米理想状态愈伤组织的比例。在不同胡萝卜品种的组织培养研究中，有的品种在加有生长素的培养基上进行暗培养时不出现维管组织的分化，而在光下培养时则可分化出导管分子。

第三节　细胞分化

在离体培养条件下，外植体经过脱分化过程形成了愈伤组织。愈伤组织是由一群细胞组成的，这些细胞具有潜在的发育成组织、器官的潜在能力，在一定的培养条件下，这种潜在的发育能力得到表达，新的分化又可开始。细胞的分化状态，通常由三个特性决定，即形态特征、代谢及生理生化特征、潜在的发育能力差异。一般而论，在培养过程中，通过脱分化过程并不能保持原有细胞的特性。结果形成的愈伤组织或建立的悬浮培养，大多数细胞均呈现出与正常植物体中的薄壁细胞相似的结构，但形状多变。在个别的例子中，原来的细胞生长的典型特征可在某种程度上得以保持，例如 Tulecke（1965）报道了从紫杉花粉得到的愈伤组织，其细胞以花粉管所特有的伸长方式生长。但就大多数情况而言，随着反复的细胞分裂，细胞的形态结构发生了深刻的变化，而培养组织的生理生化特性往往也有很大的变化，原有组织的一些特殊代谢产物（如生物碱或其他次生物质等）或多或少地减少或消失了，或代之以产生另外一些前体或结构不同的类似物。但也有例外的情况，如曼陀罗培养组织形成的生物碱比在整体植物中多得多，因此，人们试图通过组织及细胞培养来生产一些特殊的药物。在植物组织和细胞培养中，可以观察到的细胞类型主要有薄壁细胞、分生细胞、管胞、色素细胞、石细胞、纤维细胞、毛状细胞和细胞丝状体等类型，其中以维管组织（特别是木质部）的分化最为常见。

在培养的愈伤组织中形成的维管组织，通常并不形成维管系统，而是呈分散的节状或短束状结构，它可仅由木质部组成，或由木质部和韧皮部组成。在木质部和韧皮部之间，有时也产生形成层。

影响愈伤组织分化的因素主要有以下几方面。

1. 激素

这方面的研究工作较早由法国植物学家 Camus（1949）进行。他嫁接了一些小芽于莴苣菜的愈伤组织团表面，该愈伤组织是由薄壁细胞组成的。培养一段时间后，发现此愈伤组织中已分化出了维管组织，且它们与芽是相连的。韦特莫尔及其同事（Wetmore，R.H 和 Sorokin，S.，1955，1963）用丁香为材料进一步研究了芽对愈伤组织的影响。结果表明，当将芽嫁接在开始生长的愈伤组织上时，在芽基部的周围发生了零星分布的分裂细胞团，而后由它们分化成为维管组织。而在远离芽的愈伤组织的深处，却分化为瘤状的结构，瘤内含有向心分布的木质部，韧皮部在离心的一侧。以后，在瘤内还常有形成层出现。当杰夫斯等（Jeffs，R.A. 和 Northcote，D.H.，1967）在菜豆愈伤组织的实验中，插入含有蔗糖和萘乙酸的洋菜楔形物以代替芽时，也得到了类似的结果。由此得出，激素对愈伤组织内维管组织的分化发挥了重要的作用，芽之所以能诱导愈伤组织的维管组织分化，与芽在生长时合成了某些激素有关。

2. 蔗糖

糖类物质在维管组织分化中也发挥重要的作用。例如丁香的组织培养中，在生长素浓度不变的情况下改变蔗糖浓度，在蔗糖浓度为 1.5%～2.5%时，愈伤组织仅形成木质部；超过 4%时则几乎完全为韧皮部；在 2.5%～3.5%时，既形成木质部也形成韧皮部。在其他植物材料上的实验也得到了类似的结果。

在有生长素存在的条件下，Jeffs 和 Northcote（1967）比较了不同种类的糖在效果上的差异，结果发现，除了蔗糖以外，麦芽糖和海藻糖也能刺激菜豆愈伤组织的导管的分化，而葡萄糖、果糖和其他单糖则无此作用，他们认为，在促进愈伤组织分化的过程中，蔗糖可能起着一种类似激素的作用。

3. 细胞分裂素和赤霉素

随着研究的深入，已认识到其他植物激素（如细胞分裂素和赤霉素）或它们的配合使用，对于愈伤组织的维管组织及其组成分子的分化也有显著的作用。在烟草愈伤组织的培养中，Bergmann（1964）的研究结果表明，激动素可以增加愈伤组织中管胞形成的比例，在合适的浓度下，几乎可使管胞的数目增加 100 倍。激动素的这种诱导作用，分析认为是通过改变糖的代谢途径，从而促进了木质素前身的合成。Northcote 等人在其一系列实验中研究了木质部分化中木质素合成的代谢调节。他们用 IAA 和蔗糖诱导菜豆愈伤组织形成维管组织，发现随时间的延长，木糖和阿拉伯糖的含量的比值升高，说明木质素合成增加。在木质素的合成中，他们还看到苯丙氨酸铵裂解酶（PAL: phenylalanine ammonia lyase）的活性明显增高。在大豆愈伤组织中，也证实了该酶与木质部的分化有明显的关系；而在洋紫苏中见到此酶的活性与木质部的分化有基本相同的时间进程，同在培养的第四天达到高峰，因此认为此酶是木质部分化的一个指标，其活性的高低成为木质化程度的限制因素（Rubery 等，1969）。Fosket 和 Torrey（1969）以大豆子叶的愈伤组织进行的实验表明，细胞分裂素对木质部的分化具有刺激作用。Bergmann（1974）还报道，烟草愈伤组织的木质部分化，在 IAA 和激动素之间存在着一种协同作用。此外，光对导管分子形成的影响可能是通过影响细胞分裂素的形成而起作用的。研究表明，在一种只含生长素的培养基中，有两个在根中含有玉米素的胡萝卜品种的愈伤组织无论在光下或黑暗中都能分化出导管分子。在同样的培养基中，另外两个根中不含玉米素的胡萝卜品种只有在光下才能分化出导管分子。对于后两个品种中的一个品种已证明，光能诱导玉米素的合成，由此也证明了细胞分裂素对于木质素的形成具有肯定的作用。

需要指出的是，事实上培养组织中管胞的分化与木质素合成的加强尚难肯定是由同一机理引起的，还是由激素的多种不同的生理效应所致。在木质部分化中，已有一些证据表明细胞分裂与随后的管胞分化有密切的关系。在洋紫苏的茎切段培养中，用专一的 DNA 合成抑制剂如 udR 或有丝分裂抑制剂如秋水仙素，可以使细胞分裂中止。在此情况下，即使用别的诱导剂处理（如用生长素），仍不能使之分化出木质部分子（Fosket，1968）。在豌豆根的外植体中，已证明用生长素和细胞激动素处理可以诱导其皮层细胞分裂，经过若干次分裂以后，形成管胞（Torrey 等，1970）。用 H^3 - 胸腺嘧啶核苷实验的结果说明经激素处理后，在管胞分化之前均先进行 DNA 的合成以及细胞分裂。用洋紫苏所作的进一步的实验表明，如果抑制剂 FudR 在培养 3 天后加入（此时 DNA 合成的高峰期已过），则对随后所形成的木质部分子的数目几无影响（Fosket，1970）。

在细胞或组织培养中，有丝分裂指数通常很低。基于上述的细胞分裂与细胞分化之间的关系，在细胞培养中，细胞分化的比例在大多数情况下均较低，可能与此有关。而 Wilbur 和 Riopel（1971）在培养天竺葵细胞时，用一尼龙网做成的圆锥体作为培养细胞的支持物。在培养开始时放入不同数目的细胞，结果发现开始时细胞的数目对培养中石细胞的分化有明显的影响，在分化前细胞的数目必须达到一临界值，存在的细胞越多，分化的细胞的百分率越高。

在愈伤组织，培养过程中，也常常伴随着叶绿体的形成。很多植物的愈伤组织，无论其外植体的来源如何，在光照培养条件下常可变为绿色的愈伤组织，如猕猴桃、胡杨、香叶天竺葵、花生、大豆等。这种绿色愈伤组织的形成，大致有两种情况：一种是整块组织变绿，如在光照下继代培养，则仍可保持绿色，但在此种情况中往往较少见有器官分化；另一种是在愈伤组织的局部出现绿色，随后往往可见器官的分化，水稻、烟草等均如此。愈伤组织形成叶绿素所需的光照强度，因植物基因型和培养条件而异。一些植物愈伤组织中叶绿素的形成以散射光为宜，如烟草，而另一些则以强光为佳。参与叶绿素形成的单因子遗传系统可以很好地用于生理学研究。一般说来，白色愈伤组织生长迅速，易于松散。绿色愈伤组织的丙酮提取液的吸收峰，几乎与正常叶的吸收峰相同，但浓度比正常叶低许多，大约是成熟叶片的 60%、子叶的 12%。

关于培养基中生长素数量与叶绿素含量以及生长速度的关系，有学者曾用酢浆草、单冠毛菊等植物的愈伤组织进行研究（Sunderland 等，1966，1968）。生长素可以不影响色素的形成而促进生长，也可以既促进色素的形成又促进生长。因所用生长素和材料的不同而异。例如，用单冠毛菊做材料，NAA 促进色素的形成，而 2，4－D 抑制色素形成。对于烟草来说，虽然激动素对叶绿体成熟很重要，但它的作用必须以蔗糖的存在为前提（Boasson 等，1967）。有学者以猕猴桃的茎段为材料进行培养，当在 MS 培养基中不加任何激素时，愈伤组织呈现绿色，而在培养基中加有 2，4－D 时，愈伤组织则没有绿色出现，呈现出黄白色。激素与叶绿素形成的关系似乎较复杂，Reinert（1966）等以还阳参叶为材料进行培养，得到了绿色的二倍体愈伤组织，在含有椰子汁、2，4－D 和激动素的 White 培养基上继代一年多，仍能保持高含量的叶绿素。但至今仍不能完全控制含有叶绿体的薄壁细胞在离体条件下的正常繁殖。

此外，在植物组织培养中，还会有花青素的出现，随着细胞的分化，在某些植物中，还可形成生物碱、脂类和苷类等化合物。这些物质的形成与植物的种类、培养基成分、激素的种类以及培养条件等因素有一定关系，特别是一些药用植物组织或细胞培养中的一些次生产物（药效成分）的形成和积累规律已在一些植物中得到了较系统的研究，详见第十三章。

第四节 器官分化

植物细胞培养技术的理论研究和在品种改良中的应用都依赖于长期培养细胞或原生质体的再生植株能力，植物的遗传工程和转基因植株的鉴定亦依赖于转化细胞再生植株的能力，原生质体培养和细胞融合的利用同样依赖于杂种细胞再生植株的频率，无性系变异与突变体筛选也是在培养物有效地再生植株时才成为可能。因此有关离体培养中形态发生的研究首要而关键。

植物组织或细胞离体培养中的形态发生有器官分化（organogenesis）和体细胞胚胎发生（somatic embryogenesis）这两种途径形成再生植株。这两种形态发生途径都是以细胞分化为基础的，它包含了组织和器官的形成。脱分化的细胞在形态发生上具有较大的可塑性，在适当的条件下可分化出不同的细胞、组织直至完整植株，这正是细胞全能性的表现。

植物组织和细胞培养中能形成各种器官，例如根、茎或芽、叶、花，以及多种变态的器官，例如吸器、鳞茎、球茎、块茎等。在组织培养中，通过器官发生途径产生再生植株的基本方式有三种（Konar 等，1972）：一是先分化芽，待芽伸长后在其幼茎基部长根，形成完整的小植株，这种方式在木本植物组织培养中较为普遍。二是先分化根，再在根上产生不定芽而形成完整植株。三是在愈伤组织的不同部位分别形成芽和根，然后二者的维管组织互相连接，进而成为一个完整的植株。

一、器官形成的假说

（一）表皮细胞学说

用仅有几层细胞厚的表皮为材料进行的最准确的发育调控结果已经获得。在几种植物很薄的细胞层作外植体的研究实验中，芽和根的起始可以通过改变生长素和细胞分裂素的比率而证实。用作体外器官分化的某些被分离的植物组织层，在培养期间，显示了显著的分化为一定器官的潜能。以虎皮秋海棠的含有 3～6 层细胞的表皮和其下层的厚角组织作为外植体，可以产生出茎或根。根的起始发生在含有 NAA 加玉米素的培养基中，茎的形成需要玉米素或 6 - BA，但不需要生长素。在体外培养中，以表皮层为外植体产生的器官分化也发生在一些其他的植物中，如石龙芮、胡萝卜、蓝猪耳、烟草和蔓菁等。

Torrey（1966）丰富了该假说，即愈伤组织器官的分化，是伴随着分生组织（拟分生组织）块的形成进行的，而这种组织块中具有形成器官原基的潜能。这种器官原基含有起始器官的因子，在适当的刺激条件下，可以分化为根、茎或胚。许多实验结果支持这种假说。调控这种分生层的起源的因素还不清楚，一些细胞以某种方式分裂，刺激了其下层细胞的分裂，这个分生区域可能也作为其周围细胞代谢的源或库。

（二）激素控制说

培养的植物组织可分化形成根、茎、叶和花，仅由几个细胞组成的愈伤组织就包含了形成这些器官的原基，且这个过程的起始是不同步，有时是不可预测的，而研究这些现象的相关影响因子是有一定困难的，因为这些刺激因素与培养基的组成、培养期间一些内源化合物的产生以及外植体等因素可能都有一定的关系，此外，培养基中激素的种类和浓度与器官的分化也有一定的关系。Skoog 和 Miller（1957）提出，在烟草愈伤组织的培养中，相对高的生长素和细胞分裂素的比率，可以诱导根的形成，而相同激素较低的比率，有利于茎的形成。

研究表明，由正在开花的烟草植株的茎撕取薄层表皮进行培养时，它们所形成的芽的类型因茎的取材区域而不同。在一定的培养条件下，由花枝撕取下来的薄层细胞只能产生花芽，由植株基部撕取下来的薄层细胞只能产生营养芽，由中间部分取得的外植体能产生这两种类型的芽，但其间的比例有所不同，取决于它们距离植株基部的远近。这种现象可能与外植体内激素的浓度有一定的关系。

培养基中所含激动素和 IAA 的浓度皆为 10^{-6}mol/L（指它们的绝对浓度，而不是它们之间的比例），且蔗糖浓度为 2%～3% 时，烟草花枝的表皮才能形成花芽。若不改变 IAA 浓度，仅把激动素浓度提高到 10^{-5}mol/L，则会完全抑制花芽的形成，而形成营养芽。若进一步改变这两种激素在培养基中的平衡关系，还有可能使形态发生过程转变为形成根或愈伤组织。这种现象也证实了器官分化是受激素控制的。

二、离体培养中根的分化

根的起始是培养的组织最经常观察到的器官分化类型，在同一种植物的不同器官取得的外植体，在短期培养中往往易于诱导形成根，例如由烟草的茎髓组织、叶肉组织、叶脉，棉花幼苗的子叶、下胚轴切段，油菜的叶片、叶柄、下胚轴等，在很多情况下均可产生根。多种植物的愈伤组织如水稻、玉米、油菜、棉花、烟草、蜀葵等，在一定条件下也很易形成根。根起始的因子包含有生长素、糖、光照、光周期（Gautheret, 1966）。不同种植物对根起始需求的因子可能有一定的区别。

在培养基的各种成分之中，植物激素对于组织培养中的器官形成，起着重要而明显的调节作用。其中影响最显著的是生长素和细胞分裂素。用于调节器官分化或胚状体形成的生长素及细胞分裂素，常用的种类如下。

1. 生长素

吲哚乙酸（IAA）、萘乙酸（NAA）、2，4-D、吲哚丁酸（IBA）。

2. 细胞激动素

激动素（KT）、6-苄基腺嘌呤（6-BA 或 BA）、异戊基腺嘌呤（Zip）、玉米素。

在一些培养的组织中，生长素刺激根的形成，而在其他的系统中，生长素是一种抑制剂，根的起始被抗生长素所刺激。诱导根形成的条件变化很大，对于一些种或品种具有显著促进作用的因子，对另一些与这些种或品种亲缘关系很近的种，可能完全没有作用。在经过几个继代培养后，产生根的潜能往往会失去或减弱，但对于失去这种形态建成潜能的原因还不清楚。显然，染色体的倍性变化与根的发生之间没有直接的关系，Could（1978）发现 Brachycome 的愈伤组织形态建成潜能失去后，其培养细胞的染色体组型没有变化。根的形成经常发生在培养的组织形成芽之后，茎的发育毫无疑问地会改变其体内激素的水平（Gresshoff，1978）。在根的形成培养过程中，如果在培养基中同时应用生长素与细胞分裂素，会更有利于根的形成，其中 6-苄基腺嘌呤和玉米素是比激动素更有效的细胞分裂素。

三、离体培养中茎芽的分化

在培养的植物组织中，只要培养基中外源的生长素和细胞分裂素的比率适当，茎的起始能在许多系统中被诱导，而为了产生芽，这些生长调节剂的其中一种或其他种必须除去。在许多双子叶植物的愈伤组织的培养中，将愈伤组织转移到含有细胞分裂素与生长素的比率在 10~100 的环境内，有利于芽的起始；而生长素与细胞分裂素的比率在 10~100 有利于愈伤组织的发育。单子叶愈伤组织培养的方式有所不同，并且细胞外的外源细胞分裂素在芽的形成中不是必需的。此外，单子叶植物在不含生长素的培养基中就可以诱导茎的形成，且两种连续的不含生长素的培养基的转移可能对于茎的形成是需要的（Gresshoff，1978）。一些早期的研究报道表明，用节间茎段作外植体诱导产生芽，这种过程通过在培养基中加入腺嘌呤硫酸盐而有所促进（Skoog and Tsui，1948；Sterling，1951）。

在培养基中添加或除去生长素与细胞分裂素，对于许多植物种诱导茎的培养是失败的。Street（1977）提出了以下的原因：①添加激素可能是必要的（例如，GA_3 诱导 Chrysanthemum 的愈伤组织产生茎）；②内源激素可能积累，且它们的抑制剂影响器官分化，不能被外源激素所恢复；③包括营养和物理因子的培养条件可能阻止了这个过程的起始。内源赤霉素及其类似物的相对浓度和吸收光谱在茎的起始过程中是发生变化的，并且这组物质也参与器官分化过程（Thorp，1978）。形成茎的愈伤组织积累淀粉，这种现象是形成芽所需要的，而 GA_3 对于茎原基的抑制作用是由于形成芽的细胞内淀粉浓度的降低所引起的（Thorp，1978）。

四、离体培养中花芽的分化

培养基的成分对组织培养中花芽形成的影响，是否受某种物质量或质的改变所控制尚难确定。在一些研究中发现，花原基的形成，所需的因子除了光周期诱导中需光和春化阶段中需低温外，在培养基中要有相当高的氮，加上细胞动素和核酸碱基（腺嘌呤和乳清酸）。生长素、赤霉素及各种有机氮化合物（除尿素外）对这一过程具有抑制作用。这些因子之间量上的相关性，与在烟草薄壁组织形成芽和根的过程中生长素与激动素之间的相互作用相似。

五、影响器官分化的因素

（一）植物激素

前已提到，由烟草愈伤组织的实验证实，器官的类型受到培养基中两种激素的相对浓度的控制，较高浓度的生长素有利于根的形成而抑制芽的形成；相反，较高浓度的激动素则促进芽的形成而抑制根的形成。这样，通过顺序变换激素的种类和浓度，即可有效地调节培养组织的器官分化。例如，用 MS 基本培养基采用以下步骤即可从烟草的茎或叶组织很快得到愈伤组织并诱导其分化成植株。

2，4 - D（2mg/L）+ KT（或 BA）0.2mg/L（脱分化，形成愈伤组织）
↓
KT（或 BA）2mg/L 或 KT（或 BA）2mg/L + IAA（0.05mg/L）（形成芽）
↓

基本培养基或 IAA（0.05 ~ 0.5mg/L）（根分化，形成完整植株）

而当将茎或叶组织的外植体培养于只加 2 mg/L 的 KT 或 BA 的 MS 培养基上时，则可直接形成芽。关于激素控制器官形成的模式，以后在很多植物的组织培养中得到了验证，甚至在一些低等植物（如葫芦藓等）中也得到了证实。在此需要指出的是，虽然一般来说，在很多成功地诱导出器官分化的组织培养材料中都表现这种激素控制器官分化的规律，但是具体到每一种植物，变化也是很大的。在一些植物中，器官形成的类型似仅由生长素的浓度所控制，如在仙客来的球茎组织培养中，即观察到虽然生长素与嘌呤类物质之间有着某种相互作用，但决定器官形成类型的显然不是这些物质之间的比例，而是培养基中生长素的相对含量。在较低浓度时（NAA，0.003 ~ 0.01mg/L）形成芽，而较高浓度时（0.5mg/L）形成根，但抑制芽的形成。

器官的分化中显然需要一定浓度、比例的生长素与细胞分裂素，但仍有一个难题是在器官形成的组织内激素的平衡问题，即提供到培养基中的不同激素的水平，与初始外植体中相同激素残留量加上形成的愈伤组织中新合成的内源激素的量之和必须是平衡的。一种方法是检测同工酶谱的变化，因为这种酶活性的变化，可以反映相关的 IAA 氧化酶活性的变化。研究表明，组织中过氧化物酶活性标记的增加是在茎形成之前，这个结论支持了这个观点，即内源生长素的调节，对于这个发展过程是个前提条件。过氧化物酶可能也包含在根的起始过程中，在根的起始中呈现出显著的过氧化物同工酶谱。由于在器官形成组织中，阴极和阳极端的过氧化物同工酶的多样性，这些不同的同工酶可能在分化过程中起着特殊的作用。

其他一些能影响生长素或细胞动素作用的物质，也可能影响组织培养中器官的分化。例如三碘苯甲酸（TIBA）也能促进秋海棠叶片形成芽（Heide，1971），可能是由于搅乱了生长素的分布所引起的。在大麦的花药培养中也见到 TIBA 的良好作用（Clapham，1971）。在其他植物激素中，一般都认为加入赤霉素对于器官发生或胚状体的形成没有好处，这在烟草、水稻等多种植物的组织培养中已证实。但在菊芋的块茎组织的培养中，Gautheret（1966）发现 GA_3 单独使用时，对菊芋组织并无明显作用，而与 NAA 一起使用时，在黑暗培养中则明显促进根的形成。虽然加入赤霉素在大多数情况下对器官的形成表现出抑制作用，但对已形成的器官的生长则有促进作用。脱落酸（ABA）对一些器官的形成也有一定的促进作用。ABA 对柳杉下胚轴切段培养中芽的形成也有一定的促进作用，而 GA_3 与 ABA 之间有一定的拮抗作用。在氨基酸中，当 IAA 和 KT 在最适浓度时，加入酪氨酸明显增加烟草组织培养中器官的形成，可能与组织中 IAA 氧化酶的影响有关。此外，在最适激素的条件下，增加无机磷以及加入酪氨酸、苯丙氨酸，或两种氨基酸结合使用，能促进器官形成。为了促进培养中器官的形成，在很多情况下也常添加一些天然的复合物，如水解酪蛋白或水解乳蛋白、大豆蛋白胨、麦芽汁、酵母提取物和椰子汁等，现经大量的研究也已知道，其影响生长和分化的有效成分主要是细胞动素类物质和肌醇等。

（二）培养基的物理性质

培养基的物理性质对于器官的形成和发育也有明显的影响。如烟草愈伤组织由琼脂培养基转到液体培养基时，就能分化成苗。离体的组织增殖以及分化形成器官，在不同的发育时期可能需要不同物理性质的培养基。在使用琼脂培养基时，重要的是要考虑琼脂的浓度及质量。琼脂浓度过高，形成的培养基过硬，会抑制组织的生长。如果琼脂的质量较差，其中所含的杂质对细胞的生长会造成不良的影响。在选用液体培养基时，除了可用滤纸桥或用玻璃毛等作支持物外，还可使用振荡培养（在转床或摇床上），其中对于器官分化或胚状体形成的研究又以慢速转床较为适宜。此外，液体培养基中溶解氧的浓度对于调节器官分化也有显著的影响。如在胡萝卜的培养中，当液体培养基中氧浓度低于临界水平时，利于形成胚状体；而氧浓度高于临界水平时，有利于根的形成（Kessel 和 Carr，1972）。这一结果与 White 早年推测的氧在调节器官的发生中可能具有重要作用的观点是一致的。培养基的渗透压对于器官的分化也有关系。Ammirato 和 Steward（1971）用胡萝卜和水防风悬浮培养细胞，移到 MS 培养基上以诱导胚的形成。他们发现如在培养基中加入 120g/L 蔗糖，或其他能提高渗透压的物质如甘露醇和山梨醇，则形成的胚发育得较小，其形态比正常 MS 培养基上所形成的更像合子胚。培养基 pH 值的影响也不可忽视。通常取用 pH5.0～6.0 之间，但在培养过程中 pH 会发生变动，所以对于实际的 pH 值对培养物发育的影响，几乎一无所知。

（三）光照和温度

在培养的环境条件中，对于器官分化有较大影响的主要是光和温度。一些研究表明，光在苗的形成、根的发生、叶状枝（cladophyll）的分化以及胚状体的形成等过程中有重要作用。Gautheret（1942）以榆树韧皮部进行培养，发现要分化为有正常叶片的苗，需要两个因素，一个是糖，另一个是光。随后，Gautheret（1966）又以菊芋块茎为材料，发现其形成根的条件为四个因素所控制，即温度、生长素、光照和糖的供给。进一步的实验说明对光的敏感性在培养过程中是改变的，在切下后第 8 天最敏感，此时只要用 600Lux 的光照 30 分钟即可诱导生根。似乎 GA₃ 在暗中起到与光相同的作用，但两者表现出拮抗。Bouillenne 认为叶子在光下形成成根素（rhizocaline），其性质是可以移动的，可能是酚类物质。在生长素的影响下，成根素保持在一些含有某种特定氧化酶的细胞中。一般在需光诱导的器官形成时，并不需要很强的光，但对于由形成的器官或胚状体再生的小植株，给予较强的光照，则有利于今后移至土壤中的存活及生长。对于光照时间的长短，其最适值常表现出与光强度有一定的关系。光周期效应在诱导花芽形成过程中最为明显，Paulet 和 Nitsch（1964）用需春化的长日植物菊苣作材料，培养出春化过的根的切段，在长日条件下成功地诱导形成了花芽。而对于短日植物紫雪花，其茎的节间组织仅在短日条件下才能形成花芽。光质对于器官的形成也有一定的影响。蓝光区对诱导烟草愈伤组织形成苗起重要的作用，甘白光或蓝光下可形成很多的苗，而在连续黑暗中分化停留在芽的阶段，不进一步发育，红光和远红光没有促进分化的作用。而根的形成与此相反，菊芋块茎组织根的形成为红光（660mμm）所促进。也有研究表明不同波长的光影响蕨类植物配子体的形态建成。光质影响器官的分化，说明在组织培养过程中一些形态的发生过程很可能为光敏色素所调节。温度对于器官形成的影响也很重要。烟草愈伤组织分化成苗的最适温度是 18℃；菊芋的块茎组织培养，在白天 26℃、夜间 15℃ 的变温条件下最有利于成根。温度对于一些要求有季节温差的植物特别是鳞茎或球茎类植物也很重要。唐菖蒲的组织培养中形成的小球茎或小植物，在移至土壤前在 2℃ 下先维持 4～6 周才能正常生长。百合也得到了类似的结果，移至土壤前放在 5℃ 黑暗中 4 周，可以避免休眠而正常生长。

（四）培养材料的生理状态

培养材料的生理状态，包括材料的组织类型及其相互的位置关系，器官、组织和细胞的生理或个体发育年龄等，均对培养中器官的形成有着明显的影响。一般来说，由同一种植物的不同器官或组织所形成的愈伤组织，在形态及生理上差别并不大。如用烟草的茎或髓、根、叶肉组织、叶脉、种子等不同器官或组织进行培养时，均能在同样的条件下诱导形成愈伤组织并进而形成芽、根，再生成植株。水稻的研究中，也得到类似的结果。但对于一些植物而言，取材的器官或组织的类型对随后器官的分化有重要的影响。如莎草科的 *Pterotheca falconeri*，当外植体是根、茎、叶时，诱导的愈伤组织都能形成根、茎、叶并长成小植株，但分化过程明显地表现出一定的倾向性，即由根获得的愈伤组织，分化出根的组织的比例明显高于其他器官；由芽形成的愈伤组织则形成较多的芽（Mehra 和 Mehra，1971）。一些研究表明，由同一器官的不同部位取下的相同类型的组织，其再生器官的能力不同，这一点在百合科的鳞茎中特别明显。如 Robb（1957）用百合鳞茎的不同部位取下外植体进行培养，结果发现鳞片的基部具有较强的再生能力。在百合科的另一种植物 *Heloniopsis orientalis* 的叶片组织培养中，Kato（1974）也发现其成熟叶片不同部位取下的组织的再生能力有一明显的梯度，与上述情况相反，其基部的再生能力最低，而远基端的外植体有较高的再生能力。而对于其幼叶在组织培养时，不定芽的形成比成熟叶片的快而多。另外，外植体的大小对器官的再生也有影响。在以茎尖作外植体培养中特别明显。如所取外植体太小，则很难存活。在上

述百合科 *Heloniopsis orientalis* 的叶组织培养中，也发现能形成芽的外植体的临界大小，幼叶为 1mm×1mm，成熟叶为 3mm×1mm（Keto，1974）。取材植株的发育年龄对器官分化也有一定的影响。在烟草组织培养的花芽分化研究中，已处于开花阶段的植株，其中上部茎组织在离体培养时能诱导形成花芽，而营养生长植株的茎组织所产生的愈伤组织，则均未能诱导直接形成花芽。在植物某个特定器官的发育过程中，器官或组织分离得越晚，则再生越困难。从而令人联想起在组织和细胞培养中，用未成熟种子或胚胎形成的愈伤组织比用成年植株的组织更易于形成不定芽等器官，这是有意义的。

此外，用于诱导分化的愈伤组织在原培养基上生长的日龄以及愈伤组织继代培养次数等对器官的形成也有显著的影响。一般来说，愈伤组织如果在增殖培养基上生长过久，致使组织衰老后移至分化培养基上，往往会推迟器官的分化。所以一般均取处于旺盛生长时期的愈伤组织作材料来诱导器官的形成。但也存在不同的情况，需根据不同的情况来处理。在继代培养中发生的一些内在的生理生化变化对细胞分化及器官形成的影响也很明显。新分离的组织往往具有较强的再生能力，易于形成各种器官；但在继代培养过程中，器官形成的能力逐渐降低以至最后丧失。新分离组织的分化潜力丧失的情况在不同植物之间有很大差异，如烟草及胡萝卜一般可保持 1 至数年。但也有经过长期培养仍有分化能力的，如培养 7 年的茄子愈伤组织，经诱导仍能分化出胚状体及小植株。在愈伤组织的长期培养中，常可见到其染色体组发生变化而出现遗传上的不稳定性。一些研究者认为，经长期培养的组织中通常大量出现的多倍体及非整倍体细胞，是器官分化能力丧失的一个原因。在一些实验中已发现细胞的染色体倍数性的变化与器官形成能力之间有一定的相关性。一些实验结果已表明，在一个混倍的细胞群体中，分化出的器官通常是二倍的，如豌豆根的愈伤组织在相当一段培养时间内形成二倍体的根分生组织。而当所有的细胞变为多倍体后，这一能力就丧失（Torrey，1966）。但仅根据这些实验似乎还不足以确定二倍体细胞的消失与器官发生能力丧失之间存在因果关系，因为如在烟草中，由一个混有不同倍数性细胞的混合细胞群体中可以再生出单倍体、二倍体及各种多倍体的植株。这一现象在多种植物的花粉愈伤组织诱导形成的植株中也常见到。然而，这并不排斥由于其他遗传变异，如高度的非整倍性或者甚至体细胞突变，而使形态发生过程受到阻碍。但也有例外，如由正常或肿瘤烟草植株得到一些由非整倍性细胞组成的愈伤组织，亦能分化出茎叶器官。所以，对于组织培养中的这一问题仍需作进一步的研究。

第四章

体细胞胚胎的发生

　　植物的胚胎发生一般认为是从合子开始的，但从 20 世纪 50 年代末期，Steward 等人将胡萝卜的韧皮部用液体培养基培养，通过游离细胞的分化，获得了胚和胚状体，形成再生植株以来，人们在大量的植物组织培养、单细胞悬浮培养中都观察到体细胞胚胎的发生，即二倍体的体细胞产生的胚状结构。它起源于一个非合子细胞，区别于合子胚；它是组织培养的产物，区别于无融合生殖的胚；同时它的形成经历胚胎发育过程，也区别于组织培养的器官发生中芽与根的分化，因此可以认为植物体细胞具有胚胎发生潜力。实际上，植物的每一种器官都可形成胚，胚胎发生已不只是生殖循环的一个阶段，任何二倍体细胞，如果不可逆的分化并未进行得太远，都可以在适当的培养基上经胚胎发生形成完整植株，而受精后在胚胎内发育仅是胚胎发生的一个特例。

　　从体细胞产生胚状体的过程叫做体细胞胚胎发生，在植物组织培养中，这种体细胞胚胎的发生有两种用途，一是通过胚状体再生植株，进行快速繁殖、体细胞无性系变异和转基因研究；二是利用体细胞胚制造人工种子，进行高效快繁。因此，体细胞胚胎发生在药用植物育种、培养和胚胎发育的研究中，都有很重要的理论和实践意义。

第一节　体细胞胚胎发生的方式

一、体细胞胚胎发生的普遍性及特点

　　体细胞胚胎发生是指从细胞组织如胚胎、小孢子或叶片，在离体培养下没有经过受精过程但经过了胚胎发育过程而产生胚胎。据不完全统计，在植物组织培养中具有胚状体分化能力的植物达 150 种以上，分属 40 多个科，70 多个属，几乎包括被子植物所有重要的科和一些裸子植物，因此胚状体发生在高等植物中是一个很普遍的现象。而且愈来愈多的研究表明，该发生途径是植物体细胞在离体培养条件下的一个基本发育途径，体细胞胚与合子胚发生有相似的细胞胚胎学程序和形态学变化过程，从胚状体可以直接形成完整的植株，这也再次证明植物的体细胞具有潜在的全能性，它可以在适宜的培养条件下被诱导表现出来。

　　体细胞胚按其来源可分为两大类：一类是由植物体各种器官、组织或二倍体的细胞产生，可直接发育成正常植株；另一类是由小孢子等单细胞产生的花粉胚，可发育为单倍体植株，需经染色体加倍处理后才能正常开花结实。一般被子植物比裸子植物容易诱导；双子叶

植物和单子叶植物在体细胞胚发生早期形态上有相似的过程,一般经过球形胚、梨形胚、子叶胚,最后成为成熟胚。但在中期有所不同,一般在球形期后因为细胞分裂频率不同,导致了原胚的分化,在球形胚的两角形成两片子叶,其纵切面呈心形,即心形胚,从心形胚再进一步发育成子叶胚。

体细胞胚发生特点如下。

(一)两极性

即在发育的早期阶段从方向相反的两端分化出茎端和根端。胚性细胞第一次多为不均等分裂,形成的较小的细胞为顶细胞,该细胞继续分裂形成多细胞原胚;形成的较大的细胞为基细胞,将来形成类似于胚柄的部分(但一般无真正的胚柄),这个过程与合子胚发生相似,就像一颗种子,以后大多可一次性再生为完整植株,成苗率高。这与器官上发生的不定芽或不定根有明显的区别,后者都是单极性的。

(二)生理隔离

体细胞胚胎在发育早期会因其外表角质化而与母体组织区别开来,而且会在发育的不同阶段(通常在球形胚以后的阶段)释放到培养基中形成自由飘浮的结构。这种细胞必须同周围邻近组织隔离开来才能发育成胚,即在正常活体中发育时必须在发育前隔断细胞原生质体连续性。但有些植物(如胡萝卜和石龙芮),在诱导阶段及胚胎发生的早期阶段,这种细胞仍同邻近细胞保持细胞原生质体的连续性,只是到了较晚期的多细胞阶段才发生隔离。一般体细胞胚的维管组织分布是独立的"Y"字形结构,与母体或外植体现存组织无解剖结构上的联系,其在原胚期细胞壁加厚,随着发育,周围细胞近于解体。这与合子胚发育相似,从一开始便是一个相对独立的完整的植物体,然后体细胞胚可通过根端或类似胚柄的结构从外植体或愈伤组织中吸收营养。而器官上发生不定芽或不定根总与外植体或愈伤组织的维管组织相联系,不能独立存在。

(三)遗传稳定性

胚状体发生及其再生的过程时间短,变异性小,是植物细胞全能性表达最完全的一种方式,也是获得再生植株最理想的途径。它不仅表明植物细胞具有全套遗传信息,而且重演了合子胚发生的进程。而器官上发生的再生植株要经过脱分化和再分化过程,芽和根要分别在不同条件下诱导,时间长,分化率、成苗率低,变异性大。

二、体细胞胚胎发生的方式

体细胞胚胎发生的方式可分为直接发生和间接发生两类,直接发生是指从原外植体上不经愈伤组织阶段发育而成;而间接发生是从愈伤组织、悬浮细胞或已形成的胚状体上发育而成。

（一）器官发生

许多离体培养的器官在一定条件下可以从外植体上直接产生胚状体。子叶和下胚轴常常是最容易诱导体细胞胚胎发生的器官，例如石龙芮的下胚轴和山茶的子叶，在适当的培养基上可以形成大量的胚状体。胚状体可以来自器官外植体的表皮细胞，也可以来自其内部的细胞。如从石龙芮下胚轴表皮细胞、油茶子叶基部的表皮细胞上可以形成胚状体。而芹菜叶柄培养物中的胚状体却是从外植体内部的薄壁细胞分裂形成的。实际上，某些植物的游离的单核小孢子培养中进行的胚胎发育最接近单个非合子细胞直接发育成胚胎的情况。

（二）愈伤组织发生

从离体培养的外植体先增生愈伤组织，然后再从愈伤组织分化出胚状体是体细胞胚胎发生最为常见的方式，这种能够产生胚状体的愈伤组织被称为胚性愈伤组织。如枸杞、伊贝母胚性细胞多由愈伤组织表层或表层的薄壁细胞分化而来；禾本科等单子叶植物首先在其表面产生球形的原胚，伸长后成为棒状体，在棒状体的一侧凹陷处分化出胚芽，另一侧形成盾片；而胡萝卜、咖啡等许多双子叶植物则可见到心形和鱼雷形阶段。

悬浮培养时，游离的单细胞（包括体细胞、分离的原生质体和小孢子等）可先分裂为胚性细胞复合体，然后在表面形成许多胚状体。如胡萝卜单个细胞形成胚状体的实验，就直观地展现了这一过程。其游离的细胞一般不直接进行胚胎发育，而会进行不等分裂形成两个大小不等的子细胞，较小的子细胞在多次分裂后形成愈伤组织。稍后再从愈伤组织上分化出许多体细胞胚。

在许多植物的愈伤组织培养中，胚性愈伤组织与非胚性愈伤组织可以通过外形加以识别。胚性愈伤组织一般由分生状细胞构成，细胞小呈圆形，核大且核仁染色深，胞质浓厚，如禾本科植物的胚性愈伤组织表面为粒状突起，光滑白色状；而非胚性愈伤组织表面湿润、粗糙结晶状，透明或黄色状。又如马唐幼穗诱导形成的胚性愈伤组织为灰白色，颗粒状，结构结实，由球形细胞组成；非胚性愈伤组织为淡黄色，湿润而不定形，结构松软，由管状及不规则状细胞组成。挪威云杉子叶或幼胚诱导出的愈伤组织中，胚性愈伤组织白色透明，结构松软，高倍镜下表面有极性突起结构；而非胚性愈伤组织为绿色的愈伤组织。除上述差别外，生理生化指标、同工酶差异、抗血清测定也可以识别胚性愈伤组织。

（三）体细胞胚的起源

在胡萝卜的悬浮培养中有两种类型的细胞：①细胞较大，高度液泡化，自由分散在培养基中，通常没有胚胎发生潜力；②细胞较小，细胞质浓厚，通常以簇或团块的形式出现，常具有胚胎发生能力。这些细胞团或细胞簇被称为原胚群和胚性细胞团。在含生长素的培养基上培养时，胚性细胞团虽不会进一步发育成成熟胚，其本身可通过细胞增殖和组织碎裂不断地延续。胚性细胞团在碎裂前由两种不同的细胞构成：中央细胞具有单个大液泡，核较小且紧密，核仁染色模糊，核糖体分布少，内质网和线粒体较少，球状囊泡很少或没有，脱氢酶活性低，淀粉体数目较少；另外在中央细胞周围存在着高度分生细胞，它们有多个较小的液泡，核大且弥散状染色，单个核仁染色突出，核糖体密度较大，粗型内质网正常线粒体和球状囊泡分布较多，脱氢酶活性较高，淀粉体突出。胚性细胞团碎裂时，由于中央细胞的扩大和分离，周围的分生细胞会以群或组的形式与中央细胞分离，每一群或组的分生细胞又会发育成新的胚性细胞团。如果将这些分生细胞群或新的胚性细胞团过滤转接到不含生长素的培养基上，它们的周围就可形成许许多多的胚。如石龙芮表皮细胞的形成。

关于体细胞胚发生过程的超微结构的研究不多，已有的一些结果表明，体细胞在形成愈伤组织后，那些细胞核增大的圆形薄壁细胞，往往核仁着色变深；若其具两个以上的核仁，且大液泡消失，细胞质电子密度明显加强，这标志着它们已向胚性细胞转化。早期胚性细胞与周围细胞还存在广泛的胞间连丝，并有小液泡分布在细胞质中，随着胚性细胞的发育，细胞拉长，核偏移，壁加厚，胞间连丝消失，线粒体增加，并出现高尔基体和微管等。胚性细胞进一步分裂形成二细胞原胚、多细胞原胚、球形胚等，它们的细胞核大而不规则，细胞器种类多、数量大，并有吞噬残体、圆球体和液泡蛋白体出现，可能与其进一步分化发育有关。

对于体细胞胚胎是起源于单细胞还是多细胞，一直有不同的看法。根据对多种植物的研究表明，绝大多数体细胞胚是起源于单细胞的。它们通过均等和不均等的二细胞原胚、多细胞原胚、球形胚到成熟胚。至于现有的一些多细胞组成的胚性细胞复合体，通过同位素脉冲标记实验也证明是由一个单细胞连续分裂而成的，是否有些植物体细胞胚的确是由多细胞起源的，还有待进一步研究。但无论它们的起源如何，体细胞胚发生的实质还是细胞分化的问题，它的基础是基因表达与调控的结果。目前，认为一个细胞系的细胞质因子间的相互作用是一个原发稳定基因组中基因活化的结果，从而使之与其他细胞系不同的渐变理论，最为人们所接受。该理论认为细胞分化过程可分为两个阶段：①预定阶段，细胞接受或预定了特殊发育命运，但不表现出可见的特化标志，在继代中可以稳定保持；②表达阶段，在适合的诱导条件下，预定细胞发生一系列生理生化和形态上的变化，表现出分化的特性，但不稳定。按照这个观点，若单个细胞处于胚胎决定状态，就可独立表达胚胎发生的潜力而发育成体细胞胚；若一群细胞处于胚胎决定状态，就可共同作为胚性细胞，通过胚胎发育过程而产生体细胞胚。因此起源的关键是在培养时细胞是否为胚胎预决定细胞，而后生长素等诱导物往往可调控体细胞胚胎发生的方式。

第二节 影响体细胞胚胎发生的因子

多年来对于体细胞胚胎发生的机理从形态学、细胞学、生理学和分子生物学等不同的角度进行了大量研究，但因植物的多样性和复杂性，机理至今仍然不很清楚，一般认为，植物材料的内在因素和组织培养的外部条件两个方面的许多因素都会影响胚状体的发生和发育。

一、供体植物的来源与体细胞胚胎发生

胚状体的发生与植物的遗传型、外植体来源部位、年龄、培养的时间等因素都有很大关

系。

不同植物种之间在产生胚状体的能力方面有很大的差别，如茄科植物中的矮牵牛和颠茄等容易产生胚状体，而烟草很少产生胚状体，一般是通过根芽的分化形成再生植株。

同一物种的不同品种产生胚状体的能力也有很大的差别，如水稻的 11 个品系，只有 1 个品系的愈伤组织能够产生胚状体。在紫狼尾草 21 个不同基因型的材料中，有 19 个品系产生了胚状体，其余 2 个不能形成胚状体。玉米、甘蔗、桉树、葡萄、花生等植物的胚状体诱导中也观察到明显的品种差异性。

在已知的植物种类中，只有少数物种各种器官的外植体都能产生胚状体，如胡萝卜。大多数植物只有处于一定发育阶段的某一种器官的外植体才可以诱导出胚状体，如双子叶植物的下胚轴和子叶、禾谷类幼胚的盾片和幼穗等都是容易诱导胚状体的外植体；石龙芮的花芽只有在小孢子母细胞减数分裂前的时期进行培养才会产生胚状体；在大黍中只有结构已发育完全但尚未伸展的黄绿色幼叶才能产生胚性愈伤组织；长春藤只有成熟的茎段才能产生胚状体，幼年的茎只能分化芽；在石龙芮、芹菜、人参、唐松草、葡萄、甘蔗和酸枣的组织培养中还观察到，离体培养产生的胚状体可以再次作为外植体，经过继代培养能够产生大量的次级和三级胚状体，因此可以利用胚状体的连续培养快速繁殖种苗。

另外外植体培养时间的长短也会对胚状体形成的能力产生影响，一般随着胚性愈伤组织继代培养代次的增加，一些培养细胞的染色体倍性增高或者发生了染色体畸变，使胚状体发生能力逐渐降低。但是有些植物，如柑橘的愈伤组织分化胚状体的能力可以长期保持达 8 年以上；还有一些植物的愈伤组织要经过长期培养才能产生胚状体，如咖啡愈伤组织要经过 70 天的培养才会分化胚状体；人参愈伤组织要经过 8 个月的继代培养才具备分化胚状体的能力。

二、植物激素与体细胞胚胎发生

植物激素是植物体内存在的一系列含量很低，但在整个生命活动中控制细胞分化生长方向和进程的物质。目前公认的有五大类：生长素类、分裂素类、赤霉素类、脱落酸和乙烯，另外多胺类、腺嘌呤等也具有近似激素的特性。植物细胞生长分化的调节往往是多种激素综合作用的结果，它们之间的相互作用很复杂，常可表现为：①不同激素间浓度和比例相辅相成；②不同激素间的拮抗作用；③不同激素间的连锁作用等。不同种或不同发育时期的植物细胞对激素的敏感性不同，其敏感性强弱是由细胞内激素受体的数目与亲和性所决定的，同时还受到激素在合成部位的合成效率、激素结合态的形成效率、激素代谢速率、运输效率和其他激素之间的相互作用等多种因素的影响。这也说明激素对植物细胞基因表达的调控有时空特异性。

（一）激素对植物体产生胚状体的影响

体细胞在脱离整体约束转化为胚性细胞时，其基因的差别表达需要一定的诱导，此时植物激素的调控尤为重要。培养细胞的内源激素水平和培养基中的外源激素含量对胚状体发生有直接的影响，起着连续性的作用。如在燕麦培养细胞的内源激素水平试验中，在转移到不含生长素的培养基上的当天，绝大多数活性物质与天然 IAA 相同；0 ~ 14 天（心形胚和鱼雷胚出现）内，按干物质重量计算的生长素含量并无显著改变，但抽提物的纸层析表明生长素活性物质的分布有明显的变化。第 14 天时这些组分的生长素活性相当高，这说明细胞中总的生长素活性有明显的增加。这种活性增加可能与胚状体发育有关。而外源激素在诱导离体培养物产生胚状体上的作用常因植物而异，如在同样的外源激素条件下，一些茄子品种的愈伤组织通过体细胞胚胎发生途径再生植株，另一些品种则通过根芽分化再生植株。不同植物在离体培养时对培养基中外源激素的需求一般有 3 种情况：①诱导胚状体的全过程不需要激素，如莳萝和茴香的子房培养、烟草和曼陀罗的花药培养，水稻的花药也能在无激素的培养基上形成花粉胚，如果添加低浓度的 2，4 - D 后，花粉胚就会转化为愈伤组织。②诱导胚状体的全过程需要外源激素，如石龙芮的下胚轴培养以及檀香、石刁柏的愈伤组织培养，有的需要较高的生长素和细胞分裂素的配比，才能增高胚状体产生的频率，如大豆的子叶培养、咖啡的愈伤组织培养、颠茄和小麦的花药培养。③诱导胚状体的前期培养需要激素，后期不需要激素或仅需要极低浓度的激素，这种情况比较常见，一般是先在有激素的培养基上诱导外植体产生愈伤组织，然后转入无激素培养基诱导胚状体。如宁夏枸杞在 MS + 0.2mg/L 2，4 - D 的培养基上形成愈伤组织，继代 4 ~ 5 次后产生胚性愈伤组织，转入无激素的 MS 培养基上即可诱导胚状体发生，如不及时减少或去掉 2，4 - D，则胚性细胞不能正常发育。颠茄细胞悬浮培养、石刁柏下胚轴及胡萝卜愈伤组织培养等也与此类似。

当然，外源激素还必须通过对植物细胞内源激素水平的调节和平衡，才能启动细胞分裂和诱导胚性的发生。如生长素、2，4 - D 可使胡萝卜胚性细胞、非胚性细胞以相似速率增殖，但不能使非胚性细胞获得胚性，它是通过改变细胞内源 IAA 代谢而起作用的。又如甜橙愈伤组织培养初期需要 IAA 和 KT 进行生长和胚胎分化，多次重复继代培养，愈伤组织的胚胎发生潜力会逐渐下降，一些愈伤组织表现出植物激素自养现象，只要有低到 0.001mg/L 的 IAA 存在，这种驯化愈伤组织的胚胎发生就受到抑制，这是因为其内源生长素水平较高，若此时延长继代培养期限（由 6 周延长至 14 周），并在前期进行蔗糖饥饿处理，则可以大大促进驯化的柑橘愈伤组织的胚胎的形成。上述研究表明，离体体细胞胚胎发生必须保持一个最低的内源或外源生长素水平。

不同植物的胚状体发生，要求有不同的激素种类与浓度。诱导单子叶植物外植体产生愈伤组织及胚状体需要的浓度较高，其浓度范围在 1 ~ 5mg/L，如玉米自交系 A188 幼胚的盾片组织可以在含 2mg/L 2，4 - D 的 N_6 培养基上产生愈伤组织，将其转入含 0.1mg/L 2，4 - D 和 600 ~ 800mg/L 脯氨酸的 N_6 培养基上可以高频率地分化胚状体，而且这样的愈伤组织可以继代培养 2 ~ 3 年仍然保持体细胞胚胎发生的能力；而双子叶植物则要求在较低浓度的 2，4 - D 上诱导愈伤组织（0.1 ~ 1mg/L），然后转移到 2，4 - D 浓度低于 0.1mg/L 的培养基上就可大量形成胚状体，如胡萝卜、芹菜的体细胞胚胎发生。

（二）不同激素对胚状体产生的影响

1. 生长素

生长素是最早被发现研究的一种植物激素。它包括吲哚乙酸（IAA）、2，4 - D、苯乙酸、吲哚丁酸、萘乙酸（NAA）等，是天然和人工合成的化合物的统称。其中应用较多的是2，4-D和萘乙酸（NAA）。一般而言，生长素诱导体细胞胚胎发生的活性大小依次为：2，4，5-三氯苯氧乙酸、2，4-D、4-氯苯氧乙酸、NAA、IAA。体细胞胚胎发在胚性细胞出现时，一般都伴有较高的内源IAA水平，并且在胚性细胞转换时添加外源IAA可提高诱导胚性细胞的效果，这可能与它迅速激活基因表达有关。而2，4-D往往是诱导体细胞胚发生最重要的激素，有57.7%的双子叶植物以及所有单子叶植物在其体细胞胚胎发生的诱导阶段都需使用2，4-D。

生长素对体细胞胚发生的机制是诱导一些特异性多肽或蛋白质形成。如在胡萝卜细胞培养中，诱导出胚性细胞后，若生长素被及时除去，胚性细胞在进一步分化发育的同时释放糖蛋白GP65；若不除去，胚性细胞只释放糖蛋白GP57，并且不能进一步分化发育。可见生长素既可激活某些基因表达特异蛋白质，促进体细胞胚的发育，又可抑制这些基因表达，激活另一些基因表达，从而抑制体细胞胚的发育。在枸杞的培养中也观察到与此类似的现象。又如高浓度的2，4-D（50μmol/L）可诱导较多苜蓿体细胞胚胎，但其贮藏蛋白质的表达却减少；低浓度的2，4-D（10μmol/L）虽然诱导体细胞胚胎数目略微减少，但其贮藏蛋白质却增加了50～1000倍，而且高质量（子叶形）体细胞胚胎比例也多。可见高浓度的2，4-D抑制体细胞胚胎贮藏成分形成，对体细胞胚胎发育也不利。这可能是相当一部分植物的体细胞胚胎发生时，体细胞胚胎被诱导后应转入较低浓度生长素的培养基中进一步发育的原因。生长素的作用机制还包括刺激质膜上H-ATP的活性等。

2. 细胞分裂素

细胞分裂素对胚状体的发生和发育有促进作用，与生长素在浓度上的不同配比或先后配合的应用不但可诱导细胞的分裂和生长，而且能控制细胞分化和形态建成，对于一些植物的体细胞胚胎的发生表现促进作用。它主要有激动素（KT）、6-苄基腺嘌呤（6-BA）、玉米素（ZT）等。如在胡萝卜的细胞悬浮培养中，加入0.1mg/L的玉米素能促进胚状体的发生；咖啡的外植体要在高激动素（18.4mg/L）和生长素（IAA 4.5mg/L）的培养基上诱导出愈伤组织，然后才能高频率地产生胚状体；在颠茄细胞原生质体培养中，愈伤组织培养在含有NAA（2mg/L）和激动素（0.1mg/L）的培养基上能够形成胚状体。在南瓜的体细胞胚胎发生中采用NAA和IBA配合使用更为合适。

细胞分裂素的作用机制可能是直接作为反式因子或间接激活其他激素和蛋白质来调节基因的表达，或通过细胞第二信使而发挥作用。外源细胞分裂素往往能诱导蛋白合成，促进mRNA合成和多核糖体的形成与活化，而且产物专一，大多是细胞分裂必需的蛋白。如细胞分裂素处理大豆细胞4小时后，mRNA明显增加，比对照高2～20倍，而且这些变化发生在生长和分化反应之前。有关细胞分裂素受体的研究报道较少，主要是其作用和加强Ca^{2+}的流入，并与钙调素的作用相关。

3. 赤霉素

一般认为，赤霉素对胚状体的形成不利，在胚性细胞中，赤霉素水平较低；而非胚性细胞中，赤霉素含量较高。

4. 脱落酸（ABA）

脱落酸对胚状体的后期发育有促进作用，可以促进体细胞胚的成熟，并在含量上达到峰值。如对胡萝卜组织培养中的 ABA 测定表明，培养开始时，内源 ABA 的浓度很低，约为 8mg/L，培养 7 天后 ABA 的含量有明显增加，因而，7 天后若在培养基中加入 ABA，就会抑制胚状体的产生。但是培养后期加入 ABA 有利于胚的正常发育，而且在浓度适宜时，ABA 能抑制多种异常体细胞胚的发生，其加入培养基的时间愈早，效应愈显著。其作用机制可能是激活相关基因的表达，合成贮藏蛋白、晚期胚胎发生丰富蛋白和发生特异性蛋白。

5. 乙烯

抑制胡萝卜愈伤组织的体细胞胚胎发生，较高的乙烯含量会导致纤维素酶和（或）果胶酶的活性增加，使得原胚建立极性之前崩解而不能进一步发育。有研究表明，2，4 - D 对胚胎成熟诱导的抑制作用可能是通过产生内源乙烯实现的，体细胞在含 2，4 - D 的培养基中培养要比在不含生长素的培养基中生成的乙烯更多。因而在含 2，4 - D 的培养基上只出现持续增殖而没有出现成熟胚，抑制了体细胞胚胎向成熟的发育过程。乙烯利（2 - chloroethanephoshonicad）可以在植物组织中释放乙烯，使体细胞胚胎发生频率降低。TDZ（噻重氮苯基脲）可使苜蓿松软无色的胚性愈伤组织变绿变硬，丧失体细胞胚胎发生能力，与此同时愈伤组织乙烯生成率增加 4～5 倍。这表明 TDZ 可能通过乙烯影响愈伤组织胚性细胞的产生。

乙烯生物合成抑制剂水杨酸邻羟基苯甲酸（SA），在抑制乙烯产生的同时也促进胡萝卜体细胞胚胎发生；而乙烯合成酶抑制剂 Co^{2+}、Ni^{2+} 可抑制体细胞胚胎诱导和成熟过程中的乙烯合成，促进体细胞胚胎诱导，但它抑制体细胞胚胎成熟；乙烯作用部位竞争剂 $AgNO_3$ 可使胡萝卜体细胞胚胎形成数目增加 2 倍；$CoCl_2$ 可逆转 TDZ 的上述作用，使愈伤组织的体细胞胚胎发生能力得到部分恢复。由此可见，不合适的乙烯合成不利于体细胞胚胎发生，通过调节乙烯的生物合成可以改善愈伤组织的体细胞胚胎发生能力。

另外，氮源被认为是胚胎发生的重要因素，NH_4^+ 和 NO_3^- 的相对和绝对量都影响体细胞胚胎的发生，特别是还原态氮。培养基中铵盐含量的高低直接影响胚状体的诱导效果，通常情况下铵态氮含量大的 MS 培养基较之 White 培养基对胚状体的形成有更好的效果。细胞胚胎发生要求一个最低数量的内源 NH_4^+，如果达不到这个阈值水平，就不能进行体细胞胚胎发育。为保持这个内源 NH_4^+ 的阈值浓度，需要相对低的外源 NH_4^+ 水平，但却需要相对高的 NO_3^- 水平。

有机氮源对于胚状体的发生和发育也有明显的促进作用，如脯氨酸对于谷类的胚状体发生有重要的作用，在 N_6 培养基中添加 800～1000mg/L 的脯氨酸可以高频率地诱导玉米幼胚愈伤组织胚状体发生；培养基中添加水解酪蛋白（500～1000mg/L）或酵母提取物（500～1000mg/L）都有利于胚状体的发生。许多试验发现谷酰胺、丝氨酸、天冬氨酸和精氨酸等多胺类对诱导胚状体有良好效果，如胡萝卜胚发生的原胚时期多胺含量较低，球形期、鱼雷期、心形期、精胺和亚精胺逐渐升高，比非胚性细胞中的高。同样外源多胺的作用除了取决于植物种类及其内源多胺的状况外，还关系到它们如何被适量吸收、运输及降解等问题。有研究表明胚细胞分化的早期与多胺合成关系较密切，过高的多胺含量或不适当的腐胺与亚精胺比例可引起体胚不正常的发育及产生不良的成株率，体胚细胞过度增殖时会引起腐胺增加，因此利用多胺合成抑制剂或外加亚精胺可调整腐胺与亚精胺比例，提高胚的质量。多胺作用机制可能是在其形成过程中减少了乙烯的合成（它们的生物合成以同一物为前体，是相互制约的关系）从而保证了体胚正常的发育。另外多胺也是激素作用的中介，可以像 Ca^{2+} – CaM 一样通过 cAMP 来控制蛋白质的磷酸化，从而起到关键的"第二信使"作用。

此外有不少报道指出，在培养基中加入 20～40mg/L 腺嘌呤有利于胚状体的诱导，如腺嘌呤和细胞分裂素在诱导烟草茎段分化芽的过程中有协同作用，腺嘌呤有利于胚状体的诱导，可能也是这种原因。

三、其他物质对胚状体形成的作用

（一）天然提取物与活性炭的作用

椰子乳汁被认为是对胚胎发生最有效的物质，对胚的生长发育有明显的促进作用；其他如未成熟的玉米胚乳、水稻胚乳、小麦胚乳，对胚的生长都有一定效果；酵母提取物、麦芽提取物、酪蛋白水解物等对胚状体的产生和发育也有良好的作用。对有些作物，如玉米、枣树、番木瓜等，在培养基中加入活性炭对胚状体的发育大有好处。活性炭的作用可能与吸附一些外植体分泌出的有毒物质有关，这些有毒物质可抑制胚状体的发生和发育。

（二）淀粉类物质的作用

无论双子叶植物或单子叶植物，其体细胞一旦分化为胚性细胞后就有淀粉粒的积累，在二细胞原胚形成前达到第一个高峰，而周围的细胞中一直未见淀粉粒的积累；多细胞原胚形成后，淀粉含量有所降低，但到球形期又有淀粉粒的合成，并形成第二个高峰；随后又有所降低；到成熟胚后又有淀粉粒的丰富积累。这表明淀粉的积累与胚性细胞分化能力和体细胞胚发育的转折密切相关，为以后的蛋白质和核酸的合成提供物质及能源。

（三）金属离子、稀土元素、微量元素的作用

在培养基中加入适合浓度的相关金属离子可提高体细胞胚发生的频率，因为 Ag^+、Co^{2+}、Ni^{2+} 金属离子是乙烯合成的抑制剂，可导致多胺的合成而提高体细胞胚发生的频率。稀土元素也能提高体细胞胚发生的频率，如 Pr 诱导的体细胞胚数量多，质量好，丛生胚和畸形胚少；La^{3+} 可以通过影响内源多胺代谢而作用于体细胞胚发生。不同的稀土元素之间组合的效果差异很大，其相互替代和累加作用较小，有些存在拮抗作用。稀土元素作用机制很复杂，有可能是提高了愈伤组织对养分和无机盐吸收、运输、利用，改善了细胞生长环境，促进胚性细胞分化发育。Fe、Zn 等微量元素有助于促进胚性细胞分化发育。

四、体细胞胚胎发生相关基因的表达

植物体细胞一旦分化为胚性细胞后其超微结构、ATP 酶活性与定位发生规律性的变化。在体细胞胚发生早期就存在基因的差别表达，即在个体发育的不同阶段，或是在不同组织、

细胞，在发生的不同基因，按时间、空间进行有序的表达方式，并有胚性蛋白质的合成，同时这些蛋白质的合成受内源或外源植物激素的诱导。

如在拟南芥菜生长点突变体中克隆的 *WUS* 基因，被证明与细胞全能性的保持与表达有关，实验将 *WUS* 构建到超量表达的质粒中，然后转化拟南芥，在转基因植物中观察到根或其他部位的体细胞能够分化出胚状体，说明该基因的表达对于胚状体的发生有重要的影响。

在单子叶植物方面，用原位杂交方法研究了 *knl* 和 *ZmLECl* 基因在玉米离体胚胎发生过程中的表达。把玉米的胚性愈伤组织分别固定，将诱导培养 7 天的球形胚状体、14 天的盾片胚状体和成熟胚状体制成切片，然后用地高辛标记的 *knl* 和 *ZmLECl* 反义 mRNA 探针进行原位杂交。在愈伤组织阶段检测不到 *knl* 的转录；在球形胚状体中 *knl* 的转录只在苗分生组织原部位的 5～10 个细胞中发生；*ZmLECl* 的表达出现得较早，在胚性愈伤组织的某些部位就可以观察到，在球形胚状体中它的表达十分强烈，然后随着胚状体长大而逐渐减弱。这种表达模式说明 *knl* 和 *ZmLECl* 基因，特别是 *ZmLECl* 基因，与离体胚状体的发生有密切的关系。

五、长期培养过程中形态发生潜力的丧失

在愈伤组织培养和悬浮培养中，体细胞胚胎发生潜力经常随继代培养次数增加而逐渐下降，有时会完全丧失。解释这种现象有三种假说。

(一) 遗传假说

这种观点认为，在组织培养中经常发生细胞核的变化（包括多倍性、非整倍性和染色体变异等）是长期培养中体细胞胚胎发生能力下降的原因。这种形态发生潜力的遗传丧失是不可逆的。

(二) 生理假说

在一些情况下，形态发生能力的下降未必是潜力的丧失，而是因为细胞或组织内激素平衡发生了变化，或细胞对外源生长调节物质的敏感性变化所致。可以通过改变外源生长调节物质、营养物质或培养条件来恢复胚性细胞内在的潜力。如在胡萝卜悬浮培养中，胚性细胞团可以在富含生长素的培养基上增殖，而体细胞胚胎需要在不含生长素的培养基上才能发育。因此在 2，4 - D 培养基中培养 8 周后，原先具有全能性的胡萝卜悬浮培养完全停止了体细胞胚胎发生。这时转入无生长素的培养基中加入 1%～4% 活性炭就可以恢复胚胎发生能力，或在增殖培养基（含 2，4 - D）内加入 1% 活性炭，即便在含相对较高浓度生长素的培养基中，体细胞胚胎也可发育。这就说明，胚性发生潜力的丧失是由于内源生长素水平所致。一般内源生长素水平的提高与胚胎发生潜力的丧失存在着相关性，可利用冷处理或改变培养基的组成等方法来恢复这种潜力。

（三）竞争性假说

该假说认为是遗传和生理变化共同引起体细胞胚胎发生能力的下降和最终丧失。细胞群在形成胚胎的能力上是不同的，从培养开始就存在这种差异。在复杂的多细胞外植体上，只有少部分细胞能形成胚性细胞团，其余细胞都是无全能性的。如果非胚性细胞在使用的培养基中生长具有选择优势，在多次连续继代培养后，非胚性细胞群就会增加，而胚性细胞会逐渐稀少。当达到某一阶段，培养物中不含任何胚性细胞时，胚性发生就不可能得到恢复。但是，如果培养物中包含有一小部分胚性细胞，由于占绝大多数的非胚性细胞对它们的抑制作用而得不到全能性表达，那么，就可以通过改变培养基组成，使其对全能性细胞增殖有选择性优势，这种形态发生潜力就可以得到恢复。如胡萝卜长期继代培养中，首先，内源生长素水平的提高对细胞全能性表达的抑制越来越强烈；其次，随着时间的延长，细胞学上的不稳定性导致细胞系缺乏胚胎发生潜力。即使染色体数目未发生改变，微小的染色体或基因变异、遗传信息的丧失或转化都可能引起体细胞胚胎发生能力的下降。

第三节 体细胞胚胎的成熟过程

通常体细胞胚胎可以在正常的温度条件下萌发和成熟。但有些种子需要低温处理才能萌发的植物，其幼嫩或成熟体细胞胚胎要发育成正常的小苗也必须进行冷处理。例如，葡萄组织培养中，在球形胚向成熟胚胎发育的任何阶段，必须在 4℃下处理 2 周，才能刺激胚胎向小苗发育。同样，花菱草的体细胞胚胎也必须经低温处理才能萌发。在柑橘属体细胞胚胎萌发中，根和茎的发育则须使用 GA_3 处理。

总之，要保证体细胞胚胎的正常成熟和萌发，可以通过以下措施来改进：①调节培养基中生长素的类型和浓度，以延长体细胞胚的生长期，增加体细胞胚的形成；②在体细胞胚后期提高寡糖含量，有利于增强体细胞胚耐脱水能力；③增加 ABA 和蔗糖含量，增加培养基的渗透势，有助于蛋白质的合成和淀粉的积累，便于体细胞胚成熟和处于逐渐脱水状态，以利于干燥和低温储藏。

第四节 体细胞胚胎和合子胚胎的比较

一、合子胚胎的发生与形成

传统概念认为对于某种植物而言，合子胚发生早期的顺序分裂方式是固定不变的。合子通过雌雄配子受精成为一个细胞后，通常经过一个休眠期，在这一时期中，随合子的成熟、胚囊的增大而出现一些变化。主要有：①极性加强，合子胚的顶-基极性的形成是从未受精卵开始的，与母体信号有关，受精后在合点端具有浓厚的细胞质和细胞核，在珠孔端被液泡充满；②各种细胞器丰富，细胞核被大量的造粉体和线粒体包围，多聚核糖体、高尔基体增加；③合点端细胞壁是连续而完全的。

随后胚胎的发生程序大致相似，首先是合子第一次不均等分裂，形成的较小的顶细胞继续分裂形成胚，形成的较大的基细胞将来形成胚柄。双子叶植物一般经过球形胚、梨形胚、心形胚、鱼雷胚、子叶胚，最后成为成熟胚。单子叶植物一般经过球形胚、梨形胚、盾片胚、子叶胚，最后成为成熟胚。接着开始生理成熟，通过干物质的积累、储藏和脱水等一系列变化过渡到种子成熟。正常种子成熟后，种胚进入静止期，种子静止是由脱水引起的，休眠就是一种静止方式，从而使种子耐贮存。种子通常有种皮和营养组织，它们不仅对合子胚有营养和保护作用，也有调节内外水分、气体交换，限制 O_2 的摄入，影响胚呼吸的作用，还可以调节胚的发育和防止胚提早萌发。若要解除休眠，除吸水外，还要求低温处理等。

在合子胚胎发生时，是由基因控制极性和不均等分裂的，它往往控制着合子的顶－基极性格局的形成，因此许多胚缺陷突变体是由于胚胎发育早期的一些关键基因的功能发生改变，而表现出与正常的发育格局不同的变型，如剪切因子、同源转录因子等的改变。但也可能是一些调节基因影响到胚胎的图式形成（在分化过程中，细胞所处的位置往往是决定细胞命运的重要因素）和分生组织形成的过程。在胚发育后期还受一些特定基因控制。

另外在胚发育过程中，胚体细胞内 DNA、RNA 总量随合子分裂、分化发育和细胞数的增加而变化，直到胚器官原基分化完全、胚细胞分裂基本结束时才停止。蛋白质的形成和积累常与 RNA 变化相伴发生，这种关系一般延续到种胚成熟前。大约有 20 000 种 RNA 在转录时或转录后水平被调控，并以不同速率积累，相继表达。

激素在种子形成中，会在转录水平上调节基因的表达。有研究表明在不同植物中有 150 个以上的基因是受 ABA 诱导表达的。在种子的成熟期、休眠期都有 ABA 的积累，ABA 可阻止胚在脱水前萌发，促进胚的成熟，并使之处于休眠状态，抑制过早地萌发。

二、体细胞胚胎的发生与形成

起源于愈伤组织的表层细胞或胚性愈伤组织团的体细胞胚胎早期，可观察到与合子胚发生相似的细胞团聚体结构，分裂程序也是从辐射对称转变为两侧对称，但因其发育环境与合子胚截然不同，其早期分裂并不遵循一个固定格局或方式。然而无论发育方式如何，体细胞胚胎发生与合子胚发育类似，体细胞胚胎一开始就表现出固定的极性和不对称分裂。主要表现为：①极性虽不如合子细胞明显，但细胞内含物也呈现区域性集中，加强了极性化。②早期胚性细胞壁薄，并与周围细胞存在着广泛的胞间连丝，随着胚性细胞的发育，细胞拉长，核偏移，壁加厚，胞间连丝消失，与合子胚相似，处于相对独立状态。③由于不均等分裂造成子细胞的细胞质的不均等分配，从而导致细胞分化。根一极朝向愈伤组织或胚性细胞团中心，而芽一极则向外。然后通过胚状体途径，由球形期、鱼雷期、心形期、子叶期经成熟胚发育成植株。与合子胚相同，在这个过程中，双子叶植物和单子叶植物体细胞胚胎的发育也有不同。

体细胞胚的图式形成不如合子胚精确规范，既有不对称分裂而形成的多细胞原胚，也有对称分裂而形成的多细胞原胚，还有不正常的原胚，常具有两个以上的子叶（多子叶型），一般没有胚柄的分化，或不存在明确的胚柄，而且也没有胚乳的形成。这说明此两种成分在体细胞胚发育中并非起着不可代替的作用，可能被培养条件与细胞间的相互作用所代替。但往往也因此而造成体细胞胚胎发生频率、转换率、生活力低于合子胚，而畸形胚又高于合子胚。另外，体细胞胚胎在发育上也往往不同步化，在任何时间内都可能出现处于不同发育阶段的体细胞胚胎。体细胞胚胎还容易变为无序结构的新的胚性细胞团，而不进入体细胞胚胎成熟发育阶段，甚至形成畸形胚。体细胞胚胎成熟时还会因其胚性器官以不同的速度发育而导致超前萌发，形成苗或根，而不形成健康的植株。

在生理上，体细胞胚与合子胚存在明显差异，体积远远小于合子胚，发育后期干物质积累少，蛋白质合成量和多糖含量偏少，组成也明显不同，这可能也是体细胞胚成熟率、转换率、萌发率低，再生困难的原因之一。体细胞胚胎的周围环境与种子中合子胚的环境大为不同，不仅营养和气体条件有异，也缺乏对成熟胚起保护作用的珠被，不能形成种皮；体细胞胚胎成熟时贮藏成分的合成模式和数量与种胚不同，不积累或很少积累贮藏蛋白；其发育后期没有休眠期，耐脱水能力也不同。体细胞胚胎也可经诱导进入静止期，制成人工种子，但与种胚相比，一般萌发率极低。

外源生长调节物质、环境、光照、继代次数等等都是体细胞胚形成的诱导因子，另外植物的遗传基因、控制体细胞胚胎发生的基因，以及差别表达与调控等也直接关系到体细胞胚胎的发生发育。

第五节　人　工　种　子

人工种子是相对于天然种子而言的，是指经过人工包裹的单个体细胞胚而形成的具有与天然种子相同机能的一类"种子"。它首先应该具备一个发育良好的体细胞胚（即具有能够发育成完整植株能力的胚）；为了使胚能够生存并发芽，需要有人工胚乳，内含胚状体健康发芽所需的营养成分、防病虫物质、植物激素；还需要有保护水分不致丧失、防止外部物理冲击等起保护作用的人工种皮。通过人工方法把以上3个部分组装起来，便创造出一种与天然种子相类似的结构——人工种子。

人工种子具有许多优越性：①通过植物组织培养产生的胚状体具有数量多、繁殖速度快、结构完整等特点，对名、特、优植物有可能建立一套高效快速的繁殖方法。②体细胞胚是由无性繁殖系产生的，一旦获得优良基因型，可以保持杂种优势，对优异的杂种种子可以不需要代代制种，就能大量地繁殖并长期利用。③对不能通过正常有性途径加以利用的具有优良性状的植物材料，如一些三倍体植株、多倍体植株、非整倍体植株等，有可能通过人工种子技术在较短的时间内大量繁殖、推广，同时又能保持它们的特性。④通过人工种子，可以在短时间内快速繁殖由基因工程获得的含有特种宝贵基因的少量植株，或通过细胞融合获得体细胞杂种和细胞质杂种。⑤在人工种子制作过程中，可以加入某些营养成分、农药、激素和有益微生物，以促进并调节植物的生长发育。如果体细胞胚是来源于茎尖培养成的愈伤组织，那么这种人工种子可形成"无毒苗"，在克服某些植物由于长期营养繁殖所累积的病毒方面有明显的效果。

此外，人工种子技术也不同于一般的组织培养扩大繁殖技术，如芽的营养繁殖和微型繁殖等，这些技术费时，费力而且成本高。人工种子可大批量生产，具有成本低、发芽速度和生长速度比较一致、体积小、运输方便、可以直接播种和机械化操作等优点。基于这些特点，许多国家学者对此项研究给予了充分的关注，认为人工种子课题的研究潜力是巨大的，可望发展成为一项新型的生物工程技术，在名贵蔬菜、花卉、药用植物培养及人工造林中，有着光明的前景。

一、体细胞胚与人工种子

人工种子是建立在体细胞胚胎发生的理论与应用基础研究之上，将理论研究与生产应用联系起来的一项重要技术。将植物组织培养产生的胚状体或不定芽包裹在能提供养分的胶囊（人工胚乳）里，再在胶囊外包上一层具有保护和防止机械损伤功能的外膜（人工种皮），造成一种类似于天然种子的结构，即成为人工种子。人工种子可在一定的条件下萌发生长，形成完整的植株。

人工种子的概念是 Murashige（1978）年提出来的，1986 年 Redenbaugh 等成功地利用海藻酸钠包埋单个体细胞胚，制成了苜蓿和芹菜的人工种子，他们还报道了胡萝卜、棉花、玉米、甘蓝、莴苣等人工种子的制作获得成功。近年来人工种子的包裹和冰冻保存技术均有显著的改进，用芒果和菠萝的体细胞胚制成的人工种子都具有较高的萌发率。但人工种子的研制涉及问题较多，其主要问题是：①体细胞胚必须是高频率诱导，要求高质量、大规模地产生成熟的体细胞胚状体；②体细胞胚发生必须是同步控制，只有这样，人工种子才能达到出苗速度整齐一致；③选择什么样的材料制作人工种皮才能达到既不损害体细胞胚，又有利于它的发芽、生长，并经得起贮藏和运输；④用什么物质制作人工胚乳，使人工种子能防腐、防干，并为体细胞胚的正常发育提供充足的营养；⑤如何进行机械操作以便大量制种和大田播种，并提高体细胞胚产生正常植株的转换率。

由此可见，获得体细胞胚是生产人工种子的基础，其发生频率的高低、胚的质量和体细胞胚发生的同步控制是生产人工种子的关键。迄今为止，虽然大量植物细胞培养可通过体细胞胚发生形成再生植株，但并非这些植物都能产生数量多、质量高的体细胞胚，达到制作人工种子的要求。人们将可产生高质量和高数量的多体细胞胚的植物，称之为工艺基础较好的植物，如胡萝卜、烟草、苜蓿、香菜、芹菜、棉花、大豆和番茄等。禾谷类除玉米水稻外，还有其他作物尚需进一步进行提高体细胞胚发生的数量和质量的研究。在我国，人工种子的研制已列入重点攻关项目，并已取得一些重要的研究成果。

二、人工种子的制作

（一）体细胞胚诱导与同步发育控制

高质量的体细胞胚必须是发育正常，生活力旺盛，能完成全发育过程，再生频率高，胚可以单个剥离，在长期继代培养中不丧失其发生和发育的能力，通过激素或其他理化因子可以同步控制其胚胎发生能力等。但是很多经济价值高的植物并不能形成高质量和高产量的体细胞胚。这就要求我们通过外植体的选择、激素的调节和一系列有关条件的研究，来逐步提高这些作物的工艺性。

体细胞胚胎发生中的一个普遍现象，就是胚状体发生的不同步性，常常在同一外植体上可以观察到不同发育时期的大大小小的胚状体，胚状体发生不同步，就不能一次性地获得大量的成熟胚用于制作人工种子。但作为人工种子必须要求发育正常、形态上一致的鱼雷胚或子叶胚。因为它们比心形胚或盾片胚活力高，发芽率高，耐包裹，做成人工种子后转换率也高。为此对体细胞胚发生要进行同步控制和纯化筛选等。目前常用的方法如下。

1. 物理方法

（1）手工选择　实验室小规模试验可在无菌操作条件下，对材料逐个进行筛选。

（2）过筛选择　将胚性细胞悬浮培养液，分别通过20目、30目、40目、60目等规格的滤网过滤、培养、再过滤。重复几次后，可获得所需要的材料。如将胡萝卜叶柄细胞培养在附加2,4-D（1mg/L）的MS培养基上，长成细胞团后，用尼龙筛过滤悬浮培养物。

（3）不连续密度梯度（DPGC）离心分馏　使用Ficoll的不同浓度产生不同密度梯度溶液，对不同比重的细胞进行分馏筛选，可以获得大小均一的胚性细胞团，然后将它们转移到无生长素的培养基上培养，可以得到大小基本一致的胚状体，这个系统中90%的胚状体是同步发育的，而且可以达到成熟阶段。

（4）渗透压分选法　不同发育阶段的胚状体，具有不同的渗透压。如向日葵的幼胚发育过程中，圆球胚的渗透压相当于蔗糖含量17.5%，心形胚为12.5%，鱼雷形胚为8.5%，成熟胚为5%，即胚状体由小到大，其渗透压由高到低。利用不同发育阶段的胚状体对不同渗透压的要求，就可用高浓度蔗糖的培养基来控制胚的发育，使其停留于某一阶段，然后降低蔗糖浓度，使胚状体进入同步发育的状态，因此根据渗透压可选择到较为一致的体细胞胚。

（5）植物胚性细胞分级仪淘选　分级仪的原理是根据体细胞胚的不同发育阶段在溶液中不同浮力而设计的。淘选液一般用2%的蔗糖，进样的速度为15ml/min，分选液流速为20ml/min，经几分钟的淘选，体胚分为几级，由此可获得一定纯化的成熟胚，它们的转化率在75%以上。

（6）低温处理同步化　温度冲击常可增加细胞同步化。采用低温处理抑制细胞分裂，然后再把温度提高到正常的培养温度，也能达到部分同步化的目的。

（7）利用气体调控胚状体的同步发生　乙烯的产生与细胞生长有密切的关系，在细胞生长达到高峰前有一个乙烯的合成高峰，所以细胞生长可以受乙烯的抑制者所控制。通过间歇地向悬浮培养物中通氮气或乙烯的方法达到了胚状体发生的同步化。处理方法是每10小时或20小时通气1次，每次通气3~4秒，每次处理后有丝分裂频率可以达到12%~16%，如果适当延长通氮气的时间，还可以进一步提高细胞分裂的百分比。

2. 化学方法

（1）饥饿　除去悬浮细胞生长所需的基本成分，可导致静止生长期，而补加省去的营养成分或继代培养到营养成分完全的培养基上，可促进生长或产生细胞生长的同步化。冷处理和营养饥饿相结合可以取得更好的同步化结果。

（2）阻断和解除　在细胞培养的初期加入对 DNA 合成的选择性抑制剂，适当阻断细胞循环进程，使物质在一个特殊阶段的细胞内积累。当阻断解除，细胞将同步地进入下一个阶段，可使细胞产生同步化。如 5 - 氟脱氧尿苷（FudR）、过量的胸苷（TdR）和羟基脲（HU）可积累于细胞 C - 1／S 阶段界面，从而控制体细胞胚发育的同步化。

（3）有丝分裂的阻断　秋水仙碱是一种纺锤体抑制剂，可抑制细胞的有丝分裂。但秋水仙碱处理不宜过长，否则引起不正常有丝分裂，如染色体丢失、增加或染色体粘结。

控制胚状体同步发生，受到诸多因素的制约。除了可以通过上述各种理化因子来进行适当调节之外，试验材料本身的细胞敏感性及胚胎发生潜力等遗传因素也有很大影响。所以在进行胚胎发生及同步控制研究时，应从材料选择、培养程序的处理及胚胎发生规律的掌握等多方面给予综合考虑。

（二）人工种子的制作

1. 人工种皮与人工胚乳的制作

获得发育正常、形态上较为一致的体细胞胚后，就要用适合的材料（人工种皮）将胚状体包裹起来。人工种皮既要保持种子内的水分和营养免于丧失，又要保证通气及能够防止外来机械冲击的压力，因而包埋材料需要满足以下要求：①包埋剂必须对体细胞胚无损害，无毒性，并能保护胚和胚发芽的能力，而且成本低廉；②种皮要有一定的硬度，能够保护胚状体在生产、储存、运输和播种过程中不受损害；③种皮应当含有生长激素、防腐剂和植物生长发育所需的成分和水分等物质，有利于胚状体的萌发，并适合于农业机械化播种等。

目前用作人工种皮的原料，多为一些胶质的化合物薄膜，以便包裹于人工胚乳之外，防止溶于水的营养物质向外渗漏。人工胚乳是为体细胞胚进一步发育而提供营养的物质，它的基本成分仍是各种培养基的基本成分，只是根据使用者的目的，人们可以自由地向人工胚乳基质中加入各种不同物质，如植物激素、有益微生物或除草剂等，赋予人工种子较之自然种子更加优越的特性。人工种皮与人工胚乳在概念上应属于两个不同的范畴，但目前在人工种子制作中由于普遍使用的为海藻酸钠，体细胞胚包埋后，常常就直接用于播种。所以，"种皮"与"胚乳"就合二为一，变成为一种广义的"种皮"。

目前较好的包埋剂有 5 种，它们是海藻酸盐、琼脂、白明胶、角叉菜胶和槐豆胶等，其中海藻酸盐所形成的胶囊是较好的凝胶包埋材料。海藻酸钠是一种从海藻中提取的多糖高分子化合物，用它做成的海藻酸盐胶囊的优点是凝聚好，使用方便，无毒，价格便宜，并具一定强度，可起到保护体细胞胚的作用，缺点是"易漏"，致使水溶性养分很快浸出。另外，制成的人工种子只能短期贮存，胶囊之间既容易粘在一起，同时在空气中又易于干燥，形成硬丸，在萌发时出根和出芽常常受阻，对播种及机械操作都有较大影响。为了克服这些问题，Redenbaugh 等曾试用美国杜邦（Dupont）公司生产的由乙烯、乙酸和丙烯酸三种物质共聚的产物——Elvax4260 材料作为人工种子最外层的包裹剂，这种涂膜足以使黏性减小到涂膜胶囊可以用种子种植机进行播种的程度，效果较好。用 Elvax 作为人工种皮的具体操作程序为：①将 4g 海藻酸钙胶囊置于 20ml 含 0.1g 葡萄糖、0.2ml 甘油的氢氧化钠溶液中搅拌 1 分钟；②在 50ml 环己烷中加入 10% 的 Elvax4260；③在 40℃ 条件下溶解 5g 硬脂酸、10g 鲸蜡醇和 25g 鲸蜡取代物，另加 295ml 石油醚和 155ml 二氯甲烷；④将海藻酸钙胶囊放在上述混合液中浸泡 10 秒，取出后用热风吹干。如此重复 4~5 次，最后用石油醚冲洗干净，经尼龙布过滤后在空气中风干即可。

目前在国内外，有多个实验室或公司正在试验更多的材料，相信不久就会有更好的种子外层包裹材料问世，以适应各种不同目的人工种皮的需要。

2. 胚状体的包埋

包埋的方法很多，主要是滴注和装膜两种。

（1）滴注法 是将选择好的体细胞胚悬浮于 2%~3% 的海藻酸钠溶液中，然后用一个塑料吸管吸注含体细胞胚的海藻酸钠悬滴加入到 0.1mol/L $CaCl_2$ 溶液中，这时离子间发生交换而形成胶囊，胶囊的直径依赖于吸管的内径和吸注的速度，胶囊的大小视体细胞胚的大小和发芽能力来决定，一般采用吸管口径为 4mm，可得直径为 4~5mm 的胶囊。体细胞胚包在胶囊中的位置宜偏在一边，不要处在正中央，以利萌发。手工制作时，可让悬滴在滴管口稍停留一下，当体细胞胚移向悬滴底部时，再滴入到 $CaCl_2$ 溶液中，可获得体细胞胚偏离在一边的胶囊。至于聚合的时间长短则决定于所用试剂浓度。一般海藻酸钠的浓度控制在 2%~3%，在 $CaCl_2$ 中停留时间不要超过 10 分钟，以免胶囊太硬而影响发芽。形成胶囊后转入无菌水中冲洗，最后在 1/2 MS 培养基上作发芽和转换试验或进一步包裹人工种皮。人工种皮的厚度可以根据离子交换时间的长短来掌握。

（2）装模法 是把体细胞胚混合到温度较高的胶液中，然后滴注到一个有小坑的微滴板上，随着温度降低变为凝胶而形成胶丸。

（三）人工种子的贮藏与萌发

多数的人工种子放在 4℃ 低温条件下保存，但随着保存时间的延长，人工种子的萌发率会显著下降，如将人工种子密闭贮存于铝箔中，在 4℃ 条件下贮放 20 天，发芽率可达 95%，但延长到 60 天，发芽率便丧失。这主要与两个方面有关：第一，目前通过液体培养，特别是通过长期继代培养产生的体细胞胚多数不正常。如在西洋参体细胞胚的培养中，有近 80% 的体细胞胚处于不正常状态，用这种胚做成的人工种子，萌发率自然很低。所以形态完整、体积较大及具较高转换能力的高质量体细胞胚，是成功制作人工种子的保证。第二是人工种皮的影响，目前广泛使用的海藻酸盐胶囊通气性较差，由于它抑制了体细胞胚的呼吸，从而也降低了体细胞胚的寿命。也可能是人工种子包埋时体细胞胚尚未处于休眠状态，而包埋使体细胞胚得不到氧气等原因所致。

一些研究表明，干化处理对延长人工种子贮藏时间，提高体细胞胚萌发率、植株转换率和幼苗活力等具有明显的效果，是人工种子研究与应用的关键。所谓干化处理，是在一定温度和相对湿度等条件下，使体细胞胚失水而进入与自然种子合子胚相似的休眠或静止状态。如大豆的体细胞胚干化到原先体积的 40%~50% 后，再吸水萌发率达 30%，而且与未干化处理的体细胞胚相比，其萌发快，且较为整齐。干化处理为何能提高体细胞胚的生活率和萌发率，有学者认为，未经干化处理的体细胞胚是"休眠"的，干化后的体细胞胚则是"静止"的。干化处理实质是一种胁迫效应，很可能是引起体细胞胚内源 ABA 含量的变化和其他激素的变化以及基因的差别表达，合成新的 mRNA 和蛋白质，即干化处理起到了一种使种子从"发育模式"转向"萌发模式"的"开关"作用，而这种作用是通过降解原有的与种子发育成熟相关的 mRNA，并重新合成与种子萌发相关联的新 mRNA 来完成的，从而打破"休眠"，诱导体细胞胚进入"静止"状态，促进其在适当的条件下萌发。

在干化处理过程中，相对湿度的高低关系着干化处理体细胞胚的失水速度，相对湿度高，体细胞胚失水速度慢，存活率高，反之则低。由于 ABA 可促进体细胞胚的正常发育，提高体细胞胚的质量，故用 ABA 预处理有利于提高体细胞胚经干化处理后的存活率和干化的耐受性。

（四）人工种子的转换试验

体细胞胚发育成植株，大致经历几个阶段：①发芽；②根系的发育；③芽分生组织的生长与发育；④真叶的生长；⑤芽和根的连接；⑥正常植株生长等。转换试验是指人工种子在一定条件下，萌发、生长、形成完整植株的过程。转换的方法可分为无菌条件下的转换和土壤条件下的转换。

1. 无菌条件的转换

一般是将新制成的人工种子播种在 1/4 MS 培养基，附加 1.5%麦芽糖，8g/L 的琼脂中，培养后统计人工种子形成完整植株的数目，即人工种子的转化率。转换率的高低主要取决于两方面因素：①提高体细胞胚质量的培养基成分；②改进转换的条件。如用麦芽糖代替蔗糖，有利于体细胞胚的萌发和转换。

2. 土壤条件的转换

即直接播种于土壤，使转换成功。采用方法有：①无土培养试验，目前以硬石或珍珠岩试验较多，附加低浓度无机盐，1/6 的 MS 培养基，0.75%麦芽糖有利于转换。②土壤试验，人工种子的土壤转化试验报道较少，苜蓿人工种子的直接土壤转化试验已达 20%，水稻不定芽研制的人工种子经适当的过渡性培养，在土壤中的转化率为 10%。

人工种子转换率的主要限制因子可能是：①无机盐的作用，没有硝酸钾、硫酸镁、氯化钙等盐类参与时就不会发生转换，缺乏磷酸铵，转换率从 30%降至 5%。显然这些无机盐成分作为营养肥料是不可缺少的。②0.75%（W/V）的麦芽糖有利于提高转化率。因而推测，碳源在人工种子转换中也是限制因子。为此，必须在人工种子中贮藏必需的养分或供给外源营养物质。

（五）人工种子的应用前景

从人工种子的研究模型系统扩展到商业性生产，目前还存在不少问题：①许多有价值的基因型作物，特别是那些不易获得种子和自然增殖率极低的植物，目前尚未显示出较好的体细胞胚发生能力，或胚的生活力差；②有些作物虽然可以诱导出体细胞胚，但胚胎发生机制研究不够，而且同步化等技术尚未解决，因而难以达到大量控制同步化的目的；③人工种子的成本远高于自然种子，即使是工艺较成熟的植物，如苜蓿的人工种子每颗价值要比自然种子高 20 多倍。许多工艺不成熟的重要作物，成本更高；④人工种子的贮藏、运输和加工，以及机械化播种等问题，尚未完全解决。因此，人工种子还难以与实际的自然种子相竞争。要想人工种子技术得到应用，首先应考虑该作物的价值，其次要考虑那些自然增殖率极低，很难获得种子的植物。如多年生的名贵药材、高质量的木材和经济林木以及珍稀濒危植物等。由于它们每亩的用种量不大，而每颗种子所产生的植株价值很大，通过增加效益，可以弥补由于制造人工种子所增加的费用。同时，许多木本植物是异花授粉，用种子繁殖，后代分离，影响质量，采用扦插或嫁接等技术虽然可在短期内保持优良种质，但繁殖速度慢，同时多年的无性繁殖，往往使病毒积累，造成产量和品质退化。如果建立一个人工种子繁殖体系，获得无病毒的人工种子，可快速繁殖良种，增强抗逆性，显著地提高作物的产量和质量。

第五章
胚胎培养和胚乳培养

　　被子植物的受精过程是双受精，即进入胚囊的两个精子，一个与卵细胞结合形成合子；另一个与中央细胞中的两个极核结合形成初生胚乳核。合子进一步发育形成胚胎，初生胚乳核进一步发育为胚乳，为胚胎提供营养，并在种子成熟过程中或种子萌发过程中逐渐解体和消亡。

第一节　胚　胎　培　养

一、胚胎培养的意义

　　离体胚胎培养可以克服种、属间远缘杂种夭亡，打破种子休眠，缩短育种周期，克服种子生活力低下和自然不育等，对于植物品种改良具有极其重要的意义。

（一）克服植物远缘杂交障碍

　　在远缘杂交育种中，经常发生杂种不育现象，其原因是比较复杂的，其中主要有胚的发育不良、提供营养来源的胚乳不能正常发育，以及有时胚与胚乳之间形成的障碍物质阻碍了营养物质的运输等，从而造成胚的早期败育。特别是杂交育种中以某些种的早熟种为母本而获得的杂种，种子生活力低下，甚至经过冷藏处理也不能萌发。为了解决杂种胚不能正常发育的问题，利用幼胚离体培养是一个非常有效的途径。

1. 植物的两种受精隔离机制

　　植物界由于长期自然选择的结果，产生两种隔离机制。

　　（1）拒绝异种受精　杂交不亲和现象在种、属以上的植物杂交中，常常可以见到。由于杂交不亲和性的存在，才能保持物种的遗传稳定性。这种拒绝异种受精的现象普遍存在于植物界。

　　（2）拒绝自花受精　由于自交不亲和现象的存在，才能确保物种具有强生活力。拒绝自花受精现象普遍存在于自然界中。

2. 植物远缘杂交障碍的表现形式

　　（1）花粉在柱头上不萌发或萌发后花粉管不能伸入花柱或生长缓慢，使配子丧失受精机会。胚胎培养无法克服这种受精障碍。

（2）花粉管生长正常，有配子融合但由于胚败育而引起的杂交不结实。胚败育的原因可能是胚乳早期败育或胚胎发育和珠心组织发育不同步。取授粉后的幼胚培养并用秋水仙素进行染色体加倍，可得到正常可育的双二倍体的植株。取受精后 2～3 周的幼胚培养可获得远缘杂种植株，这是克服远缘杂种幼胚在发育过程中夭亡的有效措施。

在远缘杂交育种中，经常发生杂种不育现象。其原因是比较复杂的，其中主要有胚的发育不良、提供营养来源的胚乳不能正常发育，以及有时胚与胚乳之间形成的障碍物质阻碍了营养物质的运输等，从而造成胚的早期败育。特别是杂交育种中以某些种的早熟种为母本而获得的杂种，种子生活力低下，甚至经过冷藏处理也不能萌发。为了解决杂种胚不能正常发育的问题，利用幼胚离体培养是一个非常有效的途径。

（二）打破种子休眠

种子休眠的原因很多，但是能利用幼胚培养打破种子休眠的情况有以下两种。

1. 种胚发育不全

（1）一些无胚乳种子果实成熟时，胚龄尚幼小，需与微生物"共生萌发"。兰科二色兰品种，种子从蒴果散出时，种胚尚处于细胞期原胚阶段，胚尚未达到生理和形态上的成熟，故播种后不能发芽，需借助土壤中一种真菌进行"共生萌发"。后来用含糖和无机盐的培养基，代替胚乳提供兰胚胎发育条件（包括营养、温度、湿度），使原胚期幼胚达到生理和形态上的成熟而萌发成植株。

（2）有的胚乳种子离开母体时，胚龄幼小，仍需继续吸取胚乳营养。如银杏种子离开母体时，胚龄幼小，长度仅为成熟胚的 1/3，仍需继续吸取胚乳营养，4～5 个月后才能成为成熟胚，而油棕种胚需经几年才能成熟。

2. 存在抑制种胚发育的物质

鸢尾属植物的种皮、胚乳、珠心组织中均不同程度地存在抑制胚发育的物质。这类种子收获后，需休眠数月至两三年，经冷藏处理后播种也需经 30 天以上时间才能发芽。而将鸢尾的幼胚剥出，在适宜培养基中培养 2～3 个月即可长成健壮的具有叶、根的幼苗并能提前开花。从培养基播种至开花仅需 1 年时间。

（三）克服珠心胚干扰，提高育种效率

在自然界中，有些植物的种子存在多胚现象，其中只有一个胚是通过受精产生的有性胚，其余的胚多是由珠心细胞发育而成，因此称为珠心胚。在杂交育种中，由于珠心胚的干扰，常常很难确定真正的杂种，有时珠心胚甚至造成杂种胚夭折。通过幼胚培养即可以克服这一障碍。

（四）克服种子的自然不育性

长期营养繁殖的植物，虽然具有形成种子的能力，但它们的种子常是无生活力的。胚胎培养有可能促进这类种子的萌发和形成幼苗。

（五）种子生活力的测定

测定休眠后的种子生活力，应用一般的种子萌发试验需较长时间，特别是木本植物需要层积处理打破休眠。未经层积处理和经层积处理的种胚，离体培养条件下萌发速率一致。因此，这一方法用于快速测定种子生活力已被广泛采用。

胚培养可用于探讨植物器官发生过程的许多理论问题，如研究胚发育中胚乳的作用和进行胚胎切割实验等。

二、胚胎培养的类型

植物胚培养通常是指从种子或果实中剥离取出胚进行离体培养的技术。根据胚培养的取材时期不同可以分为两类：成熟胚培养和幼胚培养。

（一）成熟胚培养

成熟胚培养一般所要求的培养条件和操作技术均相对简单，实质上是胚的离体萌发生长，因此，它的发育过程与正常的种子萌发没有本质上的区别。成熟胚培养较适用于珍稀杂种的种子萌发及某些难繁殖植物的抢救等，可以克服由种皮或果皮等造成的发芽障碍，同时亦可避免自然环境对种子萌发的不利影响，特别是对某些结实困难或种子休眠期过长的植物更为有效。

成熟胚已经储备了能够满足自身萌发和生长的养料，因此在简单的培养基上就可以培养。培养基一般由大量元素的无机盐和蔗糖组成，早期常用的成熟胚培养基为 Tukey（1934年）培养基和 Randolph 和 Cox（1943年）培养基。近年来成熟胚培养也采用较复杂的培养基，如 Nitsch（1951年）和 MS（1962年）培养基。这些复杂的培养基含有大量元素、微量元素、维生素和一些有机附加物，培养基的蔗糖含量一般为 2%～3%，用 0.7%～1% 琼胶固化，酸碱度应控制在 pH 5.2～6.0。而大量元素减半的 MS 培养基适用于多种植物的成熟胚培养。

成熟胚的培养比较简单，方法如下，将成熟的种子用 70% 酒精进行表面消毒几秒到几十秒钟（取决于种子的成熟度与种皮的厚薄），再放到漂白粉饱和水溶液或 0.1% 氯化汞水溶液中，消毒 5～15 分钟，然后用无菌水冲洗 3 次。在无菌环境中解剖种子，取出胚种植于培养基上，在常规条件下培养即可。

（二）幼胚培养

幼胚培养是指未发育成熟的胚培养。幼胚在胚珠中是异养的，需要从母体和胚乳中吸收各类营养物质与生物活性物质。发育早期的幼胚，由于胚胎发育要求更为完全的人工合成培养基，必须通过培养基向它提供足够的营养物，它要求提供适宜的培养条件和较复杂的胚剥离操作技术。

1. 幼胚培养的基本技术

（1）取材　不同发育时期的幼胚，离体培养成功率差异很大。一般胚龄越大成功率越高，相反胚龄越小成功率越低。处于原胚期的幼胚即使采用胚珠预培养的方法，也仅有少数植物种能够成功。大多数培养成功的实例证明，适宜于幼胚培养的胚发育时期多为球形胚至鱼雷形胚。在形成球形胚之前的原胚阶段，剥离和培养均比较困难。以幼胚抢救为目的的胚培养取材，还应了解胚退化衰败的时期，以便在此之前取出幼胚进行培养。一般而言，幼胚死亡时间越早（如球形期之前），抢救工作就越困难。

胚培养在取材时常常是首先采集果实或种子，然后对果实或种子进行消毒，由于胚包被在种皮内，因而一般是无菌的。只要果实或种子消毒彻底，在无菌条件下分离出的幼胚一般不会造成污染。

(2) 幼胚剥离　在进行幼胚培养时，必须把胚从周围的组织中剥离出来，剥离胚的成功与否是幼胚培养能否成功的关键。对于大多数植物的幼胚剥离而言均要借助解剖镜和解剖用具，特别是那些种子较小的植物更是如此。另外，生活的幼胚处于一种半透明、高黏稠状态，剥离过程中极易失水干缩。因此，在剥离时一定要注意保湿，并且操作要迅速。有关胚发育的细胞学和生理生化研究表明，胚柄组织积极参与幼胚的发育，特别是处于球形期以前的幼胚。因此，通常幼胚培养需要带胚柄结构，所以幼胚剥离时应带胚柄一同取出。

(3) 接种培养　剥离出来的幼胚要立即接种到培养基上进行培养。胚培养相对于其他培养而言要容易一些。但是，在培养之前必须对所培养的对象在自然条件下的生物学特性有充分了解。如胚的休眠问题，是否需要春化作用，胚萌发的温度、光照等条件，这些对提高胚培养的成功率均有重要影响。

2. 幼胚离体培养的生长发育方式

幼胚培养中，有下列 3 种常见的生长发育方式。

(1) 胚性发育　幼胚接种到培养基上以后，仍然按照在活体内以往的发育方式继续发育，最后成为成熟胚，有时甚至可能类似种子。然后再按种子萌发途径出苗形成完整植株。此种途径发育而来的幼胚，通常一个幼胚将来就是一个植株。

(2) 早熟萌发　幼胚接种后，离体胚越过正常胚胎发育阶段，不再继续其胚性生长，而是在培养基上迅速萌发成幼苗，此现象通常称之为早熟萌发。在大多数情况下，一个幼胚萌发成一个植株，但有时存在由于细胞分裂产生大量的胚性细胞，随后形成许多胚状体，从而形成许多植株，即所谓的丛生胚现象。

(3) 愈伤组织　在许多情况下，幼胚在离体培养中首先发生细胞增殖，形成愈伤组织。一般而言由胚形成的愈伤组织大多为胚性愈伤组织，这种胚性愈伤组织很容易分化形成植株。

胚培养中胚的发育方式在一定程度上可以通过培养基和培养条件进行调节实现，使其发育有目的地进行。若目的是获得植株，就可以使其按胚性发育和早熟萌发途径发育。如果是为了获得大量的胚性细胞，则可以促使其增殖成为愈伤组织。

3. 幼胚培养的培养基要求

离体培养中幼胚培养的成功率主要取决于培养基的组成。幼胚对培养基的要求则较为严格，不仅必须有完全的营养成分，而且对培养基的渗透压、激素种类、激素配比及附加成分均有一定的要求。

蔗糖在幼胚培养中起着三个重要的作用：一是提供碳源和能源，二是调节渗透压，三是防止幼胚的早熟萌发。如果仅只是作为碳源，并不需要很高的浓度。但是，幼胚自然生活在较高渗透压的状态中，当它进行离体培养时，就应该处于与活体内相同的渗透压环境。一般而言，蔗糖使用的浓度大多在 4%～12%。而幼胚所处的发育阶段越早，所要求的蔗糖浓度越高。

幼胚培养中外源激素是必需的，不同的激素种类培养效果不一。低浓度的赤霉素（GA₃）和激动素（KT）能促使幼胚早熟萌发。赤霉素有时甚至具有胚柄的作用。因此，在胚培养的培养基中赤霉素是必不可少的生长调节物质。但其使用浓度一般较低，不宜超过 0.5mg/L。吲哚乙酸（IAA）和脱落酸（ABA）具有抑制早熟萌发和促进胚正常发育的作用，一般以低浓度为宜，且因不同的植物而有所变化。此外，生长素与其他激素的配比比例有时也会影响胚的发育方式，生长素比例高时一般容易形成愈伤组织。

胚的发育可以分为异养期和自养期两个不同时期。异养期的胚发育完全依赖于胚乳和周围的母体组织提供营养。而自养期的胚在代谢上已能通过吸收培养基中的基本无机盐和糖来合成自身生长所需的物质，在营养上已可以完全独立。胚由异养阶段转为自养阶段是一个关键时期，许多胚死亡多发生在这一转变时期。而离体培养的幼胚大多还处于异养阶段。因此，除了基本的培养基营养外，胚乳提取物对幼胚的培养一般是必不可少的。

4. 幼胚培养的技术关键

幼胚培养除考虑胚龄之外，还应重视在离体条件下幼胚分化和发育的环境条件、渗透压和酸碱度等条件。

(1) 培养基渗透压对胚发育的作用　培养基渗透压对幼胚发育的重要性，与其他器官培养一样。渗透压的调节主要依赖于糖。在含有无机盐、有机物和蔗糖的培养基上，离体培养的幼胚越过正常胚胎发育阶段，在未达到生理和形态成熟的情况下，萌发长成幼苗，称为早熟萌发。早熟萌发的幼苗往往畸形、细弱，甚至不能存活。所以幼胚培养中，防止早熟萌发是非常重要的。

①提高培养基渗透压　胚龄越小要求的渗透压（糖浓度）越高，高糖浓度可以控制幼胚早熟萌发。

②提高无机盐浓度　提高无机盐浓度也是为了提高培养基渗透压。可加入适量的 NaCl 以提高渗透压，浓度一般为 0.2%～0.4%，超过 0.8% 则对胚有毒害作用。

③加入甘露醇提高渗透压　甘露醇的浓度为 1.1%～5.5%，以部分地代替蔗糖，使幼胚在等渗条件下继续胚性发育。

(2) 培养基酸碱度对胚发育的影响　培养基酸碱度对胚发育也是非常重要的，通常胚培养所用 pH 值的范围为 5.2～6.3，因植物种类不同而有所差异。

(3) 环境条件对胚发育的影响

①光照　对于幼胚培养而言，培养初期的黑暗条件是必要的。其黑暗培养的时间与胚的发育时期有关，越是处于发育早期的胚，需要黑暗培养的时间就越长。早期光照不利于胚根的发育，但胚芽的发育要求一定的光照条件。对于大多数植物来讲，离体幼胚培养已经启动发育以后，给予和其自然光周期一致的光照条件有利于幼胚发育。

②温度　幼胚培养的温度一般以该植物种子萌发的最适宜温度为好。有些植物的幼胚培养在给予适宜温度之前要求进行一定的低温处理。

（三）胚胎培养的应用

1. 获得稀有的杂交种

进行种间杂交和属间杂交时，杂交种的合子与胚乳核均包含了遗传结构不相同的基因组。在进而形成胚和胚乳的过程中，不同的基因组的表达存在不相协调，从而引起胚乳和胚发育的不正常，不能形成具有萌发力的种子。多数情况下是杂交种的胚乳最先败育，而胚仍正常，若此时进行离体胚培养，可以将杂交种幼胚培养成植株，此方法称为胚胎拯救。由于不同杂交组合杂交种胚的退化时间不同，因而需要进行杂交种胚胎发育的研究，以确定胚胎拯救的最佳时期。胚胎拯救已经被广泛应用于各种经济植物的远缘杂交育种，获得了许多采用常规方法难以得到的稀有杂交种。

（1）禾本科杂交种胚培养　粮食和饲料主要来源于禾本科植物。禾本科植物的远缘杂交在作物的育种上起着重要作用，其抗病性和抗逆性的提高、品质的改善、产量的增加和雄性不育系的获得，在很大程度上依赖于从野生物种中获得有用的基因。而小麦、大麦、水稻和玉米等作物在与其他种属植物杂交时，不孕率和杂种胚败育率都很高，大多情况只能采取幼胚培养的方法来获得杂种植物。

（2）豆科杂交种胚培养　通过幼胚培养已经获得了许多豆科的种间杂交种。黄花草木犀（*Melilotus officinalis*）是一种重要的牧草，但其植株含有大量的对牛有害的香豆素。而同属的白花草木犀（*M. alba*）的香豆素含量较低，通过两者种间杂交可以使杂交种获得此优良特性，但其杂交种胚胎虽能存活，由于数天后出现胚珠衰亡，因此种子不能成熟。通过幼胚培养可以获得此杂交组合的杂种植物。车轴草属植物的种间杂交也很困难，而通过幼胚培养方法也能获得杂种植物。

（3）其他植物的杂交种胚培养　鹿子百合（*Lilium speciosum - album*）与天香百合（*L. auratum*）杂交虽然能够获得种子，但由于杂交种种子胚和胚乳不亲和，从而在种子贮存期间胚逐渐退化，种子不能萌发成苗。通过幼胚培养可以得到完整的植株。花百合（*L. henryi*）与王百合（*L. regale*）之间的杂交通过幼胚培养可以获得成功。

棉花的育种常采用棉属种间杂交方法。利用陆地棉与海岛棉杂交或利用陆地棉与亚洲棉杂交，从而选育优质、高产和抗病、抗逆的品种。通常在授粉后的 20～30 天进行杂种胚的培养。柑橘类的种间杂交和属间杂交也是培育新品种的主要方法。

2. 单倍体的产生

在栽培大麦与球茎大麦的杂交和小麦与玉米的杂交中，受精作用可以完成，但在胚胎发生最初的几次分裂期间，父本的染色体被排除，结果形成了单倍体的大麦胚或小麦胚，而受精后胚乳很快解体，单倍体胚生长则相当缓慢。因此，为了得到单倍体植株，需要把胚剥离出来进行培养。

3. 稀有植物的繁殖

有些椰子果实发育异常，不能形成液体胚乳，而是形成一种柔软肥厚的组织。此种果实十分罕见，并且种子在自然界不能萌发，使用离体胚培养技术已成功地获得了植株。芭蕉属有许多结籽的品种，其中芭碧蕉是一种野生食用蕉，在自然情况下种胚不萌发，如果取出胚使其生长在简单的无机盐培养基中，则能很快萌发成幼苗。芋为块茎植物，通常行营养繁殖，在自然条件下种子不萌发，这种自然不育的种子，也可行胚的离体培养来促进萌发。

4. 育种效率的提高

柑橘（芸香料）为多胚植物，除正常有性胚外，还可以从珠心组织发生多个不定胚。常规杂交育种中，不定胚干扰了对有性胚的识别。再者，不定胚的生长势强，具有很强的竞争力，因而影响柑橘杂交育种的结果。芒果也存在此现象。利用胚离体培养的方法，可以使合子胚正常发育成植株。

5. 胚胎培养的操作实例

猕猴桃属（*Actinidia*）约有 55 个野生种，绝大多数原产于我国，其属内种间杂交是培育新品种的主要手段。虽然许多杂交组合能够产生杂种胚，但由于胚乳败育，只形成无生活能力的种子。因此，杂种幼胚的立体培养就成为获得杂种植株的唯一可行方法。

（1）外材采集　取杂交授粉后约 100 天的近成熟果实。

（2）消毒　果实先浸泡于 70% 酒精中消毒数十秒；再用 1.5% 的次氯酸钠溶液消毒 10～15 分钟；其后用无菌水换洗 3 遍。

（3）幼胚剥取　于解剖镜下用解剖针剥出种子，然后剥开种皮并挑出直径 1mm 大小的杂种胚接种（若胚直径小于 1mm，可连同珠孔端的胚珠组织切下）。

（4）幼胚培养基　MS + 2mg/L 异戊烯腺嘌呤（2 – ip）+ 0.5mg/L IAA + 0.5mg/L GA_3 或者 MS + 0.5mg/L IAA + 0.5mg/L GA_3；蔗糖浓度均为 3%；用琼脂固化。

（5）幼胚培养条件　温度 26℃～28℃；光照每天 8 小时。（若较小胚形态不正常或不能伸长，可转移到附加 0.5mg/L 6 – BA 和 0.5mg/L IAA 培养基中）

（6）成苗培养　将幼苗或不定芽转移到 MS 培养基或 MS + 0.5mg/L GA_3 的培养基上，可得到具有根和真叶的完整小植株。

第二节　胚乳培养和三倍体的产生

一、胚乳离体培养的意义

被子植物的胚乳是双受精的产物，是由一个精细胞和两个极核融合而成，故胚乳细胞为三套染色体。胚乳培养再生的植株理论上是三倍体，实际上由于胚乳细胞的分裂的不规则性，胚乳植株中既有三倍体，也有许多非整倍体。三倍体植物在经济上有重要价值。首先，由于三倍体植株的种子在早期就发生败育，可以利用三倍体植株来生产无子果实。其次，三倍体植物较二倍体植物高大，生长迅速，生物量高，这在以营养体作为产品的植物具有重要价值。第三，三倍体植物的品质有时优于二倍体植物。另外，胚乳细胞中贮存了大量的淀粉、蛋白质和脂类营养物质，是研究这些产物代谢过程的理想系统。同时胚乳组织也是实验形态发生学研究的极好材料，因为胚乳组织为一种完全由薄壁细胞组成的均质组织，可以用来研究其如何分化为特化的组织。

至今，尚未见到胚乳细胞在自然状态下器官发生的报道。胚乳培养最先由 Lampe 和 Mills 在 1933 年进行玉米胚乳离体培养得到可连续生长的愈伤组织。目前为止，有 40 余种被子植物进行了胚乳培养，达到不同程度的细胞分裂和器官分化，其中枸杞、檀香、核桃、柚、橙、猕猴桃、马铃薯、梨、苹果、玉米、大麦、小黑麦、水稻等的胚乳培养得到了再生植物。说明胚乳组织也具有发育成植株的潜在能力，在应用上胚乳培养为植物界创造新物种提供了一条可行途径。

二、被子植物胚乳类型

被子植物胚乳的发育与植物其他组织比较起来具有其特殊性，根据其发育初期是否形成细胞壁，把胚乳发育分为 3 种类型：核型（nuclear type）、细胞型（cellular type）和沼生目型（helobial type）。

（一）核型胚乳

胚乳最初发育经过一段游离核阶段，绝大多数被子植物的胚乳属于核型胚乳。核型胚乳的发育特点是初生胚乳核第一次分裂后，继续进行几次或多次核分裂而不形成细胞壁，许多核以游离的形式共存于 1 个细胞质中，以后才开始形成细胞壁而变成真正意义上的胚乳细胞。游离核阶段的细胞核数在不同植物而有差异。

（二）细胞型胚乳

与核型胚乳不同，细胞型胚乳的发育不经过游离核阶段而按正常的细胞分裂方式进行。胚乳初生核第一次分裂后即形成两个子细胞，以后每次分裂都形成细胞壁。某些合瓣花植物，如烟草、芝麻及番茄等属于此类。

（三）沼生目型胚乳

沼生目型胚乳是核型与细胞型之间的中间型。初生胚乳核第一次分裂为细胞型，形成两个细胞，靠近珠孔的细胞大，靠近合点的细胞小。然后两个细胞中的核进行游离核分裂，位于珠孔一端的细胞核分裂快，合点一端的分裂慢。而后珠孔一端形成胚乳细胞，而合点一端的胚乳核慢慢退化。只有单子叶植物中的某些类群的胚乳属于这一类型。

三、胚乳培养的技术关键

胚乳细胞属于薄壁细胞，虽处于未分化状态，但它与分生组织的细胞有着本质的不同，是一种特化了的薄壁细胞，因此其培养难度远比其他器官要大。

（一）胚乳的发育时期

各种植物胚乳培养的试验证明，游离胚乳核时期和成熟胚乳时期均不适合进行培养，只有当胚乳处于细胞形成期并仍保持旺盛的分生能力时进行培养才有可能成功。对于胚乳在种子发育过程中被吸收而消失的一类植物来说，掌握胚乳的发育动态对于胚乳培养更是至关重要。

（二）培养条件

胚乳培养一般采用 White 和 MS 基本培养基附加一些有机成分和激素。早期的培养多采用 White 培养基，而现在使用 MS 培养基较多。胚乳培养需要附加水解酪蛋白和酵母提取物。在诱导培养期间，一般需要较高浓度的生长素，分化培养时则需要较高浓度的细胞分裂素。

胚乳培养对 pH 的要求较高，不同植物的适宜 pH 不同。所以，在培养前必须对所培养植物胚乳适宜的 pH 了解清楚。一般来讲，培养的温度和光照与其他培养类型一致。

（三）胚因子

在进行桃的胚乳培养中发现，接种带胚的挑胚乳形成愈伤组织的比率高达95%。这说明胚对胚乳的培养有一定影响，即所谓的胚因子影响。

四、胚乳培养的形态发生

（一）愈伤组织形成

最适发育时期的胚乳在离体培养条件下经过一定时间可形成愈伤组织。胚乳愈伤组织的形成常有几种情况。

1. 胚乳合点端表层及其下面 2~5 层细胞含有浓稠的细胞质和大的核，因此，由胚性细胞产生愈伤组织。

2. 胚乳外围是一层分生细胞，在离体培养条件下这层细胞开始分裂，在胚乳组织的外围形成一层分裂活跃的细胞，它们是愈伤组织的起源细胞。

3. 胚乳培养后有相当多的细胞死亡，剩下的活细胞出现两种情况：一种细胞向正常的胚乳储藏细胞方向发育，细胞增大，淀粉粒迅速发育，最后巨大的淀粉颗粒充满细胞，细胞体积为原始细胞的 5~10 倍，这种细胞不能形成愈伤组织。另一类细胞的细胞核体积增大，细胞质变浓，原有淀粉小颗粒消失，它成为胚乳愈伤组织的原始细胞，经进一步的分裂增殖形成细胞团和愈伤组织。

（二）器官发生

胚乳形成芽有两种途径：一是先诱导愈伤组织，然后从愈伤组织中分化出芽；二是胚乳组织不形成愈伤组织，直接形成芽。

芽的形成途径首先与培养基有关。如果培养基中的生长素浓度较高，则胚乳先形成愈伤组织，再分化芽。如果培养基中的激动素和细胞分裂素浓度较高或不含生长素，则可能直接产生芽。但一般来讲，直接分化芽的频率较低，培养效率不高。其次是胚乳的接种方式。将大麦胚乳分割成两半，切口向培养基接种的容易直接形成芽，切口背对培养基的则很少分化芽。此外，中华猕猴桃胚乳培养中胚状体的发生，在含有玉米素和水解酪蛋白的 MS 培养基上，猕猴桃胚乳细胞首先形成愈伤组织，然后在愈伤组织表面形成许多胚状体，再由胚状体形成植株。但在含生长素的培养基上不能形成胚状体。

（三）影响胚乳形态发生的因素

胚乳离体培养技术的研究目前还处于发展阶段。诱导产生愈伤组织和形成植株的植物种类还很有限，胚乳培养的器官发生比较困难也阻碍了胚乳培养的发展。胚乳培养所面临的问题，一方面与培养条件的掌握和培养基的配方研究不够有关，另一方面对胚乳本身的特性了解不够也是重要原因。

胚乳是胚正常发育和种子发芽所必需的一种营养物质，胚乳细胞是起储藏作用的特化细胞。研究者在不同植物中观察到，在体内发育过程中，胚乳细胞发生不正常分裂和核融合，因而造成基因不平衡和染色体畸变现象。在胚乳细胞离体培养情况下，染色体的异常现象也时有发生。

五、胚乳培养的操作实例

以宁夏枸杞（*Lycium barbarum*）和北方枸杞（*L. chinense* var. *potaninii*）为例介绍胚乳培养操作过程。

（1）外材采集　取健壮植株的变色期果实。

（2）消毒　果实先浸泡于 70% 酒精中消毒数分钟；再用 0.1% 的氯化汞溶液消毒 6~7 分钟；其后用无菌水换洗 3 遍。

（3）胚乳剥取　于解剖镜下用解剖针剥出种子，然后剥开种皮取出胚乳并去掉胚。

（4）愈伤组织培养基　MS + 2mg/L 2,4 - D + 0.5mg/L KT；蔗糖浓度均为 5%；用琼脂固化。

（5）培养条件　温度 26℃左右；光照每天 10 小时（培养 30 天后愈伤组织诱导率为 35% 左右）。

（6）芽分化培养基　MS + 0.5mg/L 6 - BA + 0.1mg/L NAA；蔗糖浓度为 2%（15 天后开始有芽点分化，其后约 20 天芽发育为具有明显茎、叶结构的植株。分化率约为 85%）。

（7）根分化培养　将具有 4~5 片叶、2cm 高的幼苗从基部切断，置于 50mg/L IBA 中 20~30分钟，转移至 MS 培养基上，10 天即可从基部分化出根；或者将幼苗转至 MS + 0.1~0.5mg/L NAA 培养基上，也可诱导出根。

第六章

子房、胚珠培养与离体授粉

第一节 子房、胚珠培养

一、子房培养

子房是被子植物的雌性器官。早在 1942 年 La Rue 就尝试过传粉后子房的培养。Nitsch (1951) 在一种合成培养基上培养烟草、小黄瓜、草莓、番茄和菜豆的离体子房，从而奠定了子房培养技术。培养接受花粉之前的子房称为未传粉子房培养，其应用价值在于诱导胚囊分子产生单倍体植株，以及进行离体授粉、受精和远缘杂交。传粉后的子房或胚珠培养的目的是研究果实或种子的发育，有时也可以代替胚胎培养用来拯救早期败育的杂种胚。

（一）授粉后子房的培养

传粉和受精后子房培养的目的在于研究果实发育的营养需求和激素调控。Nitsch（1951）首先成功地培养了已授粉的小黄瓜和番茄的离体子房，获得了成熟的、体积较小的果实，其中含有生活力正常的种子。在摩洛哥柳穿鱼（ *Linaria macroccana* ）和旱金莲（ *Tropaeolum majus* ）上也得到类似的结果。Maheshwari 等（1958，1961）成功地培养了授粉后一天的屈曲花（ *Iberis amara* ）离体子房，但胚比自然形成的小，当在一种含无机盐和蔗糖的简单培养基中添加 B 族维生素以后，就获得了正常大小的果实，若再加入 IAA，在离体条件下形成的果实甚至比在活体条件下形成的果实更大一些。许多研究结果表明，要想使授粉后的子房发育为含有种子的果实，必须在培养基中加入糖、生长素、激动素、维生素和无机盐。

离体培养的研究表明，花被的功能不仅仅是充做性器官的保护结构，在果实和胚胎的发育中也起着重要的作用。蜀葵（ *Althaea rosea* ）的试验表明，连着一部分花器官（花萼）的传粉后的子房更容易培养，而且子房中的胚胎能够正常发育（Chopra，1958，1962）。据报道，斯佩尔小麦（ *Triticum spelta* ）传粉 4~6 天的子房如果带有稃片，可以培养形成具有正常胚的颖果（Reidie，1955）。在大麦中（La Croix，1961）得到类似的结果，离体培养保留颖片和稃片的大麦小穗，其中的原胚能够正常发育到成熟胚，如果除去颖片和稃片，胚胎发育会受到阻碍，说明"花被因子"是胚正常发育所必需的。

近年来许多育种学家培养种间甚至属间传粉后的子房，以便获得远缘杂种或由染色体排除产生的单倍体植株。Inomata（1979）对两个有性不亲和物种油菜和甘蓝的种间杂交后的子房进行离体培养，成功获得了杂种。殷家明等（1997）利用子房培养和胚培养相结合的方法成功获得了芥蓝和诸葛菜的属间杂种。在百合杂种的培养中，日本 Asano 等人（1977）将发育 40 天左右的百合果荚，取出种子内的胚培养，成功地获得了杂交植株，但这项技术操作起来较为繁杂，成功率又偏低，于是日本的 Hayashi 等人（1986）以及 Kanoh 等人（1988）发现直接取发育中的子房来切片培养，可提高成功率。后来荷兰的 Van Tyul 等人（1991）结合切花柱授粉、子房切片培养、胚珠培养等技术，不但可以缩短获得杂交植株所需的时间，而且杂交成功的几率有了明显的增加。

（二）未授粉子房的培养

培养接受花粉之前的子房，其应用价值主要在于诱导卵细胞或其他的胚囊分子产生单倍体植株，以及进行离体授粉、受精和远缘杂交。有关离体授粉、受精和远缘杂交的内容将在下一节中介绍。

对未授粉的子房进行培养的培养基成分要求比较简单，一般用含糖的怀特（White）或改良 H 培养基的无机成分再加上一些生长激素，如 2，4 - D、6 - BA、NAA、激动素（KT）等，必要时补充一些自然的复合营养物质（如酵母提取物、椰子汁或水解酪蛋白等），在 25℃ ± 2℃、50% ~ 60% 湿度的条件下培养通常可以获得成功。培养时可将未授粉子房连同一段花梗一起切下，经表面消毒后，接种到合适的培养基上进行培养。

许多研究者在烟草未授粉子房的培养中发现，单倍体的诱导受培养过程中多种条件的控制，其中培养基中所含激素种类和它们之间的浓度配比起着重要的调节作用。

二、胚珠培养

当要取出心形期或比这更早一些时期的胚时，在技术上往往比较困难。在兰科植物中，有些寄生或腐生的种，甚至其成熟的胚也非常之小，故要取出它在操作上十分困难。在这种情况下，可试用胚珠培养技术，往往也可以获得相同的效果。另外，如在下一节还要谈到的，胚珠培养以及未授粉的胎座或子房的培养也是试管受精的技术基础。另一方面，如果在未受精的胚珠培养中能如花药培养一样，诱导大孢子或卵细胞增殖分化成为单倍体植株，则同样有希望用于单倍体育种。

胚珠培养的最初尝试始于 20 世纪 30 年代，在 White（1932）和 La Rue（1942）的工作中，胚珠只能进行很有限的生长。Withner（1942，1943）培养了一些兰花的胚珠，从而缩短了从授粉到种子成熟的时间，加速了幼苗的产生。Maheshwari 等人（1958，1961）培养了授粉后五天切下的罂粟的胚珠，并获得了有生活力的种子，当时胚珠内仅有一个合子或二细胞的原胚及少数游离核的胚乳。这些胚珠在 Nitsch 培养基上（加 0.4ppm 激动素）可以在 20 天内培养至成熟，甚至在试管内即萌发成幼苗。Kapoor（1959）用葱莲获得了类似的结果。90 年代开始，我国一些单位也在胚珠培养方面做了不少工作。张宏明等培养 Lakement 等无核品种，得到了成苗；贺普超等在培养早熟葡萄的胚珠时发现，胚珠经低温处理后才能萌发成苗；时香玉等（1999）对棉属 4 个杂交组合的胚珠进行了培养，并获得了种间杂交植株；刘延琳通过对葡萄早熟杂交胚珠的培养也获得了组培杂种苗。

（一）培养方法

将已授粉若干时间的子房进行表面消毒后，在无菌条件下进行解剖，将胚珠或附有胚珠的胎座切取下来，移植到合适的培养基上进行培养。胚珠培养通常使用含 5% 蔗糖的 Nitsch 培养基。有时在培养基中添加生长调节物质（生长素、激动素、吲哚乙酸等）和其他物质（酵母提取液、椰子汁或水解酪蛋白等）。

对于胚珠培养来说，移植时其内的胚胎是否是处于晚期心形胚的阶段以及是否带有胎座甚或与之相连接的部分子房，对培养的胚珠发育均有显著影响。将受精后不久的胚珠从胎座上剥离下来进行培养往往比较困难。因此，今后在胚珠培养的技术及培养基的组成方面，尚有许多问题必须加以研究。

（二）胚珠在培养基上的发育

培养已发育到球形胚期的胚珠，得到成熟种子的成功例子较多。而且在这种情况下，只要采用较简单的培养基就能成功。与此相反，培养受精后不久的胚珠，得到成熟种子的比例极少，并要采用较复杂的培养基。例如 Sachar 等（1959）和 Kappor（1959）将葱莲的含有球形胚的胚珠培养在添加维生素的 Nitsch 培养基上，得到了成熟的种子。但是，合子期（授粉后 2 天）的胚珠，在同样的培养基上，则不能得到成熟种子。又如将罂粟授粉后第六天的胚珠从胎座上切离下来，置于添加维生素的 Nitsch 培养基上时，所经历的发育过程与正常的大体相同。移植后第 20 天的胚珠比自然形成的胚珠大，并且胚珠经充分发育而形成成熟的种子，继续进行培养就会发芽而成为幼苗。与此相反，授粉后 2～4 天的胚珠，如培养在上述的培养基上，即使向培养基中再添加酵母提取液或水解酪蛋白、激动素、吲哚乙酸等，也不发育。因此可以认为，培养受精后不久的胚珠通常是困难的。

培养带有胎座或部分子房的胚珠时，所需培养基则比较简单，而且受精不久的胚珠也易于发育成成熟种子。在白花菜（Chopra etc，1963）、矮牵牛（中岛等，1969）等植物中均观察到过这种情况。另一方面，在培养基上培养授过粉的子房也能看到这样的例子，如 Johri 等（1963）和 Maheshwari 等（1966）曾将烟草、葱莲、洋葱等植物受精后不久的子房放在只含无机盐和蔗糖的培养基上培养，得到了若干成熟种子。所以，在单个胚珠培养遇到困难不能成功的时候，可以考虑带胎座或子房一道进行培养。

因此，可以推测胎座或子房的某些组织在胚珠发育初期起着重要作用。通常难以培养的受精后不久的单个胚珠，可在移植时带有胎座或其他组织，使得培养较容易些。但是，如果要将胚珠培养应用于育种，就有必要建立从胎座上切离下来的单个胚珠培养的技术，这就意味着有必要弄清楚胎座和其他组织在培养的胚珠发育初期所起的重要作用。

（三）与胚珠初期发育有关的物质

在培养受精后不久的胚珠时，对于葱莲在培养基中添加椰子汁（Kapoor，1959）、对于棉花添加发育中的胚珠提取液（Joshi，1962）、对于白车轴草添加黄瓜未成熟果实的果汁（中岛，1969），都有良好的效果。

在培养葱莲的胚珠时，以水解酪蛋白代替椰子汁加到培养基中，就会使发育速率减慢，但最终能得到形状小、具有发育完全的胚的种子。进一步实验证明 2~3 氨基酸能在一定程度上替代水解酪蛋白的作用。水解酪蛋白和赤霉素配合加入培养基中可以完全替代黄瓜果汁对于白车轴草的幼胚珠发育的良好效果。也就是说，在这种培养基上，由开花后第一天的胚珠即能发育成成熟的种子（中岛，1970）。

另一方面，在白花菜和凤仙花（Chopra 等，1963）、矮牵牛（中岛等，1969）的胚珠以及无核葡萄杂种胚珠（元桂梅，2001）培养中，观察到生长素对于某些发育阶段的培养胚珠的发育有效，尤其对于胚的发育有效。此外，同时加入细胞激动素和生长素，对于胚珠培养来说也同样有效。

氨基酸、生长调节物质，对于受精后不久的离体胚珠在培养基上的发育有良好效果。但是，植物种类不同，培养胚珠的反应也有显著的差别。对某一种植物胚珠发育有效的物质，对于其他植物就未必一定有效。同时，也没有证据表明上述物质就是胎座或子房组织所供给的具有促进受精不久的胚珠发育的物质。至今胚珠培养的历史尚短，这方面的研究也还不多，因此在建立离体的单个胚珠培养技术上尚存在不少问题。为了使胚珠培养能很好地用于育种，对于这些问题，尚需进行深入的研究。而且通过这些研究，也有可能使人们对于从受精到种子成熟整个过程的机理有进一步的理解。

第二节 离体授粉

植物的离体授粉技术始于 20 世纪 60 年代初，当时 Kanta（1963）把罂粟的未授粉的胚珠培养于试管内的琼脂培养基上，在移植的胚珠上撒上花粉粒，落到胚珠表面上的花粉粒 10~15 分钟后萌发，2 小时内即在胚珠的外表布满了花粉管，授粉后 1~2 天内完成受精，5 天内受精胚珠膨大，鼓胀而不透明，里面已形成了 1 个有 4 个细胞的原胚和若干胚乳游离核。22 天后，具有 2 片子叶的胚即已分化完全。接着许多研究者采用蓟罂粟、花菱草、葱莲、紫花矮牵牛、甘蓝、玉米、杨树、黄花烟草和烟草，离体授粉也取得了类似的成功。利用此技术也可能使自交不亲和的品系同株植物的花粉授粉。另外，应用此技术有可能克服很多由于杂交中花粉管萌发、伸长受到抑制而造成的杂交障碍，因而有可能在试管内进行种间或属间的杂交。

一、离体授粉的方法

离体授粉和子房内授粉的最初步骤是相同的，即：①确定开花、花药开裂、授粉、花粉管进入胚珠和受精作用的时间；②去雄后将花蕾套袋隔离；③采集花粉粒。此外，在离体授粉的时候，需要选择适当的培养基，以便能促进花粉粒的萌发，并保证受精的胚珠能发育成成熟的种子。

在离体授粉过程中，要求在采集花粉和胚珠时保持无菌。为了避免意外授粉，用做母本的花蕾必须在开花之前去雄并套上纸袋。开花前一天取下花蕾，将雌蕊在 70% 酒精中漂洗 10 ~ 15 秒，以 0.1% $HgCl_2$ 进行表面消毒，最后用无菌水清洗 4 ~ 5 次，去掉柱头和花柱，剥去子房壁，使胚珠裸露出来。一般就是将这个长着胚珠的整个胎座连同一小段花柄用于胎座授粉，或是把胎座切成两半或数块，每块带有若干胚珠。Balatkova 和 Tupy（1968，1972，1973）把带有胚珠的胎座纵劈成两半，然后以各自的切口和培养基接触，进行培养。Rangaswamy 和 Shivanna（1971）对胎座授粉技术又做了进一步的改良。他们培养的是整个雌蕊，并把子房壁剥掉，露出胎座及其上着生的胚珠。应用这样一个系统，就可以研究在同一雌蕊内同时发生的胎座授粉和柱头授粉的效果。在进行离体柱头授粉的时候，须对雌蕊进行仔细的表面消毒，但不要使消毒液触及柱头。

为了在无菌条件下采集花粉，须将尚未开裂的花药从花蕾中夹出，再对花药进行表面消毒，其方法可用 0.5% ~ 1% 过氧乙酸浸泡 5 ~ 10 分钟，再用无菌水洗净，然后把它们置于无菌培养皿中已灭菌的滤纸上，直到开裂。将散出的花粉在无菌条件下按实验要求授于培养的胚珠、胎座或柱头上。据报道，把花粉授在胚珠或胎座上，比撒在胚珠周围的培养基上效果好。在上述整个实验过程中，应特别注意花粉及胚珠的年龄、各种培养条件的适合程度等关键的技术环节。

试管内的胚珠撒播花粉后，如何辨别受精与否呢？那就需要标记性状。经对受精后标记性状的研究发现，对多数植物来说寻求适宜的标记性状是极不容易的事。对于没有标记性状的植物，只能等待最终结果，因而鉴定受精与否的时间较长。

玉米"胚乳直感"现象，是试管受精的优良标记性状。选用具有紫色胚乳（显性）的品种为父本，采用白色胚乳（隐性）的品种为母本。受精后如 F_1 代胚乳表现紫色，证明试管受精成功。所得结果无需进行其他鉴定。

二、离体授粉中影响结实的因子

离体受精的成功率受到许多因素的影响，主要有外植体、培养基、培养条件、基因型等。

（一）外植体

一般采用带胎座或部分子房的胚珠进行培养，因为胎座的存在能使培养的胚珠更容量成活。在腋花矮牵牛（ *Petunia axillaries* ）的培养中，离体授粉的胚珠，无论是剥离下来的单个胚珠，还是连在一块胎座上的一组胚珠，都不能形成有生活力的种子。这是因为花粉粒虽能正常萌发，但花粉管不能进入胚珠。然而，当所有胚珠都原封不动地连在完整的胎座上时，授粉后由花粉萌发直到长出有生活力的种子的整个过程一切正常。据 Wagner 和 Hess（1973）报道，在矮牵牛中，若把花柱去掉，在胎座授粉之后，对结实会产生有害的影响。因而，在进行离体授粉的时候，他们培养的是整个雌蕊，为了使胚珠暴露出来，只是剥去子房外壁。在这种形式的外植体中，如果在同一个雌蕊上既进行胎座授粉，又进行柱头授粉，则后者受精和结实的情况较好。

在玉米中，连在穗轴组织上的子房比单个子房离体授粉效果好。减少每个外植体上的子房数目虽然并不影响受精，但对籽粒的发育会产生有害的影响。只带有 1～2 个子房的小块穗轴不能形成任何发育充分的籽粒。4 个子房一组时，只能形成不大的籽粒；10 个子房一组时，其中有 1～2 个能充分发育，长成大籽粒。

在进行柱头授粉的时候，应当避免弄湿胚珠和柱头的表面，否则将会影响花粉萌发，导致花粉管破裂，从而造成结实不良。

由雌蕊上剥离胚珠的时间对于离体授粉后的结实率有明显影响。在开花后 1～2 天剥离的胚珠比在开花当天剥离的胚珠结实率要高。

在剥离胚珠或雌蕊时，雌蕊的生理状态对离体授粉后的结实率也有影响。Balatkova 等（1977）在烟草的培养中发现，由曾用本身花粉或苹果属植物花粉授过粉的雌蕊上剥离下来的未受精胚珠，与未授过粉的雌蕊上剥离下来的胚珠相比，经烟草花粉离体授粉后的结实率高。已知花粉在柱头上萌发和花粉管穿越花柱都会影响子房内的代谢活动。Deurenberg（1976）等证实，花粉管和花柱之间的互作，能够刺激子房中蛋白质的合成。Balatkova 等（1977）在烟草中证实了这项观察。这些结果表明，在实验植物的栽培条件下，如果对授粉、花粉管生长、花粉管进入子房和双受精等先后发生的时间有详细的了解，就有可能将剥离胚珠的时间选择在雌蕊授粉之后和花粉管进入子房之前，这样就会增加离体授粉成功的机会。在这点上，腋花矮牵牛是个令人感兴趣的物种，由于它具有自交不亲和性，当在同一个雌蕊上同时用自身的花粉进行柱头授粉和胎座授粉时，由后者所导致的受精过程和种子发育都不受前者的干扰。

（二）培养基

离体授粉的成功率与胚珠的成活率有着密切关系，而提高离体胚珠成活率的关键是培养基。因此要对培养基的各种成分进行详细的筛选，诸如基本培养基、激素的种类、组合和浓度、渗透压、pH 值等。适宜胚珠离体培养而且成活率很高的培养基，往往不能使花粉萌发或不能使萌发后的花粉管伸长。其结果是即使撒播花粉，也不能使胚珠受精。这一特点在多数植物种中被发现。为此需筛选同时有利于花粉萌发和花粉管伸长的培养基。离体授粉方法涉及两个主要过程：①花粉粒的萌发和花粉管的生长，结果导致受精；②受精的胚珠发育成成熟的种子，里面有一个有生活力的胚。这项技术的效率在很大程度上取决于能够促成这两个过程的培养基的成分。

要想实现花粉萌发和花粉管生长并不困难。而且在胎座授粉中，当花粉粒撒落在胚珠上以后，若能在胚珠表面萌发，花粉管随即伸入胚珠，与培养基并无接触。若花粉粒不能在胚珠表面萌发，就需要在一种适当的培养基上单独培养花粉粒，然后把花粉管置于胚珠表面。据 Raman 等（1980）报道，在玉米中，用已萌发的花粉进行离体授粉之后，可以形成种子。

十字花科植物的三细胞成熟花粉不易在离体条件下萌发，因而对这种植物难以进行离体授粉。为了在甘蓝中得到有萌发力的种子，Kameya 等（1966）对于离体授粉方法做了一些改变。他们先把离体胚珠在 1% $CaCl_2$ 溶液中蘸一下，再把它们放在一张载玻片上（载玻片上事先涂敷了一层厚约 $40\mu m$ 的 10% 明胶溶液），然后立即用由刚开放的花中收集到的花粉进行授粉。把载玻片放在培养皿中，用一个里面贴有一片湿滤纸的盖子盖上，保存 24 小时之后，把已受精的胚珠转到 Nitsch 培养基上，淘汰未受精的胚珠。通过这种方法，Kameya 等由原来 75 个授过粉的胚珠中，获得了 2 个具有萌发力的种子。若不用 $CaCl_2$ 溶液处理则不能形成种子，可见 Ca^{2+} 离子具有刺激花粉萌发和花粉管生长的作用。

　　培养基最重要的作用在于促进受精胚珠的正常发育。因此，在进行离体授粉试验之前，先要对准备用做母本的植物的幼龄胚珠（含有合子或几个细胞的原胚）在培养中所需的最适营养成分和激素组合有所了解，这样有助于增加成功的几率。确实，在虞美人离体胎座授粉的研究中，Kanta 等（1962）之所以能最先获得有生活力的种子，成功的秘诀就在这里。他们使用的培养基与 Maheshwari 和 Lal（1961）所用的完全相同，但后两位作者培养成功的是在活体条件下已授粉 6 天的虞美人胚珠，培养时那些胚珠已经受精。

　　通常用于离体授粉培养基的无机盐等，与 Nitsch（1951）在进行子房培养时所用的无机盐类相同，此外再加上蔗糖和维生素（White，1943）。这种广泛用于培养离体授粉胚珠的改良 Nitsch 培养基的成分列于表 6 – 1 中。Sladky 和 Havel（1976）曾试验过几种不同的基本培养基，包括 White（1943）、Murashige 和 Skoog（1962）以及 Nitsch（1969）培养基等，但没有发现离体授粉子房对它们的反应有什么显著的差异。

表 6 – 1　广泛用于离体授粉胚珠培养的改良 Nitsch（1951）培养基的成分

成分	含量（mg/L）	成分	含量（mg/L）
$Ca(NO_3)_2 \cdot 4H_2O$	500	$FeC_6O_5H_7 \cdot 5H_2O$	10.00
KNO_3	125	甘氨酸	7.5
KH_2PO_4	125	泛酸钙	0.25
$MgSO_4 \cdot 7H_2O$	125	盐酸吡哆醇	0.25
$CuSO_4 \cdot 5H_2O$	0.025	盐酸硫胺素	0.25
Na_2MoO_4	0.025	烟酸	1.25
$ZnSO_4 \cdot 7H_2O$	0.5	蔗糖	50000
$MnSO_4 \cdot 4H_2O$	3.0	琼脂	7000
H_3BO_3	0.5		

引自 Kanta 和 Maheshwari，1963。

　　培养基中蔗糖的浓度一般为 4% ~ 5%。在玉米中，虽然有些研究者使用过浓度高达 15% ~ 17% 的蔗糖，但 Dhaliwal 和 King（1978）在正常的 5% 蔗糖水平上，也由种内和种间离体授粉获得了有生活力的种子。据 Bajaj（1979）报道，7% 的蔗糖对玉米最合适。

　　关于各种生长调节物质和其他附加物对胚珠培养中种子发育的效果，资料十分贫乏。这可能就是不能形成种子的原因，尤其是当在离体条件下花粉萌发、花粉管长入胚珠和受精作用都能正常进行时，不能形成种子的原因。一般认为，在培养基中添加酪蛋白（CH）水解物 200 ~ 500mg/L、GA_3 0.1 ~ 0.5mg/L 以及 KT 0.2 ~ 0.5mg/L 能够提高授粉后子房成活率和有效的结实率。不过，Rangaswamy 和 Shivanna（1971）在腋花矮牵牛以自身花粉进行胎座授粉之后，并未发现 CH 对种子发育有任何有利的影响。Balatkova 等（1977）研究了 IAA、激动素（KT）、番茄汁（TJ）、椰子汁（CM）和酵母浸出液（YE）等对烟草胎座授粉后种子发育的效果，发现 CM、TJ 和 YE 对其有抑制作用，而若加入 $10\mu g/L$ IAA 或 $0.1\mu g/L$ KT，则能显著提高每个子房的结实数。

（三）培养条件

有关光对离体授粉胚珠的影响的资料较少。在一般情况下，培养物都是保存在黑暗中或近乎黑暗中。Zenkteler（1969，1980）发现，无论培养物是在光照下培养还是在黑暗中培养，离体授粉的结果没有任何差别。

离体授粉时子房和胚珠的培养温度最好模拟自然界该种植物授粉受精季节的温度。Balakova 等（1977）指出，在某些实验中温度可以影响结实率。他们在水仙属植物中发现，若把培养基保存在 15℃，而不是通常的 25℃，能显著增加每个子房的结实数。然而，对于罂粟来说，由于它是在较温暖的条件下开花的植物，低温培养并不能提高结实率。

（四）基因型

有证据表明，离体授粉的玉米子房对培养的反应存在着基因型差异。

三、离体授粉的应用

当在离体情况下进行胚珠或胎座授粉时，必须把柱头、花柱和子房壁组织几乎完全去掉，以排除花粉管进入胚珠的障碍，因而当自交不亲和区域是处在柱头、花柱或子房中时，这项技术在自交或杂交实验中将非常有效。现在已经证明，胎座授粉方法至少可用于以下 3 个不同的领域：①克服自交不亲和性；②克服杂交不亲和性；③通过孤雌生殖产生单倍体。

自交不亲和常常是由于花粉在柱头上不能萌发或者花粉管在花柱中生长受到阻碍，在这种情况下，给离体培养的胚珠授粉，就可能实现受精作用，并且得到种子。Rangaswamy 和 Shivanna（1967，1971）用这种方法成功克服了腋花矮牵牛的自交不亲和性，在这种植物中，当以自身花粉进行胎座授粉后，受精和结实都能正常进行。这两位作者在腋花矮牵牛中通过活体蕾期授粉也克服了自交不亲和性，但他们对两种方法各自的优劣未做比较。据 Niimi（1979）报道，在另一个自交不亲和物种矮牵牛中，通过以自身花粉进行的胎座授粉也能形成有生活力的种子。刘清琪等（1983）用类似的方法克服了怀庆地黄的自交不亲和，获得了有生活力的种子。

在植物育种工作中远缘杂交的不亲和性阻碍了远缘杂种的产生，离体胎座授粉能够在一定程度上克服远缘杂交的不亲和性。Zenkteler（1980）以及 Zenkteler 和 Melchers（1978）曾尝试用胎座授粉方法进行种间、属间和科间的杂交。结果在异株女娄菜×红女娄菜、异株女娄菜×拟剪秋罗、异株女娄菜×夏佛塔雪轮、花烟草×德氏烟草的杂交中获得了种子，其中含有有生活力的胚。在其他若干组合中，受精能正常进行，但杂种胚不能发育成熟。当烟草胚珠授以天仙子花粉时，杂种胚能发育到球形期，并能形成相当完善的胚乳。这些杂种胚发生了某些出芽现象，但不能进一步正常地发育。若把胚珠剥离，置于含有 2mg/L KT、4mg/L 2,4-D 和 6% 蔗糖的液体培养基中培养，则能刺激杂种胚的生长，使之进一步发育到前心形期，但以后即开始形成愈伤组织。这类远缘杂交之所以使人感兴趣，是因为借此可以得到一个杂种合子或幼龄原胚，其中结合了两个各具不同优良特性的亲本染色体组。然后，再对杂种胚进行精心培养，使之成熟，或诱导杂种原胚愈伤组织分化器官，这在育种上是很有价值的。Dhaliwal 和 King（1978）通过把裸露的玉米胚珠授以墨西哥玉米的花粉，得到了它们的种间杂种。叶树茂等（1983）在两组小麦的杂交组合上，用离体雌蕊授粉的方法获得了杂种。

　　Hess 和 Wagner（1974）以蓝猪耳（*Torenia fournieri*）花粉授于一个品种的锦花沟酸浆（*Mimulus luteus*）的裸露胚珠上，从中获得了后者的单倍体。这两位作者断定，这些单倍体是通过孤雌生殖产生的。然而，在缺少详细的解剖学和细胞学证据的情况下，也难以排除父本起源的可能性；倘若受精之后母本染色体被选择性地消除，就会出现这种情况。Hess 和 Wagner 在花药培养中没能得到锦花沟酸浆的单倍体。已知能通过未受精子房培养产生孤雌生殖单倍体的植物有大麦、烟草和小麦等。

第七章

花粉和花药培养

花粉培养和花药培养，从严格的植物组织培养角度讲，二者是不同的。花粉培养与单细胞培养相似，而花药培养属于器官培养范围。但从二者都可在培养中诱导形成单倍体的细胞系，并可获得单倍体植株这一点来看，二者是相似的。

典型被子植物的花药中，它的细胞按染色体的倍性分为两类：一类是单倍体的小孢子（花粉），另一类是二倍体的细胞，如药隔、药壁、花丝等组织。

花粉与高等植物营养器官中的细胞不同，它们彼此分散着，每粒花粉都是一个有生命的独立的单体。这些单体又密集在花药中，对于培养来说，取材是方便的。花粉粒的大小、形状、内含物的成分基本一致，所以是比较均一的起始培养材料。由于减数分裂的结果，花粉细胞的染色体数是体细胞的一半，所以相对于体细胞来说，花粉细胞就是单倍体细胞。

1950 年，Tulecke 首先成功培养了数种裸子植物的成熟花粉粒。在一定的培养基上，一些花粉能够脱离正常的发育过程而形成愈伤组织。Yamada 在 1963 年报道由紫露草属植物的花药中分离得到了单倍体组织。1964 年，Guha 和 Maheshwari 将毛叶曼陀罗的成熟花药培养在适当的培养基上，发现花粉能够转变成活跃的细胞分裂状态，从药室中长出胚状体。并且他们又进一步确定了这些胚状体起源于花粉，并从胚状体获得了单倍体植株。在离体条件下，花粉改变正常的发育进程转向产生胚状体，进而形成植株，从而使细胞全能性学说得到了更为广泛的论证，同时也为高等植物的突变和遗传育种开辟了新的研究途径。

采用花粉或花药培养技术来培育单倍体植物，已有大量的研究成果。目前我国已有上百种植物培养获得成功。

第一节　花粉的形成

在被子植物中，成熟花粉及小孢子，它是花药减数分裂后形成的。包括从小孢子母细胞到成熟花粉粒的整个发育过程。按细胞学的变化将整个过程分为三个时期。小孢子母细胞通过减数分裂形成四分体为第一时期。四分体分离开，单个小孢子继续发育为第二时期，此期花粉由单细胞的小孢子组成。成熟花粉粒为第三时期，此期形成了配子体或花粉粒。

被子植物小孢子的发育过程如下（以烟草为例）：小孢子母细胞经过减数分裂而形成四分体，周围被一层厚的胼胝质包围。随着胼胝质的分解，四个小孢子分离开。这些孢子有一个大而圆的核处在小孢子中央，它们都是薄壁的球形细胞，细胞直径约为 $15\mu m$，细胞核直径为 10μm。随后细胞质中出现小液泡，并逐渐扩大而成一大液泡，细胞核被挤向一边，此时期即为通常所称的单核靠边期（在第三期末，当花粉从花药中散出时，细胞直径在 40μm 左右。细胞体积的增大主要是由于在第二期中细胞迅速液泡化的结果）。第二期的另一个特征是细胞壁的特化。随着小孢子的增大，在小孢子外面为一层坚韧的外壁所包围，在外壁内衬着一层典型的纤维素壁。此时小孢子为纺锤形，靠边的细胞核中进行着 DNA 的复制。因此在第二期末，小孢子即进行有丝分裂。此次有丝分裂是不对称的，细胞质分裂时形成了大小不等的两个细胞。这种发育方式称为 A 型。小孢子中可明显地看到两个核是进入第三期的重要特征。在有丝分裂时出现的细胞板围绕着未来的生殖核，成一弧形，并使未来的生殖核仅带少量的小孢子的细胞质，而与未来的营养核分离开。最后细胞板与内膜融合而消失。在小孢子进行有丝分裂后，液泡逐渐消失，而细胞质合成速度加快，故花粉粒的体积继续增大。

在第三期中形成的营养细胞和生殖细胞以不同的方式分化。生殖细胞要再次进行分裂以产生两个精子，此次分裂通常要在授粉后的花粉管中发生，但也可在花粉粒中进行。在此之前，生殖细胞仍一直保持着较小的体型，亦不活跃。虽然如此，其细胞核还是迅速进入细胞分裂前期，并一直停顿在这一阶段，直到第三期末。此时如用通常的核染料染色，核常染色很深。生殖细胞中仅带少数线粒体，偶有质体和高尔基体。

与此次相反，营养细胞最终将形成花粉管，它在代谢上十分活跃。其细胞核将增大成为一弥散的染色线的结构，而并不再进行分裂。核内有一大的界限明显的核仁。在核增大时，细胞内的液泡逐渐消失，细胞器的数量迅速增加。由于细胞质迅速合成，使生殖细胞与花粉粒的内壁脱落，悬浮在营养细胞内。此后质体中还沉积淀粉。

在有些情况下，引起花粉第一次有丝分裂不对称的极力受到破坏，细胞核在靠近小孢子中央部位进入分裂，结果发生正常的对称有丝分裂，从而形成两个大小相等的细胞。这种小孢子发育的类型称为 B 型，此种类型多在离体条件下出现。

第二节　花粉母细胞和花粉培养

培养花粉母细胞主要用于研究减数分裂和花粉的发育。而培养花粉细胞的目的则与之不同。因花粉细胞已是单倍体的细胞，所以由之增殖的结果即可获得单倍体的无性繁殖系。如能使之再分化成植株，即可获得花粉植株，而不受如同整个花药培养时由于药壁、花丝、药隔与体细胞组织的干扰。

一、花粉母细胞的培养

麝香百合的花蕾长到 12～24mm 长时，花粉母细胞正处于减数分裂期。摘下花蕾在 70% 酒精中浸泡 1 分钟。用滤纸吸干，剥开花蕾，取出花药。将花药的一端切开，轻轻挤压，使花粉母细胞从切口处挤出。当处于减数分裂前期时，从花药中挤出的花粉母细胞呈带状的细胞团。用 50ml 三角瓶，内盛 10ml 改良的 White 培养基（见表 7-1），把带状的细胞团放入进行静止培养（温度 20℃）。也可以用固体培养。蔗糖浓度为 0.3M，培养基中加入酵母汁 0.05% ~ 0.1%，pH 为 5.6 ~ 5.8。

表 7 - 1　麝香百合花粉母细胞培养

化合物	含量（mg/L）	化合物	含量（mg/L）
$Ca(NO_3)_2 \cdot 4H_2O$	300	KI	0.75
KNO_3	80	$CuSO_4$	0.01
KCl	65	Na_2MoO_4	0.001
$MgSO_4 \cdot 7H_2O$	750	$Fe_2(SO_4)_3$	1.0
Na_2SO_4	200	甘氨酸	3.0
$NaH_2PO_4 \cdot H_2O$	19	烟碱酸	0.5
$MoSO_4 \cdot 4H_2O$	50	硫胺素	0.1
$ZnSO_4 \cdot 7H_2O$	30	吡哆醇	0.1
H_3BO_3	1.5	蔗糖	30000

Ito 和 Stern 认为：①用花粉母细胞培养时，进入花粉母细胞中同位素标记物的量，要比用花药培养时多，因此用标记物来研究花粉中 DNA 等物质的合成是有利的。用抑制剂来研究时，由花粉母细胞培养所得的结果也比花药所得的可靠性高。②培养带状细胞团时，可以将细线期的花粉母细胞培养到四分体期。如果把带状细胞团事先使之成为游离的悬浮细胞，再进行培养，那么双线期和浓缩期的悬浮细胞也不能成活，必须达到减数分裂第一次分裂中期的细胞才能培养到四分体期。③在花粉母细胞培养时，细胞分裂的同步性比在花药培养时低。如果在培养开始时加入一些抑制 DNA 合成的抑制剂，使分裂暂时停止，然后除去抑制剂，则能提高花粉母细胞分裂的同步性。④在花粉母细胞培养时，凡是培养处在第二分裂时期的花粉，成活率均很低。⑤花粉母细胞培养的成活率因植物种或品种而有差异。⑥无论花粉母细胞培养还是花药培养，在同温下，减数分裂的进程无差异。

二、花粉培养

（一）裸子植物的花粉培养

1953 年，Tulecke 首先对银杏花粉进行了培养，得到了愈伤组织。在对麻黄花粉进行培养时，可将未分裂的小孢子囊放在琼脂培养基上，孢子囊会裂开，花粉散落在培养基表面，散落的花粉或留在孢子囊内的花粉都可形成愈伤组织。培养银杏或榧时，将幼小的雄性球果用 80% 酒精浸 2 秒，再用 0.5% 漂白粉浸 5 分钟，达到表面消毒的目的，然后用无菌水洗净，擦干后将未开裂的孢子囊解剖出来，盛于灭菌的容器中，放在 4℃ 的干燥器里，花粉会散落在容器中。新鲜花粉和贮存花粉都可用来进行培养。Tulecke 认为：放在 4℃ 干燥器中的花粉可存活 4 年，贮存花粉比新鲜花粉更适合与培养。几种裸子植物花粉培养基见表 7 - 2、表 7 - 3 和表 7 - 4。

表 7-2 银杏花粉培养基

化合物	含量（mg/L）	化合物	含量（mg/L）
$MgSO_4 \cdot 7H_2O$	360	吡哆醇	0.25
$Ca \cdot (NO_3)_2 \cdot 4H_2O$	200	烟碱酸	1.25
Na_2SO_4	200	Nitsch 微量元素	1.0mg
KNO_3	80	蔗糖	20000
KCl	65	椰子汁	20%
$NaH_2PO_4 \cdot H_2O$	16.5	IAA	1
柠檬酸铁	10.0	酵母提取液	2 500
甘氨酸	7.5	琼脂	8 000
硫胺素	0.25		

表 7-3 榧花粉培养基

化合物	含量（mg/L）	化合物	含量（mg/L）
KCl	900	NAA	1.0
$MgSO_4 \cdot 7H_2O$	760	柠檬酸铁	5.0
$NaNO_3$	1800	KI	0.5
$Ca \cdot (NO_3)_2 \cdot 4H_2O$	280	H_3BO_3	0.2
$NaH_2PO_4 \cdot H_2O$	300	$MnSO_4 \cdot H_2O$	0.8
$(NH_4)_2SO_4$	320	$ZnSO_4 \cdot 7H_2O$	0.5
泛酸钙	1.0	$CuSO_4 \cdot H_2O$	0.02
盐酸吡哆醇	0.5	MoO_3	0.01
盐酸硫胺素	0.5	$CoCl_2 \cdot 6H_2O$	0.01
烟碱酸	1.0	蔗糖	20000
山梨糖醇	100	琼脂	10000
腺嘌呤	10		
激动素	1.0	pH	5.5

表 7-4 松花粉培养基

化合物	含量（mg/L）	化合物	含量（mg/L）
$MgSO_4 \cdot 7H_2O$	750	$CuSO_4 \cdot 5H_2O$	0.01
$Ca (NO_3)_2 \cdot 4H_2O$	300	MoO_3	0.001
Na_2SO_4	200	硫胺素	0.1
KNO_3	80	吡哆醇	0.1
KCl	65	烟碱酸	0.5
$NaH_2PO_4 \cdot H_2O$	19	甘氨酸	3.0
$MnSO_4 \cdot 4H_2O$	5	蔗糖	20000
$Fe_2(SO_4)_3$	2.5	椰子汁	10%
$ZnSO_4 \cdot 7H_2O$	3.0	水解酪蛋白	250
H_3BO_3	1.5	IAA 或	1
KI	0.75	2，4-D	0.1

（二）被子植物的花粉培养

Nitsch 等人先后将曼陀罗和烟草的花粉粒在平板上培养，使之形成胚状体，再经过分化长出了小植物。培养烟草花粉粒的方法如下：将花蕾取下，放在 5℃条件下存贮 48 小时，再用 7%次氯酸钙消毒花蕾 3 ~ 4 分钟，用水冲洗两次后，自花蕾中取出花药，放入 50ml 三角瓶中，每瓶放花药 50 个，瓶内盛 5ml 培养液，在 28℃和 18 小时光照下进行培养，4 天后用注射器的玻璃芯子轻压花药，使之散出花粉粒。花粉粒悬浮液通过 30μm 孔径的筛后，再用 500rpm 的速度离心 2 分钟使花粉粒沉淀。用培养液洗涤花粉 2 次，最后使全部花粉粒悬浮在 1ml 培养液中，每 0.1ml 花粉悬浮液加入 2.5ml 培养基中，置于直径为 6cm 的培养皿中培养。培养起始时的细胞密度为 10^{4}个/毫升（培养温度，白天 28℃，晚上 24℃）。培养基为 H 培养基的大量元素，再加入表 7 - 5 中的成分。10 天后即可看到心形胚状体，3 周后形成小植物。移到试管中培养 2 周，即可移到盆中。

表 7 – 5　烟草花粉培养基

化合物	含量（mg/L）	化合物	含量（mg/L）
KNO$_3$	950	玉米素	0.001
NH$_4$NO$_3$	720	谷酰胺	800
MgSO$_4\cdot$7H$_2$O	185	丝氨酸	100
CaCl$_2$	166	肌醇	5 000
KH$_2$PO$_4$	68	蔗糖	20 000
Fe – EDTA	10^{4}M	琼脂	8 000
IAA	0.1		

第三节　花药培养

一、花粉培养方法

（一）花粉发育时期检查与花药取材

当花粉在进行培养前，要用显微镜进行花粉发育时期的检查。用解剖针将花粉从花粉囊中挑出来，放在载玻片上，滴一滴醋酸洋红染色，轻轻盖上玻片，用吸水纸吸去外溢的染色剂，并勿使产生气泡，然后在显微镜下观察，待确认为单核靠边期时，找出与植株外部形态特征的相关性，这样可减少检定时期的麻烦。但在每次接种时还须做抽样镜检。一般来讲，用单核靠边期的花药进行培养易成功，所以掌握这一时期花蕾大小、颜色等特征尤为重要。

（二）消毒

花蕾或幼穗的表面消毒一般用 70%酒精在表面擦拭或浸泡一下后，用饱和漂白粉溶液浸泡 10~20 分钟，或用 0.1% 升汞溶液消毒 7~10 分钟，然后用无菌水冲洗 3~5 次即可。在操作熟练的情况下，也有仅用 70% 酒精将材料表面擦净即取花药的。消毒时间一般不宜过长，否则漂白粉溶液会逐渐渗入花蕾内，如果花药接触无菌溶液，冲洗不干净，则会影响培养后的生长。

（三）接种

在无菌条件下取出花药。在取花药时，解剖用具应尽可能不碰花药，以免花药受伤。用花药较大的植物做材料时，可用解剖刀或镊子剥开花蕾，用镊子夹住花丝取出花药。花药小的材料，可把取出的花药先放在预先经高压消毒无菌的纸上，达到一定数量时再倒入装有培养基的已消毒的玻璃器皿中。

（四）培养

培养室的温度要求在 20℃~30℃ 之间，对处在诱导愈伤组织阶段的某些植物的花药可不必进行光照，当愈伤组织长到 3~5mm 时可转移到分化培养基上，转移后放于 25℃~30℃ 的恒温室内，每日光照 9~11 小时，并用日光灯作辅助光，光强度在 3000Lux 以上，经一段时间培养后即可分化出芽。根的发生还须再转移到另一个发根培养基上，待长成完整植株后移栽。

人参花药的培养，25℃~28℃ 散射光或暗培养诱导愈伤组织，在接种后 20 天左右开始有愈伤组织出现。用培养基 MS + 1.5mg/L 2，4 - D + 0.5mg/L KT + 500mg/L LH + 蔗糖 6% 时诱导率为 55%，用培养基 MS + 1.5mg/L 2，4 - D + 0.5mg/L BA + 1.0mg/L IAA + 蔗糖 6% 时诱导率为 59%。愈伤组织形成后 25~30 天，转移到 MS + 0.5 mg/L IBA + 1.5mg/L BA + 500mg/L LH + 蔗糖 3% 的培养基上，40 天左右有分化物产生，并逐渐长成植株。

二、培养基的选择

（一）基本培养基

在花药培养中应用最为普遍的是 MS 培养基，也有应用 Blaydes 培养基的。Blaydes 培养基是把 MS 培养基的浓度降低一些。另有研究应用 N₆ 培养基配方进行花药培养，效果比 Blaydes 培养基更好（表 7 - 6）。

表 7 - 6   水稻花药 N6 培养基配方

化合物	含量（mg/L）	化合物	含量（mg/L）
$(NH_4)_2SO_4$	463	$FeSO_4 \cdot 7H_2O$	同 MS
KNO_3	2 830	Na_2 – EDTA	同 MS
KH_2PO_4	400	甘氨酸	2.0
$MgSO_4 \cdot 7H_2O$	185	盐酸硫胺素	1.0
$CaCl_2 \cdot 2H_2O$	166	盐酸吡哆醇	0.5
$MnSO_4 \cdot 4H_2O$	4.4	烟酸	0.5
$ZnSO_4 \cdot 7H_2O$	1.5	蔗糖	50 000
H_3BO_3	1.6	琼脂	10 000
KI	0.8	pH	5.8

另有一种修改的 MS 培养基，即 Nitsch H 培养基，广泛应用于烟草花药培养，配方见表 7 - 7。

表 7 - 7   Nitsch H 培养基配方

化合物	含量（mg/L）	化合物	含量（mg/L）
KNO_3	950	$CuSO_4 \cdot 5H_2O$	0.025
NH_4NO_3	720	Fe – EDTA	同 MS
$MgSO_4 \cdot 7H_2O$	185	VB	0.5
$CaCl_2$	166	VB_6	0.5
KH_2PO_4	68	烟酸	5.0
$MnSO_4 \cdot 4H_2O$	25	甘氨酸	20.0
H_3BO_3	10	叶酸	0.5
$ZnSO_4 \cdot 7H_2O$	10	生物素	0.5
$Na_2MoO_4 \cdot 2H_2O$	0.25		

用于烟草花药培养中作为壮苗的培养基 Nitsch T 培养基见表 7 - 8。在十字花科植物的花药培养中常使用的 Nitsch 培养基见表 7 - 9。裸子植物花粉培养常用 White 培养基，但不同的裸子植物也有所调整。

表 7 - 8   Nitsch T 培养基

化合物	含量（mg/L）	化合物	含量（mg/L）
KNO_3	1 900	$MnSO_4 \cdot 4H_2O$	25
NH_4NO_3	1 650	H_3BO_3	10
$CaCl_2 \cdot 2H_2O$	440	$Na_2MoO_4 \cdot 2H_2O$	0.25
$MgSO_4 \cdot 7H_2O$	370	$CuSO_4 \cdot 5H_2O$	0.025
KH_2PO_4	170	蔗糖	10 000
$ZnSO_4$	10	琼脂	8 000
同培养基 H		pH	6.0

表 7-9　　　　　　　　　　　　改良 Nitsch 培养基

化合物	含量（mg/L）	微量元素	含量（mg/L）
Ca（NO₃）₂·4H₂O	500	H₃PO₄	0.5ml
KNO₃	125	MnSO₄·4H₂O	3000mg
MgSO₄·7H₂O	125	ZnSO₄·7H₂O	500mg
KH₂PO₄	125	H₃BO₃	500mg
柠檬酸铁	10	CuSO₄·5H₂O	25mg
盐酸硫胺素	0.25	Na₂MoO₄·2H₂O	25mg
盐酸吡哆醇	0.25		
甘氨酸	7.5	上述盐类溶于 1L 水中，每配 1L 培养基加入	
烟酸	1.25	母液 1ml	
蔗糖	50 000		
琼脂	8 000		
pH	6.0		

（二）分化培养基

在花药培养中，如果不是通过诱导形成胚状体产生花粉植株，而是通过形成花粉愈伤组织产生花粉植株的话，则需将培养物转移到分化培养基上才能分化出芽和根。分化培养基的基本成分与诱导愈伤组织的培养基相同，但激素成分则有所改变。通常的做法是，提高培养基中激动素的量而减少生长素的量，如去除 2，4-D，加入一定量的激动素或再加入一定量的吲哚乙酸。

三、影响花药培养的主要因素

（一）培养基中的激素成分

激素成分对诱导细胞生长和分裂有重要作用。主要包括生长素和细胞动素两类。前者包括 2，4-D、吲哚乙酸、萘乙酸，后者包括激动素、6-苄基腺嘌呤等。在花药培养时，调节培养基中激素成分，不但可以影响花粉发育的类型，而且还可影响是二倍体的体细胞组织生长增殖，还是单倍体的花粉细胞生长增殖。有报道指出：在曼陀罗花药培养中，培养基中含有生长素时，有利于体细胞形成愈伤组织，而花粉则保持静止状态。在不加生长素而仅加椰子汁的培养基上，则诱导花粉长出胚状体。

激素成分对花粉发育类型的影响主要表现在是诱导形成愈伤组织还是胚状体。为诱导愈伤组织的形成，较常使用的激素为 2，4-D，当然不同的植物应用不同浓度的 2，4-D。有资料表明：2，4-D 与萘乙酸配合使用对诱导某些植物的花药形成愈伤组织效果明显。某些茄科植物在诱导形成胚状体时，采用的激素多为椰子汁或激动素。

（二）培养基中的蔗糖浓度

有研究表明：在 3%～11% 范围内，提高培养基的蔗糖浓度有降低小麦花丝愈伤组织发生、增加花粉愈伤组织的作用，从而使单倍体愈伤组织的比率提高。他们认为这是由于花粉细胞的渗透压比花丝等体细胞渗透压高的缘故。所以高的蔗糖浓度不利于体细胞的生长，而不影响花粉生长。因此在许多植物花药培养时，适当提高培养基中的蔗糖浓度是必要的，但不同植物种类所要求的蔗糖浓度是不同的。

（三）花粉的发育时期

在对不同发育时期的烟草花药进行研究时发现：在不含激素的 H 培养基上，凡处在小孢子发育第一期的花药不形成胚状体，处在第二期开始阶段的花药只形成少量小植株，此后随着花药年龄增大而增加小植株形成的百分率。形成小植株最多的是小孢子发育第三期初的花药，即当营养细胞正在迅速合成细胞质的时期。烟草的花药培养研究表明：以单核靠边后期，核即将进行有丝分裂，花蕾长度在 18 ~ 20mm 时，出苗率高。在水稻花药培养中观察到，小孢子处于四分体期或单核早期的花药常不发育，只有处于单核中、后期的小孢子最易形成愈伤组织。

为什么单核中期或单核后期是花药培养的最适期呢？有两种解释：一种认为小孢子发育的第三期初期是胚胎形成的临界期，如果接种的花药已超过此阶段，胚状体就不再形成。第二种解释认为小孢子发育过程中花药内激素平衡在不断变化，随着花药的成熟，激素平衡变得不适于它的生长和分裂，或者所需生长的其他成分已被耗尽。

（四）植物材料的选择

用花药或花粉培养诱导形成愈伤组织或胚状体的难易程度，在不同植物不同品种间有很大差异性。植物的年龄对花药培养也有明显影响。研究表明：烟草的一个栽培品种，可连续开花 4 周，第一周开花的适用于培养幼蕾，形成胚状体的百分率比后几周的高，末期花蕾培养的百分率最低。不同单株植物间，花药对培养的反应也有很大差异，这种差异可能反映了该种植物的高度杂合状态，但常自交的烟草中也有出现，暗示着与此现象有关的因素并不是由遗传控制的。

（五）培养条件

培养温度与花药培养的结果关系密切。如烟草花药的最适温度为 25℃，当温度降低到 15℃时，花粉生长不好，小植株形成率下降。变温处理烟草花蕾，即接种前，把花蕾放在 3℃ ~ 5℃低温下处理 48 小时，可使花粉培养时形成胚状体频率提高。

第八章

原生质体培养和细胞融合

原核生物的遗传饰变在过去几十年间取得了很大进展，转导和转化现已成为对微生物进行遗传操作的标准方法。利用微生物进行遗传操作研究的优点是：①这些单细胞和单染色体系统既简单又容易控制；②它们的复制周期很短。

在真核生物中，有性杂交是将遗传物质从一个个体转移给另一个个体的传统方法，它所能进行的范围极为有限，在动物中尤其是这样。就是在植物中，虽然远缘杂交并非不可能，但由于杂交不亲和的存在，有时在选定的亲本之间也难以获得完全的杂种，这是通过杂交进行植物品种改良的一个严重障碍。细胞融合为远缘杂交提供了一个很有潜力的新途径——体细胞杂交。

无论是在植物中还是在动物中，细胞融合必须突破质膜才能完成。植物与动物不同，在质膜之外还有一层坚硬的由纤维素构成的细胞壁，相邻的细胞被一层主要由果胶质构成的胞间层粘连在一起。主要因为这个原因，体细胞遗传学在动物中的发展远远超过了在植物中的发展。自 1960 年 Cocking 证实了通过酶解细胞壁可以获得大量有活力的裸细胞（原生质体）之后，高等植物体细胞遗传饰变研究与日俱增。这一领域的研究在 1970 年以后变得活跃起来。

高等植物原生质体除了可用于细胞融合研究以外，还能通过它们裸露的质膜摄入外源 DNA、细胞器、细菌或病毒颗粒。原生质体的这些特性与植物细胞的全能性结合在一起，已经在遗传工程和体细胞遗传学中开辟了一个理论和应用研究的崭新领域。

通过原生质体系统对植物细胞进行遗传饰变的方法要点是：①原生质体的分离；②培养原生质体并使之再生成完整植株；③细胞融合；④把外源遗传物质、细胞器或微生物导入原生质体。

原生质体培养的用途有：①提供相关生理生化研究（如细胞壁的生物合成、质膜的结构与功能、物质运输、能量转换、信息传递、细胞识别、细胞核质间相互关系与激素作用、植物疾病与抗性机理等）的材料；②利用原生质体可以摄取诸如病毒、细菌、细胞器、蛋白质、核酸等外源物质的特点而被用作研究基因调控和表达、遗传工程研究的材料；③进行原生质体融合，产生体细胞杂种，改变遗传物质，建立杂交品种，诱发突变体，同时还可用于研究染色体行为、基因定位等；④用于细胞器的分离，或进行相关细胞器的遗传实验。

第一节 原生质体的分离

一、原生质体的概念

原生质体是除去细胞壁后为质膜所包围的具有生命活性的细胞。原生质体内包裹着细胞核、细胞器、细胞质等。它具有再生细胞壁、进行连续分裂并生成完整植株的能力，即具有细胞全能性。去掉细胞壁的原生质体在一定条件下能克服不同种细胞间的不亲和障碍，为细胞杂交提供融合亲本，培育新品种。

原生质体可以从培养的单细胞、愈伤组织和植物器官中获得。从所获得原生质体的遗传一致性出发，一般认为由叶肉组织分离的原生质体遗传性较为一致。从培养的单细胞或愈伤组织来源的原生质体，由于受到培养条件和继代培养时间的影响，致使细胞间发生遗传和生理差异。因此，单细胞和愈伤组织不是获得原生质体的理想材料。

二、原生质体分离的方法

（一）机械法

1892 年 Klercker 最早开展了从植物中分离原生质体的研究。当时他所用的方法主要是机械法：把细胞置于一种高渗的糖溶液中，使细胞发生质壁分离，原生质体收缩成球形，然后用利刃切割。在这个过程中，有些质壁分离的细胞只被切去了细胞壁，从而释放出完整的原生质体。在某些贮藏组织中，如洋葱的鳞叶、萝卜的根、黄瓜的中皮层、甜菜的根组织等，应用这个方法可由它们高度液泡化的细胞中分离出原生质体。但这个方法有明显的缺点：①手工操作难度大，费时费力，原生质体获得率很低，难以制备大量原生质体；②在由分生细胞和其他液泡化程度不高的细胞中分离原生质体时不适用。

（二）酶解法

1960 年 Cocking 用酶解法从高等植物细胞中大量分离得到原生质体。他使用了一种由疣孢漆斑菌（*Myroghecium verrucaria*）培养物制备的高浓度的纤维素酶溶液以降解番茄幼苗根尖细胞壁，成功地大量制备出原生质体。然而，进一步的研究只是到了有商品酶供应之后才成为可能。自从 1968 年纤维素酶和离析酶投入市场以后，植物原生质体才变成了一个热门的研究领域。

首先用商品酶进行原生质体分离的是 Takebe 等（1968）。在他们分离烟草叶肉原生质体的程序中，上述两种酶是依次使用的，即先用离析酶处理叶片小块，使之释放出单个细胞，然后再以纤维素酶消化掉细胞壁，释放出原生质体。Power 和 Cocking（1968）证实，这两种酶也可一起使用。这种"同时处理法"或"一步法"比"顺序处理法"快，并且由于减少了步骤，从而减少了微生物污染的机会。多数研究者现在都使用这种简化的"一步法"。现在市面上有各种酶制品出售（表8-1），根据组织性质的不同，可以用不同的配比搭配使用。

表8-1　在原生质体分离中常用的商品酶

酶	来源	生产厂家
纤维素酶类		
Onozuka R-10	绿色木霉	Yakult Honsha Co. Ltd., Tokyo, Japan
Meicelase P	绿色木霉	Meiji Seika Kaisha Ltd., Tokyo, Japan
Cellulysin	绿色木霉	Calbiochem., San Diego, CA 92037, USA
Driselase	*Irpe lutens*	Kayowa Hakko Kogyo Co., Tokyo, Japan
果胶酶类		
Macerozyme R-10	根霉	Yakult Honsha Co. Ltd., Tokyo, Japan
Pectinase	黑曲霉	Sigma Chemical Co., St, Louis, MO 63178, USA
Pectolyase Y-23	日本黑曲霉	Seishin Pharm. Co. Ltd., Tokyo, Japan
半纤维素酶类		
Rhozyme HP-150	黑曲霉	Rohm and Haas Co., Philadelphia, PA 19105, USA
Hemicellulase	黑曲霉	Sigma Chemical Co., St. Louis, MO 63178, USA

三、影响原生质体产量和活力的因子

（一）材料来源

植物原生质体最方便和最普遍的来源是叶片，因为由叶片中可以分离出大量的比较均匀一致的细胞，而又不致使植物遭到致命的破坏。由于叶肉细胞排列疏松，酶的作用很容易到达细胞壁。当由叶片制备原生质体时，植株的年龄和生长条件十分重要。为了能最大限度地控制供体植株的生长条件，一些作者使用了离体培养的植物，对这些植物的叶片无须进行消毒。不过多数作者还是使用温室或生长室栽种的植物，在这种情况下，一般以生长在下述条件下的植株能产生较好的结果：低光照强度，短日照，温度范围20℃~25℃，相对湿度60%~80%，充足的氮肥供应。

由于从禾本科和其他一些物种的叶肉细胞分离适于培养的原生质体相当困难，因此在这些植物中一直用培养细胞作为供体材料。培养细胞的原生质体产量取决于这些细胞的生长速率和生长时期。频繁继代（每3天1次）的悬浮培养物以及处于对数生长早期的细胞，是最适宜的供体材料。

（二）前处理

从生长在有菌条件下的植株上取来的组织，首先必须进行表面消毒。一般来说，消毒方法与组织和器官的消毒方法相同。根据Scott等（1978）的实验结果，对禾谷类植物叶片消毒效果最好效率最高的方法是用苄烷铵（zephiran）（0.1%）酒精（10%）溶液漂洗5分钟。叶片表面消毒的另一种方法是用60%~70%的酒精漂洗。

要保证酶解能充分进行，必须促使酶溶液渗入到叶片的细胞间隙中去，为达到这个目的可以采用几种不同的方法，其中应用最广泛的方法是撕去叶片的下表皮，然后以无表皮的一面向下，使叶片漂浮在酶溶液中。如果叶片的下表皮撕不掉或很难撕掉，则可把叶片或组织切成小片（约 1mm²），投入到酶溶液中。这种方法若与真空渗入相结合，则十分方便而且非常有效。据 Scott 等（1978）报道，若以真空处理 3 ~ 5 分钟，使酶溶液渗入叶片小块，在 2 小时内即可把禾谷类植物的叶肉原生质体分离出来。检查酶溶液是否已充分渗入的标准，是当真空处理结束后大气压恢复正常时叶片小块能否下沉。代替撕表皮的另一种有效方法是用金刚砂（264 目）摩擦叶的下表面。

在酶处理期间进行搅拌或振动可以增加培养细胞的原生质体产量。

（三）酶处理

原生质体分离的情况在很大程度上取决于所用酶的性质和浓度。分离植物细胞原生质体所必需的两种酶是纤维素酶和果胶酶，前者的作用是消化细胞壁纤维素，后者主要是降解胞间层。市售的最早真菌酶制品是 Onozuka 纤维素酶 SS 和 Onozuka 离析酶 SS，这两种酶一直得到广泛的应用。崩溃酶同时具有纤维素酶、果胶酶、地衣多糖酶和木聚糖酶等几种酶的酶解活性，对于从培养细胞中分离原生质体特别有效。即使是纯化的酶，如纤维素酶 R - 10，也含有相当数量的果胶酶。果胶酶 Y - 23 是一种效力很高的离析酶，与纤维素酶结合使用，可在 30 分钟内从豌豆叶肉细胞中把原生质体释放出来。

对于某些组织来说，除了纤维素酶和离析酶外，可能还需要半纤维素酶。大麦的糊粉细胞以纤维素酶处理之后并不能把原生质体释放出来，这是因为在原生质体周围还留下一薄层抗纤维素酶的壁。这类细胞称原生质球，只有用 Glusulase 酶处理才能把剩余的壁消化掉。

酶的活性与 pH 值有关。按照生产厂家的说明，Onozuka 纤维素酶 R - 10 和离析酶 R - 10 的最适 pH 值分别为 5 ~ 6 和 4 ~ 5。但实际上酶溶液的 pH 值经常被调节在 4.7 ~ 6.0 之间。

对这些酶的活性来说，最适温度是 40℃ ~ 50℃，而对细胞来说，这样的温度太高了。一般来说，分离原生质体时温度以 25℃ ~ 30℃ 为宜。酶的浓度和酶处理的持续时间须经实验后才能决定。在酶溶液中保温处理的时间可以短至 30 分钟或长至 20 小时。可能影响原生质体产量的另一个因子是酶溶液的容积和植物组织数量之间的相互关系。一般来说，每 1g 组织用 10ml 酶溶液常可产生令人满意的结果。

酶溶液可以在低温冰箱中贮存数月而不丧失活性。

（四）渗压剂

渗透破碎性是离体原生质体的基本属性，因此在酶溶液、原生质体清洗介质和原生质体培养基中必须加入一种适当的渗透压稳定剂。在具有合适渗透压的溶液中，新分离出来的原生质体看上去都是球形的。原生质体在轻微高渗溶液中比在等渗溶液中更为稳定。较高水平的渗透剂可以阻止原生质体的破裂和出芽，但与此同时可能也会抑制原生质体的分裂。

应用得最广泛的渗透压稳定剂是山梨醇和甘露醇，适宜的浓度范围是 450 ~ 800mmol/L。Uchimiya 和 Murashige（1974）发现，当由烟草悬浮培养物分离原生质体时，葡萄糖、果糖、半乳糖、山梨醇和甘露醇等可溶性碳水化合物都是同样有效的。当以非电解质为渗透压稳定剂时，常要在酶溶液中补加某些盐类，如 $CaCl_2$ （50～100mmol/L），以提高质膜的稳定性。

四、原生质体的净化

当材料已在酶溶液中保温足够的时间以后，小心地振动容器或轻轻地挤压叶块，以使原来组织中的原生质体释放出来。此时容器内经过酶解后的混合物中除了完整的未受损伤的原生质体外，还含有亚细胞碎屑，尤其是叶绿体、维管成分、未被消化的细胞和碎裂的原生质体，因此必须把这些杂质除掉。清除较大碎屑可用镍丝网（50～70μm）过滤。进一步的净化则需采用下面方法中的一种。

（一）沉降法

将滤液置于离心管中，在 75～100rpm 下离心 2～3 分钟后，原生质体沉于离心管底部，残渣碎屑悬浮于上清液中，弃去上清液。将沉淀物重新悬浮于清洗培养基中，在 50rpm 下离心 3～5 分钟，如此反复 3 次。常用的原生质体清洗培养基为 CPW 盐溶液，成分见表 8-2。

表 8-2   CPW 盐溶液成分 （mg/L）

化合物	含量	化合物	含量
KH_2PO_4	27.2	KI	0.16
KNO_3	101.0	$CuSO_4 \cdot 5H_2O$	0.025
$CaCl_2 \cdot 2H_2O$	1480.0		
$MgSO_4 \cdot 7H_2O$	246.0	pH	5.8

注：引自 Cocking 和 Peberdy，1974。

（二）漂浮法

根据原生质体来源的不同，利用比重大于原生质体的高渗蔗糖溶液，离心后使原生质体漂浮其上，残渣碎屑沉到管底。具体做法是，将悬浮在少量酶混合液或清洗培养基中的原生质体沉淀和碎屑置于离心管内蔗糖溶液（21%）的顶部，在 100rpm 下离心 10 分钟。碎屑下沉到管底后，一个纯净的原生质体带出现在蔗糖溶液和原生质体悬浮培养基的界面上。用移液管小心地将原生质体吸出，转入到另一个离心管中。反复离心和重新悬浮之后，再将原生质体清洗 3 次，最后以适当的密度悬浮在培养基中。

（三）界面法

原理是采用两种密度不同的溶液，离心后使完整的原生质体处在两液相的界面。最早使用这种方法净化原生质体的 Hughes 等（1978）在离心管底部注入蔗糖 450mmol/L，在顶部注入甘露醇 450mmol/L。1 年后 Piwowarczyk（1979）改进了这种密度梯度法，只通过一次离心即可得到不混有酶和碎屑的完整无损的原生质体。这种梯度的制备方法是，在离心管中依次加入一层溶于培养基中的蔗糖 500mmol/L，一层溶于培养基中的蔗糖 140mmol/L 和山梨醇 360mmol/L，最后是一层悬浮在酶溶液中的原生质体，其中含有山梨醇 300mmol/L 和 $CaCl_2$

100mmol/L。经400rpm 5 分钟离心之后，刚好在蔗糖层之上会出现一个纯净的原生质体层，而碎屑则移到管底。

（四）原生质体活力的测定

1. 胞质环流法

以胞质环流作为判断原生质体进行活跃代谢的指标。具体方法是在显微镜下观察原生质体是否存在胞质环流，有胞质环流的原生质体是有活力的。但这种方法对在细胞周缘携有大量叶绿体的叶肉细胞原生质体来说作用不大。

2. 氧电极法

有活力的原生质体在光照下会进行光合作用而放出氧气，在没有光照的条件下进行呼吸而耗氧。因此，可以通过一个能指示呼吸代谢强度的氧电极测定原生质体的活力。

3. 渗透压变化法

将原生质体放入较低渗透压的溶液中，体积会膨胀，放入高渗透压的溶液中，体积会缩小，这样的原生质体是有活力的，体积不变的是已经死亡的原生质体。

4. 染色法

（1）伊凡蓝染色法　以完整的质膜排斥伊凡蓝染料的能力做指标，凡是有活力的原生质体不吸收染料（浓度为 0.25%）为无色，没有活力的原生质体吸收染料显蓝色。

（2）二乙酸荧光素（FDA）法　以荧光素双醋酸酯的染色能力做指标，FDA 本身没有荧光，当其进入细胞后被脂酶分解为具有荧光的极性物质，不能透过质膜，而是留在细胞内发出荧光。因此能发荧光的是具有活力的原生质体，不发荧光的是死亡的原生质体。

（3）酚藏花红染料法　具有活力的原生质体吸收染料（浓度为 0.01%）显红色，没有活力的不能吸收染料而为无色。

第二节　原生质体的培养

一、供体植物的选择

如果要使用由完整的植物器官得到的组织制备原生质体，供体植株应当栽培在光照、温度和湿度可控的条件下。由田间植株上取得的叶片常产生难以重复的结果。据 Schenck 和 Hoffmann（1979）报道，由种在温室或生长箱中的植株制备的油菜和甘蓝的叶肉原生质体不能进行分裂，而由在无菌条件下生长的幼苗制备的原生质体则能形成愈伤组织。Shepard 等（1980）建议，用于制备原生质体的马铃薯植株应种在营养、温度、光强和光周期等可严格控制的条件下，否则无论采用什么培养基原生质体也不能进行分裂。

在若干物种（如甘蓝、甘薯、大豆和陆地棉等）中，由新采集的叶片制备的原生质体不能进行持续的分裂，在这种情况下，若先把叶片在适当的培养基中预培养 3~7 天，则有可能获得可分裂的原生质体。

二、原生质体培养基

(一) 成分

在多数情况下，原生质体培养所用的基本培养基是 MS 或 B_5，所用的维生素与标准组织培养基中的相同。生长激素，尤其是生长素和细胞分裂素，几乎总是必不可少的，在培养基中加入的生长素和细胞分裂素的种类及其间的配比因植物材料而不同。生长素最常用的是 2，4 - D，细胞分裂素中最常用的是 BAP、激动素和 Zip。

(二) 渗压剂

在还没有再生出一个坚韧的细胞壁之前，原生质体必须有培养基渗透压的保护。像在酶溶液中一样，培养基中的渗透压一般是以 500 ~ 600mmol/L 甘露醇或山梨醇调节的。此外，也有将蔗糖或葡萄糖作渗压剂用的。

培养开始后 7 ~ 10 天，大部分有活力的原生质体已经再生出细胞壁并进行了几次分裂，此后通过定期加入几滴不含渗压剂或渗压剂水平很低的新鲜培养基，可使培养基的渗透压逐渐下降。若还把渗透压保持在原来的高水平上，若干时间以后细胞就会停止分裂。最后将肉眼可见的细胞团转入到不含渗压剂的新鲜培养基中。

(三) 培养条件

新分离出来的原生质体应在散射光或黑暗中培养。某些物种的原生质体对光非常敏感，最初的 4 ~ 7 天，应置于完全黑暗中培养。在显微镜台上以加绿色滤光片的白炽灯光照射 5 分钟后，豌豆根原生质体的有丝分裂活动就会受到完全的抑制。经过 5 ~ 7 天，当完整的细胞壁形成以后，细胞就具备了耐光的特性，这时才可把培养物转移到光下。因此，在原生质体对光敏感的情况下，应当尽量少观察，凡经观察过的原生质体不应包括在以后的实验结果中。

原生质体培养一般是在 25℃ ~ 30℃下进行的。当在 25℃温度下培养时，番茄和秘鲁番茄的叶肉原生质体以及陆地棉培养细胞的原生质体，或是不能分裂，或是分裂的频率很低；但在 27℃ ~ 29℃下，这些原生质体发生分裂，植板率很高。有人认为，较高的温度不仅能影响分裂的速率，而且在不能分裂的原生质体系统中，还可能是启动和维持分裂的一个前提。

(四) 培养方法

1. 固体培养——琼脂糖包埋

原生质体的培养方法和对培养条件的要求常与单细胞培养相似，因此可按细胞植板法用琼脂平板进行培养。近年研究发现，用琼脂糖代替琼脂可以提高植板率，特别是对于那些在琼脂培养基上不易发生分裂的原生质体，使用琼脂糖可能会取得较好的效果。低熔点的琼脂糖可在 30℃左右融化，与原生质体混合不影响原生质体的生活力。而使用半固体培养基的优点是原生质体的位置固定不变，这为跟踪观察某一个体的发育过程提供了方便。

2. 液体培养

尽管半固体培养基有上述优点，但很多研究者还是喜欢使用液体培养基，因为使用液体培养基的时候：①经过几天培养之后，可用有效的方法把培养基的渗透压降低；②如果原生质体群体中的蜕变组分产生了某些能杀死健康细胞的有毒物质，可以更换培养基；③经过几天高密度培养之后，可把细胞密度降低，或把特别感兴趣的细胞分离出来。在液体培养基中进行原生质体培养可采用以下方式。

（1）液体浅层培养　将含有一定密度的原生质体的液体培养基在培养皿底部铺成一薄层，厚 1mm 左右，用封口膜封口后进行培养。

（2）微滴培养　用滴管将原生质体悬浮液分散滴在培养皿底部，每滴 $50 \sim 100\mu l$，盖好封严后置于潮湿的容器中培养。

液体培养法尽管有上述优点，但在浅层培养情况下，原生质体间容易发生粘连，影响生长发育，在微滴培养情况下则必须注意防止失水变干。

3. 双层培养

在培养皿底部先铺一层琼脂固化培养基，然后在上面滴加原生质体悬浮液。这种培养方法的好处是固体培养基中的养分可以不断向液体培养基中释放，同时培养基亦不易失水变干。

（五）植板密度

原生质体初始植板密度对植板效率有显著的影响。原生质体培养的一般密度是每毫升培养基 $1 \times 10^4 \sim 1 \times 10^5$ 个原生质体。在这样一种高密度的情况下，由个别原生质体形成的细胞团常在相当早的培养期就彼此交错地长在一起，倘若该原生质体群体在遗传上是异质的，其结果就会形成一种嵌合体组织。在体细胞杂交和诱发突变的研究中，最好是能获得个别细胞的无性系，为此就需要在低密度（每毫升培养基 $100 \sim 500$ 个原生质体）下培养原生质体或由原生质体产生的细胞。通过这个途径还可追踪个别细胞的发育过程，因而即使缺少适当的选择系统（目前体细胞杂交中的一个困难环节）也有可能把杂种细胞团分离出来。

（六）低密度培养的对策

1. 饲养细胞层法

Raveh 等（1973）建立了一种在低密度下培养原生质体的方法。在一般情况下，当植板密度低于 10^4 个原生质体/毫升时，烟草原生质体不能分裂，但通过饲养细胞层法，这些细胞可在低至 $10 \sim 100$ 个原生质体/毫升的密度下进行培养。饲养细胞层的制备方法是，先以剂量为 $5 \times 10^3 R$ 的 X 射线照射原生质体（10^6 个原生质体/毫升），这一剂量能抑制细胞分裂，但并不破坏细胞的代谢活性。照射后将原生质体清洗 $2 \sim 3$ 次（洗净由照射所产生的有毒物质是重要一环），植板在软琼脂培养基上。这时将琼脂培养基中未经照射过的原生质体铺在饲养细胞层上。饲养层细胞的最适密度与在一般原生质体培养中的最适植板密度（2.4×10^4 个原生质体/毫升）相同。饲养层也可由悬浮培养的细胞制备。虽然已知在不同物种的原生质体之间可以发生互馈现象，但是对于烟草和柑橘原生质体来说，以本物种原生质体制备的饲养层比用异物种细胞制备的饲养层更为有效。

2. 共培养法

两个不同物种原生质体共培养的方法也可用于某些物种的原生质体或杂种细胞的培养。具体做法是把两种类型的活跃代谢和正在分裂的原生质体混合在液体培养基中，一起进行培养。这种方法只适用于以下情况，即在这两种类型的原生质体之间能发生有效的互馈，同时由这两种类型细胞所产生的愈伤组织在形态上能够彼此区分。例如 Menczel 等（1978）曾把用机械方法分离出来的烟草属两个物种种间融合杂种细胞转移到林生烟草一个白化品系的原生质体培养物上，由于杂种细胞是绿色的，因而能与白化类型的非绿色细胞团清楚地区分开来。

3. Cuprak 微滴法

高国楠（1977）及 Gleba（1978）等曾使用一种构造特别的"Cuprak"培养皿，培养单个原生质体及由这些原生质体再生的细胞。这种培养皿有两室：小的外室和大的内室。内室中有很多编码的小穴，每个小穴能装 $0.25 \sim 25\mu l$ 培养基。把原生质体悬浮液的微滴加入到小穴中，在外室内注入无菌蒸馏水以保持培养皿内的湿度。把培养皿盖上盖子以后，用封口膜封严。通过这个方法，Gleba（1978）由单个地培养在 $0.25 \sim 0.5\mu l$ 小滴的原生质体获得了完整的烟草植株。对于单个原生质体的分裂来说，微滴的大小是关键因素。每个 $0.25 \sim 0.5\mu l$ 的小滴内含有一个原生质体，在细胞数对培养基容积的比例上相当于细胞密度为 $2 \sim 4 \times 10^3$ 个细胞/ml。增加微滴的大小将会降低有效植板密度。

（七）细胞壁的形成

原生质体在合适条件下（如培养基和培养环境）培养后 $2 \sim 4$ 天内开始膨胀，叶绿体重新排列，并开始合成新的细胞壁，原生质体将失去其特有的球形外观，进而变成椭圆形。

证明细胞壁再生的更可靠和更直接的方法是以卡氏白（calcafluor white）染色或利用各种电镜技术。在使用前一种方法时，将原生质体置于浓度为 0.01% 或 0.1% 并含有适当渗透压稳定剂的卡氏白溶液中保温 5 分钟。经过清洗除去多余染料后，再把原生质体置于载玻片上渗透压适当的溶液中。卡氏白能与细胞壁物质结合，当使用配有激发滤片 BG12 和吸收滤片 K510 的水银蒸气灯观察时，能发出荧光。学者们认为，一旦把酶洗掉，原生质体立即开始合成新壁。一般说来，和已分化的叶肉细胞原生质体相比，在活跃生长的悬浮培养细胞的原生质体中微纤丝的沉积快得多。新形成的细胞壁是由排列松散的微纤丝组成的，由这些微纤丝后来组成了典型的细胞壁。迄今所能得到的证据表明，微纤丝的合成发生在质膜的表面。然而，对于特定的细胞器是否与微纤丝的合成有关还没有取得一致的看法。

细胞壁的形成与细胞分裂有直接关系，凡是不能再生细胞壁的原生质体也不能进行正常的有丝分裂。细胞壁发育不全的原生质体常会出芽，或体积增大，相当于原来体积的若干倍。此外，由于在核分裂的同时不伴随细胞分裂，这些原生质体可能变成多核原生质体，这可能与原生质体在培养之前没有彻底清洗有关。

（八）细胞分裂和愈伤组织的形成

凡能分裂的原生质体，可在2~7天之内进行第一次分裂。与已经高度分化的叶肉细胞原生质体相比，活跃分裂的悬浮培养细胞的原生质体进入第一次有丝分裂的时间要早。凡能继续分裂的细胞，经2~3周培养后可长出细胞团。再经过2周，愈伤组织已明显可见。

（九）植株再生

只有经过饰变的细胞能获得完整的植株时，才有可能通过对离体原生质体的遗传饰变进行作物改良。已经证明细胞的全能性是一个显性性状。因此，在一项体细胞杂交研究中，至少应有一个亲本的原生质体能表现全能性。

1971年Takebe以烟草为材料发表了第一篇关于离体原生质体再生植株的报道。到1997年止，由原生质体再生植株的植物有苜蓿、棉花、大豆、木薯、番茄、黄瓜、草莓、川芎、当归、中华猕猴桃等46科160多属的360多种（许智宏，1997）。

在过去几十年间，高等植物原生质体培养已经取得了重大成绩，但到目前为止成功还仅限于少数基因型，并且一般而言再生植株的频率也不高。因此还需不断改进培养基和培养方法，力争克服基因型的局限性并提高植株再生频率。此外，目前所用的原生质体分离和培养的程序还比较复杂，重复性也不高，有关的培养规律多数只是经验的总结。从这个角度考虑，今后的工作应更加注意研究基本规律，并使培养技术系统化、程序化，更简单实用。

第三节 原生质体的融合与体细胞杂交

原生质体融合（protoplast fusion）是20世纪60年代发展起来的一项细胞工程技术，是指将不同来源的原生质体（除去细胞壁的细胞）在诱导剂或电激作用下相互接触，从而发生融合并形成杂种细胞，进一步分化再生形成杂种植株。因取材为植物体细胞，完全不经过有性过程，只通过体细胞融合制造杂种，故又称体细胞杂交（somatic hybridization）。

植物原生质体是一种优越的单细胞系统，它为体细胞遗传研究和药用植物品种改良提供了各种令人神往的可能性。离体原生质体在培养中的表现常常优于完整的单细胞，因此是获得细胞无性系和选育突变体的优良起始材料。以原生质体做实验材料，还可进行很多其他的基础研究和应用研究，如利用刚游离出来的原生质体研究细胞壁的合成、膜的性质、病毒的侵染，以及有生命或无生命的显微结构的导入等。然而，离体原生质体最引人注目的特性是这些裸细胞无论来源如何都具有彼此融合的能力。

动物细胞的融合一直还只是个分析的工具，但在植物中，由于细胞普遍具有全能性，细胞融合因此也是一个合成的手段，为制造新的杂种开辟了一条崭新的途径。由于在香蕉、木薯、马铃薯、甘薯、甘蔗和薯蓣中，有性生殖能力很低或不具备，因此在这些植物的品种改良中，体细胞杂交具有特殊的意义。

由于原生质体融合重组的频率高，人们已把它作为一种育种手段，并和其他有效的方法结合起来，如将不同诱变中得到的优良遗传性状用原生质体融合把它们重组到一个单株中；使两个亲株的结构基因和调节基因之间发生重组，从而使原来不表达的基因开始表达而产生新的产物；使两亲株的结构基因重组，从而产生新的杂种化合物。

体细胞融合还有一个很重要的价值，就是创造细胞质杂种，药用植物的一些性状由细胞质控制，如细胞质雄性不育、除草剂抗性等，但有性杂交中雄配子所携带的细胞质极少，难以产生细胞质杂种，而在体细胞杂交中双亲的细胞质都有一定的贡献。据实验，融合后的杂种细胞质最终会选择某一亲本的叶绿体，但线粒体可以实现双亲重组。因此，有可能通过细胞融合获得细胞核、叶绿体、线粒体基因组的不同组合，这在育种上无疑有着重大价值。例如，通过融合已获得了具油菜叶绿体和萝卜胞质不育特性的春油菜，这在有性杂交中难以做到，因为叶绿体和胞质不育特性均为母性遗传。

体细胞杂交过程包括一系列步骤：原生质体制备，原生质体融合，杂种细胞选择，杂种细胞培养，由杂种愈伤组织再生植株，以及胞质杂种植株的鉴定等。有关原生质体制备和培养见本章第一、二节。

一、原生质体融合

其基本原理是：先将两种不同植物的体细胞（来自叶或根）经过纤维素酶、果胶酶消化，除去细胞壁，得到原生质体，而后通过物理或化学方法诱导其细胞融合形成杂种细胞，继而再以适当的技术进行杂种细胞的分拣和培养，促使杂种细胞分裂形成细胞团、愈伤组织，直至形成杂种植株，从而实现基因在远缘物种间的转移。由于这个新细胞得到了来自两个细胞的染色体组和细胞质，在适宜的条件下培养，长成的生物个体就是一个新的物种或品系。

细胞可以发生融合的生物范围是很广的，到目前为止，已经在种间、属间、科间以及动植物两界之间都做过细胞融合的尝试，但只有体细胞的无性杂交才是真正意义上的细胞融合技术。精子、卵子的结合虽然也是一种融合，但它是有性的，而且必须是在种内进行的，因此不属于本章节所讨论的范畴。不同生物的远源杂交一般是要受到严格限制的，即使偶尔有远源杂交出现，所产生的杂种子代也是不育的。

（一）自发融合

在酶解细胞壁过程中，有些相邻的原生质体能彼此融合形成同核体（homokaryon），每个同核体包含 2~40 个核。这种类型的原生质体融合称为自发融合，它是由不同细胞间胞间连丝的扩展和粘连造成的。在由分裂旺盛的培养细胞制备的原生质体中，这种多核融合体更为常见。例如，在玉米胚乳愈伤组织细胞和玉米胚悬浮细胞原生质体中，大约有50%是多核融合体。采用两步法制备原生质体，或在用酶混合液处理之前使细胞受到强烈的质壁分离药物的作用，则可切断胞间连丝，减少自发融合的发生。

（二）诱发融合

在体细胞杂交中，彼此融合的原生质体应有各自不同的来源，因此自发融合是无意义的。为了实现诱发融合，一般需要使用一种适当的融合剂。20 世纪 70 年代，曾经试验过不同的处理：$NaNO_3$、人工海水、溶菌酶、用机械方法诱导粘连、病毒、明胶、高 pH - 高浓度钙离子、聚乙二醇、抗体、植物凝血素伴刀豆球蛋白 A、聚乙烯醇以及电刺激等。在这些处理中，只有 $NaNO_3$、高 pH - 高浓度钙离子及聚乙二醇得到了广泛的应用。

1. $NaNO_3$ 处理

1909 年 Kuster 曾证实，在 1 个发生了质壁分离的表皮细胞中，低渗 $NaNO_3$ 溶液可以引起 2 个亚原生质体的融合。然而，由 $NaNO_3$ 诱导的可重复可控制的离体原生质体融合则是由 Power 等（1970）报道的。利用这一融合剂，Carlson 等（1972）在植物中获得了第一个体细胞杂种，但这个方法的缺点是异核体（heterokaryon）形成频率不高，尤其是当用高度液泡化的叶肉原生质体时更是这样。

2. 高 pH - 高浓度钙离子处理

1973 年 Keller 和 Melchers 报道，当用强碱性（pH10.5）的高浓度钙离子（50mmol/L $CaCl_2 \cdot 2H_2O$）溶液在 37℃ 下处理约 30 分钟后，两个品系的烟草叶肉原生质体彼此很容易融合。应用这个方法 Melchers 和 Labib（1974）及 Melchers（1977）在烟草属中分别获得了种内和种间的体细胞杂种。但对于有些原生质体系统来说，这样高的 pH 可能是有毒的。

3. 聚乙二醇（PEG）处理

聚乙二醇分子式为 $HOCH_2 (CH_2 - O - CH_2)_n CH_2OH$，水溶性，pH4.6 ~ 6.8，因聚合程序不同而异。采用聚乙二醇作为融合剂时，异核体形成的频率很高，可重复性很强，而且对大多数细胞类型来说毒性很低，因此自 1974 年高国楠等提出这一方法以来，聚乙二醇作为一种融合剂已被广泛采纳。PEG 诱导融合的另一个优点是形成的双核异核体的比例很高。据 Burgess 和 Fleming（1974）报道，当在 37℃ 下用含有钙离子的强碱性溶液处理时，产生的聚集体很大，每个聚集体中包含很多原生质体，而当以 PEG 处理时，多数聚集体只包含 2 ~ 3 个原生质体。PEG 诱导的融合没有特异性。除了能使完全没有亲缘关系的植物原生质体融合，形成如大豆 - 烟草、大豆 - 玉米和大豆 - 大麦等异核体外，PEG 还能诱导动物细胞间的融合、动物细胞与酵母原生质体的融合，以及动物细胞和植物原生质体的融合。

用 PEG 处理法进行原生质体融合的步骤是：先把从两种植物中刚游离出来的原生质体以适当比例混合，用 28% ~ 58% 的 PEG（分子量为 1500 ~ 1600）溶液处理 15 ~ 30 分钟，然后将原生质体用培养基进行逐步清洗。高国楠等（1974）发现，用含有高浓度钙离子（50mmol/L $CaCl_2 \cdot 2H_2O$）的强碱性溶液（pH 9 ~ 10）清洗 PEG，比用培养基清洗能产生更高的融合频率。这一方法被认为是植物原生质体融合最成功的方法。使用这个方法最多可形成 50% 的豌豆 - 大豆异核体，而单独使用高 pH - 高浓度钙离子法只能形成 4% ~ 5%。

4. 电融合

进行电融合时，将一定密度的原生质体悬浮液置于一个两端装有电极的融合小室中，在不均匀的交变电场的作用下，原生质体质膜表面的电荷和氧化还原电位发生改变，使异种原生质体彼此靠近紧密接触，在电极间排列成串珠状。这时施以足够强度的电脉冲，使质膜发生瞬间可逆性电击穿，进而质膜开始连接导致融合，直到闭合成完整的膜形成融合体。

电融合法与 PEG 法相比，其优点有：融合效率高，重复性强，对原生质体伤害小，获得的融合产物多数只包含 2 或 3 个细胞，可在显微镜下观察或录像，免去 PEG 诱导后的洗涤过程，诱导过程可控性强等。但电融合所需的最适条件因材料而异，加之设备昂贵，因此有人认为，在一般情况下，通过化学诱导融合已可达到实验目的，并不需要采用这项技术。

二、影响原生质体融合的因素

植物原生质体融合无种属特异性，故其融合效率仅与外界条件有关，而与其自身种属无关。如何确定不同材料的融合条件，需经过具体实验制定出最佳融合方案。

1. PEG 诱导融合的关键是作用时间，尤其是高 Ca^{2+} 高 pH 溶液处理时间长短非常重要。时间过长原生质体损伤严重，融合效率降低，过短则不融合。

2. PEG 规格和纯度与融合效率亦有关系。以往认为 PEG 分子质量越大，对细胞毒性越大，因此选用分子质量小的 PEG。但目前发现 PEG 毒性是其中杂质所致，经纯化后即无毒性。故目前应用分子质量较大者（4000～6000）居多。因此操作时应注意 PEG 纯度。

3. 在电场诱导融合时，融合率与原生质体密度有关，密度小于 10^4 个原生质体/毫升融合效率低，大于 10^5 个原生质体/毫升会融合成团，难以达到预期效果。最适宜的密度一般为 $2 \times 10^4 \sim 8 \times 10^4$ 个原生质体/毫升。

4. 在融合液中加入少量 $CaCl_2$，既可维持一定的电导率，对细胞也有保护作用；其次交变电泳强弱、处理时间长短及电脉冲大小均会影响融合率。

5. 此外，用混合盐溶液对原生质体进行融合前预处理，以及在促融剂中添加伴刀豆球蛋白、二甲基亚砜、胰蛋白酶、精胺或亚精胺等亦可提高融合效率。

三、杂种细胞的选择

在经过融合处理后的原生质体群体内，既有未融合的 2 种亲本类型的原生质体，也有同核体、异核体和各种其他的核 – 质组合。异核体是未来杂种的潜在来源，但在这个混合群体中只占一个很小的比例（0.5%～10%），而且在生长和分化两个方面皆无优势可言，若不受到特别"关照"，则必将遭到淘汰。因此如何有效地鉴别和选择杂种细胞，一直被视为体细胞杂交成功的关键，其方法之一是使用某些可见标志，如亲本原生质体含有的色素等，用以对融合产物进行鉴别，并在其可辨特征消失之前，将它们由混合群体中分离出来单独培养。然而在没有可见标志的情况下，可采取基于以下原理的选择方法：①2 个亲本对培养基成分、抗代谢物或温度等敏感性存在着天然的互补性差异；②隐性基因互补；③利用其代谢过程在不同环节上被不可逆的生化变异所阻滞的突变系。

（一）机械分离法

1. 根据可见标志选择

通过使用含有丰富有机成分的培养基、条件培养基、饲养细胞层技术、不同来源的原生质体的共培养和微滴培养法等，原生质体可在很低的密度下进行培养，因此无须一个严格的选择系统即可将异核体或十分年幼的杂种细胞选择出来。用这种办法选择杂种细胞不仅很有把握，而且纯度高。但在其他一些选择系统中，尤其是在能促成一种以上类型细胞生长的系统中，相邻细胞团可能彼此融合形成一块混杂的组织。在这种情况下，必须找到某些可见的标志，区分杂种细胞和混合群体中的其他细胞，以便在及早阶段用机械方法把杂种细胞分离出来。

2. 根据荧光标记选择

对于在形态上彼此无法区分的原生质体融合形成的异核体来说，要进行目测选择可采用 Galbraith 和 Mauch（1980）的方法：将 2 种原生质体群体分别用不同的荧光染料标记，然后通过荧光显微镜鉴别异核体。当以荧光特性作为鉴别依据时，对异核体进行直接选择不仅可通过显微观察的方法，还可采用电子分拣技术，这种技术不但准确，而且特别迅速（大约 5 $\times 10^3$ 个细胞/秒）。用荧光化合物标记原生质体，并不影响细胞再生植株的能力。

3. 低密度植板选择

如果融合产物在失掉可供鉴别的特征之前，不可能分离出来单独培养，则可在融合处理之后，把原生质体以低密度植板在琼脂培养基上，以便追踪个别的杂种细胞及它们的后代。采用这种选择方法，以后就无须再进行突变系的分离，但对杂种细胞的跟踪培养及鉴定工作量很大。

（二）互补选择法

1. 激素自主性互补

1972 年 Carlson 等在有性亲和的粉蓝烟草和郎氏烟草间合成了第一个体细胞杂种。由于在这两个物种之间也存在着双二倍体有性杂种，因此可以确定该杂种组织对生长激素的要求与双亲不同，前者具有生长激素自主性，而双亲细胞只有在外源激素的情况下才能生长。再者，在 Nagata 和 Takebe（1971）培养基中，这 2 种烟草的叶肉原生质体都不能分裂，但其有性杂种植株的一小部分原生质体能够发育成肉眼可见的愈伤组织。在对这 2 个物种的原生质体的混合群体进行了融合处理（用的是 NaNO$_3$）之后，把它们接种到 Nagata 和 Takebe 培养基中培养。经过选择得到了 33 块愈伤组织，6 个月后把它们转移到不含生长激素的培养基上时生长十分旺盛。除了愈伤组织的生长习性之外，对由愈伤组织长成的植株（全部具有 42 条染色体）所做的细胞学研究，以及植株的形态和同工酶谱等，也都证实了这些组织和植株的杂种性质。

2. 对培养基反应及对抗代谢物敏感性互补

在 Cocking 实验室中，矮牵牛（*Petunia hybrida*）和 *P. parodii* 的种间体细胞杂种的选择方法就是通过这 2 个物种的原生质体对培养基及抗代谢物放线菌素 D 敏感性的差异建立起来的。在 MS 培养基中，矮牵牛叶肉原生质体能形成肉眼可见的愈伤组织，但 *P. parodii* 的原生质体只能形成很小的细胞团，不能进一步生长。若在培养基中加入放线菌素 D（1μg/L），矮牵牛原生质体完全不能分裂，而 *P. parodii* 却不受影响。因此，当这 2 个物种的叶肉原生质体经过融合处理，并植板于补加了放线菌素 D 的 MS 培养基上以后，只有杂种细胞才能长到愈伤组织阶段。由这些愈伤组织再生的植株具有预期的染色体数范围 24～28，花色、花形及过氧化酶同工酶谱带都证实了它们的杂种性质。

3. 野生型及白化突变互补

Cocking 等（1980）后来在矮牵牛种间体细胞杂交工作中，改用绿色野生型 *P. parodii* 作为一个亲本，用细胞质白化的其他物种（矮牵牛，*P. inflata*、*P. parviflora*）的植株作为第二个亲本。在所有这些组合中，融合之后，把原生质体植板在 MS 培养基上，*P. parodii* 原生质体在很小的细胞团阶段即遭到淘汰，只有另一个亲本的原生质体和杂种原生质体能够长成愈伤组织。具有杂种性质的愈伤组织由于表现绿色，可以很清楚地与亲本类型的组织区分开。

4. 营养缺陷型突变互补及抗性互补

可以使用互补的营养缺陷型突变系和抗药及耐高温突变系来进行杂种细胞系的选择，在这些情况下，重要的是抗性必须为显性。已知在上述 *P. parodii* 和矮牵牛体细胞杂交中抗性为显性，此外，水稻原生质体耐高温（37℃）特性对于大豆原生质体的温敏特性也为显性。隐性抗性对杂种细胞的选择没有利用价值。再者，建立在两种亲本原生质体生理生化差异基础上的选择系统，会因两种原生质体之间的互馈而变得复杂化，从而使该选择系统失效。在这种情况下，两种类型原生质体的共培养可能是一种有用的对照。

四、体细胞杂种植株的核型

在迄今所得到的各种体细胞杂种中，只有少数是双二倍体，染色体数恰为两个亲本染色体数之和。现在还难以断定，是否近缘物种间通过体细胞杂交所产生的就会是真正的双二倍体。即使在两个有性亲和亲本之间产生的体细胞杂种中，也会出现染色体数不正常的现象。这表明，由于核质之间的互作，导致了与有性杂种不同的结果。

体细胞杂种倍数性水平的变异也可能是由原生质体的自发融合造成的，或是由原生质体供体细胞的细胞学状态造成的。培养细胞的原生质体可能比叶肉细胞原生质体更容易发生变异。为了减少染色体变异，应当尽量缩短由原生质体培养到植株再生所经历的时间。

五、细胞质杂种

在有性杂交中，细胞质基因组只来源于双亲之一（母本），而在体细胞杂交中，杂种却拥有两个亲本的细胞质基因组。因而，体细胞杂交就为研究双亲细胞器的互作提供了一个独特的机会。应用细胞融合技术使两种来源不同的核外遗传成分（细胞器）与一个特定的核基因组结合在一起，这类杂种称为细胞质杂种。

Power 等（1975）证实，经过原生质体融合和培养，有可能分离出一种细胞系，其中携有一个亲本的核和两个亲本的细胞质。他们把矮牵牛的叶肉原生质体和爬山虎的冠瘿瘤培养细胞原生质体融合之后，选出了一个细胞系，其中只含有爬山虎的染色体，但在一定时间内表现出某些矮牵牛的特性。

在原生质体能够完全融合的情况下，胞质杂种可以通过以下几个途径产生：①一个正常的原生质体与一个去核的原生质体融合；②一个正常的原生质体和一个核失活原生质体的融合；③在异核体形成之后 2 个核中有 1 个消失；④在较晚的时期染色体选择性地消除。

胞质杂种细胞系现已被用来在种内和种间转移细胞质雄性不育性。

六、体细胞杂种和胞质杂种的鉴定方法

用各种互补法和可见标记法选择出来的杂种植株，尚需进一步鉴定。因为从融合体到杂种植株形成的过程中，经细胞分裂、细胞团的形成和细胞再分化过程，染色体行为很可能发生复杂的变化，因此，进一步鉴定是必不可少的。

（一）杂种植株形态特征、特性鉴定

以亲本为对照进行形态特征、特性鉴定，最好要有明显的标记特征，亲缘关系越远，特征越明显可靠。经愈伤组织途径再生成植株的变异与原生质体融合产生的变异很难区别，故仅依赖形态特征、特性变异不是太可靠，仍需配合其他方法。

（二）杂种植株的核型分析（染色体显带技术）

以亲本染色体为对照，对细胞杂种的染色体数目、染色体长短、染色反应、减数分裂期染色体配对情况等进行观察、比较。核型分析的准确性优于形态特征鉴定，但同样遇到愈伤组织阶段染色体变异的干扰，必须注意取样技术和判断准确性。此法在对亲缘关系远的细胞杂种进行判断时准确性较好。

（三）分子标记鉴定

近年来生化标记和 DNA 分子标记已成为鉴定细胞杂种的新方法。

同工酶分析成功用于鉴别细胞杂种的有：醇脱氢酶（ADH），大豆＋烟草；乳酸脱氢酶（LDH）、过氧化物酶（POD）、脂酶（EST）、氨肽酶（AMP），烟草＋烟草；核酮糖二磷酸羧化酶，番茄＋马铃薯。

过去几十年间，在原生质体研究领域中已经取得了很大进展，在大多数植物组织中，已经建立起获得大量有活力原生质体的常规实验方法，而且依照现成的方法已可实现种间、属间、科间甚至是界间的细胞融合，在有性亲和以及有性不亲和的亲本之间，已经育成了若干体细胞杂种。

迄今通过体细胞融合所得到的杂种，绝大部分属于烟草种内杂种，一小部分属于曼陀罗种内杂种。种间体细胞杂种可分为 3 类：第一类集中于烟草属植物，第二类在碧冬茄属，第三类在曼陀罗属。在以上各类种内和种间体细胞杂种所涉及碧冬茄属的组合中，原先一般都已存在有性杂种。在有性不亲和的属间植物体细胞杂种中，著名的有番茄＋马铃薯和拟南芥＋油菜。前者果实外形似番茄，但花和叶有杂种特点，果实小而畸形，不结籽。

由以上事实可以看出，大多数体细胞杂交研究尚处于方法学探索阶段，其目的并不在于得到有用的杂种。选择亲本的原则是它们在培养中易于操作。毫无疑问，对于证实体细胞杂交技术的可行性和确定它所涉及的关键步骤来说，由这些研究所获得的知识都是有贡献的。不过我们应当意识到，这类工作的重点过去一直放在矮牵牛和烟草上，主要原因之一在于培养禾谷类植物原生质体时以及在大多数重要栽培药用植物原生质体培养中植株再生所遇到的问题。虽然近年来在马铃薯、苜蓿、水稻、小麦、玉米和棉花等的离体原生质体获得完整植

株方面取得了重要进展，但若干难题如基因型的局限性等并未得到全部解决。今后该领域的研究重点将转移到这些问题上，以使原生质融合技术在药用植物品种改良方面发挥真正的作用。

通过体细胞杂交只能克服受精前有性不亲和性障碍，其他障碍，如染色体组不亲和性，可能继续存在。因此体细胞融合不太可能实现距离很远的杂交。对于那些亲缘关系很近，但又存在天然生殖隔离的物种来说，细胞融合可能是很有价值的。此外，体细胞杂种只能作为一个变异的来源，它的真正作用还要与常规育种程序相结合才能发挥出来。

第九章

药用植物细胞培养和转化

Haberlandt 早在 1902 年就提出单细胞分离并培养成植株的设想，目前，这一领域的研究已经取得了巨大的进展。

同一植物个体的细胞在遗传、生理生化等方面存在种种差异；对药用植物而言，把生长迅速、合成某种药用成分能力强的细胞分离筛选出来，增殖成单细胞系，又称细胞株（cell lines），将会对医药、农业等产业带来很好的经济效益。利用生物化学方法对培养的单细胞进行诱发突变，筛选突变体，可得到不同的优良株系；以及通过单细胞培养，建立药用植物细胞遗传转化体系，对药用植物遗传育种、种植、有效成分的工厂化生产等方面均有重大意义。

随着研究的深入和应用的推广，相信这一技术将会给医药工业、酶工业，以及农业和食品等产业带来革命性的变化。

第一节 单细胞的分离

单细胞的分离有多种方法，有从植物器官上分离单细胞的机械法和酶解法，叶组织是分离单细胞的最好材料；有通过愈伤组织培养分离单细胞等方法。

通过愈伤组织培养分离单细胞不仅方便，而且适用广泛。可以从植株的任何部分选取幼嫩的、分生能力强的组织或器官，最好以合成目的药用成分的器官为材料，诱导培养形成愈伤组织，其间不断调节激素水平，以确定合适的培养基。选取外观疏松、生长快的浅色愈伤组织，转接到液体培养基中，通过震荡培养，必要时可加入少量果胶酶，使愈伤组织分散，游离出单个细胞和小细胞团；大约 2 周后收集单个细胞和小细胞团，在摇床上进行继代培养，几个周期以后，培养液由浊变清，培养液内充满胞质浓密的单个细胞和小细胞团。用200～300 目钢网过滤悬浮培养物，除去细胞团块，滤液经离心或静止沉淀，浓缩成 0.5～2.5 $\times 10^5$ 个/毫升的细胞滤液；为使细胞均匀地分布在培养基中，与等量的培养基混合后，浇入培养皿中形成大约 1mm 厚的薄层，密封培养。在平板培养中，单个细胞经持续分裂，形成许多细胞株。选取生长快、疏松分散好的细胞株，利用薄层或色层分析、放射自显影免疫测定法等方法进行目的产物的定量测定，筛选出目的产物含量高的细胞株。

愈伤组织的结构是受遗传因子控制的，有时无论采用什么办法也难于使细胞充分分散。研究表明加入 2，4－D、少量水解酶（如纤维素酶和果胶酶），或加入酵母浸出液等物质，能促进细胞的分散。每隔1天加1次新鲜培养基，使生物量与培养基容积之比保持为2，有可能使细胞最大程度分散。愈伤组织在半固体培养基上保存2~3个继代周期，常会增加其松散性。一般而言，培养基的成分和继代方法选用得当，总有可能提高细胞的分散程度。继代前先静置培养液数秒，沉降大的细胞团后从上层吸取悬浮液，继代时使用吸管或注射器，其进液口孔径小到只能通过单细胞和小细胞团（2~4个细胞），而不能通过大的细胞聚集体。按照这个操作继代多次，有可能建立起理想的细胞悬浮培养物。植物细胞常集聚在一起的特性，即便分散程度最好的悬浮液也存在细胞团，只含游离细胞的悬浮液是没有的。愈伤组织培养分离单细胞的主要步骤如表9-1所示。

表9-1 从愈伤组织培养分离单细胞的主要步骤

步骤	操作内容	备注
1	选取愈伤组织约2g	未分化、易散碎的愈伤组织
2	转入三角瓶，振荡培养	每三角瓶30~50ml液体培养基，25℃±1℃，弱光或黑暗，120rpm摇床振荡
3	每10天左右更换原培养液	换掉大约4/5的旧液，淘汰飘浮于原培养液上层的细胞碎片和长弯形衰败细胞
4	继续继代培养	培养液由浊变清，开始出现胞质浓密的单细胞和小细胞团；建成良好的悬浮培养物

第二节 细胞悬浮培养

悬浮培养（suspension culture）是指单细胞及小细胞团在液体培养基里，不断受到搅动或摇动的一种无菌培养系统；一般分为分批培养和连续培养两种类型。

一、分批培养

分批培养（batch culture）是为了建立单细胞培养物，在固定体积培养基的容器系统中进行的培养。一般用100~250ml三角瓶，每瓶中装有20~75ml培养基，把细胞分散在其中，除气体和挥发性代谢物可以同外界完全交换外，一切都处于封闭系统中进行培养。当培养基中主要营养物质耗尽，细胞停止分裂和生长，必须进行继代使细胞能不断增殖，这时取出培养瓶中一小部分悬浮液，大约稀释5倍，转移到相同成分的新鲜培养基中。

在分批培养的过程中，细胞数目增长变化可分为五个时期：滞后期（lag phase）、对数生长期（exponential phase）、直线生长期（linear phase）、减缓期（progressive deceleration phase）和静止期（stationary phase），表现为一条S形曲线（图9-1）。在培养初期，细胞很少分裂，数目增长缓慢，称为滞后期，接着进入对数生长期，此时细胞分裂活跃，增长速率保持不变，数目迅速增加，经过3~4个细胞世代之后，随着培养基中营养物质的消耗和有毒代谢产物的积累，细胞分裂生长逐渐缓慢，即进入减缓期，到了静止期，细胞增长完全停止，数目恒定，甚至开始死亡。

分批培养中细胞生长和代谢方式以及培养基的成分不断改变，细胞没有一个稳态生长期，细胞数目的代谢物和酶的浓度不能保持恒定，仅在短暂的对数生长期内细胞数目加倍的时间可保持恒定。分批培养的这些问题可通过连续培养在某种程度上得到解决。对于研究细胞生长和代谢而言，分批培养并不是一种理想的培养方式。

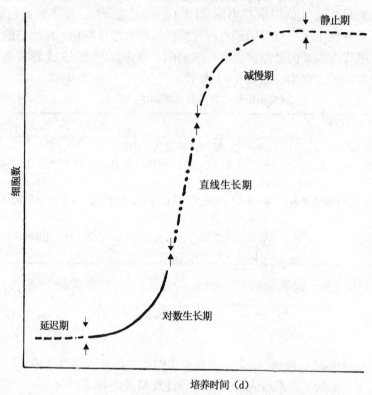

图 9 – 1　悬浮培养细胞在一个培养周期中细胞数目增长示意图
（Wilson 等，1971）

二、连续培养

连续培养（continuous culture）是利用特制的培养容器，不断注入新鲜培养基，抽取用过的培养基，使培养物不断得到养分补充并保持其恒定体积的一种大规模细胞培养方式。连续培养分封闭型和开放型两种类型；在封闭型中，排出的旧培养基与加入的新培养基进出数量保持平衡悬浮在排出液中的细胞经机械方法收集后，又被放回到培养系统中，随着培养时间的延长，细胞数目不断增加。与此相反，在开放型中，注入的新鲜培养液与流出的原有培养液（含细胞）容积相等，通过调节流入与流出的速度，培养物的生长速度永远保持在一个接近最高值的恒定水平上。开放型培养又可分为两种主要方式：一是化学恒定式，另一种是浊度恒定式。前者以固定速度注入新鲜培养基，并选定某种营养成分（如氮、磷或葡萄糖）作为限制成分，其他成分的浓度都高于维持所需细胞生长速率的水平，调节浓度，使其成为一种生长限制浓度，它的任何增减变化直接影响细胞增长速率，并由相应的细胞增长速率的增减变化反映出来。从而使细胞增殖保持在一种稳定状态。后者是间断注入新鲜培养基，受细胞密度增长所引起的培养液混浊度的增加所控制，可以预先选定一种细胞密度，超过该密度时，使细胞随培养液一起排出，保持细胞密度的恒定。

连续培养适于大规模工业化生产，也是植物细胞培养技术中的一项重要进展。对于确定各生长限制因子对细胞生长的影响，以及次生代谢物的工厂化生产等都有一定意义。

三、细胞悬浮培养技术关键

在培养过程中，一些技术关键因素可以缩短滞后期和延长对数生长期。

（一）细胞的起始密度

滞后期的长短主要取决于继代时转入细胞数量的多少和原培养细胞所处的生长期，转入的细胞数量较少时，在一个培养周期中细胞增殖的数量少，滞后期较长。开始培养时单位体积内的细胞数目（个/毫升），即为起始细胞密度，也称为最低有效密度，指能使细胞分裂、增殖的最低接种量，在此密度以下，细胞便不能分裂，甚至很快解体。不同的培养方式、不同植物种的最低有效密度值不同，对于悬浮培养，最低有效密度一般为 $(0.5 \sim 2.5) \times 10^5$ 个/毫升。

（二）培养周期

具有一定起始密度的单细胞，从开始培养到细胞数目和总重量增长停止这一过程，称为一个培养周期，培养周期的长短取决于起始细胞密度、滞后期的长短和生长速率等因素。分批培养中细胞繁殖一代所需的最短时间，即对数生长期中细胞数目加倍所需的时间，因不同物种而异。一般讲，这个时间都长于植株上分生组织细胞数目加倍所需的时间：烟草，48小时；蔷薇，36小时；菜豆，24小时。

在对数生长期的末期立即进行继代培养，可以加速细胞增殖；缩短两次继代的时间间隔，例如，每 2 ~ 3 天继代 1 次，则可使细胞一直保持对数生长。当细胞刚进入静止期时，即悬浮液达到最大干重产量之后，须尽快进行继代，处在静止期的细胞悬浮液保存时间太长，会引起细胞的大量死亡和解体。

（三）培养基条件

适宜愈伤组织形成的培养基不一定适宜悬浮培养，一般要在此基础上进行调整，除了启动和加速细胞分裂生长，还要考虑激素和其他附加物对悬浮培养细胞分散性的影响。颠茄细胞培养的研究表明：细胞分散性与 KT 浓度有关，当 NAA 为 2mg/L，KT 为 0.5mg/L 时分散性不好，KT 为 0.1mg/L 时分散性好。悬浮培养时 pH 值变动较大，迅速上升变为中性，需要加入固态缓冲物（磷酸钙、磷酸氢钙、碳酸钙等），以克服常用培养基缓冲能力弱的缺点。

据报道，加入条件培养基（曾在其中培养过一段时间植物组织的培养基）可以显著缩短滞后期。

在悬浮培养中，使用各种类型的设备使培养基不停地运动，对细胞团施加一种缓和的压力，使其破碎成小细胞团和单细胞，并在培养基中保持均匀分布；同时促进培养基和容器内空气之间的气体交换。在分批悬浮培养中广泛应用旋转式摇床。对大多数植物组织，转速宜在 30～150 rpm 之间，不要超出 150rpm，冲程范围应在 2～3cm，转速过高或冲程过大都会造成细胞的破裂。

四、悬浮培养细胞的同步化

细胞周期（cell cycle）是指细胞结束一次有丝分裂后，到下一次分裂所经历的过程。一个细胞周期可分为四期：①G_1期，合成 RNA 和蛋白质以及 DNA 合成的前期；②S 期，合成 DNA、染色质复制加倍；③G_2期，DNA 合成的后期，也合成 RNA 和蛋白质；④M 期，即细胞分裂期。不同细胞的周期也不同，通常至少要 10 个小时左右。不再分裂的细胞从最后一次 M 期逸出细胞周期，直到死亡；暂时休止的细胞从 M 期逸出细胞周期后停留在 G_0期（休止期），受到适当刺激后，可再进入 G_1期，重新开始分裂。

一般情况下悬浮培养细胞都是不同步的，为了研究的方便，需要取得一定程度的同步性，和非同步培养相比，同步培养细胞周期内的每个事件都表现得更加明显。同步培养是指所培养的大多数细胞同步分裂生长，同时通过细胞周期的各个阶段（G_1、S、G_2和 M）。同步性程度以同步百分数表示。确定同步性程度的参数：① 有丝分裂指数；②某一时刻处于细胞周期某一位点的细胞百分数；③在短暂的具体时间内通过细胞周期某位点细胞百分数；④全部细胞通过细胞周期某位点所需总时间占细胞周期时间长度的百分数。

可用物理方法和化学方法实现悬浮培养细胞同步化，物理方法如低温休克法、按细胞团的大小进行选择的方法等，主要是通过对细胞生长环境条件，例如光照，温度等的控制；对细胞或小细胞团的大小等物理特性的控制，实现高度同步化。化学方法是通过加入某种生化抑制剂（抑制法），或者使细胞遭受某种营养饥饿（饥饿法），阻止细胞完成其分裂周期。

（1）饥饿法　断绝供应一种细胞分裂所必需的营养成分或激素，使细胞停滞在 G_1期或 G_2期，经过一段时间的饥饿以后，重新在培养基中加入这种限制因子，静止细胞就会同步进入分裂。Komamine 等（1978）在长春花悬浮培养中先使细胞遭受磷酸盐饥饿 4 天，再转入到含磷酸盐的培养基中，获得了同步性。

（2）抑制法　使用 DNA 合成抑制剂（5-氨基尿嘧啶、FUdR、羟基脲和胸腺嘧啶脱氧核苷等）处理细胞以后，细胞都滞留在 G_1期和 S 期边界上，细胞周期只能进行到 G_1期为止，去掉这些抑制剂之后，细胞即进入同步分裂。用此方法取得的细胞同步性只限于一个细胞周期。

五、悬浮培养中细胞生长的计量和活力测定

在植物细胞悬浮培养中，常用细胞计数、确定细胞及细胞团干鲜重和细胞密实体积（PCV）增加量等方法计量细胞的增长。用相差显微术法、荧光素双醋酸酯（FDA）法、伊凡蓝染色法等方法测定细胞活力。

（一）细胞计数

悬浮培养中总存在大小不同的细胞团，记数前应先用铬酸（5%～8%）或果胶酶

（0.25%）进行处理，使其分散，以提高细胞计数的准确性；最后用血球计数板进行细胞计数。

（二）细胞鲜重和干重

通常用每毫升悬浮液中细胞鲜重或干重来表示培养细胞的生物量。用预先称重的尼龙丝网过滤培养基，再用水洗尽培养基，真空抽滤除去细胞上沾着的多余水分，再称重，即为细胞鲜重。在60℃烘箱内干燥12小时，冷却后称重，即为细胞干重。

（三）细胞密实体积（PCV）

细胞密实体积在一定程度上反映培养细胞数目和生物量的增加，以每毫升培养液中细胞总体积的毫升数表示。先把15ml细胞悬浮液放入刻度离心管中，在2000g下离心5分钟。记录沉淀在底部的细胞体积。

（四）培养细胞活力的测定

用相差显微镜，根据细胞质环流和正常细胞核的存在与否，即可鉴别出细胞的死活。也可以用荧光素双醋酸酯（FDA）法、伊凡蓝染色法等方法进行测定。FDA不发荧光，不具极性，能自由穿越细胞质膜，在活细胞内被酯酶裂解后，释放荧光素而发荧光，荧光素不能自由穿越质膜，而积累在完整的活细胞中，在死细胞和破损细胞中不能积累。当用紫外光照射时，荧光素产生绿色荧光，据此可以鉴别细胞的死活，快速目测活细胞百分数。首先用丙酮制备0.5%的FDA贮备液，于0℃下保存。测定时，将贮备液加到细胞悬浮液中，加入的数量以使最终浓度为0.01%为准。保温5分钟后进行检查。伊凡蓝染色法是用伊凡蓝溶液（0.025%）处理细胞，由于这种染料只被活力已受损伤的细胞摄取，所以，凡不染色的细胞皆为活细胞。

（五）有丝分裂指数测定

取新鲜的悬浮培养材料，离心后置于载玻片上，滴加适量的乙酸洋红（0.1%），盖上盖玻片，轻轻敲打使细胞分散，通过常规镜检，检查1000个细胞，统计出处于有丝分裂各个时期的细胞数，计算分裂指数。

第三节　单细胞的培养与应用

单细胞培养是指从植物组织器官或愈伤组织中游离出单个细胞并进行无菌培养。这一设想最初由Haberlandt于1902年提出，经历了多年的探索和实践，实现了把单细胞培养成完整的植株，建立了细胞突变体筛选和遗传转化受体等技术，在药用植物品种改良方面，将产生深远的影响。

一、单细胞培养的意义

1. 建立单细胞无性系，选育"细胞株"。
2. 对培养的单细胞进行人工诱发突变，筛选突变体，培育新品系。
3. 作为遗传转化受体，建立（药用）植物遗传转化体系。

二、单细胞培养的方法

（一）平板培养法

平板培养法是单细胞培养中最常用的一种方法，将单细胞悬浮液按一定的细胞浓度，接种到 1mm 厚的固体培养基上进行培养的过程，称为平板培养法。具体操作如下。

1. 过滤悬浮培养物，除去大的细胞团，仅留游离细胞和小细胞团。
2. 细胞计数。
3. 使悬浮培养液达到最终要求的植板细胞密度的 2 倍（加入液体培养基进行稀释，或通过低速离心，沉降细胞，再加入液体培养基浓缩）
4. 相同成分的液体培养基，加 0.6%～1% 琼脂，加热融化琼脂，冷却到 35℃，并于恒温水浴中保持此温度不变。
5. 将上述培养基和细胞悬浮培养液等量混合，迅速注入并铺展在培养皿中，凝固后，要求细胞能均匀分布并固定在一层约 1mm 厚的培养基中。用封口膜封严培养皿。
6. 在倒置显微镜下观察，对培养皿中的各个单细胞，在培养皿的相应位置上用记号笔做标记，保证纯单细胞无性系的分离。
7. 置培养皿于 25℃下暗培养。据一般经验，光照对细胞团生长产生有害作用，因此，不宜频繁在光下镜检。

平板法培养增殖而来的细胞团大多源于一个单细胞，另外 1mm 厚的固体培养基，易于在显微镜下追踪观察细胞的分裂和细胞团的增殖。因而，平板法培养是选择优良单细胞株常用的方法，也是筛选突变体中必不可少的方法。

常以植板效率来表示平板培养中能长出细胞团的细胞占接种细胞总数的百分数。植板效率的求算公式如下：

植板效率（%）= 每个平板上形成的细胞团数×100 每个平板上接种的细胞总数

每个平板上接种的细胞总数 = 铺板时加入的细胞悬浮液的容积×每单位容积悬浮液中的细胞数。

每个平板上形成的细胞团数，在实验末期直接测定。

正常条件下，每个物种都有一个最适植板密度，也是一个临界密度，低于此密度时，细胞不能分裂。如果植板细胞的初始密度是 $1×10^4$ 个/毫升或 $1×10^5$ 个/毫升，植板后相邻细胞形成的细胞群落常混在一起，分离纯单细胞无性系的工作难以进行，如果减小植板细胞密度，或能在完全孤立的状况下培养单细胞，这个问题可得以减轻。

（二）看护培养法

把单个细胞置于一块生长活跃的愈伤组织上进行培养，用一片滤纸将愈伤组织和单细胞隔开，由愈伤组织哺育单细胞，使之分裂、增殖的培养方法，称为看护培养法。愈伤组织和所培养的单细胞可以是同一物种，也可以是不同的物种。一般而言，直接接种在愈伤组织培养基上的离体单细胞不能进行分裂，看护愈伤组织不仅给这个细胞提供营养成分，而且还提供了促进细胞分裂的其他物质，生长活跃的愈伤组织释放的代谢产物，对于促进细胞分裂是十分必要的，这种细胞分裂因素可通过滤纸而扩散。由此，单细胞在看护愈伤组织的影响下可能发生分裂。具体操作方法如下。

1. 无菌条件下，在一块早已长成的愈伤组织上放置一块 8mm 见方的无菌滤纸。数天后，滤纸逐渐被下面的组织块湿润。

2. 用一个微型移液管或微型刮刀，从细胞悬浮液或易散碎的愈伤组织上分离得到细胞。

3. 把分离出来的单细胞迅速置于湿滤纸表面。

4. 待这个细胞长成微小的细胞团后，转接到琼脂培养基上，进一步促进它的生长并保持该单细胞无性系。

（三）微室培养法

看护培养法操作简便，但是不能在显微镜下追踪观察细胞的分裂活动。由 Jones 等人（1960）设计的微室培养法，把细胞置于人工制造的微室中进行培养，用条件培养基代替看护组织。对培养过程中细胞的生长、分裂和形成细胞团的活动，可以进行连续显微观察。具体做法如下。

1. 取出一滴只含有一个单细胞的培养液，置于一张无菌载玻片上。

2. 建立微室：在与这滴培养液相隔一定距离的四周，加一圈石蜡油（微室的"围墙"）；在石蜡油左右两侧再各加一滴石蜡油，每滴上面放置一张盖玻片（微室的"支柱"），最后将第三张盖玻片（微室的"屋顶"）架在两个"支柱"之间，于是含单细胞的培养液滴被包围在微室之中。石蜡油可阻止微室中水分的丢失，而不妨碍气体交换，

3. 置于培养皿中进行培养。

4. 细胞团长到一定大小以后，揭去盖片，转入新鲜的液体或半固体培养基上培养。

由于培养基少，养分和水分难以长时间保持，pH 值变动幅度较大，微室培养法只能使培养细胞进行短期的分裂活动。

有关细胞密度对细胞分裂的影响的解释，一般认为，细胞能够合成分裂所必需的某些化合物，当这些化合物的内生浓度达到一个临界值以后，细胞才能进行分裂。而且，培养的细胞不断地把这些化合物散布到培养基中，这种散布过程直到这些化合物在细胞和培养基之间达到平衡才才停止。细胞密度较高时达到平衡的时间比细胞密度较低时要早得多，对于后者，就会拖长它的延迟期。细胞密度处于临界密度以下时，永远达不到这种平衡状态，细胞也就不能分裂。条件培养基含有这些代谢产物，能在相当低的细胞密度下促使细胞发生分裂。我们之所以不能在纯合成培养基中培养单个细胞，正是对这些影响细胞分裂的物质的精

确性质缺乏了解，对条件培养基进行分析或许能为我们提供一些这方面的线索。当细胞植板密度较高时（$1 \times 10^4 \sim 1 \times 10^5$个/毫升），使用和悬浮培养或愈伤组织培养成分相似的纯合成培养基即可成功。随着植板细胞密度的减小，细胞对培养基的要求变得越来越复杂。在基础培养基中加入一些椰子汁、水解酪蛋白或酵母浸出液等化学成分不明确的物质，可有效地取代影响细胞分裂的这种群体效应。例如，旋花属植物细胞以低密度植板时，要求一种细胞分裂素和几种氨基酸，而对于该物种的愈伤组织培养，这些物质并不必要。由此可见，培养基成分和初始植板细胞密度是单细胞培养成败的关键，为了设计适用于低植板密度细胞培养的培养基，必须通过很多尝试。

三、单细胞培养的应用

（一）突变体选择

细胞培养中会出现高频自发变异性，如果受到诱变剂处理，某些表现型的出现频率有可能成倍增加。通过细胞培养进行突变体选择可以改善高等植物突变育种中多细胞有机体诱变处理后形成嵌合体的现象。离体的单倍体细胞可以提供一种与微生物相似的突变体选择系统，同时利用单倍体细胞能增加获得隐性突变体的机会。

（二）天然化合物的生产

植物的很多次生代谢产物是药物等物质的重要来源，许多次生代谢产物的天然产量太少，大规模人工合成又存在很多困难，难以满足人类的需要。随着细胞培养技术的发展，通过植物细胞的规模化培养来生产这些化合物，这一途径可分为下列3个步骤。

1. 高产细胞系的建立

包括从外植体诱导愈伤组织，从愈伤组织分离单细胞，通过细胞诱变，突变细胞的筛选，高产单细胞无性系的保存等。

2. "种子"培养

对高产细胞株进行多次扩增繁殖，为大规模培养获得足够的"种苗"细胞。

3. 细胞的大规模培养

用发酵罐或生物反应器进行细胞培养，以生产所需要的植物化合物。

较之于微生物细胞，悬浮培养的植物细胞具有个体大、生长速度慢、细胞及其细胞壁非常脆弱、分散不均匀、有形成聚集体的倾向等特征。因此在大规模培养时，必须使生物反应器的构造和操作程序充分适应植物细胞的这些特点，不能简单地沿用微生物发酵的设备和方法。此外，植物细胞本身的生长和次生代谢产物的合成要求的条件不完全相同，在生产中采用第一步先扩增生物量，第二步再促进次生代谢产物的合成的方法（"两步法"），这两步反应通常应在不同的生物反应器中进行。

目前，尽管通过细胞培养大量合成次生化合物的例子不多，但有些却已发展得相当完善，能生产的天然植物成分由生物碱到抗菌剂，由利血平到橡胶，由类固醇到糖类衍生物等。例如据若干作者报道，长春花细胞和愈伤组织培养物能合成数量较高的利血平和阿吗灵，这两种生物碱在长春花根中的总含量一般低于其干重的 0.5%，但在某些品系中可高达 1%，高产品系的细胞培养物生产这种生物碱的能力也较高。某些低产品系的也能积累数量相当多的生物碱。Doller（1978）报道，长春花茎的愈伤组织在建立 12 年之后还能继续合成利血平。洋紫苏（ *Coleus blumei* ）的悬浮培养物能累积一种生物碱，含量高达细胞干重的 15%，高于植株含量的 5 倍，这是迄今为止生产次生化合物的细胞培养系统中效率最高的 1 例。

在通过细胞培养进行天然化合物生产时，现在已经知道生物碱的产量受培养物的生长阶段，光照、温度、培养基成分等培养条件以及细胞基因型等遗传因素的影响。有的细胞培养物并不能生产天然化合物，或者产量很低，原因可能是多方面的。细胞培养中出现的高度自发变异性，由于细胞的这种在遗传上以及后生遗传上的不稳定性，因而很难避免产量上的波动。为了维持生产，必须经常筛选高产细胞系，对产生次生化合物的培养细胞进行不断的选择。有人提出：如果培养细胞能被它们的产物所着色，那么只要在每次转换培养基时保留那些有颜色的细胞，即可保持该种化合物的生产。

以上问题若能得到解决或缓和，细胞培养会成为某些重要天然化合物工业生产的一种实用手段。

（三）生物转化

利用细胞培养进行生物转化，给细胞提供植物在一般情况下不具备的底物化合物，包括人工合成化合物、中间产物类似物、植物天然产物中间体或其他物种的植物产物，以期得到自然界中不存在的化合物，或者提高某种天然化合物的产量。

研究表明，植物细胞能酵解加入的基质。细胞培养物能酵解包括联苯酚、类固醇、强心糖苷配基和强心苷等化合物。据报道，毛地黄的细胞培养物，不仅能使卡哈苎苷配基通过糖酵解作用而转化为卡哈苎苷，而且能使它转化为卡哈苎生物苷。

（四）多倍体育种

在细胞培养中存在染色体自发加倍现象。研究表明：用一定浓度的秋水仙碱处理培养细胞，可以诱导染色体加倍，经培养产生多倍体植株。

第四节　细胞遗传转化

把外源基因整合到植物细胞中，通过细胞组织培养获得再生的转基因植株。将外源基因导入细胞的这一过程叫做细胞的遗体转化。遗体转化的方法分两大类：第一类是农杆菌转化技术，第二类是将外源基因直接导入植物细胞的直接转化技术，包括基因枪法、原生质体转化法、碳化硅纤维介导法和花粉管通道法等多种方法。

一、农杆菌转化法

农杆菌转化法是利用农杆菌的 Ti 质粒，把外源基因转入植物细胞；即农杆菌在 VirD2 蛋白的帮助下，选择性地将 Ti 质粒上的 T－DNA（转移 DNA）转移到植物染色体上。农杆菌转化是一种生物转化系统，具自主性，转移基因片段较长、转基因较少沉默、获得的转基因植物的外源基因拷贝数低，一般为 1~3 拷贝。这些优点使农杆菌介导的遗传转化在目前的转基因技术中占主导地位，已在 100 余种双子叶植物和部分单子叶植物包括石蒜科、百合科、薯蓣科和禾本科的 20 多个物种中实现了农杆菌介导的基因转化。

二、Ti 质粒

农杆菌属（*Agrobacterium*）是一类土壤杆菌，根癌农杆菌（*A.tumefeciens*）侵染植物细胞后，引发植物组织产生肿瘤，称为根癌。发根农杆菌（*A.rhizogenes*）诱导植物产生毛状根。质粒存在于细菌细胞中，它是染色体 DNA 之外的环形 DNA 分子。在根癌农杆菌细胞中有 Ti 质粒，它是诱导植物产生根癌的直接原因；通过根表面的伤口，根癌农杆菌侵入植物组织，并黏附在植物细胞表面，Ti 质粒的 T－DNA，这是一段编码包含生长素和细胞分裂素的基因片段，可自发地转移到植物细胞的染色体中，并在植物细胞中表达，产生过量的植物激素，诱导植物细胞产生根癌。发根农杆菌含有 Ri 质粒（根诱导质粒），诱导植物根组织产生丛生的细根，称为发根。

野生型 Ti 质粒包括三个功能区：① 转移 DNA 区（T－DNA 区）：T－DNA 的两端是两个 25bp 的重复序列，分别称为左边界和右边界，两个边界序列之间是生长素和细胞分裂素合成基因以及冠瘿碱合成基因，包含生长素和细胞分裂素合成酶基因以及冠瘿碱合成酶基因。②毒性区（Vir 区）：包含多个基因段，每个基因段都含有多个基因。③冠瘿碱代谢基因的编码区：这些基因帮助农杆菌利用冠瘿碱作为氮源和碳源进行生长、增殖。

Ti 质粒经过改造和重新构建，才能在植物基因工程中应用。首先是去除致瘤基因，使植物细胞不再生成肿瘤而获得转基因植株。在此基础上基因工程学家构建了各种各样的可以进行植物遗传工程的载体。这些载体一般只有几个或十几个 kbp 长，都有整合到植物核 DNA所必需的 T－DNA 左右两边界的 DNA 序列和几个限制内切酶的切口序列，以便运载各种不同序列的基因。同时还具有广宿主范围质粒的一些 DNA，不仅转化土壤杆菌，也能转化大肠杆菌、植物细胞等。这些载体有其启动子，保证外源基因（目的基因）能够正确转录。它们装有的细菌耐药性基因及其表达元件，使得细菌耐药基因能在植物中表达，大大简化了转化植物的筛选。

当植物受到伤害（出现创口）时，植物细胞分泌含有酚类的化合物，促使农杆菌附着于植物细胞表面，同时诱导 Vir 的表达，促使 T－DNA 形成 T－复合体，T－复合体被转移到农杆菌外，通过植物细胞壁进入植物细胞，通过核孔进入细胞核，在 Vir 的协同下，插入到植物核染色体中，完成 T－DNA 由农杆菌向植物细胞的转移及整合。T－DNA 整合进植物细胞染色体后，其上的植物激素合成基因表达，导致植物细胞大量增殖，以及其他目的基因的表达，使转化细胞具有新的特性。

　　农杆菌转化的效率与许多因素有关，包括植物品种和起始材料、农杆菌菌株、载体结构、处理材料所用的菌浓度、温度、时间、光照、培养基成分等共培养条件，以及共培养后的筛选方式都会影响转化的成功率。

第十章

药用植物种质离体保存

一般植物种质资源保存主要通过就地保护（conservation in – situ）和迁地保护（conservation ex – situ）两种途径。原境保存要建立自然保护区或天然公园来保存原生境的种质。异境保存要建立各类基因库，包括田间基因圃、植物园、种子库、花粉库等。

传统的农作物种质保存多数是通过种子进行的，也有不少种类是行营养繁殖的，例如甘薯、马铃薯、甘蔗、洋葱、大蒜及百合等。许多果树的优良性状不能通过种子遗传，而是借助枝条嫁接。其中的一年生作物（如甘薯、马铃薯等）的种质繁衍几乎每年都要通过田间栽培来实现，这不仅需要花费大量的人力和物力，而且还会因为病虫害的感染引起退化，并可能产生自然突变积累性的。因此，建立长期保存的体细胞人工种质库，长久以来一直是人们的愿望。

1975 年 Henshaw 和 More 提出的离体保存植物种质（conservation in vitro）备受重视，得到了国际植物遗传委员会的支持，并成立了离体保存委员会（advise committee on in vitro storage）。此后，随着植物组织细胞培养工作的蓬勃发展，对于植物离体保存技术和体系也日益引起人们的重视，并已取得了重要的进展。

离体保存主要是通过减缓或限制离体的器官、组织中的细胞代谢速率，从而达到保存种质的目的。常用的离体保存方法主要有低温保存和超低温保存。

第一节 低 温 保 存

低温保存也称缓慢生长保存。其主要原理是通过改变离体培养的培养基和培养条件使培养物的生长降低到最低限度，又不致死亡，以达到延长保存时间的目的。限制生长主要通过调节下列因素。

一、降低培养温度

降低培养温度是限制生长最简单、有效和安全的方法。此法应用于茎尖分生组织的保存最为成功，一般能保存 6 个月以上。如葡萄茎尖分生组织贮藏在 9℃，每年转移 1 次，能保持分化形成植株的能力。草莓茎尖分生组织在 4℃黑暗条件下保存了 6 年仍能产生植株。苹果试管苗在 1℃~4℃下保存 12 个月仍有再生能力。梨的试管苗 4℃下保存 2 年仍可继代培养再生植株。猕猴桃试管苗 8℃黑暗条件下保存 1 年仍能移栽成活，芋头茎尖试管苗 9℃黑暗条件下保存 3 年成活率仍可达 100%。不同植物种、品种对保存温度的反应有很大差异。一般温带植物在 0℃ ~ 4℃下保存为好，而热带植物以 15℃ ~ 20℃为宜。

二、调整培养基成分

调低培养基中的养分可使试管培养物营养不足，生长受限。减低培养基中的无机盐含量可改善保存效果。葡萄茎尖苗在降低硝酸盐的 MS 培养基上常温下可保存 8 ~ 10 个月，比低温下常规 MS 培养基上的保存效果更好。菠萝试管苗在 1/4 MS 无机盐培养基上可保存 1 年，且长势良好，而在全量无机盐 MS 培养基上保存的试管苗长势弱且成活率低；咖啡试管苗在 1/2 含量无机盐的 MS 培养基上可保存 2 ~ 2.5 年。试验表明培养基中的糖种类和含量也影响保存效果。用 1%的果糖代替 2%的蔗糖可减缓木瓜试管苗生长，保存 12 个月后，仍 100% 成活。柑橘在含 1.5%蔗糖的培养基上的保存效果最好。

三、培养基中添加高渗物质和生长抑制剂

培养基中添加高渗物质可降低培养基的渗透势，形成水分逆境，降低细胞膨压，致使培养物吸水困难，减低代谢，延缓生长。目前经常使用的高渗物质有蔗糖、甘露醇、山梨醇等。培养基中添加生长抑制剂也可延长保存时间，并提高移栽成活率。马铃薯茎尖苗在添加脱落酸、甘露醇的培养基上保存 1 年存活率仍 100%。大蒜试管苗在添加脱落酸、矮壮素的培养基上保存 25 个月成活率仍达 90%以上。目前常用的生长抑制剂主要有氯化胆碱（矮壮素，CCC）、多效唑（PP333）、高效唑（S3307）、脱落酸（ABA）、二甲基氨琥珀酸（B₉）等。

试验表明组织培养方法是保存植物种质的一种有效的现代技术手段。既可通过组织培养的方法进行植物的快速繁殖，也可利用这一手段开展植物种质的保存。从理论上讲通过组织培养的方法可以使一种种质永久地保存下去，但事实表明培养的植物材料再生植株的能力随继代次数的增加而逐渐降低，直至不能再生。据有关资料报道，继代 20 次的培养材料（含愈伤组织），其再生能力下降 70% ~ 80%，而且还会发生微生物污染和选择性的遗传变异。在组织细胞不断的再培养过程中，会发生染色体和基因型的变异，如产生多倍体、非整倍体，染色体消失及基因易位等。这些变化会导致两种严重的危害：①导致培养细胞全能性的丧失，即失去形态发生的潜能；②一些具有特殊产物的细胞系，以及具有某种抗逆性的细胞系，有可能在继代培养中丢失这些十分重要的性状。因此，降低生长速度的保存法，虽然能起到一定的作用，但不能达到长期保存的目的。因此，上述的种质保存方法，虽然能延长保存时间，但它们均不能完全停止细胞的生命活动，长期保存后仍然会发生各种变化，因此仍然会引起遗传性的变异。已有试验提示，即使在 – 20℃，甚至在 – 70℃的冰冻贮存中，随着保存时间的延长，仍然会发生劣变。

从已有的试验结果看，最理想的保存方法还是超低温的冰冻保存法。

超低温的冰冻保存法不仅具有体积小、不需要大规模的基本建设、耗资少的优点，同时在保存后能迅速大量繁殖，许多组织细胞培养物在液氮超低温保存后能长期保持形态发生的潜能，有很高的存活率，并能再生出新植株，保持原来的遗传特性。因此，它似乎为细胞克隆遗传稳定性的保持提供了一种理想的方法。

第二节 超低温保存

超低温是指液氮低温（-196℃）。在这种温度条件下，细胞的整个代谢和生长活动都完全停止。因此，组织细胞在超低温的贮存过程中，不会发生遗传性状的变异，也不会丧失形态发生的潜能。超低温冰冻保存法在1949年就成功地用于动物细胞的保存，并在此后广泛地应用于医学和畜牧业的生产实践，如精子、受精卵、胚胎、红细胞、骨髓及培养细胞等的冰冻保存。植物细胞的冰冻保存直至20世纪70年代才得到发展，但其发展速度却相当迅速。现在，无论是愈伤组织、悬浮培养细胞、原生质体、花粉及花粉胚、体细胞胚状体、茎尖分生组织或小植株及茎芽等的超低温保存均已获得成功，包括的植物种类达50余种。

一、超低温保存的基本设备

主要有：①用于组织和细胞培养的全套设备；②普通电冰箱；③ -80℃～-60℃的低温冰箱；④程序降温器；⑤装材料的玻璃或塑料试管，5ml或10ml，要求封盖严密，不进液氮；⑥液氮罐；⑦光学显微镜和紫外光荧光显微镜；⑧分光光度计。其中紫外光荧光显微镜是作为活细胞荧光染色观察用的，也可用其他检验细胞活性的方法代替。

二、基本操作程序

1. 材料的选择和预处理。

2. 将材料装入试管，并随即插入冰浴中。

3. 加入0℃预冷的冰冻保护剂，在0℃（冰浴中）放置30～45分钟。

4. 降温冰冻：有四种方法。

(1) 直接投入液氮。

(2) 程序慢速（0.5℃/min～5℃/min）降温到液氮温度。

(3) 慢速降温到预冻温度（-30℃～-50℃），停留一段时间（1～3小时）后投入液氮。

(4) 逐级降温后投入液氮，如：0℃ → -10℃，5分钟 → -15℃，5分钟 → -23℃，5分钟 → -30℃，5分钟 → -40℃，5分钟 → -196℃（液氮）。

5. 保存后的化冻，一般在37℃～40℃水浴中快速化冻。

6. 活力测定，通常采用TTC法（氯化三苯四氮唑还原法）。如果是单细胞或原生质体，可采用活性荧光素染色法，显示活细胞，统计存活率。

7. 再培养，观察组织细胞恢复生长的速度、存活率、植株的再生能力。

8. 遗传性状的分析，如植株的形态特征、生长发育状况、染色体、同工酶谱及抗逆性等。

关于超低温冰冻保存的整个操作程序，现以"两步冰冻法"为例概括，如图10-1所示。

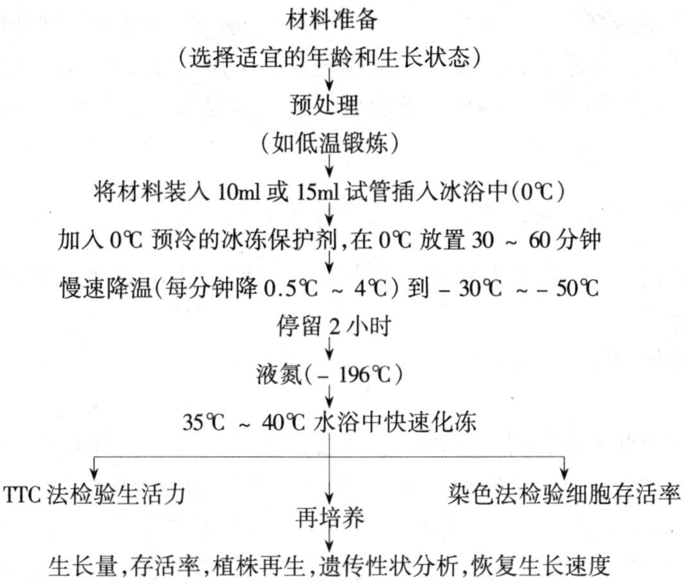

材料准备

（选择适宜的年龄和生长状态）

↓

预处理

（如低温锻炼）

↓

将材料装入 10ml 或 15ml 试管插入冰浴中（0℃）

加入 0℃ 预冷的冰冻保护剂，在 0℃ 放置 30 ~ 60 分钟

慢速降温（每分钟降 0.5℃ ~ 4℃）到 – 30℃ ~ – 50℃

停留 2 小时

液氮（– 196℃）

35℃ ~ 40℃ 水浴中快速化冻

TTC 法检验生活力　　　　再培养　　　　染色法检验细胞存活率

生长量，存活率，植株再生，遗传性状分析，恢复生长速度

图 10 – 1　两步冰冻法

三、影响超低温保存效果的主要因素

在降温冰冻过程中，如果生物机体细胞内的水发生结冰，就会造成细胞结构不可逆性的破坏，导致死亡。因此，种质超低温保存的关键在于降温冰冻过程中避免细胞内结冰。植物细胞内含有大量的水分，比动物细胞多，因此，植物细胞的超低温保存比动物细胞难度大。防止细胞内结冰是超低温保存技术中各种措施的中心。在降温冰冻过程中必须使细胞发生适当程度的保护性脱水，使细胞内的水流到细胞外结冰；并且在化冻过程中防止细胞内次生结冰。为此，以下三个方面的处理程序至关重要：一是冰冻保护剂；二是降温冰冻速度；三是化冻方式。此外尚有植物材料等。

（一）材料的特性

材料的特性包括：植物的基因型、抗冻性，器官组织和细胞的年龄、生理状态等。实验结果表明，这些因素对超低温保存效果有着巨大的影响，从而要求在整个保存处理过程中采取相应的、符合其特性的措施。例如，材料的种类和生理状态与冰冻保护剂、降温冰冻和化冻速度都有密切关系，一种冰冻保护剂对某种材料有很好的保护效果，而对另一种材料则可能无效。液泡小、含水量少的细胞（如茎尖分生组织）可采用快速降温冰冻方法；液泡大、含水量高的细胞则一般需要采用慢速降温法。生长季节中的材料，一般在 37℃ ~ 40℃ 温水浴中快速化冻比在室温下慢速化冻要好，而木本植物的冬芽在超低温保存后却必须在 0℃ 低温下进行慢速化冻才能达到良好的效果。细胞组织培养物的培养年龄显著地影响超低温保存后的存活率，指数生长期和滞后期的幼龄细胞抗冻力强，存活率高。液体悬浮培养细胞以再培养 5 ~ 7 天为宜；固体培养基培养的愈伤组织以 10 ~ 15 天为宜。胚状体的保存也是如此，幼龄球形胚的存活率最高，心形胚次之，子叶形胚最低。若从野外取材进行保存，则在冬季取材能达到高存活率。冬季采取的柳树、杨树枝条，不用冰冻保护剂，直接投入液氮，也有良好效果。总之，材料的特性对超低温保存效果起着重要作用。因此，在超低温保存前，对材料的选择应予以充分的注意。

（二）冷冻前材料的预处理

材料预处理的目的是：①增加细胞分裂与分化的同步化；②减少细胞内自由水的含量；③增强细胞的抗寒力。

几种常用的预处理方法如下。

1. 预培养

增加培养基中的糖浓度，提高渗透压，或者在预培养基中加入诱导抗寒力的物质或冰冻保护剂，如脱落酸（ABA）、山梨糖醇、脯氨酸及二甲基亚砜（DMSO）等。

Latta（1971）报道，在4.4%蔗糖浓度的培养基上生长的甘薯细胞，冰冻贮藏后不能复活，而培养在6.5%蔗糖培养基上的细胞，化冻后10天即出现大量生长。桐叶槭和桑茼蒿愈伤组织分别在含6%甘露醇和10%蔗糖的培养基上预培养后，都能明显地提高存活率。豌豆、鹰嘴豆，花生、草莓和颠茄等茎尖分生组织经含3%~5%DMSO培养基预培养；苹果继代培养苗，5℃低温下驯化3~5周后，用玻璃化液预处理80分钟，或经蔗糖溶液预培养，然后于无菌空气中干燥脱水至含水量30%左右；均获得相当高的存活率（达50%以上）。

2. 低温锻炼

Kao和Linberger（1985）发现离体的苹果茎尖可接受低温（4℃）抗寒锻炼，其存活率（液氮保存后）随着锻炼时间的延长而递增。将苹果和梨等果树冬芽放在-10℃~-3℃低温下预处理20天，也会大大提高液氮保存后的存活率。

冰冻保护剂的预处理对于超低温保存具有重要作用，由于一些冰冻保护剂（如DMSO）带有毒性，所以冰冻保护剂的预处理在0℃低温下进行。处理时间也不能过长，一般30~45分钟，不宜超过1小时。

此外，材料在预处理前还必须确定冷冻材料的体积。材料的体积不应过小（不小于0.2ml）或过大（不大于10ml），过大的样品难于快速均匀冷冻和进行解冻处理，过小的材料则很难保证进行再培养时有足够的细胞保持旺盛的活力。

（三）冰冻保护剂

试验证明，使用冰冻保护剂对超低温保存材料的存活率至关重要。迄今采用过的冰冻保护剂有：DMSO、甘油、聚乙二醇、糖和糖醇类物质、一些氨基酸及多肽。作为冰冻保护剂的物质应该具备以下特性：①易溶于水；②在适当浓度下对细胞是无毒的；③化冻后容易从组织细胞中清除。

冰冻保护剂的作用机理目前尚未透彻了解，初步看来，有以下几种作用：①降低冰点，促进过冷却和"玻璃态"的形成；②提高溶液的黏滞性，阻止冰晶的生长；③DMSO可使膜物质分子重新分布，增加细胞膜的透性，在温度降低时，加速细胞内的水流到细胞外结冰，防止细胞内结冰的伤害；④稳定细胞内的大分子结构，特别是膜结构，阻止低温伤害。非透性保护剂的主要作用在质膜上。

DMSO是迄今广泛采用的一种冰冻保护剂。在单独使用时，也表现出较好的效果。但它有一定的毒性，还报道它有可能引起基因的遗传变异。因此，在实际使用时，通常采用5%～10%。同时，在大多数植物材料的试验中，单独使用DMSO的保护效果并不甚佳。试验结果表明，采用复合冰冻保护剂比用单一成分的冰冻保护剂要好。10%或5%DMSO与一定浓度的甘油或糖和糖醇相结合，能显著提高超低温保存后的存活率。然而不同种类的糖表现出不同的增效作用，而且与保存材料的特性密切相关。例如陈巍煌等（1983，1984）在长春花培养细胞的超低温保存中，用单一的5%～10%DMSO作保护剂，存活率是5%～8%，而采用5%DMSO和1mol/L山梨糖醇的复合保护剂，存活率提高到61.6%。UlrichFinkle（1970，1982）在进行水稻和甘蔗培养细胞的冰冻保存中，采用10%DMSO＋8%葡萄糖＋10%聚乙二醇（PEG6000）的复合冰冻保护剂，比用单一成分的保护剂的保护效应高2～4倍。简令成等采用7.5%DMSO＋10%聚乙二醇（PEG6000）＋5%蔗糖＋0.3%氯化钙的混合液作为水稻和甘蔗愈伤组织超低温保存的冰冻保护剂，愈伤组织块的存活率达90%以上，甚至100%。

复合冰冻保护剂的优越性可能在于：①减小甚至消除了单一成分的毒害作用。②使各种成分的保护作用得到综合协调的发挥，产生累加效应。例如DMSO一方面增加细胞膜的透水性，加快细胞内的水向细胞外转悠的速度；另一方面，DMSO又能进入细胞内，可能起到抑制细胞内冰晶形成的作用。聚乙二醇（PEG6000）在细胞壁外（它不能透过细胞壁）可能起着延缓细胞外冰晶增长速度的作用。这两种物质相互作用的结果，是保证细胞内的水有充足的时间流到细胞外结冰，防止在细胞内结冰的伤害。其中的蔗糖或葡萄糖又能保护细胞膜，Ca^{2+}（氯化钙）则对整个的细胞膜体系起着稳定作用。在这些物质的协调作用下，既避免了细胞内结冰，又维护了膜的稳定性，所以达到高存活率的效果。

（四）降温冰冻方法

材料经冰冻保护剂在0℃预处理30～40分钟后，要立即降温冰冻，最后到达液氮中保存。由于降温冰冻方法是影响超低温保存效果的关键因素之一，所以它在超低温保存技术体系中一直是较多注意的一个方面。目前已建立了4种降温冰冻方法。

1. 快速冰冻法

即将材料从0℃，或者其他预处理温度（如木本植物的冬芽在－10℃～－3℃预处理20天）直接投入液氮。已有试验指出，植物体内的水在降温冰冻过程中，从－140℃～－10℃是冰晶形成和增长的危险温度区，在－140℃以下，冰晶不再增生。因此，快速冰冻成功的关键在于，利用超速冷冻，使细胞内的水迅速通过冰晶生长的危险温度区，即细胞内的水还未来得及形成冰晶中心，就降到了－196℃的安全温度，从而避免了细胞内结冰的危险。这时，细胞内水虽已固化，但不是冰，形成所谓的"玻璃化"状态。这种"玻璃化"状态对细胞结构不产生破坏作用。那些高度脱水的植物材料，如种子、花粉、球茎或块根，以及那些抗寒的木本植物的枝条或芽，经过冬季的细胞外结冰的充分脱水后，都可采用快速冰冻方法。此外，茎尖分生组织的细胞小，细胞质浓稠，液泡化程度低，含水量较少，也可采用此法。通过此法已经取得成功的植物种类有马铃薯、木薯、麝香石竹、豌豆、埃及豆、草莓及甘蔗等。

2. 慢速冰冻法

通常成熟的植物细胞都具有大的液泡，含有大量水分。因此，对大多数植物材料说来，不适宜采用快速冰冻法，而需要在冰冻保护剂存在的条件下，采用慢速冰冻法。此方法是，以每分钟 $0.1℃ \sim 10℃$ 的降温速度（一般以 $1℃/min \sim 2℃/min$ 较好）从 $0℃$ 降到 $-70℃$ 左右，随即浸入液氮，或者以此种速度连续降到 $-196℃$。在此种降温速度下，可以使细胞内的水有充足的时间不断流到细胞外结冰，从而使细胞内的水减少到最低限度，达到良好的脱水效应，避免细胞内结冰。进行慢速降温的装置是程序降温器，目前已发展到由电子计算机控制。这种技术系统已使许多植物材料的保存获得良好的成功。

3. 两步冰冻法

这种方法是慢冻法和快冻法的结合，或者说，是一种改良的慢冻法。此法的第一步，是用慢速降温法从 $0℃$ 降到一定的预冻温度，使细胞达到适当的保护性脱水；第二步，投入液氮中迅速冰冻。酒井昭等（1978）在试验两步冰冻法时发现，第一步慢速降温到达的终点温度（预冻温度）以 $-50℃ \sim -30℃$ 为好，它能保持较高的存活率；若预冻温度高于 $-30℃$，或低于 $-50℃$，其存活率明显降低。目前，大多数工作采用每分钟 $0.5℃ \sim 4℃$ 的降温速度降到 $-40℃$ 的预冻温度，然后投入液氮。烟草、胡萝卜、假挪威槭、长春花、水稻、甘蔗、玉米、大豆、人参、杨树、枣椰树等悬浮培养细胞及愈伤组织的超低温保存，均采用此法。简令成等在甘蔗愈伤组织的超低温保存试验中发现，在慢速降温的终点温度（$-40℃ \sim -30℃$）停留一段时间（2小时左右），对保证细胞达到充分的保护性脱水是非常重要的，从而显著地提高存活率。这一改良的慢速降温冰冻方法在狒猴桃茎段、糜子和玉米的愈伤组织，以及红豆草的组织培养物等超低温保存试验中多次被证实。并通过细胞超微结构的观察结果阐明了它良好作用的细胞学机理（1988，1989）。

4. 逐级冰冻法

此法是制备不同等级温度的冰浴，如 $-10℃$、$-15℃$、$-23℃$、$-35℃$ 或 $-40℃$ 等。保存材料经冰冻保护剂在 $0℃$ 预处理后，逐步通过这些温度，样品在每级温度上停留一定时间（$4 \sim 6$ 分钟），然后浸入液氮。Finkle 和 Ulrich 等（1979）在甘蔗悬浮培养细胞的超低温保存试验中，采用了这种冰冻方法，每级温度停留4分钟，化冻后，细胞表现出很高的活力（TTC值）。在没有程序降温仪器或连续降温冰冻装置的条件下，可采用此法进行种质的液氮保存。

（五）化冻方法

植物的冻害是发生在冰冻和化冻两个过程中。因此，欲使植物种质的超低温保存获得良好成功，不仅要有一个合适的降温冰冻程序，而且还要求采取合适的化冻方法，以避免在化冻过程中产生细胞内的次生结冰，并应防止在化冻吸水过程中水的渗透冲击对细胞膜体系的破坏。化冻方法有两种：一种是快速化冻，即在 $35℃ \sim 40℃$ 的温水浴中化冻；另一种是慢速化冻，即在0℃、2℃~3℃或室温下化冻。目前，大多数冰冻材料是采用快速化冻，而不用慢速化冻。因为超低温冰冻材料化冻时，再次结冰的危险温度区域大约是–50℃~–10℃。从理论上说，可借助较快的化冻速度通过此温度区，从而避免细胞内的玻璃态水发生次生结冰，从而破坏细胞结构，导致死亡。

大量的试验结果表明，快速化冻法对大多数植物材料来说是成功的。然而木本植物的冬芽在超低温保存后必须在0℃低温下进行慢速化冻才能达到良好的结果。这可能是由于冬芽在秋冬低温锻炼及慢速冰冻过程中，细胞内的水已经最大限度地流到细胞外结冰，如果进行快速化冻，则细胞在化冻吸水时，就会受到猛烈的渗透冲击，引起细胞膜的破坏。所以需要慢速化冻，使水缓慢地回到细胞内，避免猛烈渗透冲击的破坏。

化冻速度与降温冰冻速度有一定的关系。一般来说，样品脱水程度愈高，对化冻速度愈不敏感。胡萝卜和颠茄细胞在以2℃/min降温速度下冰冻到–40℃、–70℃和–100℃，然后浸入液氮，化冻后的测试结果指出，降温到–40℃时投入液氮的细胞，快速化冻有利；而降到–100℃后投入液氮，其化冻速度与存活效果之间的相关性降低（Nag和Street，1975）。

（六）冷冻保护剂的清洗

由于冷冻保护剂对植物细胞可能有毒害作用，所以解冻后的植物材料，在培养之前应除去保护剂，但不同的植物材料对保护剂的反应不一，有些植物材料在带有少量保护剂的条件下仍生长良好，如玉米的冷冻细胞在带有少量保护剂的培养基上活力恢复比不带者要好，存活率也较高。这可能是由于在冷冻过程中植物细胞分泌产生一些保护物质，这些保护物质对细胞活力的恢复有直接作用或诱导作用，一旦被洗掉就会影响细胞的复苏。冲洗保护剂的方法就是将准备使用的液体培养基逐渐加到解冻的冷冻液中，使冷冻保护剂浓度逐渐降低，然后再更换新的无保护剂的培养基。也有用50%蔗糖液作为冲洗剂的，方法与上述使用液体培养基相同，当清洗到最后一步时，最好将蔗糖液除净，再将植物材料转到液体或固体培养基上。

四、超低温保存后细胞活力、存活率及遗传特性的观测

检验化冻后材料的生活力和存活率有多种方法，但采用较普遍的是下列三种。

（一）显示细胞活力的TTC法（氯化三苯四氮唑还原法）

此法是显示细胞内的脱氢酶活性。脱氢酶使氯化三苯四氮唑还原（电子受体）生成一种红色甲臢（formazan）。此甲臢不溶于水，但溶于酒精。因此，酶活性培育反应后，用酒精抽提，然后用分光光度计进行定量测定。实验程序如下。

1. 制TTC溶液，量取0.05mol/L磷酸缓冲液（pH7.5）99ml，加入氯化三苯四氮唑0.6g、5%吐温1ml。

2. 保存材料经化冻洗涤后，立即称取100~200mg样品投入5ml或10ml试管中。如果是较大块的愈伤组织，加入试管前用解剖针剥成小团，加入3ml TTC溶液。两个对照样品：一是未受冻的健康样品；二是全冻死（或煮沸杀死）的样品。

3. 22℃培育反应 12~18 小时。

4. 吸去 TTC 溶液，用蒸馏水清洗 2~3 次。

5. 吸去水溶液，或离心收集细胞，加入 95%酒精 3ml，将试管放入 60℃水浴中加热 10 分钟左右，抽提酶活性反应生成红色甲腊。

6. 冷却后，用 95%酒精定容到 3ml。

7. 摇匀，取抽提液在分光光度计 485nm 波长处测定吸收值（光密度）。

8. 用此吸收值表示各处理间细胞的相对活力，或者用保存材料的吸收值与对照样品吸收值的比值显示保存后细胞的存活率。

（二）显示细胞存活率的二醋酸酯荧光素（FDA）染色法

FDA 本身不发荧光，只有当它渗入活细胞内后，通过酯酶的脱脂化作用游离出荧光素，该荧光素在紫外光的激发下才产生荧光。因此它可以作为活细胞的一种鉴定方法。

实验操作是：先配制 0.1%FDA 丙酮溶液，往载玻片上滴一滴 FDA 溶液和一滴化冻后的细胞悬浮液并混合。静置 5~10 分钟后，盖上盖玻片，然后分别于普通光学显微镜及紫外光荧光显微镜下观察和计数。前者观测到的是总细胞数，后者是活细胞数，从而计算存活细胞的百分比（存活率＝发荧光的活细胞数/在普通光照下显示的总细胞数）。

在没有 FDA 和紫外光荧光显微镜的条件下，也可用中性红等活性染料检查细胞的存活率。中性红使活细胞的液泡染色，细胞核等结构不被染色，死细胞则相反，其细胞核等结构被中性红染成较深的红色。因此可以借此染色方法分辨出细胞的死活。

（三）再培养

化冻和洗涤后，立即将保存材料转移到新鲜培养基上进行再培养。这是检查种质超低温保存效果最根本的方法。在再培养过程中，观测组织细胞的复活情况、存活率、生长速度、组织块大小和重量的变化，以及分化产生植株的能力和各种遗传性状的表达。

如果为了比较各处理材料之间的差异，可以将不同对比材料培养在同一培养皿的平板上，作 4 个重复。这是一种简便有效的方法，可以根据培养物（如愈伤组织）的颜色和增长变化，来判断各处理间的差异。

在再培养初期，一般有一个生长停滞期。停滞期的长短可能取决于损伤的程度，也可能与植物的基因型有关。停滞期的产生可能有两个因素：除修复损伤外，还可能与一些因素（如残留的冰冻保护剂 DMSO 等）的抑制作用有关。

（四）遗传性状的分析

种质保存的根本目的是保持遗传基因的稳定及其所控制的遗传性状不发生改变。遗传性状的稳定性分析是明确经离体保存及培养后是否仍然保持了原植物材料的遗传特性，包括是否发生了形态学、细胞学及生理、生化等方面的变化。形态学是进行常规的植物学、农艺学性状的观察、比较。细胞学主要鉴定染色体数目和结构的变化。生理、生化方面目前主要采用同工酶谱分析和 RFLP、RAPD、AFLP 等分子生物学技术进行鉴定。

　　主要包括：①细胞全能性的保持及形态发生能力；②后代的形态特征及生长发育状况；③后代染色体的分析；④同工酶谱的分析和 RFLP、RAPD、AFLP 等分子生物学特征鉴定；⑤特殊产物的分析；⑥抗逆性的分析。

　　应该指出，染色法和 TTC 法，均不能代替再培养和遗传性状的分析，它们只能作为生活力的预测指标。此外，还可利用光学显微镜和电子显微镜观察化冻后及再培养过程中细胞的外部形态和细胞内部超微结构的状态。

第三节　离体保存技术的应用

　　植物材料的超低温保存是近几十年来发展起来的，根据已有的文献报道，约有 50 余种植物进行了超低温保存，试验材料包括培养的愈伤组织、悬浮细胞、分离的原生质体、花粉及花粉胚、体细胞胚状体、茎尖分生组织以及茎芽等各种细胞组织和器官。保存的时间长短不一，存活率有高有低。

一、愈伤组织和悬浮培养细胞的离体保存

　　自从 Nag 和 Street（1973）将胡萝卜培养细胞在液氮中保存成功以来，至今进行过愈伤组织及悬浮培养细胞超低温保存的植物种类已达 30 多种。

　　Quatrano 首先研究了细胞的抗寒性，发现亚麻细胞仅能耐受 –50℃ 的低温。嗣后，Withers 等发现对数生长期的悬浮培养细胞最能耐受冻害，而延滞期和静止期的悬浮培养细胞对寒冷最为敏感。因此，悬浮培养细胞在超低温保存前要快速传代，或在培养基里加入适量的渗透剂（甘露醇、脯氨酸等），以提高细胞的抗寒力。试验发现，超低温保存后再培养的细胞群中或愈伤组织块中，单个细胞、松散细胞团均因冻害而死亡，仅结构紧密的小细胞团能恢复生长，经过数次传代，细胞群的组分又可恢复正常。迄今已有颠茄、人参、三分三、长春花、脐橙、甜橙、蔷薇、假挪威槭等悬浮培养细胞超低温保存获得成功。

　　试验证明：超低温保存不仅能保存细胞活力，还能保持细胞产生次生代谢产物的能力。人参细胞系 PXG3 和长春花细胞系 LD50/HB 的细胞培养物置于液氮内保存 6 个月，然后再经 6 个月恢复期后，测定生长力和培养物的人参皂苷或吲哚生物碱的生产力，并与同期连续继代保存的培养物比较，证明长期超低温保存不影响生长期间的生长动力学和液泡化程度，并能保持次生代谢物的生产力。人参悬浮培养细胞在液氮中保存 1～6 周后，细胞存活率为28%。颠茄悬浮培养细胞在液氮内保存 5～10 分钟后，细胞存活率达 40%。薰衣草和黄连悬浮培养经细胞超低温保存，仍具有再生能力以及产生生物素和小檗碱的能力。狭叶毛地黄培养细胞和三分三培养细胞经超低温保存后，仍保持了合成、运输强心苷和生物碱的能力。

　　浙贝母愈伤组织的超低温保存研究发现，培养 30～35 天的愈伤组织有较强的抗冻能力，愈伤组织化冻后，在黑暗条件下培养，细胞存活率达 81%，并能分化出完整植株。李全顺等研究证明，唐菖蒲愈伤组织培养 20～25 天抗冻能力最强。经超低温保存的愈伤组织成功地获得增殖和植株再生。此外，大麦、三分三、椰枣、木薯、草莓、杨树等愈伤组织超低温

保存也获得成功。

二、原生质体的离体保存

对原生质体进行超低温保存的研究结果表明，这种保存是必要的，而且有突出的优越性，与具有细胞壁的细胞相比，它降低了冰冻的危害，能得到更高的存活率。同时，它还具有筛选作用，将那些抗逆性强的、生长优势的细胞系选择下来，有可能为农作物的选种育种开辟新途径。

由于原生质体分离、培养技术难度大，故超低温保存成功的例子不多，目前仅有 10 余种植物的原生质体进行了超低温保存并获成功。1988 年 Bajaj 报道烟草、颠茄、曼陀罗 3 种植物的原生质体在超低温保存后再生新植株。深尾伟晴在研究地钱原生质体超低温保存中发现，地钱原生质体经液氮保存 4～6 个月，存活率达 40%～50%，解冻后不久即开始分裂过程，最后分化形成原丝体。张士波等（1989）和路铁钢等（1989）在开展玉米原生质体的超低温保存获得成功，存活率分别达到 30%～40%和 80%～90%，并再生出新植株，且其植板率和分化能力均有提高。这是迄今原生质体超低温保存研究中最成功的一例。

三、花粉的离体保存

准确地说，花粉的离体保存多属于低温保存的范畴。低温保存花粉的试验始于 20 世纪 20 年代，但多集中在果树和花卉等二核型花粉；三核型花粉中，除禾本科的主要农作物（如玉米、小麦和水稻等）有所研究外，其他三核型植物尚很少涉及。许多二核型花粉在 -40℃～-10℃的低温贮存中，已经相当成功地延长寿命。苹果、梨、李等的花粉在 -10℃、含水量 10%～15%条件下能保持生活力 1 年以上。许多果树和林木植物的花粉在 -20℃贮存中，其寿命可延长至几年。然而许多研究结果指出，在此种贮存温度下，随着贮存时间的延长，花粉的萌发率和结实率均降低。例如松属 5 个种的花粉在 -20℃贮存 2 年后，结实率显著降低；百合花粉在贮存 2 年后降到 30%，3 年后降到 3%。由此可见，在 -40℃～-10℃的低温下贮存花粉，虽然能延长寿命，但其生理生化活性尚未完全停止，还在进行衰变，这揭示了超低温保存的必要性。

浙贝母花粉超低温保存的研究表明，浙贝母的花粉（含水量约 20%），经超低温保存 7 天后，测定花粉的生活力为 56.4%，田间授粉结实率达 70%。

四、胚状体及幼胚的离体保存

印度学者 Bajaj（1987）实验室首先将胡萝卜体细胞胚状体和烟草花药胚状体超低温保存成功，并获得再生植株。尔后又对花生、油菜和小麦等农作物的花药胚进行了超低温保存，存活率一般为 20%～40%。烟草花粉胚超低温保存研究结果表明：发育早期阶段的花粉耐冻力强，球形胚存活 31%、早心形胚 9%、晚心形胚 2%，有子叶发育的胚全部死亡。球形胚和早心形胚超低温保存后能继续发育，晚心形胚只能产生愈伤组织或畸形植株。液氮保存柑橘的珠心胚（体细胞胚），存活率达 24%～28%。此外，还对水稻、小麦和小黑麦的未成熟胚（授粉后 10～17 天）进行了超低温保存，存活率达 42%～73%。特别是在椰子的未成熟胚（属顽拗性种子——短命种子）的冰冻保存中发现，这种状态的胚在冰冻后有 18% ～ 25% 存活。

五、芽及茎尖分生组织的离体保存

由于茎尖分生组织细胞分化程度小，倍性一致，遗传上比较稳定，并且在离体培养中比较容易再生新植株。因此，茎尖离体培养不仅已逐渐发展成为农作物无性系繁殖和脱除病毒的重要手段，而且是超低温保存植物种质的理想材料和可靠的途径，并可借此建立无病毒的种质库。此外，通过芽的超低温贮藏也是保存无性繁殖植物种质的方便途径。利用茎尖培养可以大量繁殖药用价值高和珍稀濒危的物种，亦可获得无病毒种苗。但从培养角度来说，样品愈小，操作难度愈大，故超低温保存生长点的成败还与常规的茎尖培养技术密切相关。

至今已有 10 多种植物的茎尖分生组织进行了超低温保存。一般植物种类，例如草莓、番茄、苹果、康乃馨等茎尖生长点，经液氮保存后仍有 50% 以上的茎尖培养物能分化形成小植株。在 Kartha 的实验室，液氮贮藏 2 年以上的豌豆和草莓茎分生组织均再生出新植株，并获得很高的存活率。再生的草莓植株在田野的栽培中表现很高的抗寒性，当冬季温度降到 −40℃时，未出现冻害（1985）。

许多试验结果表明，提高茎尖分生组织在冰冻过程中的抵抗力对超低温保存的成功具有重要作用。为此，应该注意在冰冻前将材料进行低温锻炼和（或）在 5% DMSO 的培养基上进行预培养。日本学者 Sakai（1990）和 Yamada（1991）等为茎尖分生组织的超低温保存建立了一种简便高效的方法，该技术的关键是，在冰冻前，运用高浓度的冰冻保护剂使保存材料脱水，以致不需要慢速程序降温，从室温直接浸入液氮，即可获得很高的存活率。

植物种质的超低温保存目前虽已取得一定的进展，但因时间短，已有的结果应该说还是初步的，许多问题尚需进一步探讨。例如，已有贮存试验的存活率一般还比较低，特别是目前保存的时间还都比较短。在长期（10 年、20 年，直至更长的时间）保存后，材料的生活力和存活率如何？是否还能再生新的植株？这些都还没有实践先例。

超低温保存过程中的"冰冻贮存和化冻培养"是一个复杂的过程，其中任何一个阶段的失误，都可能引起致死性伤害。对于这一过程中各个阶段的细节，它的最佳条件、冰冻和化冻中细胞结构的变化，目前还都缺乏深入细致的研究。今后特别应该加强研究的关键问题是：材料的选择标准，冰冻保护剂的效应，冷冻及化冻方法，以及超低温长期保存进程中的细胞学检查。

第十一章

药用植物脱毒技术

多数药用植物，特别是无性繁殖的药用植物，都易受到一种或一种以上病原菌的侵染。例如，已知草莓能感染62种病毒和类菌质体，因而每年都必须更新母株。病原菌的侵染不一定都会造成植物的死亡，很多病毒甚至可能不表现出任何可见症状，但病毒的存在会减少植物的产量和损害植物的品质。据报道，当以特定的无毒植株取代了被病毒侵染的母株之后，产量最多可增加300%（平均为30%）。因此，为了提高产量和促进活体植物材料的国际交换，根除病毒和其他病原菌是非常必要的。虽然通过杀细菌和真菌的药物处理，可以治愈受细菌和真菌侵染的植物，但现在还没有药物可以治愈受病毒侵染的植物。

大部分植物病毒不经种子传播，因此从未受侵染或侵染程度较轻的个体上采集种子，进行繁殖，就不会将病毒传给下一代。但是专化性强的病毒，如豆类病毒（由一种专化性强的蚜虫传播）可随种子传播。对于有性生殖退化，仅能用无性繁殖方法繁殖的植物，一旦母株染病，病毒在其细胞内增殖，并通过插条、接穗、种薯、球根、鳞片传给下一代，还可以通过昆虫作为媒介加速传播，从而使优良品种的生产力衰退，成为优良品种退化劣变的重要原因。

在药用植物的栽培中，有些种类有性生殖退化，只能通过营养繁殖方法进行繁殖。如果在一个品种中，并非全部母株都受到了侵染，那么只要选出一个或几个无病株进行营养繁殖，就可能建立起无病的核心原种。但是，如果一个无性系的整个群体都已受到侵染，获得无病植株的惟一办法，就是由该植株的营养体部分把病原菌消除，并由这些组织中再生出完整的植株。一旦获得了一个不带病原菌的植株，然后就可以在不受重新侵染的条件下，对它进行营养繁殖。

病毒在植物体内的分布是不均匀的。在受侵染的植株中，顶端分生组织一般来说是无毒的，或是只携带有浓度很低的病毒。在较老的组织中，病毒数量随着与茎尖距离的加大而增加。分生组织之所以能逃避病毒的侵染，其原因可能是：①在一个植物体内，病毒易于通过维管系统而移动，但在分生组织中不存在维管系统。病毒在细胞间移动的另一个途径是通过胞间连丝，但速度很慢，难以追赶上活跃生长的茎尖；②在旺盛分裂的分生细胞中，代谢活性很高，使病毒无法进行复制；③倘若在植物体内确实存在着"病毒钝化系统"的话，它在分生组织中应比在任何其他区域都有更高的活性，因而分生组织不受侵染；④在茎尖中存在高水平内源生长素，可以抑制病毒的增殖。

茎尖培养方法现已成为最有效的获得完全无病毒植物的方法，成功地用于多种栽培植物。茎尖培养方法虽然主要用于消除病毒，但也可消除植物中各种其他病原菌，包括类病毒、类菌质体、细菌和真菌。在茎尖培养法建立之前，在活体上消除病毒的方法是对整个植株进行热处理。

第一节 常用的脱毒方法

一、热处理消除病毒

长期以来，在各种植物中为了从受侵染的个体得到无病毒植物，一直有效地使用着热疗法。通过热处理消除病毒的基本原理是：①病毒是 DNA 大分子，病毒进入植物细胞后，随植物细胞的 DNA 一起复制。热处理并不能杀死病毒，只能部分地或完全地钝化病毒的活性，使病毒在植物体内增殖减缓或停止，而失去侵染能力，在这个过程中很少伤害甚至不伤害寄主组织。②热处理是一种物理效应，与冷处理一样，可以加速植物细胞的分裂，使植物细胞在与病毒繁殖的竞争中取胜。③在热处理期间，寄主植物对于病毒在活体中的钝化也起某种作用。

热处理可通过热水或热空气进行。热水处理对休眠芽效果较好，热空气处理对活跃生长的茎尖效果较好，既能消除病毒，又能使寄主植物有较高的存活机会。热空气处理比较容易进行：把生长旺盛的植物移入到一个热疗室中，在 35℃～40℃下处理一定时间，处理时间的长短可由几分钟到数周不等。Baker 和 Kinnaman（1973）把麝香石竹植株在 38℃下连续处理 2 个月，从而消除了茎尖内的所有病毒。而马铃薯病毒 X（PVX）则要求在 35℃下处理几个月才能得到一些无病毒茎尖，热处理之后要立即把茎尖切下来嫁接到无病毒的砧木上去。

热处理时，最初几天空气温度应逐步提高，直到达到要求的温度为止。若钝化病毒所需要的连续高温处理会伤害寄主组织，则应当试验高低温交替的效果。在热处理期间应当保持适当的湿度和光照，并在处理前对植物进行修剪（pruning back），以增加植物忍受热处理的能力。

应用热疗法消除病毒的一个主要限制在于，并非所有的病毒都对热处理敏感，例如在马铃薯中，热处理只能消除卷叶病毒（leaf roll virus）。一般来说，对于等径的和线状的病毒，以及对于已知是由类菌质体引起的病害，热处理是有效的。延长热处理时间，也可能会钝化植物组织中的抗性因子，因而和对照相比会降低处理效果。此外，在热处理之后，只有一小部分植株能够存活。

和单独采用热疗法相比，茎尖培养具有更广泛的适用性。很多不能由单独的热处理消除的病毒，可以通过茎尖培养和热处理相结合，或单独的茎尖培养而消除。因而，茎尖培养现已成为消除病毒的一个很常用的手段。

二、茎尖培养消除病毒

病毒在植物体内分布是不均一的，越接近生长点，病毒浓度越稀，因此有可能采用小的茎尖离体培养而脱除植物病毒。茎尖培养脱毒的原理是：已知病毒是 DNA 大分子，病毒侵染植物后可进入植物细胞。当植物细胞分裂时，病毒 DNA 随着复制。因此植物细胞分裂和病毒繁殖之间存在相互竞争，在迅速分裂的植物细胞中，是正常核蛋白合成占优势，而在植物细胞伸长期间，是病毒核蛋白合成占优势。生长点、分生组织细胞是活跃分裂的细胞，其分裂速度比病毒 DNA 复制速度快，故采用旺盛分裂的生长锥（顶端分生组织）离体培养，就有可能脱除植物病毒。

在应用组织培养方法获得无病原菌植物时，所用的外植体可以是茎尖（shoot tip, meristem tip, shoot apex），也可以是茎的顶端分生组织（apical meristem, apical dome）。在这里，茎尖是指由顶端分生组织及其下方的 1~3 个幼叶原基一起构成的部分；顶端分生组织是指茎的最幼龄叶原基上方的一部分，最大直径约为 $100\mu m$，最大长度约为 $250\mu m$。虽然通过顶端分生组织培养消除病毒的机会较高，但在大多数已发表的研究中，无病毒植物都是通过培养 $100~1000\mu m$ 长的外植体得到的，即通过茎尖培养得到的。

（一）茎尖脱毒培养方法

进行脱毒时，需要一台带有适当光源的解剖镜（$8\times~40\times$）、一套解剖针和刀片。解剖时必须注意防止由于超净工作台的气流和解剖镜上碘钨灯散发的热使茎尖变干，因此茎尖的暴露时间应当越短越好。使用冷源灯（荧光灯）或玻璃纤维灯较理想。若在一个衬有无菌湿滤纸的培养皿内进行解剖，也有助于防止茎尖变干。

和其他类型的组织培养一样，在进行茎尖培养时，首要的一步是获得表面不带病原菌的外植体。一般来说，茎尖分生组织由于有彼此重叠的叶原基的严密保护，只要仔细解剖，无须表面消毒就应当能得到无菌的外植体。消毒处理有时反而会增加培养物的污染率。如果可能，应把供试植株种在无菌的盆土中，并放在温室中栽培。在浇水时，水要直接浇在土壤上，而不要浇在叶片上，这一点十分重要，另外，最好还要给植株定期喷施内吸杀菌剂。Wang 和 Hu（1980）所用的杀菌剂混合液含有杀真菌药物苯菌灵（0.1%）和抗生素链霉素（0.1%），这种杀菌剂混合液对于田间种植的材料效果较好。对于某些田间种植的材料来说，还可以切取插条后，先在实验室中插入 Knop 溶液中令其生长，由插条的腋芽长成的枝条，比由田间植株上直接取来的枝条污染要小得多。

尽管茎尖区域是高度无菌的，在切取外植体之前一般仍须对茎芽进行表面消毒。对于叶片包被严紧的芽，如菊花、菠萝、姜和兰花等，只需在 75% 酒精中浸蘸一下；而叶片包被松散的芽，如蒜、麝香石竹和马铃薯等，则要用 0.1% 次氯酸钠溶液表面消毒 10 分钟。具体的消毒方法因植物种类不同而异。

在剖取茎尖时，要把茎芽置于解剖镜下，一只手用细镊子将其按住，另一只手用解剖针将叶片和叶原基剥掉、解剖针要常蘸入 90% 酒精，并用火焰灼烧以进行消毒。为了在烧过之后重新使用之前有足够的时间冷却，至少应准备三根解剖针轮流使用，或是把解剖针蘸入无菌蒸馏水中冷却。当形似一个闪亮半圆球的顶端分生组织充分暴露出来之后，用一个锋利的长柄刀片将分生组织切下来，上面可以带有叶原基，也可不带，然后接种到培养基上。操作过程中必须确保所切下来的茎尖外植体一定不要与他物接触。

（二）影响茎尖培养脱毒效果的因素

培养基、外植体大小和培养条件等因子，不但会影响离体茎尖再生植株的能力，而且也会显著影响这一方法的脱毒效果。此外，在培养前或培养期间进行的热处理，也会显著影响这一方法的效率。外植体的生理发育时期也与茎尖培养的脱毒效果有关。

1. 培养基

通过正确选择培养基，可以显著提高获得完整植株的成功率。所应考虑的培养基的主要性质是它的营养成分、生长调节物质和物理状态。

在早期进行的茎尖培养中，培养基的大量元素是由 White（1934）和 Gautheret（1959）培养基配方衍生出来的，并加入了 Berthelot（1934）和 Heller（1953）培养基的微量元素。不过，Morel 等（1968）发现，在这些培养基中，某些离子，特别是 K^+ 和 NH_4^+ 的水平太低。在 Gautheret 培养基中，马铃薯茎尖最多只能长到几毫米，而且是缺绿的。当把这种培养基的 K^+ 水平提高 5 倍之后，新茎则能长得又快又壮。大多数常用培养基都含有相当丰富的必需元素。在马铃薯茎尖培养中，Stace - Smith 和 Mellor（1968）曾试验过 White（1954），Kassanis（1957）、MS（1962）以及 Morel 和 Muller（1964）等 4 种培养基，所得到的存活百分数分别是 16%、16%、67%、36%。在 MS 培养基上长出的茎非常健壮，而在其他 3 种培养基上长的茎既细弱又缺绿。其他一些作者也强调指出了 MS 培养基适用于茎尖培养。

对于通常加入培养基中的各种维生素和氨基酸的作用，一直还没有严格的估计。碳源一般是用 2% ~ 4% 蔗糖或葡萄糖。

虽然较大的茎尖外植体（500μm 或更长）在不含有生长调节物质的培养基中也能产生一些完整植株，但一般说来，含有少量（0.1 ~ 0.5mg/L）的生长素或细胞分裂素，或二者兼有常是有利的。在被子植物中，茎尖分生区不是生长素的来源，不能自我提供所需的生长素。生长素可能是由第 2 对幼叶原基形成的。在洋紫苏、胡萝卜、烟草、粉蓝烟草、旱金莲等植物中，要成功培养不带任何叶原基的分生组织外植体，外源激素是必不可少的。在麝香石竹离体顶端分生组织培养中，则既需要生长素，也需要细胞分裂素。凡是只需生长素的植物，在其分生组织中内源细胞分裂素的水平可能很高。在各种不同的生长素中，应当避免使用 2，4 - D，因为它通常能诱导外植体形成愈伤组织，广泛使用的生长素是 NAA 和 IAA，其中 NAA 比较稳定，效果较好。

Morel 等（1968）证实，在大丽花中，加入 0.1mg/L GA_3 能抑制愈伤组织的形成，有助于更好的生长和分化。GA_3 与 BAP 和 NAA 搭配使用，对于木薯离体茎尖（200 ~ 500μm）形成完整植株是必不可少的。

2. 外植体大小

在最适培养条件下，外植体的大小可以决定茎尖的存活率。外植体越大，产生再生植株的机会就越多，在木薯中只有 200μm 长的外植体能够形成完整的植株，再小的茎尖或是形成愈伤组织，或是只能长根。小外植体可能也不利于茎的生根。然而，不应当离开脱毒效率（它与外植体的大小呈负相关）单独看待外植体的存活率，因此外植体应小到足以能根除病毒，大到足以能发育成一个完整的植株。

除了外植体的大小之外,叶原基的存在与否也影响分生组织形成植株的能力。大黄离体顶端分生组织必须带有 2~3 个叶原基。叶原基能向分生组织提供生长和分化所必需的生长素和细胞分裂素,在含有必要的生长调节物质的培养基中,离体顶端分生组织能在组织重建过程中迅速形成双极性轴。根的形成出现于叶原基分化之前,根的发育是轴向的,而不是侧向的。一旦根茎之间的轴建立起来以后,进一步的发育将与种子苗发育的方式相同。因此虽然培养不带叶原基的顶端分生组织是可能的,但对于脱毒来说,带有叶原基的顶端分生组织更为切实可行。

3. 培养条件

在茎尖培养中,光照培养的效果通常都比黑暗培养好。Dale(1980)观察到,在多花黑麦草光照培养(6000Lux)中有 59% 的茎尖能再生出植株,而黑暗培养中只有 34%。马铃薯建立茎尖培养物的最适光照强度是 100Lux,但 4 周后应增加到 200Lux,当茎长到 1cm 高时,光照强度应增加到 4000Lux。在进行天竺葵茎尖培养的时候,则需要有一个完全黑暗的时期,这可能有助于充分减少多酚物质的抑制作用。

关于在离体茎尖培养中温度对植株再生的影响,目前还没有什么资料,通常都是置于 25℃±2℃ 条件下进行培养。

4. 外植体的生理状态

茎尖最好由活跃生长的芽上切取。在麝香石竹和菊花中,采用顶芽茎尖比用腋芽茎尖效果要好。但为了增加脱毒植株的总数,即使在腋芽比顶芽表现差的情况下也要采用腋芽,这是因为腋芽在每个枝条上有好几个,而顶芽只有一个。

取芽的时间也是重要因素,对周期性生长的树木更是如此。在温带树种中,植株的生长只限于短暂的春季,此后很长时间茎尖处于休眠状态,直到低温或光打破休眠为止。在这种情况下,茎尖培养应在春季进行,而若要在休眠期进行,则必须采取适当处理,如在李属植物中,取芽之前必须把茎保存在 4℃ 下近 6 个月。

茎尖培养的效率除取决于外植体的存活率和茎的发育程度外,还与茎的生根能力和脱毒程度有关。在麝香石竹中,虽然冬季培养的茎尖产生的茎最易生根,但夏季得到无毒植株频率最高。在大多数马铃薯品种中,春季和初夏采集的茎尖比较晚季节的茎尖容易生根。

5. 热疗法

尽管顶端分生组织常常不带病毒,但现在有足够的证据表明,某些病毒实际上也能侵染正在生长中的茎尖分生区域。Hollings 和 Stone(1964)证实,在麝香石竹茎尖 100μm 长的顶端部分,有 33% 带有麝香石竹斑驳病毒(carnation mottle virus)。在菊花中,由 300~600μm 长的茎尖愈伤组织形成的全部植株都带有病毒。已知能侵染茎尖分生区域的其他病毒有 TMV、马铃薯 X 病毒以及黄瓜花叶病毒(CMV。)在这种情况下,如果将茎尖培养与热疗法结合起来,也有可能获得脱毒植株。热处理可在切取茎尖之前在母株上进行(其优点是可以切取较大的外植体进行培养,因而可以增加能够存活并发育成无病植株的茎尖的百分比),也可以在茎尖培养期间进行。

应当慎重地决定热处理时间的长短,高温处理时间太长,可能对植物组织造成不良影响。有迹象表明,高温处理除可消除病毒外,也能钝化寄主组织中抗病毒因子。如果连续进行高温处理会引起寄主组织的损伤，可以试用昼夜或隔日高低温交替处理。

6. 化学疗法

Inoue（1971）报道，用齿舌兰（odontoglossum）环斑病毒抗血清预处理兰花的离体分生组织，增加了脱毒植株的频率。抗病毒制剂 Virazole 对动物 DNA 和 RNA 病毒是有效的，在植物中也证明，可用以消除烟草原生质体再生植株中的 PVX，此外，放线菌酮和放线菌素 D 也能抑制原生质体中病毒的复制。

三、愈伤组织培养消除病毒

在由受感染的组织形成的愈伤组织中，并非所有的细胞都均匀一致地带有该种病原菌。在用机械方法由受 TMV 侵染的烟草愈伤组织分离出来的单个细胞中，只有 40% 带有病毒。由受侵染的愈伤组织中能再生出很多不含有 TMV 的植株，这也证明了愈伤组织中的某些细胞实际上是不带病毒的。这可能是由于：①病毒的复制速度赶不上细胞的增殖速度；②有些细胞通过突变获得了抗病毒的特性。抗病毒侵染的细胞甚至可能与敏感型细胞一起存在于母体组织中。Murakishi 和 Carlson（1976）利用病毒在烟草叶片中分布不均匀的特性，曾经获得了不带 TMV 的植株。在一个受到 TMV 侵染的叶片中，暗绿色的组织或者是不含病毒的，或者是病毒的浓度很低。由这些组织培养得到的外植体 50% 是无毒的。

但在考虑采用愈伤组织消除病毒的时候，还不能忽视培养细胞在遗传上的不稳定性，以及某些植物还不能由愈伤组织再生植株。

四、微体嫁接离体培养脱毒法

微体嫁接法是 20 世纪 70 年代以后发展起来的一种培养无病毒苗的方法，这种方法的特点是可以把极小（<0.2mm）的茎尖作为接穗嫁接到实生苗砧木上（种子实生苗不带病毒），然后连同砧木一起在培养基上培养。接穗在砧木的哺育下很容易成活，故可用很小的茎尖来培养，消除病毒的几率大，获得无病毒苗的可能性较大。微体嫁接脱毒技术已在柑橘、苹果上获得成功。

微体嫁接法脱除病毒的关键：①微体嫁接要求剥离技术很高。嫁接成活率与接穗大小呈正相关，而脱毒率与接穗大小呈负相关。脱除病毒的效果和茎尖剥离技术密切相关。脱毒效果好坏决定于茎尖大小，茎尖越小脱毒效果越好，一般取 <0.2mm 的茎尖嫁接可以脱除多数病毒。②微体嫁接对培养基的筛选并不十分困难，但必须考虑到砧木和接穗对营养组成的不同要求才能收到良好效果。③微体嫁接法与接穗的取材季节有着密切关系，4～6 月取材嫁接成活率较高，3 月以前和 10 月以后取材成活率较低。

第二节　脱毒效果检验和无毒原种保存

尽管我们在切取茎尖时十分小心，并且对它们进行了各种有利于消除病毒的处理，也只有一部分培养物能够产生无病毒植株。因此，对于每一个由茎尖或愈伤组织产生的植株，在把它们用做母株以生产无病毒原种之前，必须针对特定的病毒进行检验。在通过培养产生的植株中，很多病毒具有一个延迟的复苏期。因此在头 18 个月必须对植株进行若干次检验。只有那些始终表现负结果的个体，才能说是已经通过了对某种或某些特定病毒的检验，可以在生产上推广使用。由于经过病毒检验的植株仍有可能重新感染，因此在繁殖过程的各个阶段还须进行重复的检验。

确定在植物组织中是否有病毒存在的最简单的方法，是检验叶和茎是否有该种病毒所特有的可见症状。不过，由于可见症状可能要经过相当长的时间才能在寄主植物上表现出来，因此需要有更敏感的检验方法。

一、生物鉴定法（敏感植物鉴定法）

有些植物对病毒极为敏感，一旦感染病毒就会在叶片乃至全株上表现特有的病斑，这种植物称为病毒敏感植物或指示植物。

病毒的汁液感染法（sap transmission）是用于检验病毒的所有方法中最为敏感的方法，只要有一名精通症状鉴别的工作人员，这种方法就不难在大规模生产上应用。进行病毒检验的接种方法：由受检植株上取下叶片，置于等容积（W/V）的缓冲液（0.1mol/L 磷酸钠）中研碎。在指示植物的叶片上撒少许 600 号金刚砂，然后用受检植物的叶汁轻轻涂在上面，适当用力摩擦，以使指示植物叶表面细胞受到侵染，但不要损伤叶片。大约 5 分钟后，用水轻轻洗去接种叶片上的残余汁液。把接种过的指示植物放在一间温室或防虫罩内，株间以及与其他植物间都要隔开一定距离，大概 6～8 天或几周，指示植物就会表现症状。在进行马铃薯脱毒效果检验时，常用的指示植物有千日红、苋色藜、野生马铃薯、曼陀罗、辣椒、酸浆、心叶烟、黄花烟、豇豆、黄苗榆和莨菪等。不过，有些植物病毒，如草莓黄化病毒和丛枝病毒等，不是通过汁液传染的，而是通过某种蚜虫传播的，在这种情况下，则须将脱毒培养后的芽嫁接到指示植物上，根据指示植物的症状表现，判断是否脱毒。

二、血清鉴定法

当动物被病毒感染或人工注射异体蛋白质时，在动物体内会产生一种特异性丙种球蛋白，称为免疫球蛋白，即所谓"抗体"；引起抗体形成的物质（病毒或异体蛋白）称为"抗原"。抗原和抗体结合，表现为很强的特异性。即由一种病毒产生的抗体，只能结合该种病毒。抗体在特殊细胞内形成，进入血液，存在于血清和体液内，这种含有特异性抗体的血清称为"抗血清"。抗原和抗体相结合的反应称为"血清反应"。

植物病毒抗血清在植物病毒诊断上具有很重要的价值：①病毒抗血清具有高度的专化性，即由一种病毒产生的抗体，只能结合该种病毒（抗原），如由注射（感染）TMV 而产生的抗体（免疫球蛋白），只能检测 TMV 病毒；②由于抗血清法具有高度专化性，因此对于那些受感染而没有症状的带毒植物，也能诊断，故具有很高的实用价值；③由于病毒与抗血清的反应量与病毒浓度成正比，只要知道其中一种的浓度，可根据反应量来测定另一种的浓度，因此可以用来作病毒的定量分析。

但病毒抗血清在诊断上也存在一定的局限性：①不是所有病毒都能制成抗血清，一般

"黄化型"病毒，或严格由专化性昆虫传播的病毒，如马铃薯卷叶病毒极难或不能获得"抗血清"；②病毒在寄主体内含量太少，而提纯过程中又丧失太多，或在提纯过程中病毒质粒丧失了必备的抗原结构；③植物体内具有单宁物质，单宁与病毒结合，使病毒丧失了抗原性质。

三、电子显微镜鉴定法

用电镜直接观察可以检查是否有病毒质粒的存在，还可以测量病毒颗粒的大小、形状和结构。电镜法是一种既准确又科学的方法。

应用血清法和电镜法虽然能很快获得结果，但需要专门的技术和设备。另外，血清法和电镜法通常都要与生物鉴定法同时并用，而不能完全取代生物鉴定法。但对于不表现症状的潜伏病毒，只有依靠血清法和电镜法进行鉴定。

四、无毒原种的保存

无毒植株并不具有额外的抗病性，它们有可能很快又被重新感染。为了解决这个问题，应将无毒原种种在温室或防虫罩内灭过菌的土壤中。在大规模繁殖这些植物的时候，应把它们种在田间的隔离区内，以杜绝重新感染。另外一种更容易也更便宜的方法，是把由茎尖得到的并已经过脱毒检验的植物通过离体培养进行繁殖和保存。

虽然由茎尖培养得到的植株一般很少或没有遗传变异，但最好还是要检查一下这些脱毒植株是否仍保持了原来的种性。据报道，在苹果和大黄中，经过脱毒之后曾出现了轻微的生理变异。

第三节　其他病原菌的离体消除方法

茎尖培养和愈伤组织培养主要用于消除病毒，但也可用于消除其他病原菌如类菌质体、细菌和真菌。Jacoli（1978）指出，胡萝卜外植体经过反复转管后，其中侵染的星黄菌（类菌质体状小体）逐渐退化并在80天内消失。培养的植物组织内带有的细菌和真菌，由于在培养基上增殖很快，在一般情况下很容易表现出来。通过茎尖培养已经在花叶万年青和天竺葵中消除了这类周身侵染的细菌。在麝香石竹中已经消除了由蔷薇镰孢霉引起的茎腐病。

植物茎尖培养现已成为一种公认有效的脱毒技术，运用这种技术可以消除存在于植物组织内的病原菌，从而获得不带病原菌的植株，可以带来药用植物产量增加和品质改善，促进植物活体材料的进口和出口。随着越来越多国家规定只能进口经过检验的无病植株，这一技术将得到更广泛的应用。

第十二章
药用植物组培苗工厂化生产

　　植物的快速繁殖是采用生物工程技术中的植物组织和细胞培养技术，在一定的时间内从一个茎尖或外植体（如根、茎、叶、花器官以及它们形成的体细胞胚等），繁殖出比常规繁殖多几百倍甚至千倍与母体遗传性状相同而健康的小植株，其标准可达到大田生产种苗的要求。因此，快速繁殖是当前生物工程中应用最广泛，又最有效的技术和方法，在园艺、农林、药用植物生产方面得到广泛应用。植物的快速繁殖是从植物组织培养技术研究的基础上发展起来并用于工厂化生产的技术。全部生产过程均在人工控制条件下进行无菌操作。须有一级种苗或优良的株系为繁殖母本，掌握各种苗生产过程中的最佳培养基配方与最佳外植体，以及最为理想的培养条件。如用茎尖生产无病毒植株，须有完善的去病毒方法、检验病毒的技术以及快速繁殖种苗的具遗传稳定性的程序。保持原品种特性是决定快速繁殖成功与否的关键。目前我国的植物快速繁殖技术已逐渐趋向完善。原来认为试管苗的形成，应先使外植体分化形成愈伤组织，再从愈伤组织上分化形成芽，或者外植体经胚状体的分化途径形成大量的试管苗。然而这两种分化途径后来均被以芽繁芽的途径所取代，后者确实既可较好地保持原来的遗传特性，而且比前两种技术路线更简化易行。植物组培苗的工厂化生产与实验室研究相比，规模效益是工厂化生产获利的条件，要有较好的经营管理方法和制度，才能发挥人才作用，保证稳定的工厂化生产。

　　植物组培苗的工厂化生产是以大规模的种苗繁殖、商业化生产为目的，因此与常规的实验室非商业化生产相比，在生产设施设备与技术方面均要体现低成本、高效益、高速度的特点。成本管理是反映组培苗工厂化的又一重要特点，成本管理的核心在于成本的合理核算和成本控制。组培苗假植育苗也是植物组培苗生产中的一个重要问题，也是很多组培工厂效益不高的重要原因之一。在认识组培苗生理特性的基础上，建立一套假植育苗技术，解决试管苗与大田生产的中间瓶颈问题。

第一节　工厂化生产的设施设备与技术

　　植物组培苗的工厂化生产所需要解决的首要问题是工厂化生产设施与设备条件。组培苗单株生产利润低，只有发挥规模效益才能实现盈利。另外一个需要解决的问题是工厂化生产技术较实验室研究技术或小规模生产技术究竟存在多大差异。

一、设施与设备

进行植物组培苗的工厂化生产所需要的设施设备要求与普通的组培实验室基本一致。所不同的是需要把一个组织培养过程的若干环节进行分工，并分解成不同的专业室。通常可以按制剂室、灭菌室、洗涤室、接种室、培养室和炼苗温室等进行划分，这些专业室可以合在一个统一的组培工厂内。

（一）组培厂设计原则

1. 方便原则

组织培养工厂，在设计时应尽量将其主要功能房间集中在同一层楼，可避免楼上楼下搬运物品的麻烦，方便操作。

2. 无菌原则

除选择环境干净的地方外，组织培养室最好要设走道。人员从外边进入，要先经过一个缓冲走道后才能进入组织培养实验室的各个房间，这样可有效地保持清洁，减少污染。同时，接种室最好设一准备间，以便工作人员更换衣帽等。准备间及接种室内均需安装紫外线灯，可随时消毒。

3. 节能原则

组织培养室中用做培养室的房间应建在房屋的南面。除南面设有大窗户外，东边或西边也应有大窗户，以便尽量利用自然光照，减少照明费用，降低成本。同时，培养室房间应小，门也宜小，最好装成滑门，便于保温，节省能源。

4. 安全原则

组培室中用作接种室的房间因长久处于密闭状态，容易造成室内空气污浊，影响工作人员的身体健康，因此需要在其墙壁上安装空气循环过滤装置，保持室内空气新鲜。

（二）功能设置

根据植物组织培养技术流程的要求，实验室应设置以下功能房间。

1. 贮藏室

用于贮存暂时不用的器皿、用具、药品等，也可用作种质保存。贮存室应当背阳，室温较低，能见一点散射光更好。

2. 制剂室

主要用于药品的称量和培养基的配制、分装等。因此，要有实验台、器皿架、药品柜、天平、冰箱、烘箱等设备。将各种化学药品置于柜内，量筒、移液管等玻璃器皿洗净烘干放在架子上，配制好的母液及要求在低温条件下贮藏的药品应放置在冰箱中。

3. 洗涤室

进行组织培养所用的玻璃仪器必须清洗干净，否则将影响实验结果，因此最好能有一个专用的洗涤室。室内要有自来水或存放水的设备。商业性实验室通常把蒸馏水器安装于此间，主要是为了在制备蒸馏水的同时，将由蒸馏水器流出来的冷却水接到洗涤盆内用于洗涤，这样既暖和又提高了水的利用率。

4. 灭菌室

灭菌室是指培养基、玻璃器皿及接种工具等进行灭菌的地方，多采用各种型号的高压灭菌锅。要求室内通气良好，有安全的水电设施等。

5. 接种室

接种室主要进行培养材料的表面灭菌、接种以及试管苗的分割转移等，要求室内干净、透气、光线好。房间宜小，需装配空气循环过滤器、紫外灯、超净工作台等设备。为保证室内的无菌状态，还应定期用甲醛和高锰酸钾混合熏蒸消毒。

6. 培养室

为满足培养材料生长、繁殖所需的温度、光照、湿度和通风等条件，培养室必须有照明和控温设备。培养温度一般要求在 25℃ ~ 28℃。为使温度恒定和均匀，应配有自动控温的电炉或空调等设备。培养室内主要放置培养架，培养架上的光源一般用 40W 的日光灯，安放在培养物的上方或侧面。在温度较低的地方，利用其散热而加温，而在温度较高的地方，镇流器应安放在培养室外边，以防增温过高。电子镇流器发热要少一些，但价格较高。日光灯管距上层台板约 4 ~ 6cm。每层安放 2 ~ 4 支日光灯管，每管相距 20cm，此时光强大约为 2000 ~ 3000Lux。如能安装自动计时器控制光照时间，则可免去每日开启、关闭之劳力。

7. 炼苗温室

炼苗温室主要是种植培养材料，保存种质，对试管苗进行炼苗假植。一般都要求具有温室或塑料大棚，面积依据是否进行炼苗和炼苗的多少决定。

除以上功能房间的设置外，若条件允许，可设一间观察室，放置显微镜、解剖镜及照相设备等，以便对实验材料进行观察、分析和照相。

（三）常用仪器设备

1. 天平

（1）药物天平　也称粗天平，称量精密度为 0.1g，用来称取蔗糖、琼脂以及用量较大药品等。

（2）分析天平　精度为 0.0001g，用来称取微量元素和植物激素及微量附加物。放置天平的地方，要平稳、干燥，避免腐蚀性药品和水汽。

（3）电子天平　精度高、称量快，但价格高。有条件的最好购买电子天平，以保证称量的准确和方便。

2. 高压蒸汽灭菌锅

高压蒸汽灭菌锅是植物组织培养最基本的设备，用于培养基、器械等的灭菌。有大型卧式、中型立式、小型手提式和电脑控制型等多种，可根据生产规模和财力加以选用。大型的效率高，小型的方便灵活。如果不是进行工厂化生产，则通常选用小型手提式蒸汽灭菌锅，分内热式和外热式两种。内热式加热管在锅内，省时省电，但不能用火炉加热；外热式可用电炉、煤炉、煤气等加热。若在小型手提式内热高压灭菌锅上配一个 3kw 调压变压器和定时钟装置，可实现半自动灭菌，并省电 40%。一个普通实验室或小型生产车间配备两个手提式内热高压灭菌锅即可满足要求。

3. 烘箱

洗净后的玻璃器皿，如需迅速干燥，可放在烘箱内烘干。温度以80℃~100℃为宜。若需要干热灭菌，温度升高至150℃~160℃，持续1~3小时即可。

4. 冰箱

某些试剂、药品和母液需低温保存，需要有冰箱。一般备有家庭用冰箱即可。

5. pH计

培养基中的pH值十分重要，因此配制培养基时，需要用pH计来进行测定和调整。一般用笔式pH计比较方便。若不做研究，仅用于生产，也可用精密pH试纸（pH值4~7）来代替。测定培养基pH值时，应注意搅拌均匀后再测。

6. 蒸馏水器

水中常含有无机和有机杂质，如不除去，势必影响培养效果。植物组织培养中常使用蒸馏水或去离子水，蒸馏水可用金属蒸馏水器大批制备。在水质好的地区，若进行工厂化育苗，为降低成本，也可用自来水直接配制培养基，但需先做小批量的试验，注意观察培养效果。

7. 空调机

用于培养室恒温控制。

8. 超净工作台

是接种、转苗的无菌工作台面。有单人、双人及三人式的，也有开放和密封式的类型。超净工作台一般较宽，购置和设计房屋时应注意，以防门太窄而搬不进去。超净工作台主要是通过风机送入的空气经过细菌过滤装置，再流过工作台面。因此超净工作台应放置在空气干净，地面无灰尘的地方，以延长使用期。使用过久，引起堵塞时，需要清洗和更换过滤器。

9. 解剖镜

也称体视显微镜，一般以双筒实物显微镜较常用。主要用于培育脱毒苗时剥取茎尖，以及瓶外观察培养物的生长情况。

10. 培养架

内装培养材料的培养瓶需要放置在培养架上。制作培养架时应考虑使用方便、节能，并能充分利用空间，以及安全可靠。架子可用金属、木材制作，隔板可用玻璃、金属筛网等，每层台板下方装日光灯作辅助光源。

11. 振荡培养机和旋转培养机

用于液体振荡（旋转）培养时改善培养液中的氧气状况。

（四）必要的器具

1. 玻璃器皿

主要包括计量器皿、烧杯、试剂瓶、培养瓶、酒精灯等，其中需要量最大的是培养瓶。

(1) 计量器皿　用于培养基母液和其他一些试剂的配制、分装、吸取等。

①量筒　有 5 ml、10 ml、25 ml、50 ml、100 ml、200 ml、500 ml、1000 ml 等规格，用于配制、量取 5 ml 以上的液体。

②容量瓶　有 50 ml、100 ml、200 ml、500 ml、1000 ml、2000 ml 等规格，用于各种溶液的定容。

③吸管　又称移液管，有 0.1 ml、0.2 ml、0.5 ml、1 ml、5 ml 等规格，用于配制、量取 5 ml 以下的液体。

（2）烧杯　有 100 ml、200 ml、500 ml 等规格，用于溶解各种试剂。

（3）试剂瓶

①棕色磨口瓶：有 500 ml、1000 ml 等规格，用于分装配制好的各种母液，存放在冰箱中。

②滴瓶：盛装一定浓度的碱液或酸液，用于调整培养基的 pH 值。

（4）培养瓶　试管苗生产所用的培养瓶，过去主要用三角瓶（锥形瓶）和试管，但不好操作。现在一般是用罐头瓶（350ml）、果酱瓶（220ml）代替，因瓶口大，操作方便，可提高功效，减少材料损耗，加上透光好、空间大，材料生长健壮，而且大幅度降低了成本。罐头瓶有不同型号，可根据需要加以选择。

（5）酒精灯　用于金属器具在接种时的灭菌和在其火焰无菌圈内进行无菌操作。

2. 金属器械

（1）镊子　小型尖头镊子适用于解剖和分离叶片表皮；16～25cm 的枪状镊子，因其腰部弯曲，使用方便，适合用于转移外植体和培养物。

（2）剪刀　常用的有大、小手术剪，以及长约 12～15cm 的眼科用弯头剪，特别适于培养瓶内剪苗。

3. 瓷盆和电炉

在一大小适宜的搪瓷盆或铝锅里配制培养基，然后根据需要放在电炉上熬制。搪瓷盆或铝锅的规格由灭菌锅容量的大小而定，每熬制一盆培养基分装的培养瓶数量，应是灭菌锅一次所能容纳的数量。

4. 封口材料

接种完成后，培养瓶要封口，以防止污染和培养基干燥。封口材料和方法有多种。小瓶口通常用纱布包住棉花塞，外面再包一层牛皮纸，用线绳或橡皮筋扎好；也可用铝箔包住。大瓶口可用聚丙烯薄膜、聚酯薄膜或双层硫酸纸封口；也可用耐高温高压的半透明塑料盖直接封口。应根据具体情况加以选用。

5. 器具的消毒与清洗

金属器具的消毒通常与培养基的灭菌共同进行，即用高压蒸汽灭菌锅消毒，也可在接种时用消毒液浸泡或直接在酒精灯火焰上灼烧。而各种玻璃器皿在使用前就进行彻底清洗，以防止带入一些有毒的或影响培养效果的化学物质、微生物等。

二、技术工艺流程

最早的植物组织培养作为一种科研手段并没有考虑其经济效益，但是随着工厂化生产的发展，经济效益的问题就成为植物组织培养工厂能否生存的关键所在。植物组培苗生产工艺流程的研究将有助于组培苗从实验室研究阶段过渡到工厂化生产阶段，其各个环节的分析与探讨可以提高人们在工厂化过程中对组培苗生产的目标意识的清晰程度，从而增强对目标意识的预见性，并最终很好地控制整个工艺流程，生产出低成本、高质量的产品。植物组培苗生产工艺流程见图 12 - 1。

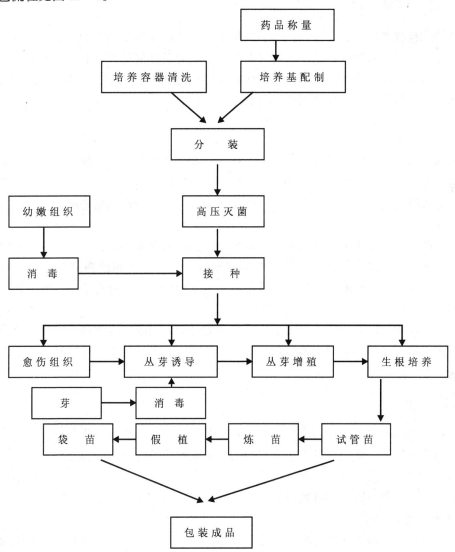

图 12 - 1　植物组培苗生产工艺流程图

从图 12 - 1 可以看出，在植物组培苗生产工艺流程中，操作技术大致分为外植体接种、诱导培养、继代增殖、生根培养、苗圃假植五个步骤；成苗途径包括愈伤组织成苗、芽诱导成苗两条技术路线；供苗途径则可以分为试管成品苗、营养袋苗两种方法。

三、培养环境

外植体在接种之后，必须置于适宜的环境条件下才能良好生长和发育。环境条件主要包括温度、湿度、光照和通气状况等。通过对组培苗培养条件的研究，有助于人们把传统的农业生产技术有效地应用到组织培养中，从而科学地指导组培苗的生产，最终达到培育壮苗、降低生产成本、加速工厂化育苗进程的目的。

(一) 培养基

组织培养常用的固体培养基，由于养分和水分在基质内的移动扩散不完全，会造成各营养成分的分布不均匀。液体培养基则易使小植株呈水浸状，培养基所含糖类容易产生杂菌污染。至今尚未研制出一种兼具两者优点，同时又能避免各自缺点的培养基和试管苗的支撑材料。

培养基的水势因基本培养基的种类、蔗糖、肌醇的浓度不同而异。在不同基本培养基和不同蔗糖浓度下，小苗生长速度不同。这是基本培养基的种类和蔗糖浓度不同的直接结果呢？还是培养基水势不同的关系呢？其原因目前尚不清楚，因此有必要加以研究，为开发新培养基提供依据。

由于部分植物组培苗的培养是以丛生的方式进行的，因此无支撑基质，仍然能直立，通常使用液体培养。目前，使用液体培养基培养仅从降低成本的角度加以考虑，而与之相关的污染、水势等问题尚未见到报道。

(二) 光照

光照是植物组织培养中另一重要的外界环境条件，它对生长和分化有很大影响。当然这也与材料的性质、培养情况以及由于光照而引起的温度上升等方面的因素有关。一般在采光条件好的培养室，用自然散射光就可满足要求；对采光差的培养室则需加人工辅助光，通常用日光灯为辅助光源。同时，对光照的研究还应注意以下方面。

1. 光照强度

有的材料适合光培养，有的材料适合暗培养，表现出不同培养材料对光照强度的要求不同。如玉簪的花芽和花茎培养，花芽愈伤组织的诱导率暗培养比光照下高，花茎愈伤组织则只有在暗培养下才能形成；而卡里佐枳橙的茎尖培养则随着光照强度的提高，分化产生的新枝数也随之增加。培养器皿内的光照条件一般多以培养架面的光照强度（Lux）来评价。但这一指标既不能充分体现与植物光形态建成的关系，也不能充分体现与光合作用的关系。如果改用被照射植株表面的光量子束（$\mu mol/m^2 \cdot s$），尤其是与光合有关的有效波长范围（400~700 nm）的光量子束来表示则可能比较贴切。培养器内的光量子束，因培养器封口材料及培养照明灯的相对位置不同而有很大差异。显然，还随容器的、架面的光学性质、周转培养架的配置而有所不同，在进行光照调节时应充分考虑这一点。

2. 光质

不同波长的光对细胞的分裂和器官的分化也有影响。红光对杨树愈伤组织的生长有促进作用，而蓝光则有抑制作用。倪德祥等人用白、红、黄、绿、蓝等不同光质培养双色花叶芋时，发现不同光质不仅能影响培养物的生物总量，还能影响器官发生的先后和多少，其中以黄光诱导发生频率最高。关于光质对培养物的增殖和分化的影响说法不一，可能与植物组织中的光敏色素有关。许多试验表明，光质是通过改变植物体内源激素的含量而发生作用的。如红光处理可使植物体内自由生长素含量减少，而使细胞分裂素的含量提高。这可能为组织培养中如何添加外源激素提供指导。

3. 光周期

光周期对培养物的增殖与分化有影响，许多研究者都选用一定的光周期进行培养，最常用的光周期是 16 小时光照、8 小时黑暗，对光不敏感的植物可以缩短光照时间。

（三）温度

温度是植物组织培养中重要的外界环境条件之一。

1. 最适温度

在植物组织培养中多采用培养材料所需的最适温度，并保持恒温培养，以促其加速生长。通常采用 $25℃ \pm 2℃$ 的温度，对大多数植物来讲是合适的，但也因种类而异。

温度不仅对增殖，而且对器官的形成也有影响。如烟草芽的形成以 18℃ 为最好，在 12℃ 以下、30℃ 以上形成率很低；菊芋块茎组织在 15℃ 以下发根受到很大影响。另外，在烟草细胞培养增殖条件的研究中发现，26℃ 时由于内源细胞分裂素在起作用，故不用添加外源细胞分裂素就能很好增殖，而 16℃ 时内源细胞分裂素不起作用，故需要添加外源细胞分裂素。这种对细胞分裂素需要情况的差异，说明温度控制了内源细胞分裂素代谢系统的变化，也就表现出不同温度对生长的影响。

2. 预处理温度

在进行植物组织培养以前先对培养材料进行低温或高温处理，往往有促进诱导生长的作用，因此常在培养实践中采用。如胡萝卜切片在 4℃ 下预处理 16～32 分钟，比未处理的可大大加快生长；天竺葵茎尖在 10℃ 低温下预处理 1～4 周，比在 20℃ 和 30℃ 中的茎尖繁殖系数大大提高；菊芋块茎组织在低温或高温下预处理均可促进生根。另外，在胚培养中进行低温预处理，则有利于萌发。

（四）气体

培养物的生长和繁殖需要氧气。进行固体培养时，如果瓶塞密闭或将芽埋入培养基，都会影响其生长和繁殖。液体培养时，则需进行振荡或旋转或浅层培养以保证氧气供应。培养过程中，培养物释放的微量乙烯和较高浓度的二氧化碳，有时会有利于培养物的生长，有时反而会阻碍培养物的生长，甚至还会对培养物产生毒害。对这方面的研究目前不是很多。通常使用透气的封口膜和适时转移培养物等方法改善通气状况。培养容器内的气体浓度取决于小植株与培养基质间的气体交换速度、培养器内外气体交换的程度等。因此有必要从培养器的角度加以研究影响小苗生长的气体因素。

普通培养条件下，小苗在光下可使高浓度 CO_2 迅速降至 $70 \sim 90 \mu l/L$，这一浓度略高于植物的平均 CO_2 补偿点 $50 \mu l/L$。这一现象在竹芋、猪笼草等不同植物上和培养器容积不同时均有类似表现。这说明茎叶分化的小植株虽然具有光合能力，可以进行光营养生长，但是因为培养器内 CO_2 浓度低，限制了小植株的光合作用，而使净同化率降低，这就使小植株中蔗糖成为其生长的主要能源，即小植株的寄生营养性较强，光合自养生长性弱，而呈混合营养生长性质。这种状况势必不利于小苗在培养器内，甚至在驯化阶段乃至定植后的生长。

乙烯的产生与培养基中激素的含量有关。研究表明，培养基中生长素、细胞分裂素，如 IAA、BA、KT 等的含量均可以促进乙烯的产生，对培养物的器官分化起抑制作用。但是 CO_2 可以抑制乙烯的产生，延缓植株衰老。至于其他气体，如 O_3、SO_2、NO_2 及 C_2H_4 等在培养容器内的存在与含量的多少会对小植株的生长、繁殖、呼吸速度等带来什么影响，尚需深入的研究。

（五）湿度

培养器内空气湿度接近 100％，以至造成小植株叶片表皮角质层、蜡质及气孔等保护组织不够发达甚至丧失保护功能，使得在驯化期间植株水势较低而造成假植成活率不高。此外，培养器内空气的水势大大高于培养器外，因而小苗蒸腾量小，也不利于其光合作用的正常进行。可见调节容器内的空气湿度对于试管苗的生产具有重要的意义。高湿度的生长环境所培养的甘蔗腋芽苗植株瘦弱，假茎较短，叶片较长，叶片保护组织的功能较弱，以及根系吸收能力不高，是造成假植早期腋芽苗抗逆能力较差，植株体内水分供求不平衡的重要原因。由此通过改善培养器内的内在水分环境，可以培育出根系、叶片功能健全的壮苗，从而提高假植生活率。

第二节　工厂化生产的成本管理

管理是植物组培苗商业化生产或工厂化生产的一项重要内容，管理工作的好坏将直接影响到经济效益状况。其内容包括成本核算、计划生产、物资管理、人员管理等诸多方面。其中，成本核算是管理的核心，只有降低成本才能提高效益，经营管理者必须清楚这一点。

一、成本核算的意义

（一）成本核算是工厂化生产的基本要求

很多植物的组织培养在理论上具有重要的意义，科学生产能力也能达到工厂化生产的要求，就是很难于走向商业化生产。其中很重要的一个问题就是商业化生产必须按照市场经济的规律运作，也就是说要自负盈亏，因此也就要计算试管苗生产的成本和生产后的盈利，从而降低试管苗工厂化生产过程中的风险。由此可见，成本核算就是试管苗商业化生产的基础。

（二）成本核算可以了解生产过程的各种消耗情况

为了保证试管苗再生产的顺利进行，生产中的各种耗费必须及时加以补偿。而产品成本是衡量补偿生产消耗的一把尺子，只有正常计算成本，才能确定从产品收入中拿出多少来补偿生产消耗。同时只有正确计算产品的成本，才能明确当年的盈利。例如，有的组培室很大，培养材料很少，产品不多，各种消耗所占比重较大，从而无法盈利。

（三）产品成本是反应经营管理工作质量的一个综合指标

固定资产是否充分利用，物资消耗是浪费还是节约，管理商品劳动生产率的高低等都会直接或者间接地从产品成本这一经济指标中反映出来。对成本指标进行分析可以了解经营管理的各个方面，抓住薄弱环节为改进管理方式与方法提供各种信息。通过成本的计划和日常成本的控制可以有效地防止各种不必要的浪费，所以，加强成本管理是全面改善经营管理的重要环节。

（四）成本管理可以促进生产单位注意各项技术措施的经济效果

组织培养的生产环节较多，工序复杂，每一步都有其相应的成本发生，都会在最终成本中构成一定的比例。在其诸多的生产环节中，只有根据在试管苗生产过程中不同措施下效果和消耗的对比，从而得出单项措施和综合措施的经济效果。然后再从这一经济效果出发，在诸多生产环节中选择最好的技术决策和最优的技术方案。只有这样才能既促进产品的升级又促进投资效益的提高。

（五）成本核算是制定产品价格的依据

试管苗作为一个新生事物进入商品生产，一方面人们还没有从成本和经济效益的角度更多地加以关注，而主要从技术的角度作了更多的研究和探索；另一方面试管苗的生产最初就是从长期处于计划经济体制下的研究人员的实验室中转化过来的，研究人员所擅长的是进行技术研究，而对于如何将栽培技术这一潜在生产力转化为现实生产力，并从中获得收益的问题考虑较少。因此，在制定试管苗价格的时候，常常没有一个非常明晰的标准，不是过高就是过低。一般情况下，试管苗成本应该作为销售价格的最低界限。要向商品化过渡就需要进行成本核算和成本管理，只有这样才能节省开支，增加收益。

二、组培苗成本构成

植物试管苗进入商业化生产后，成本核算变得十分重要，但是其成本核算本身也存在很多困难，主要表现在以下几个方面：①植物组培苗生产具有工业生产的特征，同时也具有农业生产的特征。一方面可以在室内进行，不受季节变化的影响，另一方面也要在室外进行，受季节、气候等因素的严重影响。②植物组培苗受植物种类，同一种类的不同品种以及继代次数、生根率、炼苗成活率等因素的影响，其中尤其是继代次数的增加可能会使生产成本成倍地下降，而生根率和炼苗成活率则会直接使生产成本大幅度地降低或者升高。③培养规模、培养室大小和设备的数量和投资差异较大，可以是几万元，也可以是数百万元，甚至是上亿元不等。④不同的培养室管理差异也较大，商业化程度较高的培养室其成本可能较低，而非商业化的培养室则不计生产成本而注重社会效益。

目前植物组培苗的成本计算可以从试管苗阶段和假植袋苗阶段两个阶段加以考虑。总体的成本状况是试管苗生产成本和假植袋苗成本相当或假植袋苗略低于试管苗，但由于假植阶段的生产状况和技术水平差距较大，因此部分报道认为后一阶段的成本高于前一阶段的成本。一般而言，木本植物通常会比较高，草本植物相对较低，自然生长速度较慢的植物成本较高，生长较快的植物成本较低。从国内外组培苗成本来看，国外生产成本高于国内的生产成本，其中主要是工资，国外人工成本占总成本的 62% ~ 69%，国内则只占总成本的 25% ~ 46%；国内水电费消耗水平高于国外，国内水电费占总成本的 14.3% ~ 33.3%，而国外则只占 2% ~ 5%；培养基成本中，琼脂消耗占该项目的 80% 左右，其次是激素。

（一）试管苗生产成本

试管苗生产成本是从培养材料的获得、接种、初代培养物的形成、继代增殖和瓶苗生根的整个过程中所发生的物质费用、人工费用及其他各种费用的总和与生产出的产品苗总数的平均值，此为每株试管苗的相应成本。

1. 物质费用

（1）培养基　培养基的配制所需的无机盐类、有机成分、植物激素、蔗糖、琼脂等。其中蔗糖和琼脂在一般的培养基中占有很大的比例，部分激素价格也较高。按实际支出计算。

（2）水电费　器皿洗涤，药品的溶化和配制，灭菌设施，各种控温设备，补充光照，照明用电等。按实际支出计算。

（3）固定资产折旧费　超净工作台、冰箱、天平、培养架、取暖设备、房屋等的折旧和维修费用。每年按其总费用的 5% 进行计算。

（4）低值易耗品的折旧损耗　玻璃器皿、塑料制品、日光灯、金属器械等的折旧和损耗，每年按 30% 计算。

（5）当年消耗　玻璃、塑料、橡胶制品的损坏，日光灯、电炉丝、劳保用品等，按实际支出计算。

2. 人工费用

管理人员、技术人员和工人及其他人员费用，按照实际开支计算。

3. 其他费用

办公用品、种苗费、培训费和差旅费等费用，按照实际开支计算。

根据以上成本组成，列举几种植物试管苗的生产成本进行比较，见表 12 - 1。

表 12－1   植物试管苗成本比较（分/株,%）

植物种类	人工费	设备折旧	培养基	当年消耗	水电费	其他	总成本	文献
葡萄	22.50	9.13	1.30	8.68	19.92	2.12	54.70	曹孜义等
	41.23	16.71	2.38	15.88	10.89	3.88	100	(1990)
珠美海棠	5.50	5.00	3.00	1.00	3.40	4.40	22.30	赵惠祥等
	22.42	22.42	13.46	4.48	15.25	19.73	100	(1990)
草莓	1.65	0.61	0.39		0.46	0.50	3.60	功弘等
	45.91	18.56	9.14		12.74	13.85	100	(1986)
君子兰	6.07	2.08	2.80	0.14	1.86	2.50	15.00	曹孜义等
	40.50	13.90	18.70	0.90	12.40	13.60	100	(1990)
香蕉	5.56	7.77	3.57		1.68	2.31	21.00	李宝荣等
	27.00	37.00	17.00		8.00	11.00	100	(2000)
甘蔗	12.90	6.19	2.06	6.38	4.14	9.97	41.64	杨生超
	30.98	14.87	4.95	15.32	9.94	23.94	100	(2001)

注：每种植物上行为各项成本绝对值，下行为各项成本所占百分比。

从表 12－1 可以看出：①不同植物的试管苗生产成本相差较大，最高达到 0.55 元/株，最低则只有 0.04 元/株，这体现了不同植物进行试管苗生产的难度是有差异的，繁殖速度快，周期短的植物成本就低，相反则较高；②各种植物试管苗的成本构成中，人工费始终占最大的比重，而培养基成本的物质开支所占比重较小，这说明试管苗生产仍然属于劳动力密集型技术的特征；③不同厂家生产的试管苗成本中，设备等固定资产折旧比例也相差较大，其成本所占比重从 13.90% ~ 37.00% 不等，这说明要降低生产成本，减少固定资产投资是比较重要的。

（二）假植袋苗生产成本

假植袋苗的成本包括从试管苗炼苗、假植，直到最终生产出成品营养袋苗的过程中所发生的物质、人工及其他费用。

1. 物质费用

（1）固定资产折旧　温室或大棚的折旧费和维修费，一般每年按 20% 折旧。

（2）低值易耗品折旧　各种工具、塑料筐、塑料袋等，按照每年 30% 折旧。

（3）当年消耗品　地膜、棚膜、肥料、农药、燃料机械费等，按照实际开支计算。

（4）水电费　温室和苗圃的照明、加温用电和灌溉用电等，按照实际开支计算。

2. 人工费用

包括管理人员、工人等工资开支，按照实际开支计算。

3. 其他费用

与组培苗生产有关的差旅费、办公费、土地使用费、农业税及培训费等，按照实际开支计算。

三、成本控制

降低植物试管苗的生产成本等措施涵盖了其生产过程中的诸多生产环节，每一个环节成本的降低都会对最终成本的降低起到直接的作用。在其成本中人员费所占的比重是比较大的，也正因为这一点不同的管理会对成本影响较大，管理水平较高的组培工厂会有效地降低人员费开支。除此之外，固定资产所占的比重差异也较大，选择投资相对较小的硬件设施会提高组培室的效益。具体而言，降低植物试管苗成本的方法主要有以下几个方面。

（一）物资、设备的低投入和高效运作

基础设施、设备的成本在试管苗的成本中占有较大比重，其弹性也较大，这一部分成本的降低，可以从以下几个方面加以考虑。

1. 减少设施、设备的投资和延长其使用寿命

为了降低试管苗成本，组培室的建设可以建造简易的厂房，也可以通过旧房屋的改造而成。如果选用投资较大的厂房设备，其折旧费所占试管苗成本的比重就会增加，其幅度可以变化在 0.01 ~ 0.1 元的范围。

设备的投资可以是几万元，也可以是几十万元不等。为了降低设备投资对成本的影响，除应购置一些基本的设备外，可买可不买的就不买，可以代用的就代用。例如，可以用廉价的 pH 试纸代替昂贵的 pH 计，一个年生产甘蔗腋芽苗等草本植物 10 万 ~ 20 万株的组培工厂，只要有一台超净工作台即可，等等。经常及时检修、保养，避免损坏，延长寿命，是降低成本提高效益的一条重要措施。

2. 减少器皿消耗，使用代用品

在试管苗生产中需要大量的培养器皿，这些器皿投资也比较大，其开支占成本的 1/6 ~ 1/4。按曹孜义等（1989）在葡萄试管苗生产过程中的成本计算，如果使用三角烧瓶，每个按 0.6 ~ 0.8 元计算，生产季节每月损耗 5%，每年 30%，则费用达 0.144 万 ~ 0.192 万元，大量使用三角烧瓶就会增加成本。如果改用 250 ~ 500ml 的普通罐头瓶，成本仅为三角烧瓶的 1/15 ~ 1/8。并且培养空间大，成苗时间短，苗壮。使用塑料盖代替封口膜，由于塑料盖使用过程中几乎无损耗，操作简单，可以提高工作效率，减少人员费用的开支，从长期生产的角度可以降低生产成本。

3. 简化培养基

培养基使用的化学药品较多，但是在整个培养成本中所占比重不大，一般每株试管苗的培养基成本不足 0.01 元。为了降低成本，也应该加以考虑。一般培养基中成本的费用按照琼脂、糖、植物激素、大量元素、有机成分和微量元素的顺序依次降低。很多植物试管苗生产都是使用液体培养基，用普通白砂糖代替蔗糖，用自来水代替蒸馏水等，均可以降低生产成本。用普通食糖代替分析纯的蔗糖以及用自来水代替蒸馏水后，铁皮石斛试管苗在株高、茎径、叶数、根数和根长等方面无影响，二者差异不显著。

（二）节省水电开支

水费和电费在生产成本中占有很大的比重，其中电费所占比重最大。其比例占成本的1/8~1/3不等。因此节省水电开支是降低成本的一个重要策略。主要包括以下几个方面。

1. 尽量利用自然光源

试管苗的增殖生长和生根都需要在一定的温度和光照下进行，维持这样的温度和光照可以通过自然光源的补充或者替代。在设计培养室时，可以考虑增加培养室的采光度，将培养室建在开阔、四周无遮蔽的地方，房屋可以用东、南、西三面采光的钢架玻璃结构改善采光效果。

2. 充分利用培养室空间

培养室空间的充分利用一方面可以降低固定资产的投入，另一方面在加温的培养室中可以降低电能消耗。

3. 减少水的消耗

培养室水的利用可以用自来水代替蒸馏水，洗涤使用的水还可以作为灌溉等利用。

（三）加强组培室经营管理，减少人员费用开支

植物试管苗的工艺过程较为复杂，且费工费时，尚属于劳动力密集型技术，国外工人的工资占试管苗生产成本的70%，这已经成为国外试管苗生产发展的一大障碍。目前国外正在研究通过组培过程的机械化和自动化操作，以减少昂贵的人工费用。而国内试管苗生产中人工费用占成本的25%~40%，沿海地区人工费高一些，内陆则相对低一些。我国现行的试管苗生产的管理人员大都是科教工作者，对经营管理所知甚少，对植物试管苗的开发缺少经验。通过加强组培室的管理工作可以优化组培室人员结构，提高劳动生产率。熟练的技术工人可以提高每天试管苗的生产数量，降低污染率。在管理中，实行岗位责任制、定额管理、工资实行计件制或者进行承包等都是提高劳动生产率的有效措施。

（四）开展多种经营，提高培养室使用效率

为了降低成本，充分利用现有资源，提高组培苗的生产效益，需要不断拓展试管苗生产业务。由于试管苗生产的下游连接的多是大田生产，而大田生产又受到季节变化等自然环境的较大限制，应用不同植物的生长时间差生产不同的植物试管苗可以弥补单一植物组培的淡季生产不足的结果。实践证明，采用以主代副、多种经营的方式经营组培室是提高效益的重要途径。

（五）不断挖掘科技潜力，提高成苗率、繁殖系数和假植成活率，降低污染

尽管植物试管苗生产已经有一定的发展时间了，但是有关试管苗生产的诸多问题，例如试管苗生长环境与其生产的问题仍然可作进一步的探索；提高试管苗假植成活率的研究相对较少，成活率也较低；试管苗壮苗培养等诸多问题仍需深入研究。通过这些研究提高试管苗生产的成苗率、繁殖系数、假植成活率及降低污染率，从而降低生产成本。

第三节 组培苗的壮苗培养与移栽

目前关于植物的工厂化育苗研究，绝大多数集中于容器内的无菌培养阶段，而对如何提高出瓶后移栽成活率及提高育苗效率的研究较少，导致了很多组培工厂在试管内具有很高的繁殖速度，但由于移栽成活率低下，繁殖速度下降，效益降低。这主要是人们对植物在试管的离体培养感到新奇，并认为只要有生根的幼苗，成活并不难。近年来的研究发现组培苗在试管内培养过程中在形态结构与生理方面发生很大的变化。只有正确认识植物试管苗的这些变化，并根据其特征采取相应的技术措施才能有效提高试管苗的移栽成活率。

一、壮苗与生根培养

在组织培养过程中，壮苗培养及其较高的生根率和生根质量是提高假植成活率的重要基础。壮苗培养主要是在组培苗生产后期在培养基、培养环境等方面进行调整，培育出优良的植株个体的过程，而生根的状况则是一个重要内涵。

（一）壮苗培养

植物试管苗通过不同过程、不同培养基、不同继代次数和不同发生方式而来，它能否成活或者从异养变为自养，取决于试管苗本身的生活力。凡生活力强，小苗健壮，有较发达根系的易于移栽成活；反之，一些倍性混乱或单倍体小苗，因生长不良，导致小苗、弱苗、老化苗、发黄苗及玻璃化苗，则不易移栽成活或者移栽成活率极低。非洲菊试管苗基部木质化的粗茎苗比基部未木质化的细茎苗移栽成活率要高得多，前者达到100%，后者则在76%以下。因此培育壮苗是移栽能否成活的首要基础。

基本培养基和植物激素的合理使用是壮苗培养的首要因素。选用1/2 MS、B_5、VW和KC等四种基本培养基，另添加相同的NAA2 mg/L + 香蕉提取物10% + 2%蔗糖的培养基培养铁皮石斛，B_5和1/2 MS两种基本培养基效果优于VW和KC。不同激素及其浓度对组培苗生长的影响是最大的，应通过专门的实验研究选择合理的使用浓度。在培养过程中培养后期控制细胞分裂素的浓度，降低繁殖速度，提高生长素浓度，促进组培苗的生长，也能提高组培苗的素质。

近年来研究发现，在培养基加入多效唑（MET）等植物生长延缓剂是培育壮苗的一种有效途径。例如李明军等报道将多效唑加入到培养基中，可以使玉米试管苗的素质得到很大的改善，移栽后成活率显著提高。经过多效唑处理后的植物试管苗具有以下特点：①株高降低，茎秆粗壮；②发根快，根系粗壮；③叶色浓绿，叶绿素含量增加。因此假植后其水分养分供应能力较强，从而提高假植成活率，有利于培育壮苗。除此之外，多效唑还在水稻、怀山药、甘蔗等植物上也观察到类似的情况。0.8 mg/L的比久（B9）在马铃薯上也具有类似的效果。目前这种方法已经在多种植物组织培养中广泛使用。生长延缓剂之所以能使植物组培苗的生长和生根情况明显改善，并能显著提高其假植成活率，其主要原因是其抑制幼苗快速生长，使幼苗矮壮，促进生根，增强组培苗的抗逆性，从而有利于提高假植成活率。

NaSiO$_3$、硼酸等添加在生根培养基中也能促进壮苗培育。张慧英等以甘蔗试管苗为材料，采用液体培养方法，以 MS 为基本培养基，附加激素 BA 3mg/L、NAA 0.5mg/L，另加 NaSiO$_3$ 200mg/L，苗增殖率比对照提高 68%，而且叶色浓绿、叶片挺直、不早衰，比对照延长生长期 23 天。

（二）生根培养

在植物组织培养中，生根培养是非常重要的一个环节。在继代增殖阶段得到大量的无根苗，如果不能生根，则将前功尽弃。一般认为，影响组培苗生根的因素主要是培养基、继代次数和培养环境等。

生根培养所采用的基本培养基通常是 MS 或 1/2 MS 加全量铁盐，两者的比较试验表明在生根速度、数量和幼苗的粗壮程度等方面差异不大，但后者因其化学试剂用量减半，所以可以降低成本。外源激素以"NAA + IBA"较为常用，而 NAA 的使用浓度不宜过高，否则会导致表根的形成，这种根不能与植物维管束相连，影响其移栽成活率。IAA 诱导效果较弱，蔗糖浓度以 2% ~ 3% 为好，使用高浓度的蔗糖会造成光合机制的反馈抑制，从其中得到的组培苗在炼苗期难以适应异养条件。另外，多效唑、硼酸等物质的添加均有利于提高生根率。多效唑 0.5 ~ 3.0 mg/L 使甘蔗苗生根率达 98%，且根粗、苗壮，移栽成活率高。以 MS 基本培养基，附加硼酸 30 mg/L，生根数比对照增加 53%，而且根长、苗壮。多效唑在促根壮苗培养中确实效果明显，但需要控制好它的添加浓度。浓度偏高，会严重抑制幼苗的生长，使幼苗过度矮化，反而给移栽带来困难。

丛苗的增殖需要通过多次继代培养得以实现，从某种程度上讲，快繁的意义也就体现于此。但我们发现，随着继代次数的增加，当超过一定的继代次数以后，丛苗的生根率会逐渐下降。这就构成了一对矛盾，毕竟已经增殖了大量的丛苗只有在诱导生根以后才能够应用于生产。针对这一问题，用酶联免疫吸附测试法（ELISA），对甘蔗腋芽快繁继代培养过程中绿苗的内源激素进行测定，对相应代数的绿苗进行生根诱导，并对二者关系进行分析，以期找出继代过程中绿苗内源激素与生根率之间的关系，为进一步提高甘蔗腋芽快繁效率提供内在生理依据。研究表明：甘蔗组培苗在继代过程中，IAA、GA$_{1+3}$ 有积累效应，其中 IAA 的积累较慢，CTK、GA$_{1+3}$ 积累在第 9 代后较快，而第 9 代后生根率也明显下降，在第 10 代开始出现不能诱导生根的矮化丛生苗。绿苗中 IAA、GA$_{1+3}$ 的含量与其生根率呈显著负相关（相关系数分别为 − 0.71、− 0.96），即内源 IAA、GA$_{1+3}$ 在继代绿苗中的积累，特别是 GA$_{1+3}$ 的积累对绿苗生根率影响很大，随继代次数的增加，GA$_{1+3}$ 含量增高，绿苗生根率降低。因此，为保证甘蔗腋芽苗的良好生根，继代培养最好不要超过 10 代。也可通过逐代降低外源激素的添加量，减少各种激素的累积量，协调绿苗内源激素含量，以保持较好的生根能力。

有些植物试管苗在试管苗内难于生根，或者有根但是与茎的维管束不通，或根与茎联系较差，或有根而无根毛，或吸收功能较弱，假植不易成活，这就需要通过试管外生根的方法提高其假植成活率。在果树等园艺植物中，试管外生根应用较为普遍。一般试管苗外生根主要是结合试管苗的炼苗进行的。通常是用不加蔗糖的 MS 培养基和一些激素，如 1.0 ~

5.0 mg/L的 IBA 或 IAA 浇淋假植于蛭石、珍珠岩、河沙等基质中的试管苗，促进其生根。

二、试管苗的形态特征与生理特性

试管苗的主要器官就是根、叶片和部分的茎或假茎，其形态特征上的变化也主要就是根和叶片。现将植物组培苗根和叶片在形态特征及生理特性方面的变化分别阐述如下。

（一）根

1. 根的形态特征

首先是无根或少根。无根或根较少是植物组培苗生产过程中经常遇到的问题。植物本身的原因或继代次数过多等因素都是造成这一现象的主要原因。木本植物试管繁殖中能不断生长繁殖，但是因不生根因而无法移栽。王际轩等和薛光荣等都观察到苹果部分品种茎尖再生植株和花药培养的单倍体不生根或生根率极低，无法移栽而采用嫁接的方法解决。牡丹试管苗也因生根问题未解决而不能应用于生产。肖关丽等观察到甘蔗试管苗继代次数超过 8 代，其生根能力就会逐渐减弱，10 代以后生根率就会显著下降从而形成不生根或者每丛平均根数较少的现象，进而影响苗假植成活率。

其次是根与输导系统不相通。有的组培苗虽然能够生根，但因为根系是从愈伤组织上发生或产生在茎基部但与茎的输导组织不相连，因此也不能承担水分和养分吸收的功能。Mccown观察到桦木从愈伤组织诱导的根不与分化芽的输导系统相通。李曙轩等发现花椰菜等芸苔植物第一次培养可以诱导成苗，但培养的苗根系是从愈伤组织上产生的，与茎叶维管束不相通，需要将芽切下转移到生根培养基上再生根才与茎的维管束相通，移栽才能成活。Donnelly 等观察花椰菜植株，发现根与新枝连接处发育不完善，导致根枝之间水分运输效率较低。在杨树、橡胶和杜鹃等植物上均观察到类似的现象。

再次是无根毛或根毛很少。组培苗生长在高湿固体培养基甚至是液体培养基中，通过添加外源激素或其他措施能够促进其茎基部细胞横裂产生根，但是根上往往没有根毛或者根毛较少，根系表面积较小，虽有一定的吸收能力，但不能形成一个有效的吸收系统，难于满足地上部分对水分的需求。Red 报道了杜鹃在培养基上产生的根细小而无根毛。赵惠祥等报道珠美海棠试管苗形成的根上也无根毛。Hasegawa 报道玫瑰试管苗根系发育不良，根毛极少。曹孜义等报道葡萄试管苗生长在培养基内的根无根毛，而菊花试管苗在培养基内上部根上生长有大量根毛，而下部则较少，其中有根毛的菊花试管苗移栽较葡萄易于成活。

2. 根的生理特性

试管苗根的生理特性主要是根系无吸收功能或吸收功能极低。由于试管苗在根系方面的上述特征，就会形成无法吸收水分和养分或吸收能力极弱的现象。Skolmen 等移栽金合欢生根试管苗，在间歇喷雾下栽入蛭石和泥炭基质中，很快就干枯死亡，如果栽入 Hoagland 溶液中培养 1 个月，再栽入上述基质，成活率达到 83%。由此可以认为，液体培养可以恢复根的吸收功能。徐明涛等测定了葡萄试管苗移栽炼苗过程中根系吸收能力的变化，结果表明葡萄试管苗根系吸收功能极低，仅为沙培苗的 1/18，温室苗的 1/39，低湿度下叶片大量失水，而根系又不能有效地吸水补充，故极易萎蔫、干枯。

（二）茎

试管苗茎微管束不发达，表皮组织输送能力差。马宝焜等对经强光和未经强光炼苗的苹果试管苗茎进行了形态解剖对比，结果发现未经强光没有打开盖子炼苗的试管苗，茎的维管束被髓线分割成不连续状，导管少，茎表皮排列松散、无角质，厚角组织也少。而经强光炼苗的茎，维管束发育良好，角质和厚角组织增多，自身的保护能力增强。

（三）叶

试管苗在高湿、恒温、弱光下异养培养而分化和生长的叶，其表面保护组织不发达甚至没有，所以容易失水萎蔫。同时异养环境使得叶片一些功能性组织的功能降低，光合作用能力较弱。现就试管苗的叶片形态和生理功能分述如下。

1. 叶片的形态特征

植物叶片有一层蜡质层，主要功能是降低叶片表皮细胞在阳光下的照射强度。而试管苗经过若干代在高温、高湿和弱光的环境下分化和生长，叶片表面角质层、蜡质层不发达或无，从而使叶片表皮细胞失去了天然屏障，极易失水萎蔫。Ellen 等观察了香石竹茎尖再生植株和温室苗的叶片表面蜡质的细微结构发现，再生植株茎尖 96%～98% 的叶片表面光滑，无结构状的表皮蜡质或有极少数的棒状蜡粒，经过 10 天的遮荫和弥雾炼苗，才诱导产生表皮蜡质；而温室苗成熟叶片上下表面均覆盖一层 $0.2\mu m \times 0.2\mu m$ 的棒状蜡粒，幼叶上也有，但是少而小。沈孝喜观察了梨试管苗叶片表皮蜡质的发生过程，其中继代增殖的试管苗小叶片上有蜡质，转入生根培养基后，只有少数较大的叶片上偶尔可见，驯化 1 周后尚未发生，经过 2 周炼苗后才发现大量的表皮蜡质。而温室苗叶片蜡质增厚快于试管苗。Crout 和 Aston 认为上述现象是由于高温高湿造成的。Sutter 和 Lomylems 用甘蓝试管苗试验发现相对湿度降至 35% 时甘蓝试管苗就会产生具有蜡质的叶表皮。Warolle 等用干燥剂降低试管内的湿度时，花椰菜试管苗叶片表面产生较多的蜡质。对蜡质不产生或较少的原因，有人认为是高温、高湿、低光所造成的，但也有人认为是激素造成的结果。

正常植物叶片表皮覆盖有一层表皮毛，它能有效地降低叶片表面的空气流速和降低表皮细胞的光照强度，从而起到保护叶片表皮细胞水分平衡的作用。试管苗叶片表皮毛极少或无毛。Donnely 等对比了黑色醋栗试管和温室苗叶片表皮毛的类型和数量，试管苗在叶柄和叶脉中存在有寿命极短的球形短柄毛和多细胞黏液毛，而温室苗这种类型的毛极少，但单细胞毛较多。二者均有刺毛，但是前者比后者少得多。试管苗叶片表皮毛极少或无毛、或存在球形有柄毛和多细胞黏液毛，保湿和反光性均较差，因此易于失水。

试管苗在水分充足的高湿度的生长环境中使得叶片结构稀疏，叶片组织间隙大，栅栏组织薄，易于失水，加之茎的输导系统发育不完善，供水不足，易于造成萎蔫，从而干枯死亡。Crout 和 Aston 报道了花椰菜的试管苗叶片未能发育成明显的栅栏组织。Brainerd 等比较了李试管苗在驯化后和田间叶片解剖结构发现，试管苗、温室苗、田间苗的叶片栅栏组织厚度、叶组织间隙存在明显的差异，前者依次增加，而后者依次降低；上下表皮细胞长度差异不显著。曹孜义等在葡萄试管苗炼苗过程中、马宝焜等在苹果试管苗炼苗过程中也观察到类似情况。

观察还发现,试管苗叶片叶面积小、无复叶,气孔突出、气孔张开大。用扫描电镜观察苹果、玫瑰和橙试管苗叶片,发现气孔凸起呈井圈状、气孔保卫细胞变圆;而温室植株则气孔下陷、保卫细胞呈椭圆状。Donely 等测定醋栗试管苗、温室苗和丛生苗的叶面积、气孔大小和指数,结果发现,试管苗叶面积明显低于温室苗;气孔指数三者相近,气孔长度差异较小,但是宽度差异明显,随叶面积的增加,气孔总数大幅度增加;从气孔分布来看,醋栗试管苗上表皮也有气孔,并随着不断培养而向上生长,最后上下两面都着生,而且出现气孔凸起。Brainerd 等报道李试管苗叶片气孔密度($150 \pm 60/mm^2$)低于移栽苗($300 \pm 60/mm^2$)。胡春根等发现甜橙试管苗与田间正常生长的橙叶片气孔密度存在显著的差异,试管苗的气孔密度为 1020 个$/mm^2$,而田间橙幼叶仅为 7.2 个$/mm^2$。

试管苗叶片存在排水孔。Donnely 等还报道了黑色树梅试管苗叶片、叶尖和叶缘存在排水孔。曹孜义等在葡萄试管苗叶片上除见到排水孔外,还看到一些假性水孔,这都是长期在饱和湿度下形成的,一旦假植到低湿度条件下,极易失水死亡。

2. 叶片的生理特性

(1)极易散失水分 试管苗叶片因无保护组织,加之细胞间隙大,气孔张开大,所以,移栽到低湿度环境中失水极快。Brainer 等报道李试管苗叶片切下 30 分钟后即失水 50%,而温室苗要 1.5 小时后才失水 50%。曹孜义等把处于不同炼苗阶段的葡萄试管苗叶片切下放于 43%湿度下,试管苗叶片 20 分钟萎蔫,而光培苗、沙培苗和温室苗则分别在 1.5 小时、8 小时、15 小时后才萎蔫。试管苗极易失水,保水力较差,经过分步炼苗后,保水能力才逐渐增强。

(2)气孔不能关闭,开口过大 离体繁殖的小植株,与温室和大田生长的小植株气孔结构明显不同。其气孔保卫细胞较圆,呈现凸起。从观察的各类植物中,均报道试管苗的气孔是开放的,这种开放的气孔在低温、黑暗以及高浓度的 CO_2、ABA、甘露醇等诱导气孔关闭的诱导剂诱导下均无效,反而气孔张开更大。Donnely 等用扫描电镜观察黑色树梅发现试管苗叶片气孔张开很大,以至从气孔开口外部可以看到气室内叶肉细胞的叶绿体。曹孜义等报道葡萄试管苗气孔开口很大且呈圆形,甚至有的气孔开口的横径过大,超过了两个保卫细胞膨压变化的范围,从而不能关闭。这种过度开放的气孔,要经过逐步炼苗以后降低了张开度,才能诱导关闭。Marin 等发现移栽后的李试管苗离体叶片放在 45%的低湿度环境中,叶片气孔关闭率高达 80%,从表皮细胞纤维丝所产生的纤维素、果胶质、角质等的组织化学研究指出,试管苗叶片气孔是以非功能状态存在的,只有在一定的条件下气孔才能以功能状态存在。Shachett 等研究未损伤的苹果试管苗,在移栽至 90%湿度条件下,90%的气孔关闭。他们还用气孔计测定了试管苗在移栽后的 1～3 天内,叶片通过角质层和气孔散失的水分是其本身植株重量的 2～3 倍。试管苗叶片缺乏角质和蜡质、气孔不能关闭、开口过大的试验依据是:Fuchigami 等采用李试管苗进行试验,用硅胶涂在叶片的上下表面,或者只涂在上表面或者下表面与不涂的进行对比,发现不管上表面涂抹与否,只要下表面涂抹就能明显降低叶片水分的散失。由此表明试管苗失水萎蔫的主要原因是气孔不能关闭。

(3)光合作用能力极低 因试管苗生长在含糖培养基中,光和气体交换也受到限制,因此光合能力很弱。Cront 和 Aston 用 ^{14}C 测定了 CO_2 的吸收，发现花椰菜试管苗在有光条件下同化能力极低。Donnely 等用红外气体分析仪测定红树梅试管苗同化能力也极低。但是 Kozai 等在无糖培养基上测定试管苗有干物质的积累。李朝周等测定了葡萄试管苗、沙培苗和温室营养袋苗的叶片气孔阻力、蒸腾速率、净光合速率、叶绿素含量等，发现试管苗叶片气孔阻力小，蒸腾速率高，叶绿素含量低，弱光下净光合速率呈现负值；而经过炼苗的沙培苗和温室营养袋苗，叶片气孔阻力逐渐增强，蒸腾速率下降，叶绿素含量增加，净光合能力增强等。Desjardins 综述了微繁植株的光呼吸率，认为试管苗叶片类似于阴生植物，栅栏细胞稀少而小，细胞间隙大，影响叶肉细胞中 CO_2 的吸收和固定。又因为试管苗气孔存在反常功能，气孔一直开放，导致叶片脱水而造成对光合器官持久的伤害。在含糖培养基中，糖对植物卡尔文碳素循环呈现反馈抑制，以及 CO_2 的不足使叶绿体类囊体膜上存在过剩电子流造成光抑制和光氧化，致使光合作用极低。Group 根据试管植物光合能力大小，将试管苗分为两类，一类是加糖培养基中不能进行有效光合作用，如草莓和花椰菜；另一类能积极进行光合作用并能自养，如天竺葵等。

试管苗光合能力弱是由于培养基中加有蔗糖，小苗吸收后，体内无机磷大幅度下降，减少了无机磷的循环，使 RuBP 羧化酶呈不活化状态，无力固定或者极少固定 CO_2。同时由于蔗糖浓度状态的刺激，促使试管苗的呼吸速率增加，呼吸作用又大于光合作用。De Rjek 测定了在玫瑰生根阶段，玫瑰试管苗的光合作用与培养基中蔗糖的浓度状态有关，当蔗糖浓度高于 40g/L 时，光合能力为 250mg/ $(m^2 \cdot h)$，蔗糖为 10 g/L 时光合能力提高至 350mg/ $(m^2 \cdot h)$。玫瑰试管苗在生根阶段，光合固定 CO_2 的量占碳素营养的 25%，其他 75% 来自于培养基中的碳水化合物（蔗糖、葡萄糖等）。因此，提高培养容器中的 CO_2 浓度可以提高试管苗的光呼吸率。但是，关于组培苗中蔗糖浓度高低与光合作用能力的强弱仍然存在争议，试验结论仍不一致。Cappelladts 等报道玫瑰在含糖 5% 的培养基中生长和适应性最好，马宝焜等研究了在苹果试管苗培养中增加糖浓度至 3% ~ 5%，光强达 3.5×10^4 Lux 有利于培养壮苗，能极显著地提高成活率。从试管苗光合特性来看，在移栽前进行较强光照的闭瓶炼苗，能促使小苗向自养化转化。试管苗光合能力低，RuBP 酶活性低，而呼吸作用强，PEP 酶活性高，促进了蔗糖的吸收和利用，有利于氨基酸和蛋白质的合成，促使新的细胞和组织形成。Hidider 和 Deesjardins 测定了草莓试管苗的 PEP 酶的活性，发现培养 5 ~ 10 天的植株比培养 28 天的植株高 2 ~ 3 倍。用 ^{14}C 测定 CO_2 的吸收和转化，首先出现在氨基酸上。试管苗光合能力低也与叶绿体发育不良及基粒中叶绿素分子排列杂乱有关，除 RuBP 羧化酶活性低外，光照和气体交换不充分也是一个限制因素。例如用白桦试管苗和温室苗进行对比试验，当光强从 200μmol/ $(m^2 \cdot s)$ 增加到 1200μmol/ $(m^2 \cdot s)$ 时，试管苗的净光合强度未增加，而温室苗却增加了 2 倍。

三、炼苗与假植

植物组培苗通常比较弱小，同时组织培养过程是在恒温、恒湿、养分充足等条件下进行的，组培苗的一些形态特征和生理特性均发生了很多变化。如果将其直接移栽到生长条件相对恶劣的大田中，成活是十分困难的。炼苗与假植是植物组培苗从生根试管苗到移栽到大田中的一个过渡阶段。通过炼苗使组培苗逐渐适应外界自然环境，进而假植到生长条件相对较好的苗圃上，进行精心管理，经过一段时间再移栽到大田中就能正常生长。这一过程实质就是试管苗对自然环境的适应过程和自身生理功能的恢复过程。

（一）炼苗

试管苗叶片表面无角质、蜡质、表皮无毛或者极少，气孔不能关闭或者极易失水。在假植前应尽量诱导茎叶保护组织的发生和气孔及叶片功能的恢复。炼苗方法有很多，可以是开盖炼苗或不开盖炼苗，炼苗时间一般以 2~3 天为宜，也有更长的时间，但主要是将试管苗放置在一个培养室恒温环境和大田自然环境的过渡环境下一定时间。通过炼苗可以降低试管苗在培养瓶内的湿度，并逐渐增加光强，进行驯化，使其新叶逐渐形成蜡质，产生表皮毛，降低气孔口开度，逐渐恢复气孔功能，减少水分散失，促进新根发生以适应外界环境。这一过程的长短应控制在使原有叶片逐渐衰老，新生叶片逐渐产生时为宜。如果湿度降低过快，光强增加太大，常常会使得试管苗叶片发生萎蔫甚至整株死亡。试管苗炼苗后能促进叶绿素含量的增加，自由水含量下降，束缚水含量上升，抗逆性增强，成活率提高（表 12-2）。

表 12-2　　炼苗时间对芦荟组培苗生理和移栽成活率的影响（王爱勤等，2002）

炼苗天数（天）	叶绿素含量（%）	自由水含量（%）	束缚水含量（%）	质膜相对透性（%）	丙二醛含量（nmol/g）	移栽成活率（%）
0	7.01	82.83	16.21	64.60	0.59	16.7
1	7.79	85.35	12.79	76.04	0.17	40.0
3	10.41	42.92	55.10	63.45	0.13	93.3
5	11.49	30.46	67.27	52.31	0.14	96.7
7	15.11	43.62	54.23	52.16	0.06	96.7
10	16.75	50.83	46.16	43.96	0.10	90.0

（二）假植

1. 苗床准备

试管苗假植苗床要选择通风透光性好，接近水源，便于排水的地方，并建盖塑料大棚，以利于保温保湿。苗床宽度以便于人工操作为宜，一般墒面宽 1.5m，采用高墒低沟的方式理墒。假植基质要求细碎、疏松、透水性好和洁净。应用较多的有河沙、细土、珍珠岩、蛭石等，多采用几种基质混合使用，覆盖在墒面 2~3cm。苗床上搭建小拱棚，并覆盖遮荫网。

2. 试管苗处理

试管苗炼苗后要洗净培养基，剪除老叶片或部分叶片，减少蒸腾面积。再进行消毒处理，消毒液可以选用广谱杀菌剂，如 50%多菌灵可湿性粉剂、高锰酸钾、甲醛等。最后用 ABT 生根粉或生根宁蘸根，以促进根系生长。

3. 苗床管理

苗床管理主要围绕组培苗的保湿、保温、防霉及水分和养分供应等方面进行。要注意保持一个较高的大气湿度，一般 75%~80%为宜。温度需要根据不同植物各自的生长习性而定，一般可保持在 20℃~30℃左右。在育苗过程中，要根据墒面的情况适时使用杀菌剂防止墒面发霉而感染组培苗。在管理中还要注意适时浇水，保持土壤水分，两周以后可以用 1/4 MS 培养基、0.1% ~ 0.5% 的尿素或配有 0.1% 左右的磷酸二氢钾追肥。

第十三章 药用植物次生代谢产物生产

植物体可以从环境中吸收水分、矿物质和二氧化碳等，然后通过光合作用把这些简单的、低能量的无机物合成复杂的、具有高能量的有机物。植物就利用这些物质来建造自己的细胞、组织和器官，或作为呼吸消耗的底物，或作为贮存物质贮藏于果实、种子和贮存器官（如块根、块茎等）中。植物体中有机物的种类十分复杂，例如各种糖类、蛋白质、脂肪、核酸，等等，归根到底，它们基本上是从光合产物（糖类）衍生出来的。因此，植物体内一定有复杂的物质代谢过程，植物体内有机物的代谢过程，就是植物体的有机物种类多样化的过程，有机物能协调地并有方向地进行分解和合成，从而表现出不同的代谢类型。根据代谢渠道和功能 的不同，植物的代谢可分为初生代谢（primary metabolism）和次生代谢（secondary metabolism），从而产生初生代谢产物（primary products）和次生代谢产物（secondary products）。初生代谢和初生代谢产物是维持植物生命活动所必需的，也就是糖类、脂肪、核酸和蛋白质等基本有机物及其代谢。与之对应，次生代谢产物是指植物体中一大类具有以下特征的有机物：①有明显的分类学区域界限；②其合成需在一定的条件下才能进行；③缺乏明确的生理功能；④非生长发育所必需的小分子有机化合物，其产生和分布通常有种属、器官组织和生长发育的特异性。次生代谢产物在植物中的合成与分解过程即称为植物次生代谢。

次生代谢在植物的整个代谢活动中有重要的地位，尤其是对药用植物来说，其中的药用有效成分绝大多数是次生代谢物。现有的天然化合物有 30 000 多种，其中 80% 以上来自于植物，种类繁多的次生代谢产物是药用植物具有医药价值的基础。药用植物组织培养的目的就是得到具有医药价值的次生代谢产物，所以研究次生代谢产物的产生对于生产高质量的药用植物具有重要意义。

植物次生代谢产物种类极其丰富，结构各异，包括酚类、黄酮类、香豆素、木质素、生物碱、糖苷、萜类、甾类、皂苷、多炔类、有机酸等。一般根据结构分为三大类：萜类、酚类和含氮次生代谢物，每一大类都有数千种甚至数万种之多。

第一节 萜 类

一、萜类的种类

萜类（terpene）或类萜（terpenoid）是植物界中广泛存在的一类次生代谢产物，已知化合物超过 2 万种。萜类是由两个以上异戊二烯（isoprene）单位组成的。异戊二烯的连接方式一般是头尾相连，也有尾尾相连的（图 13 – 1）。萜类化合物的结构有链状的，也有环状的。是重要的药物和植物香料的来源。

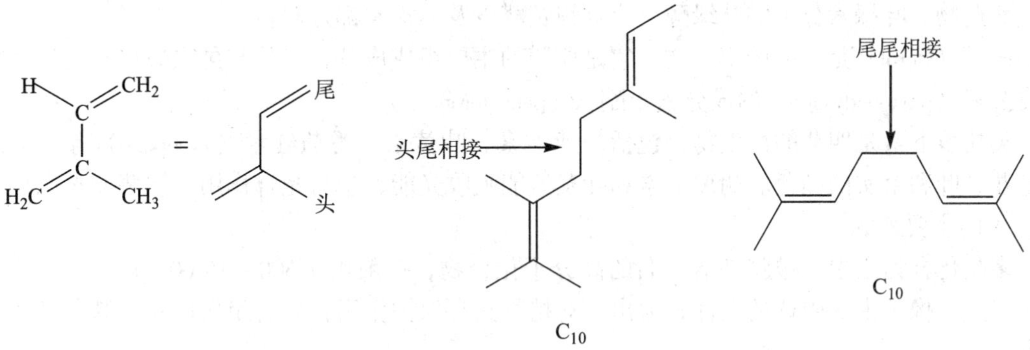

图 13 – 1 异戊二烯的结构和异戊二烯在萜中的连接方式

萜类的种类根据异戊二烯数目而定，有半萜（hemiterpene）、单萜（monoterpene）、倍半萜（sesquiterpene）、双萜（diterpene）、三萜（triterpene）、四萜（tetraterpene）和多萜（polyterpene）之分（表 13 – 1）。由 2 个异戊二烯构成的称单萜，由 3 个异戊二烯构成的称倍半萜，由 4 个异戊二烯构成的称双萜，其余依此类推，开链萜烯的分子组成符合通式（C_5H_8）·n。在植物细胞中，低分子量的萜是挥发油，分子量增高就成为树脂、胡萝卜素等较复杂的化合物，更大分子量的萜则形成橡胶等高分子化合物。

表 13 – 1 萜类化合物的分类和存在性质

名称	碳原子数	通式（C_5H_8）·n	存在性质
半萜	5	n = 1	挥发油
单萜	10	n = 2	挥发油
倍半萜	15	n = 3	挥发油、苦味素
双萜	20	n = 4	苦味素、树脂
双倍半萜	25	n = 5	海绵、真菌、昆虫
三萜	30	n = 6	皂苷、树脂、乳胶
四萜	40	n = 8	胡萝卜素类
多萜	（7.5×10^3）~（3×10^5）	n > 8	橡胶、巴拉达树脂

萜类化合物对植物有特定的生理功能，也是主要的药用成分，有巨大的药用价值和经济价值。

植物精油（essential oil）和挥发油（volatile oil）多是单萜和倍半萜。它广泛分布于植物界，存在于腺细胞和表皮中。它能使植物具有特殊的气味，引诱昆虫传粉，或防止动物的侵袭。樟树茎、桉树叶和柑橘的果皮等含有挥发油，可以用于制造香料，医药上作皮肤消毒及内服治疗用。薄荷、柠檬、罗勒、鼠尾草等植株含有挥发油，防止害虫侵袭。防风根烯、桉叶醇是常见的中药。棉酚和其他倍半萜是重要的抗真菌和抗细菌病原微生物的物质。

许多单萜及其衍生物对昆虫有毒。例如除虫菊的叶和花含有的单萜酯拟除虫菊酯，是极强的杀虫剂；松和冷杉的松脂的主要单萜成分是 α – 蒎烯（pinene）、β – 蒎烯、芐烯

（1imonene）和桂叶烯（myrcene），都对昆虫有毒。

许多双萜对食草动物有毒，可防止动物的侵袭。红豆杉醇（taxol，亦称紫杉醇）是有效的抗癌药物。叶绿素分子的叶绿醇、全顺视黄醛以及赤霉素都是双萜。

固醇（sterol）是三萜的衍生物，它是质膜的主要组成成分，又是与昆虫蜕皮有关的植物蜕皮激素（phytoecdysone）的成分松甾酮 A（ponasterone A）。

类胡萝卜素是四萜的衍生物，包括胡萝卜素、叶黄素、番茄红素（1ycopene）等，常能决定花、叶和果实的颜色。胡萝卜素和叶黄素能吸收光能，参与光合作用。胡萝卜素也是维生素 A 的主要来源。

多萜化合物之中，橡胶是最有名的高分子化合物，一般由 1 500～15 000 个异戊二烯单位所组成。橡胶由橡胶树的乳汁管流出，对植物具有保护作用，如封闭伤口和防御食草动物取食。

常见萜类化合物的结构式（图 13 - 2）。

A.单萜

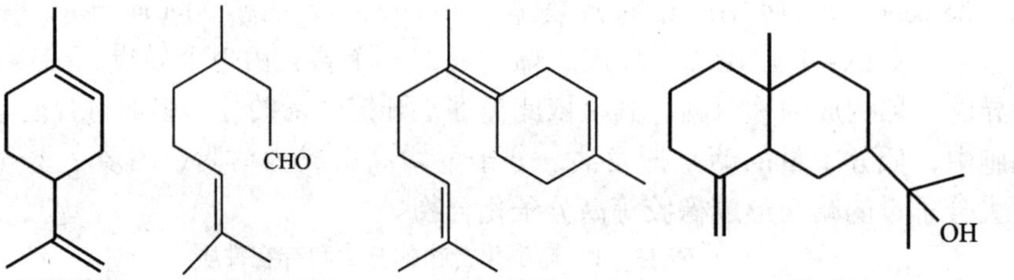

柠檬烯　　　香茅醛　　　防风根烯　　　β-桉叶酸

B.倍半萜

C.双萜

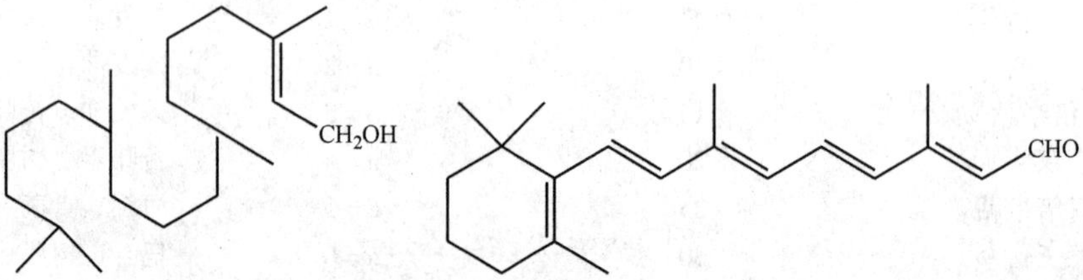

叶绿醇　　　全顺视黄醛

D.三萜

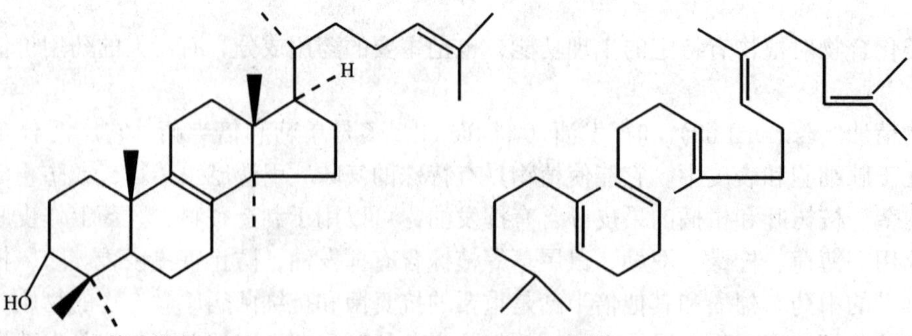

羊毛甾醇　　　鲨烯

E. 四萜

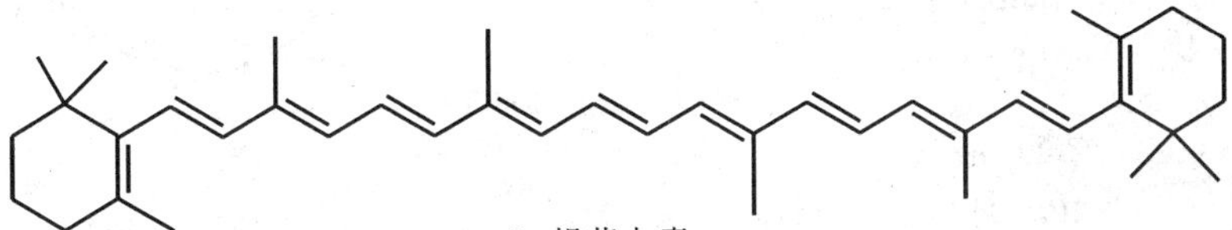

β-胡萝卜素

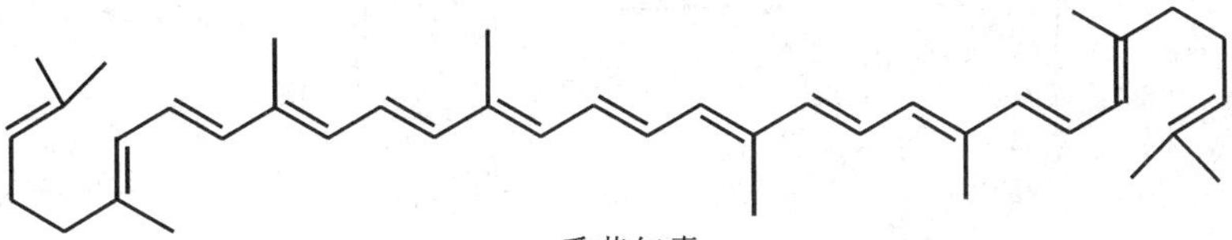

番茄红素

图 13 - 2　常见萜类化合物的结构

二、萜类的生物合成

甲羟戊酸途径（mevalonic acid pathway）是生物次生代谢合成萜类化合物的必经途径。萜类化合物尽管在结构和性质上有极大的差异，但它们的生物合成却有共同起源。萜类化合物的生物合成经过四个步骤。

（1）基础前体异戊烯焦磷酸（isopentenyl pyrophosphate，IPP）的合成。

（2）重复加入 IPP 形成二磷酸异戊二烯基同系物，这些同系物作为不同萜类化合物的中间前体。

（3）由特定的萜类合成酶催化，合成萜类的骨架。

（4）由特定的次级代谢酶催化，经过氧化还原反应对骨架进行修饰，产生具有特等结构和功能的萜类物质。

所以 IPP 是萜类合成中最重要的前体，被称为"活跃异戊二烯"（active isoprene）（图 13 - 3）。

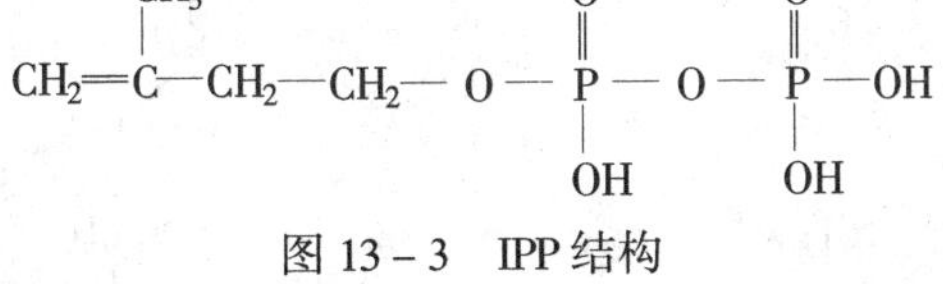

图 13 - 3　IPP 结构

IPP 的生物合成是以三个乙酰 CoA 分子为原料，经过甲羟戊酸即甲瓦龙酸，再逐步缩合为一个 IPP 分子，IPP 可以异构化为二甲丙烯焦磷酸（dimethylallyl pyrophosphate）。两者结合成牻牛儿焦磷酸（geranyl pyrophoephate，GPP），GPP 释放出焦磷酸后即成为单萜。如果 IPP 再与 GPP 以头尾方式结合，则产生法呢焦磷酸（farnesyl pyrophosphate，FPP），去焦磷酸后即成为倍半萜。FPP 以尾尾方式相接，即形成三萜。IPP 与 FPP 头尾相接，形成牻牛儿牻牛儿焦磷酸（geranyl geranyl pyrophosphate，GGPP），去焦磷酸后就成为双萜。两分子 GGPP 尾尾相接，释放焦磷酸后就产生四萜。GGPP 进一步与 IPP 头尾相接，就形成多萜等物质。（图 13 - 4）

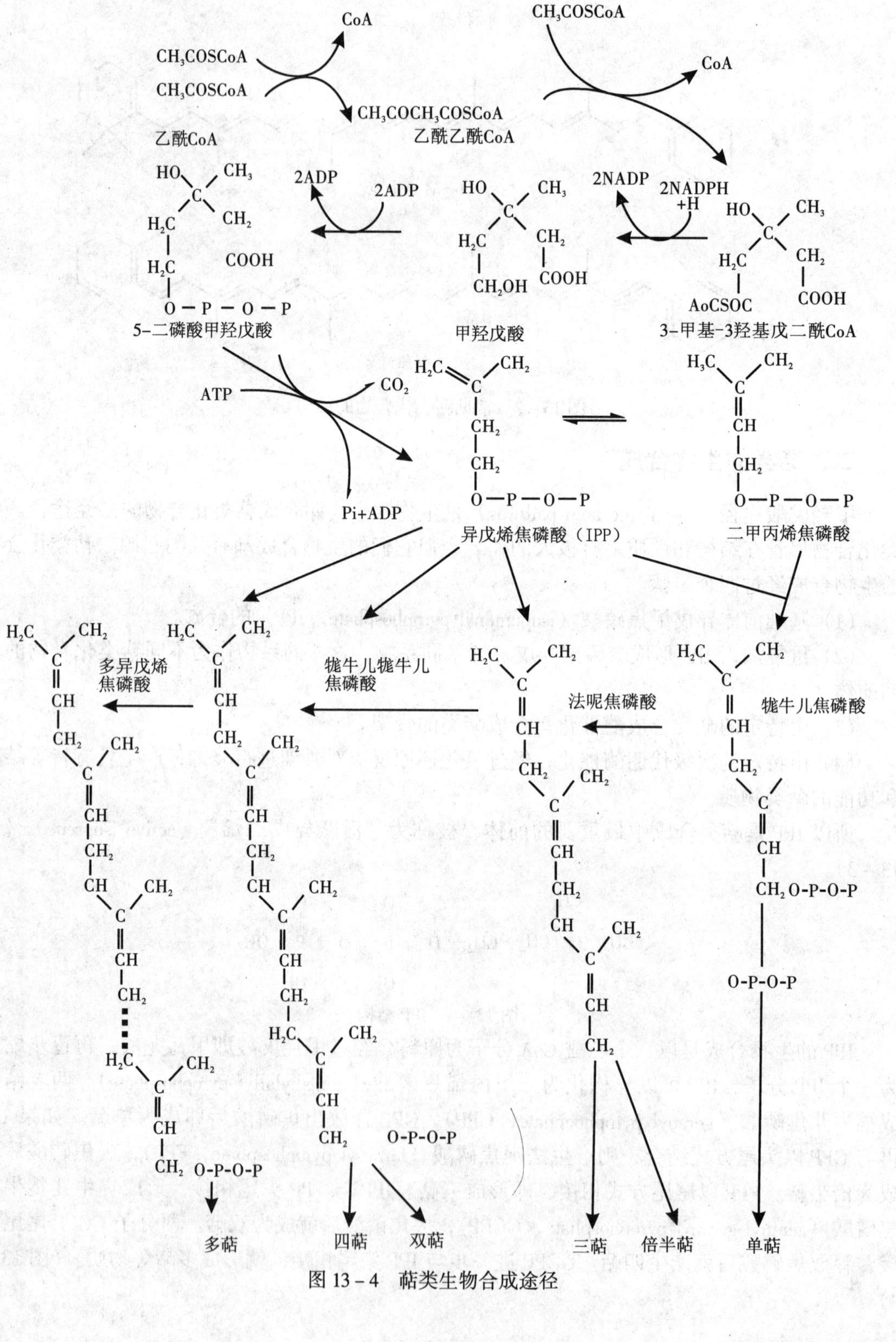

CoA

CH₃COSCoA

CH₃COSCoA
CH₃COSCoA

CoA

乙酰CoA

CH₃COCH₃COSCoA
乙酰乙酰CoA

HO   CH₃
      C
H₂C   CH₂

H₂C   COOH

O—P—O—P
5-二磷酸甲羟戊酸

2ADP   2ADP

HO   CH₃
      C
H₂C   CH₂

      CH₂OH   COOH
甲羟戊酸

2NADP   2NADPH
            +H

HO   CH₃
      C
H₂C   CH₂

AoCSOC   COOH
3-甲基-3羟基戊二酰CoA

ATP

CO₂

H₂C   CH₂
      C
      CH₂

      CH₂

O—P—O—P
异戊烯焦磷酸（IPP）

H₃C   CH₂
      C
      CH

O—P—O—P
二甲丙烯焦磷酸

Pi+ADP

H₂C   CH₂
      C

      CH₂

H₂C   CH₂
      C

      CH₂
多异戊烯
焦磷酸

牻牛儿牻牛儿
焦磷酸

H₂C   CH₂
      C

      CH₂
法呢焦磷酸

H₂C   CH₂
      C

      CH₂
牻牛儿焦磷酸

CH   CH₂
      C
      CH
CH₂   CH₂
      C
      CH
CH₂

H₂C   CH₂
      C
      CH
CH₂   O-P-O-P

CH   CH₂
      C
      CH
CH₂   CH₂
      C
      CH
H₂C   C   CH₂
      CH
CH₂   O-P-O-P
多萜

CH
C
CH₂

CH₂O-P-O-P

O-P-O-P

H₂C   C   CH₂
      CH
CH₂   O-P-O-P
四萜   双萜

三萜   倍半萜   单萜

图 13-4   萜类生物合成途径

第二节　酚　类

一、酚类的种类

酚类（phenol）是芳香族环上的氢原子被羟基或功能衍生物取代后生成的化合物，广义的酚类化合物包括类黄酮、简单酚类和醌类等，种类繁多，是重要的次级产物之一。有些只溶于有机溶剂，有些是水溶性羧酸和糖苷，有些是不溶的大分子多聚体。根据芳香环上带有的碳原子数目的不同可分为几种（表 13 – 2）。

表 13 – 2　　　　　　　　　　　　　　酚类化合物的种类

种　类	碳　架	例　子
简单苯丙酸	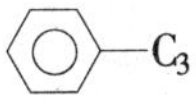 ◎—C_3	桂皮酸、香豆酸、咖啡酸、阿魏酸
苯丙酸内酯	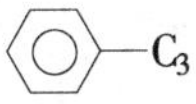 ◎—C_3	香豆素
苯丙酸衍生物类	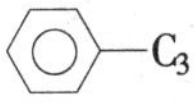 ◎—C_3	水杨酸、没食子酸、原儿茶酸
木质素	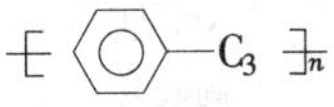 $\left[\text{◎—}C_3\right]_n$	木质素
类黄酮	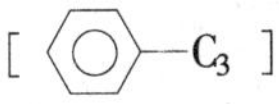 [◎—C_3]	花色素苷、黄酮、黄酮醇、异黄酮
鞣质	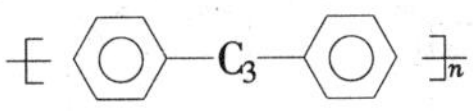 $\left[\text{◎—}C_3\text{—◎}\right]_n$	缩和鞣质、可水解鞣质

酚类化合物广泛分布于植物体，以糖苷或糖脂状态积存于液泡中。在酚类化合物中，有决定花、果颜色的花色素和橙皮素，有构成次生壁重要组成的木质素，也是主要的药用成分之一，香豆素、类黄酮、醌类中的许多化合物都有重要的药用价值。

（一）类黄酮

是一大类以 2 – 苯基色酮核为基础，具有 $C_6 – C_3 – C_6$ 结构的酚类化合物（图 13 – 5），其生物合成的前体是苯丙氨酸和马龙基辅酶 A（malonyl CoA），根据 B 环的连接位置不同可分为 2 – 苯基衍生物（黄酮、黄酮醇等）、3 – 苯基衍生物（异黄酮）和 4 – 苯基衍生物（新黄酮）；根据其三碳结构的氧化程度可分为花色苷类、黄酮类、黄酮醇类及黄烷酮类。类黄酮种类繁多，而且具有广泛的生物活性，在食品、医药等领域广泛应用。主要可应用于天然色素、甜味剂、防治心脑血管疾病、治疗肝脏疾病、抗肿瘤、抗氧化清除自由、抗菌消炎等。广泛分布于被子植物中，以唇形科、玄参科、爵麻科、苦苣苔科、菊科等植物较多，许多是重要的药物。

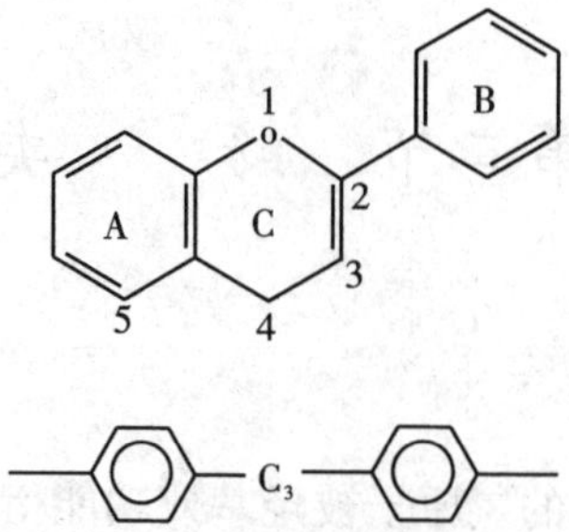

图 13-5 类黄酮的基本骨架

（二）简单酚类

是含有一个被羟基取代苯环、具有 $C_6 - C_3$ 基本骨架的化合物，广泛分布于植物叶片及其他组织中。某些成分有调节植物生长的作用，有些是植保素的重要成分，许多是药物的有效成分，香豆素具有色素沉着、抗菌、抗病毒、松弛平滑肌的多种药用作用（图 13-6）。

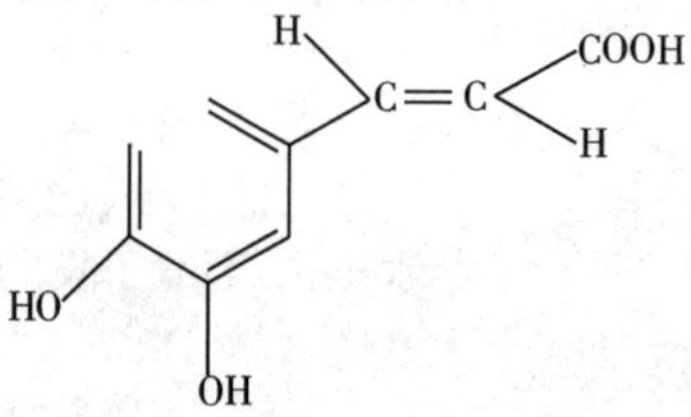

咖啡酸

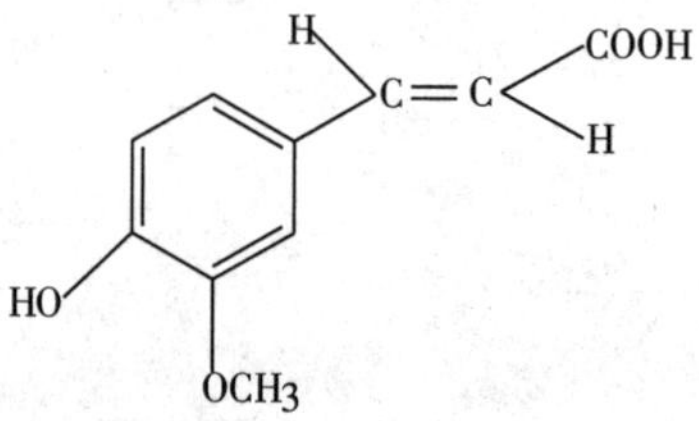

阿魏酸

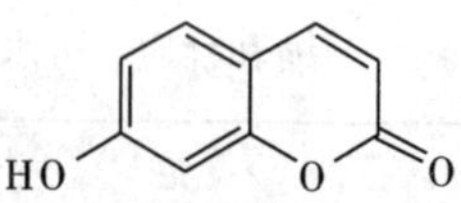

伞形酮

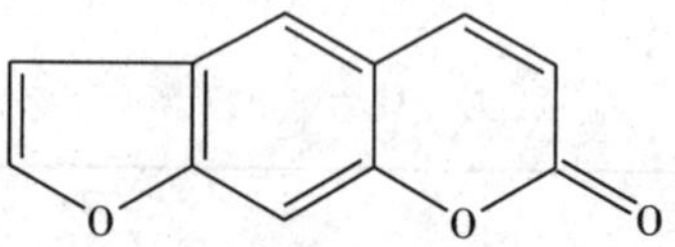

补骨脂内酯

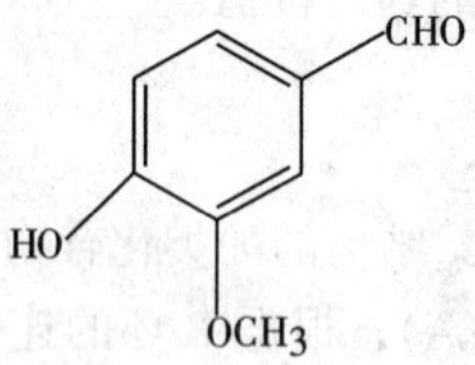

香兰素

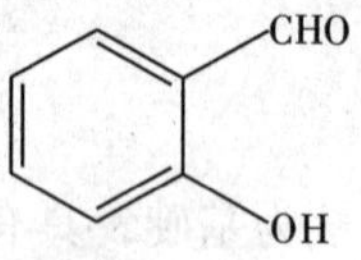

水扬酸

图 13-6 简单酚类化合物结构

（三）醌类

由苯式多环烃碳氢化合物（如萘、蒽等）衍生的芳香二氧化合物。醌类存在于所有主要植物类群中，按成环系统可分为苯醌、萘醌、菲醌及蒽酮四种类型。其中蒽醌类化合物与人类关系最为重要，是重要的氧化还原物质，在生物体中起辅酶、抗氧化等重要作用，也是重要的药物。醌类的存在是植物呈色的主要原因之一。有些醌类是抗菌、抗癌的重要成分，如胡桃醌和紫草宁。紫草宁是紫草（*Lithospermum erythrorhizon*）栓皮层中的萘醌类色素，用细胞培养的方法生产紫草宁是植物细胞培养走向工业化和商品化的成功实例之一。

（四）木质素

植物体中的木质素（lignin）数量很大，仅次于纤维素，居有机物的第二位。木质素是植物体重要组成物质，广泛分布于植物界。木质素是简单酚类的醇衍生物（如香豆醇、松柏醇、芥子醇、5-羟基阿魏醇）的聚合物，其成分因植物种类而异，例如松柏木质素含有许多的松柏醇，还有一些香豆醇和芥子醇。山毛榉木质素的松柏醇和芥子醇数量相近，而香豆醇则很少。单子叶植物（尤其是禾谷类）的木质素则含有极多的香豆醇。木质素对植物有保护防御等功能，部分有药用价值。

（五）鞣质

在植物酚类多聚体中具有防御功能的，除了木质素外，就是鞣质（tannin，俗名丹宁），其分子质量大多数为600~3000。鞣质可分两类：缩合鞣质（condensed tannin）和可水解鞣质（hydrolysable tannin）。缩合鞣质是由类黄酮单位聚合而成，分子质量较大，是木本植物的组成成分，可被强酸水解为花色素。可水解鞣质是不均匀的多聚体，含有酚酸（主要是没食子酸 galb acid）和单糖，分子质量较小，易被稀酸水解。

鞣质有毒，草食动物吃后明显抑制生长。鞣质在口腔中与蛋白质结合，有涩味。鞣质与肠中的蛋白质结合会形成不易消化的蛋白质-鞣质复合物，不宜食用。树干心材的鞣质丰富，能防止真菌和细菌引起的心材腐败。鞣质是栲胶的主要成分，有较高的经济价值，如五倍子虫胶等。

二、酚类的生物合成

植物的酚类化合物的合成比较复杂，可通过多条途径合成（图13-7），其中以莽草酸途径（shikimic acid pathway）和多酮途径（polyketide pathway）最为重要。在高等植物，大多数通过前一种途径合成酚类；真菌和细菌通过后一种途径合成酚类。

（一）莽草酸途径

莽草酸和分支酸途径（shikimate-chorismate pathway）是植物次生代谢的主要途径，和许多次生代谢产物的形成有关。莽草酸途径可以分为两个阶段。第一阶段是由磷酸烯醇丙酮酸与4-磷酸赤藓糖缩合，经过一系列变化生成莽草酸。第二阶段是莽草酸经过一系列反应，生成芳香族氨基酸。代谢过程是：糖酵解产生的磷酸烯醇式丙酮酸（PEP）和戊糖磷酸途径产生的 D-赤藓糖-4-磷酸作用形成中间产物 3-脱氧-D-阿拉伯庚酮糖酸-7-磷酸（3-deoxy-D-arabinoheptulosonic acid-7-phosphate，DAHP），DAHP 经过闭环，生成脱氢奎尼酸（dehydroquinic acid），再经过脱氢，生成脱氢莽草酸，还原成重要中间产物莽草酸。莽草酸再与 PEP 作用，形成 3 - 烯醇丙酮酸莽草酸 - 5 - 磷酸（3 - enolpyruvyl shikimic acid - 5 - phosphate），脱去磷酸基，形成分支酸（chorismic acid）。分支酸是莽草酸途径的重要枢纽物质，它以后的去向分为两个分支：一个分支走向色氨酸，另一个分支是先形成预苯酸（prephenic acid），经过 arogenic acid，然后再分支：一是形成苯丙氨酸（phenylalanine），另一是形成酪氨酸（tyrosine）（图 13 - 8）。本途径存在于高等植物、真菌和细菌中，而动物则无，所以动物不能合成苯丙氨酸、酪氨酸和色氨酸这三种芳香族氨基酸，必须从食物中补充。

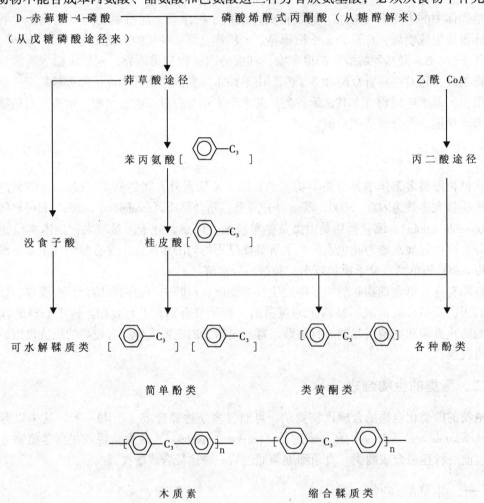

图 13 - 7　植物酚类物质的生物合成途径

大多数植物次级产物是苯丙氨酸在苯丙氨酸解氨酶（phenylalanine - ammonia - lyase，PAL）作用下，脱氨形成桂皮酸（cinnamic acid）。PAL 是初级代谢与次级代谢的分支点，是形成酚类化合物中的一个重要调节酶。它受内外条件影响，例如植物激素、营养水平、光照长短、病菌、机械损害等，都可影响 PAL 的合成或其活性。

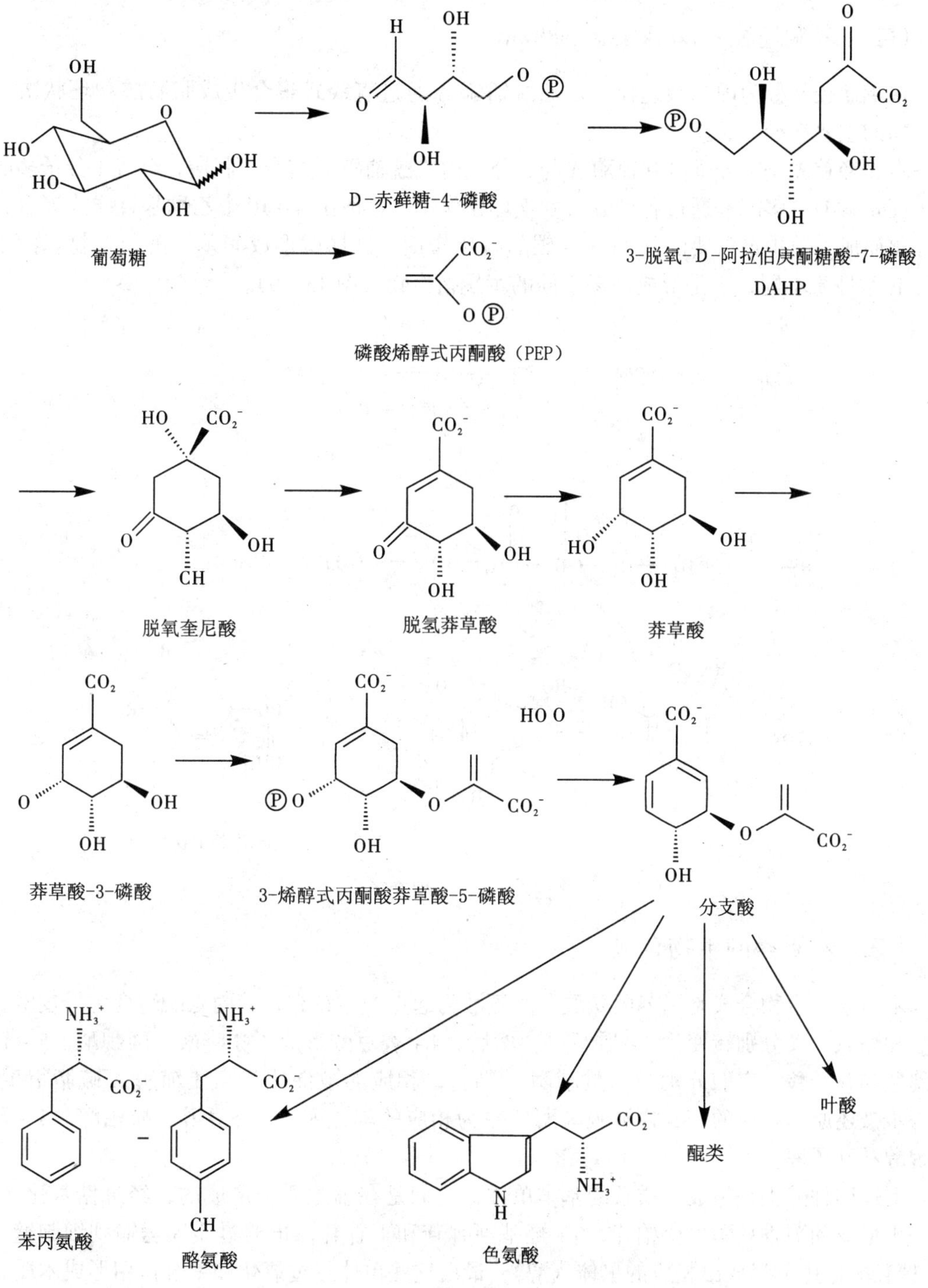

葡萄糖

D-赤藓糖-4-磷酸

3-脱氧-D-阿拉伯庚酮糖酸-7-磷酸
DAHP

磷酸烯醇式丙酮酸（PEP）

脱氧奎尼酸

脱氢莽草酸

莽草酸

莽草酸-3-磷酸

3-烯醇式丙酮酸莽草酸-5-磷酸

分支酸

苯丙氨酸

酪氨酸

色氨酸

醌类

叶酸

图 13-8 莽草酸和分支酸途径

（二）多酮途径（polyketide pathway）

多酮途径又称为丙二酸途径，是乙酰辅酶 A 通过直线式聚合生成脂肪酸和环状次生代谢产物的主要途径。

本途径首先是 1 分子酰基辅酶 A 与 3 分子丙二酰辅酶 A 结合，脱羧，合成 1 分子多酮酸（polyketo acid）。多酮酸通过各种方式发生环化作用，一般由 4~10 个乙酰基直线式聚合，然后环化而成，其中最重要的是 1，6 - 碳的酰化作用，这样就形成间苯三酚衍生物。由于它们的 R 基性质不同，于是形成许多不同的黄酮衍生物（图 13 - 9）。

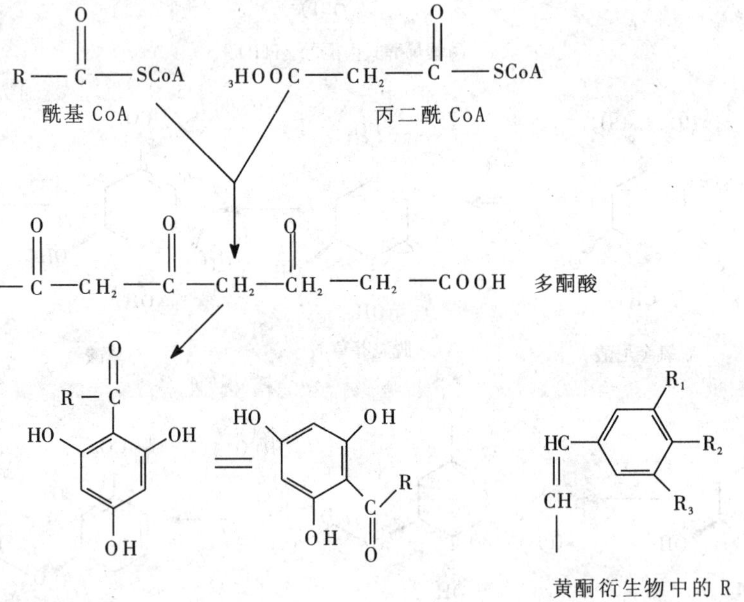

图 13 - 9　多酮途径

（三）木质素的生物合成

木质素的生物合成是以苯丙氨酸和酪氨酸为起点的。首先，苯丙氨酸转变为桂皮酸，桂皮酸和酪氨酸又分别转变为 4 - 香豆酸，然后，4 - 香豆酸形成了咖啡酸、阿魏酸、5 - 羟基阿魏酸和芥子酸。它们分别与乙酰辅酶 A 结合，相应的被催化为高能辅酶 A 硫脂衍生物，进一步被还原为相应的醛，再被脱氢酶还原为相应的醇，即 4 - 香豆醇、松柏醇、5 - 羟基阿魏醇和芥子醇。

上述四种醇类是组成木质素的基本单体，它们是在细胞质中形成的，经过糖基化作用，进一步形成葡萄香豆醇、松柏苷、5 - 羟基阿魏苷和丁香苷，再通过质膜运输到细胞壁，在 β - 糖苷酶作用下释放出相应的单体（醇），最后这些单体经过氧化和聚合作用形成木质素。

第三节　含氮次级化合物

植物次生代谢产物中有许多是含氮的，所以大多数含氮次生代谢产物是从氨基酸合成的。植物含氮次生代谢产物中主要有生物碱、胺类、生氰苷、芥子油苷和非蛋白氨基酸等，种类复杂和数目繁多，在植物中具有特定的生理功能。许多种类是重要经济作物和药用植物的有效成分，具有巨大的经济价值和药用价值，生物碱是其中最重要的。

一、生物碱（alkaloid）

生物碱是一类含氮的碱性天然产物，其氮原子常连在环上。不包括氨基酸、蛋白质、核苷、卟啉、胆碱甲胺等开链的简单脂肪胺，已知的达 5500 种以上，主要分布于双子叶植物中。按生物合成途径可分为真生物碱、伪生物碱和原生物碱。真生物碱和原生物碱都是氨基酸衍生物，但是原生物碱不具含氮杂环。伪生物碱是来自萜类、嘌呤和甾类物质，而不是来自氨基酸。

生物碱是许多药用植物的有效成分，如奎宁、利血平、阿托品、吗啡、麦角新碱、麻黄碱等，在医药上非常重要。目前已发现含有生物碱的植物一百多个科，其中红豆杉科、麻黄科、豆科、夹竹桃科、罂粟科、毛茛科、防己科、马钱科、茄科、芸香科、茜草科、百合科、兰科、石蒜科等多含生物碱，许多是药用植物。

按生物来源和化学结构生物碱主要分为以下几类。

1. 有机胺类生物碱

有机胺类生物碱是氨的三个氢原子被烷基取代后形成的 1、2、3 级胺。在植物中广泛存在，有许多是著名的药用物质，如麻黄碱（ephedrine）、秋水仙碱（colchicine）、氨基糖苷类等。

2. 异喹啉类生物碱

异喹啉类生物碱是生物碱中种类最多的，以异喹啉或四氢异喹啉为其母核，根据其取代基团的不同又可分为几大类。代表物有罂粟碱（papaverine）、小檗碱（berberine）、吗啡（morphine）等，此类生物碱中药用物质极多。

3. 喹啉类生物碱

喹啉类生物碱是具有喹啉结构的生物碱，主要来源于邻氨基苯甲酸，主要有呋喃喹啉类（furoquinoline）、吖啶酮类（acridine）、金鸡纳（cinchona）、喜树碱类（camptothecine）生物碱，其中很多具有抗生素的活性。

4. 吡咯类生物碱

吡咯类生物碱来自鸟氨酸或赖氨酸，含有吡咯环结构，代表物有古柯碱（hygrinr）、莨菪碱（hyoscyamine）、烟碱（nicotine）等重要药物。

5. 吲哚类生物碱

吲哚类生物碱是指以色氨酸为前体合成的含吲哚环的生物碱。著名的有利血平（reserpine）、长春花碱（vinblastine）、马钱子碱（strychnine）、麦角碱（ergot alkaloids）等。

6. 二萜生物碱

二萜生物碱是来源于 IPP 的生物碱，大多含有毒性，如乌头碱（aconitine）、乌头根碱（atisine）。

7. 甾体生物碱

指天然甾体的含氮衍生物，如环氧黄羊木己素（cycloxobuxidine）、茄定碱（solasodine）等，有些具有激素的功能。

植物体中的生物碱含量差别很大，一般在万分之几到百分之几，通常含量较低。在药用植物组织培养中，研究生物碱的生成条件和含量有很重要的意义。一般情况下，不同植物器官在不同的生长期所含生物碱的成分及含量也不同。有些多年生的植物，随年龄增长，某部分的含量逐渐增加，如金鸡纳树皮的奎宁碱随树龄的增长而增加，小檗根中的小檗碱含量也随植物年龄增长而增加。外界条件对生物碱的含量也有显著影响，碳源、氮源、水分、温度、光照、酸碱度等都会影响生物碱的生成，如氮肥多时，烟碱含量就高。现在对生物合成途径研究得比较深入的有烟草的烟碱、毒藜碱和吡咯啶生物碱，毛茛科植物的小檗碱，以及曼陀罗属的莨菪碱及东莨菪碱等。现在对生物碱药理作用的研究较多，越来越多的生物碱应用于医疗和食品等行业。

二、胺类

是 NH_3 中的氢的不同取代产物，根据取代基数目可分为伯、仲、叔、季胺 4 种。通常由氨基酸脱羧或醛转氨产生。胺类次生代谢物质现已鉴定结构的大约有 100 多种，在植物中广泛分布，常存在于花部，具臭味。有些胺类与植物的生长和发育有关，具有促进生长、延迟衰老、适应逆境条件等生理功能。如在组织培养条件下，多巴胺能促进石斛提前成花。许多胺类具有药用价值。

三、非蛋白氨基酸

是指组成蛋白质的 20 种氨基酸之外的氨基酸，目前已鉴定结构的达 400 多种，豆科植物比较常见。由于其结构与蛋白氨基酸相似，在蛋白质代谢时会被错误识别，错误掺入蛋白质，因此是一种代谢拮抗物，对动物有毒害作用。非蛋白氨基酸的毒性有几种。有些阻止蛋白氨基酸的合成或吸收，有些错误地被掺入到蛋白质。例如刀豆氨酸对草食动物的毒性。当刀豆氨酸被摄食后，被草食动物的酶误认为精氨酸而结合到精氨酸的 tRNA 分子，掺入蛋白质。由于蛋白质的一级结构改变，使之空间结构改变或催化位置被破坏，所以成为无功能的蛋白质。非蛋白氨基酸的药用价值正在被积极研究，可能具有抗病毒、抗肿瘤的作用，有较好的应用前景。

四、生氰苷

一类由脱羧氨基酸形成的 O–糖苷，氰基来自于碳原子和氨基。生氰苷是植物生氰过程中产生 HCN 的前体，现已鉴定结构的达 30 种左右，如苦杏仁苷和亚麻苦苷。生氰苷与植物趋避捕食者有关。昆虫和其他草食动物（如蚱蜢）取食植物后，产生 HCN，呼吸就被抑制。

生氰苷有一定的药用价值。

五、含氮次生代谢产物的生物合成

含氮次生代谢产物的生物合成主要是通过氨基酸途径（amino acid pathway），氨基酸途径是以氨基酸作为次生代谢的前体物，生物合成次生代谢产物。生物碱种类繁多，结构复杂，大部分通过苯丙氨酸、酪氨酸、色氨酸、赖氨酸、鸟氨酸、天冬氨酸等经过一系列反应得到。此外有些生物碱经过多酮途径或甲瓦龙酸途径合成。

氨基酸途径中，每种氨基酸的代谢途径都不同，但基本上经过几步反应就可以成为次生代谢产物。

总结以上各次生代谢产物的生物合成途径会发现，植物体内各种物质的代谢有着密切的联系，初生代谢产物在代谢中不断互相转化，通过各种途径生成次生代谢产物，各代谢途径既有相对的路径，又互相联系、互相影响。次生代谢产物的主要代谢途径和联系，现基本研究清楚，如图 13 – 10 所示。

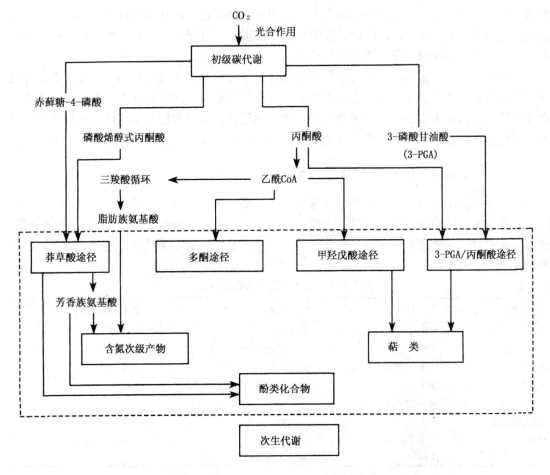

图 13 – 10　次级产物合成主要途径及其与初级产物的联系

第四节 植物组织细胞培养生产次生代谢产物

植物像天然的化工厂，可以提供多种多样的天然产物，其中的次生代谢产物对于人类的健康有重大的意义，现有药品中的 1/4 来源于植物，已知的天然化合物有 30 000 多种，其中 80% 以上来自植物。而且现在每年新发现的化合物约有 1 500 种，其中约 20% 具有药用价值。由此可见植物具有很强的合成能力，其所能合成的化合物之多，范围之广，是人类目前无法做到的，这是一个巨大的药用资源宝库。充分利用植物的次生代谢产物，是药物研究的重要方向。

但是近年来由于各种原因，植物资源已经大幅度减少，大量从野生植物获取次生代谢产物已经不太可能也不应该提倡，因此利用植物组织和细胞培养技术生产次生代谢产物，用于满足日益增长的医药等行业的需求，是必然的发展方向。1983 年日本首次研究成功用紫草细胞培养生产紫草素以来，这方面的研究工作进展十分迅速。现在已经可以用 200 余种植物细胞，生产 300 多种次生代谢产物，其中有许多临床上广为应用的药物，如长春花碱、地高辛、东莨菪碱、小檗碱、奎宁等都已生产成功。

与常规的生产方式相比，采用植物细胞培养技术具有许多无法比拟的优越性：不受环境因素，如气候、季节、土壤和病虫害的影响，能在任何地方与任何时候进行生产；培养物的产量和质量可以不断提高；不受植物品种、资源的限制；无需占用大量耕地；可以进行大规模工业化生产；是植物生物技术中极有应用前景的新兴产业。

一、影响植物次生代谢产物产生的因素

植物组织、细胞培养中影响次级代谢物产生的各种因素：①生物条件：外植体、分化、休眠、季节等。②物理条件：温度、光线、气体（O_2、CO_2）、pH、渗透压等。③化学条件：碳源、无机盐、植物生长调节剂、氨基酸等。④培养条件：培养罐类型、通气、搅拌、培养方法等（表 13 – 3）。

表 13 – 3 影响细胞次级代谢物产生的各种因素

生物条件	化学条件	物理条件	工业培养条件
季节	无机盐（N、P、K 等）	温度	培养罐类型
细胞组织	碳源、氮源	光（光照时间、光强、光质）	通气、搅拌
极性	植物生长调节物质	通气（O_2、CO_2）	培养方法
休眠	维生素	pH、渗透压	
分化	氨基酸		
混合培养	核酸		
外植体	抗生素		
	前体		

（一）外植体来源

一般从具有高产量次生代谢物的植物所建立的细胞培养物能形成更多的产物。Kinnersley和 Dougall 进行了一项有意义的研究，他们从尼古丁含量不同的一对烟草植株建立了细胞培养物，在比较了两种类型培养物中尼古丁含量以后证实，高产量的植株得到高产量的培养物，而低产量植株建立的培养物不能得到高尼古丁含量。在这种情况下；细胞培养物中尼古丁含量是由亲本植物的遗传型控制的。因为出发材料是从具有高的和低的尼古丁含量植株中选择出来的两对烟草植株，而且每一对个体在其他形状方面都具有相同的基因。他们的研究结果为最后确定选择高产量植株作为细胞培养出发材料提供了有力支持。

不同种的外植体其细胞培养物的次生代谢产物的累积时间有较大差异。在细胞生长的延迟期、加速期、对数期和稳定期都可能产生次生代谢物。

外植体的大小、细胞密度、分化情况及营养成分都可能明显影响次生代谢产物的生产。

（二）培养条件

1. 化学条件

培养基的化学组成对于细胞培养物产生次级代谢物的影响包括两个方面，首先影响生物量（Biomass），即培养物的生长速度和培养物的质量。其次影响次级代谢物的产量。主要因素如下。

（1）糖类化合物　糖类化合物主要作为培养的碳源、其性质和数量往往对组织培养的生物量有很大的影响。主要使用的碳源是蔗糖，但由于蔗糖容易引起细胞的异质生长，因此，葡萄糖、果糖、半乳糖和有关的单糖、二糖类甚至多糖以及复合物，如糖蜜、乳清、马铃薯和谷类的淀粉都可以作为碳源。

比较蔗糖与其他碳源对次级代谢物产量的影响其结果往往并不一致，如有的报道认为蔗糖的效果较好，有的提出葡萄糖效果较好，也有的指出蔗糖和葡萄糖具有等同的效果。总之根据培养细胞的遗传特性和培养条件的差异，效果有很大差异。

（2）氮素供应　培养细胞常用的培养基中通常含有两种主要的氮源，即氨态氮（NH_4^+）和硝态氮（NO_3^-）。它们都可以作为细胞生长的氮源，但因植物种类和细胞系的不同，不同氮源对细胞生长表现出很大的差异。有些植物细胞可以利用 NO_3^- 作为单一氮源生长，有些则可以利用 NH_4^+ 作为单一氮源生长，有些需要两种氮源，有些细胞还需要某些有机氮源，如尿素、氨基酸等。

含氮化合物的数量和种类对次级代谢物的形成有很大的影响。如当培养基中硝酸盐或尿素浓度增加时，假挪威槭培养细胞中酚类化合物的积累降低。相反，紫草愈伤组织中紫草宁衍生物的含量则随着培养基中总氮量的增加而增加。此外，降低培养基中 NH_4/NO_3 含量和增加适量 KNO，也会使日本茛菪悬浮培养细胞中血纤维蛋白溶酶抑制剂的形成急剧增加，而生长则只受到很小的影响；同样，当用 NH_4 或甘氨酸取代硝酸盐时，欧骆驼蓬愈伤组织培养物中由色氨酸形成的生物碱含量则降低，而当以丙氨酸代替硝酸盐时，则不降低生物碱的含量，也不影响组织的生长。

（3）生长调节物质　在组织培养中现已广泛使用，目前最经常使用的生长调节物质是生长素和细胞激动素两大类物质。

生长调节物质的数量和种类对培养细胞的生长、分化和次级代谢物的产量都具有极大的影响。但由于植物材料和生理状态的差异，无一定格式可循，必须通过仔细的实验才能确定合适的数量和种类。Furuya 等在实验中发现：IAA 存在时，烟草培养细胞中合成尼古丁，而 2，4 – D 存在时，则不合成尼古丁。因此为了提高次级代谢物的产量，Zenk 等 1977 年提出了"生产培养基"的概念，即在这种培养基上，培养细胞具有低下的生长速度，很少或不进行细胞分裂，但是有较高的次级代谢物产量。所以筛选一种合适的"生产培养基"是提高次级代谢物产量的一个重要方法。

在影响培养细胞生长和次级代谢物产量的化学因素中，除了上述的碳源、氮源、生长调节物质以外，其他因子，如培养基中其他的大量元素、微量元素和有机成分都有不同程度的作用，但与上述 3 种主要因子相比，它们的影响程度相差甚远；有意思的是，最近有人报告活性炭和琼脂对紫草悬浮培养细胞中次级代谢物的合成有一定的刺激作用。

2. 物理条件

培养的物理条件对培养细胞的生长和次级代谢物的产量都具有明显的影响，在某些情况下甚至有决定性的影响，主要有光、温度、通气和 pH 等因素的作用。

（1）光　对于黄酮、黄酮醇、花色素苷、萘醌、多酚、萜类、烯和其他次级代谢物的合成和积累来讲，光质和光量具有重要的影响。

当欧芹细胞在暗处进行培养时，这些细胞仅能进行增殖，不能形成类黄酮化合物。但是，这些培养物一旦在光下培养，则可以产生芹菜苷。在日光灯连续照射下，许多植物可以形成多种黄酮和黄酮醇糖苷。对于类黄酮化合物，红光单独照射没有什么作用，但在紫外光和红外光照射以后，红光则影响黄酮糖苷的合成，这个过程可能和光敏色素有关。

单冠毛菊花色素苷的合成也是由光激发的，其作用光谱分别为 438nm 和 372nm。而胡萝卜培养细胞花色素苷合成对光的需求可以为生长素所替代，但两种反应的时间进程有所不同。以后又证实，胡萝卜培养细胞中花色素苷的形成与形态分化有密切关系。

相反，萘醌的生物合成受到日光灯照射的抑制，并证实具有抑制作用的是蓝光，这可能是由于蓝光抑制了合成路线中共同前体的形成或某一中间产物的转化。此外，还有一些其他报道也指出光对代谢产物有抑制作用。同样，培养细胞中多酚化合物、挥发油和其他次级代谢物的数量和成分也受到光质和光量的调节。

（2）温度　通常，细胞培养物的最适生长温度在 25℃～30℃，但有些植物种类可能有特殊的要求。这可以经过实验确定。如 Tulecke 和 Nickll 曾检查了温度对 5 种悬浮培养细胞生长的影响，其中最低的最适温度为 20℃～21℃（*Salix*，柳属），最高的最适温度为 31℃～32℃（蔷薇属）。此外，温度对培养基成分的利用速度也有一定的影响，在 30℃～32℃，番茄属植物培养细胞对蔗糖和氨基酸利用速度为最大值。

（3）通气　Kessell 和 Carr 在验证溶解氧对搅动通气培养的胡萝卜细胞生长和分化的影响时，发现有一个临界氧水平（1300μl/L 或 16%饱和度）。在临界水平之上，生长不受溶解氧的影响，根据干重或细胞数目计算的生长呈指数增加。而低于这个临界值时，干重增加呈线状，而细胞数目仍以指数形式增加。低浓度溶解氧有利于胚芽发生，高浓度溶解氧有利于根系发生。

利用大规模培养装置培养烟草细胞，证实最适操作条件是 Kd 为 $1.3 \times 10^{-6}O_2$/分钟×ml×0.1MPa。在一个 15L 发酵罐中培养的烟草细胞，Kla 为 5.3/小时和 12.1/小时时，最初 70 小时细胞生长速度差不多相同，但 70 小时以后，Kla 为 5.3/小时的细胞生长速度明显下降，而 Kla 为 12.1/小时的仍然生长良好。利用 15L 平床涡轮发酵罐和 1500L 氧泡发酵罐培养烟草细胞时，通过控制通气速度可以分别得到 0.69/天和 0.62/天的最大比生长速率，1982 年 Hashimoto 等成功地建立了一个维持 66 天生长的 20t 的烟草细胞连续培养系统，通过控制通气速度和搅动速度维持培养基中蔗糖浓度不低于 5g/L，这样在稳定期得到的生物量为 5.82g/L·天。

比较几种不同类型的发酵罐对培养细胞生长速度和代谢产物产量影响时发现，气升式发酵罐最为优越，因为它能提供最好的氧气混合，并使细胞受到最小的机械损伤。

（4）pH 值　一般来讲，最有利于培养细胞生长的 pH 在 5~6 之间。常用的培养基都具有一定的缓冲性质，因而在培养过程中 pH 变动较小。但是，也有一些培养基的缓冲性质较差，因此 pH 变动较大。培养过程中，培养基变酸是由于产生有机酸或氮源中 NH_3 被利用。培养基变碱则是由于 NO_3 被利用，氨基酸脱氨后铵离子释放到培养基中，或是由于硝酸和亚硝酸还原酶的作用使硝酸盐还原所致。对于后一种培养基，则必须在培养过程中密切注意 pH 值的变动情况，必要时给予一定的调整，以保持合适的 pH 数值。

二、药用植物细胞培养生产次生代谢产物的工艺技术

植物细胞培养生产次生代谢产物及转化产物的生产工艺及原理一般如图 13-11 所示。

植物细胞培养生产次级代谢物实例

日本于 1983 年在世界上首次成功用紫草细胞培养生产紫草宁，紫草宁是一种优良的天然抗菌药物和色素。传统种植紫草需要 5 年时间，紫草根中紫草宁的含量仅占干重的 2%。三井石油化学工业公司用 750L 植物细胞反应器，发酵 23 天，发酵液中紫草宁的含量达到细胞干重的 23%，比种植方法高出 10 倍以上，同时植物细胞发酵的比产率达到 5.7mg/（天·克细胞），比栽培植物的紫草宁比产率（0.068 毫克/天·克植物）高 80 多倍，可以工业化生产紫草宁。

（一）工艺流程

紫草种子 —LS 培养基→ 无菌幼根 —诱导培养→ 愈伤组织 —悬浮培养→ 悬浮细胞 —一级培养→ 细胞增殖培养 —二级培养→ 产物培养 →培养液 —过滤→ 细胞收集 —分离→ 产物提取 —干燥→ 成品

（二）工艺过程

1. 愈伤组织的诱导

将紫草成熟种子置于含有 10^{-6} mol/L 2,4-D 和 10^{-6}mol/L 激动素的 LS 琼脂培养基上，

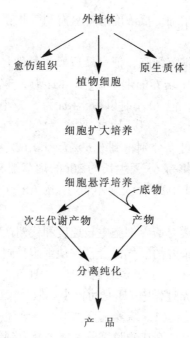

图 13 – 11 植物细胞培养生产
次生代谢物的工艺流程

黑暗、25℃条件下培养。种子萌发后于幼根部形成愈伤组织，数天后再将此愈伤组织移植至含 10^{-6}mol/L IAA 和 10^{-6}mol/L 激动素的 LS 琼脂培养基中。

2. 继代培养

将获得的 1.5g 鲜重愈伤组织，移入装有 80ml 含有 10^{-6}mol/L IAA 和 10^{-5}mol/L 激动素的 LS 液体培养基的 300ml 三角瓶中，在 100rpm 转速下振荡培养，在通气条件下使细胞增殖。培养初期由于琼脂培养细胞产生的紫草宁易产生氧化还原反应，细胞外观极不均一，但经过 14 天培养的细胞移入新鲜培养基后，生长迅速的白色细胞大量增殖，以后每隔 14 天移入新鲜培养基，经 2~3 代培养后，即可获得均一的细胞团。这样均一的细胞团 14 天培养后约增加 13 倍。细胞移植时，用不锈钢制孔径 40μm 的筛网，收集细胞，按 80ml 培养基加 1.5g 鲜重细胞的比例进行接种。

3. 一级培养（细胞的增殖培养）

接种在 LS 培养基内继代培养 14 天后，用前述方法收集细胞，将 1.5g 鲜重细胞接种在 80ml MG – 5 培养基中，进行振荡培养，在细胞增加 6~7 倍后，自第 10~11 天起对数增殖期结束，增殖速度开始降低。生产紫草宁的各细胞的生长阶段对第 2 阶段在 M – 9 培养基中的培养有很大的影响。用对数增殖期的细胞作为种细胞，紫草宁的得率最高。因此，从细胞收获量和紫草宁生产考虑，在移植后的第 9 天，结束第 1 阶段最为合适。此外，MG – 5 培养基不含植物激素，所以不能用以维持细胞株的继代。

4. 二级培养（生产紫草宁的培养）

将前所述方法收集一级培养所得的细胞，每 2.4g 鲜重细胞放入装有 80ml M – 9 培养基的 300ml 三角瓶中，在 100rpm 转速下振荡培养。从培养第 2 天起，一部分细胞即呈红色，至第 7 天全部细胞团完全呈鲜红色。经 14 天培养的细胞中紫草宁含量为 15%，即 1L 培养基中紫草宁的收获量约为 15g。

培养液中的紫草宁再经过溶剂萃取，分离、纯化、干燥后即得到紫草宁成品。

利用药用植物细胞与组织培养生产药用成分的前景非常广阔，迄今已成功地利用培养的黄连、人参和洋地黄细胞工业化生产出大量的黄连碱、人参皂苷和地高辛。此外用长春花细胞培养生产蛇根碱和阿吗碱，以及用红花细胞培养生产维生素 E 也已进入中试阶段。近几年国内主要围绕人参、紫草、青蒿、红豆杉等药用植物的培养开展工作，已取得一定成绩。今后还须加强以下几个方面的研究：①把药用植物组织培养与药用植物化学、药理学研究有机地结合起来，加强对疗效确切的药用植物成分的生物合成途径及关键酶的研究；②选育高产稳产细胞株并建立适宜的培养程序和条件，以保证培养细胞和组织的高产稳产；③加强各种生物反应器的研究，降低生产成本，使利用植物组织培养生产药用成分早日走向工业化生产。

目前成功地利用药用植物组织培养和细胞培养工业化生产药用成分，已经有许多实验室的成功例子，但大规模工业化生产，还有许多技术问题有待解决。但随着研究的深入，我们相信不久的将来，人们可以方便、高效地利用植物组织培养技术工业化生产次生代谢产物，满足社会需要，为人类健康服务。

下 篇

药用植物组织培养的应用

第十四章

根 和 根 茎 类 药 材 的 组 织 培 养

第一节　人　参

　　人参（*Panax ginseng* C.A.Mey）系五加科人参属多年生草本植物，被誉为百草之王，享有盛名。以干燥根入药，有大补元气、固脱生津、安神益智等功效，是一种名贵的滋补强壮药物。随着人们生活水平的不断提高，其不仅作为药物，而且成为食品、化妆品等的原料，应用的领域越来越广泛。

　　人参生长缓慢、栽培技术复杂，对自然环境条件要求苛刻、参地不能连作，农田栽参技术在我国没有很好解决，生产主要以毁林发展人参为主，极大限制了人参生产的大发展。因此，人们试图开辟另一条可持续发展的途径，与传统栽培方式相比，人参组织培养方法完全在人为可控条件下进行，不受环境和季节条件变化限制，节约土地，短时间内可获得试管苗和大量培养物，培养物中提取有效成分可实现工业化生产。为此，近半个世纪以来，广大研究者投身于这一领域，希望通过细胞工程等技术，使人参的生产摆脱自然环境条件的限制，在人为控制条件下大量繁殖其有效的组织或细胞，并能从事新品种的快速培育。经过近几十年的发展，人参组织和细胞培养的研究已经取得了巨大发展。

　　早在 1964 年，我国罗士韦教授就开始了人参愈伤组织的培养，并取得了初步的结果。其后，苏联、日本、美国、韩国的工作者也相继获得成功。1968 年，Butenko 等成功地从人参叶片、叶柄、花冠柄和根的外植体上诱导出愈伤组织。1974 年，Jhang，J.J. 等用人参、西洋参的叶片、叶柄、茎和根作外植体诱导得到的愈伤组织进行悬浮培养，发现愈伤组织偶尔可形成再生植株。1975 年朱蔚华等人开始人参组织培养的系统研究。1980 年 Chang 等报道，在一定条件下，人参根愈伤组织可通过体细胞胚发生途径获得再生植株。1987 年杜令阁诱导出人参花粉单倍体植株，并建立了体细胞无性系。1987年苗淑侠获得来自人参叶的再生植株。程强等（1988）做了人参原生质体培养，得到了愈伤组织。Takafumi Yoshikana 等（1987）建立了稳定、生长速度快的人参毛状根培养系统。

一、愈伤组织的诱导和培养

1. 人参植株的根、茎、叶片、叶柄、花冠柄、果肉、花药、完整的胚及胚的某一部分（子叶、胚轴等）都可诱导形成愈伤组织。其中以根和茎作外植体最为常见。但嫩茎切段愈伤组织的诱导频率比根切段要高，嫩茎的愈伤组织诱导率可达95%，而根仅15%。

2. 以附加10%椰乳的修改Fox培养基效果最好。SH培养基上愈伤组织的生长速度最快。然而，人参愈伤组织的诱导和生长用得最多的基本培养基仍然是MS。另外，大豆粉、棉子饼粉、玉米芽汁、大麦芽汁等天然补充物，不管是单独还是配合起来加到培养基中都能促进人参愈伤组织的生长。

3. 人参愈伤组织诱导，除了通过诱变得到的激素自养型外，基本上是在含有生长素培养基上进行。适当浓度的2，4-D对人参愈伤组织诱导有良好的效果，最适浓度为0.5～2mg/L，NAA对诱导愈伤组织也有一定效果，其浓度以2～6mg/L较为适宜，适量的2，4-D和NAA对愈伤组织的生长均有促进作用，其中以5mg/L 2，4-D的效果最显著。KT浓度在0.25mg/L以下对愈伤组织生长有促进作用，以0.1mg/L生长最快。

4. 温度和光照对培养中人参愈伤组织的生长具有明显的影响。大多数研究者认为25℃是愈伤组织生长最适温度，高于29℃和低于18℃生长缓慢。在光照或黑暗中，愈伤组织都能诱导和生长，但光对愈伤组织生长的抑制作用是明显的。

二、种胚培养

1. 取低温沙藏后熟的裂口种子，剥去外壳，用5%安替福民溶液消毒20分钟，而后用0.1%升汞溶液灭菌20分钟，无菌水冲洗3～4次。

2. 从胚乳中剥出胚，接种在MS + BA 2mg/L + NAA 0.5mg/L + 0.7%琼脂培养基上，20℃～28℃，每天光照16小时培养。

3. 1周左右，胚芽和子叶逐渐显绿生长。培养约2个月，多数种胚上胚轴2cm以上；子叶一般表面不光滑，有颗粒状突起。

4. 切除上胚轴，将胚轴和子叶培养物整体转入MS + BA 0.5 mg/L + GA 5 mg/L的分化培养基上，继续培养2个月左右，有部分胚轴和子叶出现芽状突起、芽簇和不定芽。

5. 分离不定芽，转移到生根培养基上，以MS + NAA 1mg/L + GA 0.5mg/L + BA 0.2 mg/L + 0.2%活性炭，蔗糖3%，琼脂0.7%，蛋白胨500 mg/L为生根培养基。20℃～28℃，每天光照16小时培养，不定芽可以生根形成完整植株。

三、花药培养

1. 取花粉发育时期为单核中期的花蕾，在70%乙醇中浸泡20秒后，再用0.1%升汞溶液灭菌10分钟。无菌水冲洗4～5次。

2. 无菌条件下剥取花药，接种在以 MS 作为基本培养基，附加 2，4 – D 1.5mg/L，IAA 1.0mg/L，6 – BA 0.5mg/L，蔗糖 6%，琼脂 0.7% 的诱导培养基上，25℃～28℃，在散光下培养或暗培养，以诱导愈伤组织。

3. 花药接种后 20 天左右，开始出现肉眼可见的愈伤组织，愈伤组织多从花药的近花丝着生处出现。

4. 当愈伤组织形成后 25～30 天，达 2mm 左右时，转入分化培养基上进行分化培养。以 MS + KT 2.5mg/L + GA$_3$ 2.0mg/L + IBA 0.5mg/L + LH 1000mg/L + 3% 蔗糖 + 琼脂 0.7% 为分化培养基，22℃～26℃，每天光照 10 小时培养。40 天左右肉眼可见分化物产生，分化物初为乳白色或淡绿色小圆点，形成芽苞状的芽原基，经过一段时间生长，先分化芽，后分化根，进而长成植株。

5. 将小植株转入 1/2 MS 培养基上，根系生长较快，30 天后根平均达 1cm，叶生长缓慢，生长一段时间后可形成完整的"三花"植株。

四、毛状根培养

1. 毛状根培养系统的建立是通过发根农杆菌（ *Agrobacterium rhizogenes* ）侵染人参根愈伤组织，此菌是一种能使 Ri 质粒的 T – DNA 转进植物细胞、导致细胞转化的常用细菌。

2. 先用纤维素酶和果胶酶预处理人参根愈伤组织，使愈伤组织形成原生质体。然后将它们与此菌一起培养致使细菌侵染发生。

3. 侵染四周后，在无激素固体培养基上的愈伤组织块表面有根状物出现，这些根状物进一步长成主根。当主根长到 1～2cm 时，将它们从愈伤组织块上分离下来，放进无激素培养液中旋转培养。这时培养液中主根上产生许多不定根，并不断形成分枝，即为毛状根。

五、人参细胞悬浮培养

1. 取经过诱导外植体初次形成的愈伤组织，挑选启动早、生长迅速、均一、质地松散的淡黄色透明状的愈伤组织转接到液体培养基中进行悬浮培养。液体培养基成分：MS 的无机盐 + 67 – V 有机物 + 2，4 – D 2.0 mg/L + NAA 0.5mol/L + KT 0.1mol/L + LH 1000 mg/L + 3% 蔗糖。pH6.0，温度 23℃±2℃。

2. 悬浮培养采用旋转式摇床，转速 110rpm，250～500ml 的三角瓶内装容器容积的 1/5 左右培养液。待生长旺盛时，静止半小时，取上清液（其中含有单细胞），均匀地植板于有固体培养基的培养皿中，固体培养基中除加 6% 的琼脂外，其他成分和液体培养基相同。

3. 培养约 2 周后，再挑选长势旺的细胞团，液体悬浮培养，如此反复多次，直至选出生长快、形状一致、有效成分高的细胞系。

4. 将选出的细胞系进行液体悬浮培养，并定期检测细胞生长状况（生长速率、细胞团大小、颜色等），人参皂苷的含量变化随着时间的延长，细胞内皂苷含量下降，但培养液中皂苷含量增加，因此要及时回收液体培养基中的有效成分。

5. 在进行培养时，开始的 1～2 周细胞的干重和鲜重增加比较缓慢，第 3 周后，干、鲜组织的质量以及皂苷的含量均迅速增加，5 周时，组织出现衰老现象，即呈现黄褐色，因此要及时更换培养液。悬浮培养的继代周期为 21 天。同时应注意培养液中细胞团的密度，如密度太高，应及时补充培养液的量，以便细胞能在较长时间内保持旺盛的分裂能力。

六、原生质体培养

1. 以人参细胞培养物为原料，用于分离原生质体的酶液组成：纤维素酶 2%，果胶酶 0.7%，$CaCl_2$ 6.0mmol/L，KH_2PO_4 0.7mmol/L，甘露醇 0.6mol/L。酶液配好后用 0.45μm 微孔过滤灭菌后备用。

2. 将培养的人参培养细胞 2g 放入 5ml 酶液中，25℃黑暗条件下处理 5 小时后，用 100 目尼龙网过滤去掉大块组织碎片。滤液放入 5ml 离心管，在 1000rpm 条件下离心 3 分钟，将酶液用吸管吸掉，再用 0.6mmol/L 甘露醇将留在离心管底部的原生质体洗三遍。然后使原生质体重新悬浮于 3ml 0.6mol/L 蔗糖溶液中，再小心加入 2 ml 0.6mol/L 甘露醇（不要使两种溶液混合），在 1000rpm 条件下离心 10 分钟，取浮在两种溶液界面处的原生质体进行培养。

3. 用 67 – V – D 培养基进行人参原生质体培养。培养基成分：67 – V 无机盐，K8P 有机成分及维生素，2，4 – D 0.2mg/L，玉米素 0.5mg/L，6 – BA 0.5mg/L，NAA 1mg/L，椰子乳 2mL/L，蔗糖 2%，甘露醇 2，葡萄糖 11%。

4. 将洗涤后原生质体与 67 – V – D 培养基混合制成悬浮液，使其密度为 10^6 ~ 10^7个/毫升。取 1ml 原生质体悬浮液放入 25ml 培养瓶，25℃黑暗条件下浅层培养，3 天后加入 0.5ml 67 – V – D 培养基。以后每 3 天加入 0.1ml 去掉葡萄糖的 67 – V – D 培养基共 10 次。

5. 培养至 35 天，原生质体长成为数十细胞的团块。这时将这些小细胞团转移到装有 67 – V – E 培养基的培养皿中（67 – V – E 培养基成分：67 – V 无机盐，K8P 有机成分及维生素，2，4 – D 0.2mg/L，NAA 0.1mg/L，6 – BA 0.5mg/L，蔗糖 2%，琼脂 0.4%）。25 天后小细胞团长到 2~3mm 大小时转移到 67 – V 培养基上形成愈伤组织。

6. 当愈伤组织长至 0.5cm 大小时，转移到分化培养基上诱导分化。以 MS + 0.1mg/L NAA 十 0.5 mg/L KT + 3%蔗糖为分化培养基。培养 14 天后，可见愈伤组织表面产生大量白色突出，经进一步培养可以形成大量不定根。

第二节 甘 草

甘草（*Glycyrrhiza uralensis* Fisch）属豆科植物，是常用的中药材，此外，还广泛应用于化妆品、食品、烟草、制药等行业，使甘草身价倍增。近些年来，由于人们大量采挖甘草，甘草资源日趋枯竭。于林清等（1999）对甘草的组织培养及再生苗的形成作过一定的研究，主要有以下几方面。

一、无根苗分化途径

1. 精选籽粒饱满的甘草种子用流水冲洗后，置于 85% H_2SO_4 浸泡约 20 分钟，此时种皮上出现一些黑色斑点，再以流水冲洗种子数分钟去除酸液。

2. 将种子用无菌水冲洗数次后，接种于无激素的 1/2 MS 培养基中，25℃左右间歇人工光照，光强 1500 ~ 2000Lux，7 天长成无菌苗。

3. 取幼苗的下胚轴，接种于愈伤组织诱导的培养基中，培养基组成为：MS + 2，4 – D 1.2mg/L + 6 – BA 1.0mg/L + 3% 蔗糖 + 0.8% 琼脂。

4. 经过 1 ~ 2 次继代培养后，取组织致密、颗粒状、有绿色芽点的愈伤组织，转接到分化培养基中（MS + 6 – BA 0.8mg/L + KT 0.1mg/L + NAA 1.5mg/L + 3% 蔗糖 + 0.8% 琼脂），分化为无根苗，但分化率很低（3% ~ 6%），而以子叶或胚根为外植体培养的愈伤组织，其分化率几乎为 0。

5. 将已分化的无根苗转入生根培养基中，诱导生根。生根培养基的组成为：MS + NAA 0.1mg/L + 0.8% 琼脂。

二、腋芽丛状茎途径

1. 将无根的茎段，在成分为 MS + 6 – BA 0.8mg/L + NAA 1.2mg/L + 3% 蔗糖 + 0.8% 琼脂的培养基中诱导腋芽的形成。

2. 一个无根茎段经 30 天左右可形成 5 ~ 9 个丛状茎，再转入生根培养基中，15 ~ 20 天生根成苗，6 个月左右可繁殖 100 ~ 120 株幼苗，其移栽成活率为 50% 左右，可移栽成活植株 50 ~ 60 棵。

三、带叶茎段直接生根成苗

将材料剪成带 2 叶的单芽茎段，再转入简化生根培养基 MS_{NAO}，其主要成分是 MS + 13.5mg/L KH_2PO_4 + 3% 蔗糖 + 0.8% 琼脂。这个培养基不含有任何激素（植物生长调节剂），增加了磷和钾的含量，使甘草茎段生根速度快而健壮，而且生根率、种苗移栽成活率均较其他配方高。

四、田间移栽

弱光下开瓶，加 10% MS（不加琼脂）炼苗 3 天，然后移入育苗杯，弱光条件下生长 4 ~ 5 天，转入正常光线生长到 10 ~ 15cm 移入田间。

第三节 黄 芪

中药黄芪源于蒙古黄芪（*Astragalus membranaceus* (Fisch.) Bge. var. *mongholicus* (Bge.) Hsiao）、膜荚黄芪（*Astr. membranaceus var. membranaceus* (Fisch.) Bge.），为豆科多年生草本植物，根入药。具有健脾补中，升阳举陷，益卫固表，利水消肿，托毒生肌的功效。主治气虚乏力，食少便溏，中气下陷，久泻脱肛，便血崩漏，表虚自汗，气虚水肿，痈疽不敛，血虚萎黄，内热消渴等。

一、愈伤组织诱导与芽分化

(一) 消毒与接种

洗净种子,在无菌室内,漂白粉过饱和溶液上清液浸泡 15 分钟,无菌水冲洗 1～2 次,70%酒精浸泡 1～2 秒,无菌水冲洗 2～3 次,用 0.05% $HgCl_2$ 浸泡 5～7 分钟,无菌水冲洗 5～8 次,用消毒滤纸吸干表面水分,将种子接种入 MS 培养基。

(二) 诱导愈伤组织和芽分化

5 天后种子开始萌发,长成小苗。待小苗长至 1～1.5cm 高时,切取下胚轴和子叶,接种于 MS + 3.0mg/L ZEA + 1.0mg/L 2,4 - D + 500mg/L LH 培养基,培养温度为 24℃～28℃,光照强度为 2000Lux,光照时间每天为 10～12 小时。10～14 天后开始形成愈伤组织。愈伤组织初为白色,而后逐渐转为淡绿色或淡黄色。继续培养,愈伤组织分化形成芽。

二、增殖培养

待苗长到 2～3cm 时,将苗分成 2～3 株的丛苗,基部带愈伤组织,转接到培养基 MS + 3.0mg/L ZEA + 1.0mg/L 2,4 - D + 500mg/L LH 中,进行增殖培养。

三、生根培养及炼苗移栽

将长得健壮的苗分成单株,去除基部愈伤组织,接种于生根培养基 1/2 MS + 0.5 mg/L NAA 中,15 天后开始生根。待根达 1～2cm 时,打开瓶盖,置于室温下,炼苗 2～3 天后,取出小苗,洗去基部的培养基,移栽于腐殖土中,移入温室,保持湿度。温度可控制在 24℃～28℃,7～10 天后移栽。

第四节　当　归

当归 (*Angelica sinensis* (Oliv.) Diels) 为伞形科多年生草本植物,以根入药;具有补血活血,调经止痛,润肠通便的功效;主治血虚萎黄、眩晕心悸,月经不调,肠燥便秘,跌打损伤,风湿痹痛,痈疽疮疡等。

一、愈伤组织诱导与芽分化

(一) 消毒与接种

洗净种子,剥除翅,长流水冲泡 24 小时。在无菌室内,漂白粉过饱和溶液上清液浸泡 15 分钟,无菌水冲洗 1～2 次,70%酒精浸泡 1～2 秒,无菌水冲洗 2～3 次,用 0.05% $HgCl_2$ 浸泡 3～5 分钟,无菌水冲洗 5～8 次,用消毒滤纸吸干表面水分,将种子接种入 MS 培养基,培养温度为 22℃～24℃。

（二）诱导愈伤组织和芽分化

待种子萌发后，取胚根，接种入诱导愈伤组织培养基 H + 0.5 mg/L 2，4 – D 中暗培养，培养温度为 20℃ ~ 22℃。7 天后长出白色的愈伤组织，12 ~ 20 天内是愈伤组织形成的高峰。25 ~ 30 天后可将诱导产生的愈伤组织接入培养基 H + 2.0 mg/L 2，4 – D，进行愈伤组织继代培养。将愈伤组织转接到培养基 H + 2.0 mg/ LBA + 0.2 mg/L NAA 中，诱导愈伤组织分化形成绿芽。

二、增殖培养

待苗长到 5 ~ 6 cm 时，将苗分成 2 ~ 3 株的丛苗，基部带愈伤组织，转接到培养基 MS + 5.0 mg/L BA + 150 mg/L LH 中，进行增殖培养。培养温度为 18 ~ 20℃。

三、生根培养及炼苗移栽

将长得健壮的苗分成单株，去除基部愈伤组织接种于生根培养基 MS + 1.0 mg/L IAA + 300 mg/L LH 中，培养形成完整植株，生根率可达 90%。待根达 1 ~ 2cm 时，打开瓶盖，置于室温下，炼苗 2 ~ 3 天后，取出小苗，洗去基部的培养基，移栽于腐殖土中，移入温室，保持湿度。温度可控制在 18 ℃ ~ 22℃。

第五节　桔　梗

桔梗（*Platycodon grandiflorum*（Jacq.）A.DC.）为桔梗科桔梗属多年生草本植物，根入药，具有宣肺，散寒，祛痰，排脓的功效。桔梗的栽培时间为 3 年或 3 年以上；在栽培中，疏花疏果利于壮根。桔梗花冠蓝紫色，花枝长而挺拔，有较高的观赏价值，可同时作为鲜切花开发，一方面能降低种植成本，另一方面，减少营养消耗，促进根的生长。

以上胚轴作为外植体在培养基 MS + 2，4 – D 0.2mg/L 中诱导 30 ~ 35 天，可进一步分化成苗，形成试管植株。李晶等人的研究表明：以叶作为外植体在培养基 1/2 MS + BA 0.5mg/L + ZT 3mg/L + NAA 0.1mg/L + IBA 0.1mg/L 中诱导 45 ~ 60 天，形成试管植株。以茎段作为外植体在培养基 1/2 MS + BA 3mg/L + NAA 0.1mg/L 中诱导 60 ~ 75 天，形成试管植株。

一、愈伤组织诱导与芽分化

（一）消毒与接种

洗净种子，在无菌室内，漂白粉过饱和溶液上清液浸泡 15 分钟，无菌水冲洗 1 ~ 2 次，70%酒精浸泡 1 ~ 2 秒，无菌水冲洗 2 ~ 3 次，用 0.05%HgCl_2 浸泡 2 ~ 3 分钟，无菌水冲洗 5 ~ 8 次，用消毒滤纸吸干表面水分，将种子接种入 MS 培养基，10 ~ 15 天后，种子萌发，取其上胚轴作为外植体。

（二）诱导愈伤组织和芽分化

将上胚轴接种入诱导愈伤组织和芽分化培养基 MS + 0.2mg/L 2, 4 – D 中，接种 10 天后，上胚轴开始膨大，长出浅绿色的愈伤组织，20 天后，产生芽，并长出绿叶，长成无根丛苗，分化率可达 100%。在培养基 MS + BA 0.5mg/L + NAA 0.1mg/L 中，分化率为 87%。

二、增殖培养

待苗长到 5~6 cm 时，将苗分成 2~3 株的丛苗，基部带愈伤组织，转接到继代培养基 MS + BA 0.5mg/L + NAA 0.05mg/L 中，平均 20~25 天继代 1 次。培养基温度为 20℃~24℃，光照强度为 1000~1500 Lux。光照时间每天为 12~14 小时。

三、生根培养及炼苗移栽

将长得健壮的苗分成单株，去除基部愈伤组织接种于生根培养基 1/2 MS + NAA 0.5mg/L + IAA 0.1mg/L 中，10 天后开始长根，生根率达 100%，待根达 1~2cm 时，打开瓶盖，置于室温下，炼苗 2~3 天后，取出小苗，洗去基部的培养基，移栽于腐殖土中，移入温室，保持湿度。温度控制在 20℃~24℃，7 天后移栽，成活率可达 82%。

第六节 川 乌

川乌（*Aconitum carmichaeli* Debx.）为毛茛科多年生宿根直立草本植物，以块根入药。有大毒；具有祛风除湿，散寒止痛的功效。主治风寒湿痹，心腹冷痛，寒疝疼痛，跌打损伤等。外用可麻醉止痛。有研究表明，川乌组织培养研究不但保持了品种的优良性状，而且组织培养物的化合物含量接近亲本，为工业生产乌头碱创造了有利条件。

一、愈伤组织诱导与芽分化

（一）消毒与接种

洗净种子，在无菌室内，漂白粉过饱和溶液上清液浸泡 15 分钟，无菌水冲洗 1~2 次，70% 酒精浸泡 1~2 秒，无菌水冲洗 2~3 次，用 0.05% $HgCl_2$ 浸泡 3~5 分钟，无菌水冲洗 5~8 次，用消毒滤纸吸干表面水分，将种子接种入 MS + 1 mg/L 2, 4 – D + 1 mg/L BA 培养基。

（二）诱导愈伤组织和芽分化

种子萌发，长成小苗。取顶芽，接种于 MS + 5 mg/L BA + 0.5 mg/L NAA 培养基，可得多数不定芽，继续培养，生长为丛苗。

有研究表明，摘取开花前 5~7 天的花蕾，将花药接种入培养基 MS + 2, 4 – D 2~4 mg/L + KT 1mg/L，可诱导愈伤组织形成。培养基不含 2, 4 – D 时，不形成愈伤组织，2, 4 – D 浓度为 2～4mg/L 时最多，超过 4mg/L 时诱导频率大为降低。在 2，4－D 浓度不变，培养基中加入 1mg/L KT 时，诱导效果比不加 KT 时更好，当 KT 浓度增至 2mg/L 时，诱导效果未见提高。

二、增殖培养

待苗长到 5～6cm 时，将苗分成 2～3 株的丛苗，基部带愈伤组织，转接到培养基 MS＋5mg/L BA ＋0.5mg/L NAA 中，进行增殖培养。培养温度为 20℃～26℃，光照强度为 1000～1500Lux，光照时间每天为 8～10 小时。

三、生根培养及炼苗移栽

将长得健壮的苗分成单株，去除基部愈伤组织，接种于生根培养基 1/2 MS＋1mg/L NAA＋5％蔗糖中，生根率达 70％。待根达 1～2cm 时，打开瓶盖，置于室温下，炼苗 2～3 天后，取出小苗，洗去基部的培养基，移栽于腐殖土中，移入温室，保持湿度。温度可控制在 20℃～26℃，7～10 天后移栽，成活率可达 80％。

第七节　贝　　母

以百合科植物川贝母（*Fritillaria cirrhosa* D.Don）、暗紫贝母（*Fr. unibracteata* Hsiao et K. C.Hsiao）、甘肃贝母（*Fr. przewalskii* Maxim.）或梭砂贝母（*Fr. delavayi* Franch.）的鳞茎入药。前三者按药材性状不同分别习称"松贝"和"青贝"，后者习称"炉贝"。同属植物浙贝母（*Fritillaria thunbergii* Miq.）的鳞茎也入药。贝母性微寒，味苦、甘。具有清热化痰，润肺止咳，散结消肿的功效。主治虚痨久咳，肺热燥咳，瘰疬，乳痈，肺痈等。

贝母作为重要的名贵中药材之一，经济价值较大。用种子进行繁殖，不仅困难，而且周期长；用鳞茎繁殖的不足之处是繁殖系数低，而且种量大。用组织培养进行快速繁殖，有较大的实用性。

一、愈伤组织诱导与芽分化

洗净鳞茎，在无菌室内于漂白粉过饱和溶液上清液中浸泡 15 分钟，无菌水冲洗 1～2 次，70％酒精浸泡 1～2 秒，无菌水冲洗 2～3 次，用 0.1％ $HgCl_2$ 浸泡 5～8 分钟，无菌水冲洗 5～8 次，用消毒滤纸吸干表面水分。将鳞茎切成 0.5cm 左右的小块，接种入诱导培养基 MS＋NAA 0.5～1.0 mg/L ＋2，4－D 0.1～1.0 mg/L ＋BA 0.1～0.5 mg/L ＋4％蔗糖，培养温度 15℃～22℃，光照强度为 1000～1500 Lux，光照时间每天为 12～14 小时。接种后 15 天开始形成愈伤组织，也有直接形成小瘤状，或叶状体。

将愈伤组织及时转入培养基 MS＋NAA 0.5 mg/L ＋BA 13 mg/L ＋4％蔗糖中，或 MS＋NAA 0.5 mg/L ＋BA 2～4 mg/L＋KT 1～2 mg/L＋4％蔗糖。25～30 天后长出许多簇状的丛芽，有的形成细小的鳞茎，有的长出根。

二、增殖培养

培养 20 ~ 25 天后,切下基部带愈伤组织的芽丛,3 ~ 4 个芽为一丛,转入增殖培养基 MS + NAA 0.5mg/L + BA 13mg/L + 4%蔗糖中,或 MS + NAA 0.5mg/L + BA 2 ~ 4mg/L + KT 1 ~ 2 mg/L + 4%蔗糖中增殖。

三、生根培养与炼苗移栽

将健壮的无根丛苗分株,在基部切成创口后接种于生根培养基 1/2 MS + 0.5 ~ 1.0mg/L NAA + 0.5 ~ 1.0 mg/L KT,培养温度为 18℃ ~ 22℃,光照强度为 1000 ~ 1500Lux,光照时间每天为 12 ~ 14 小时。再生植株经过炼苗,移栽于腐殖土中。注意保湿,避免阳光直射。

第八节 半 夏

半夏为天南星科多年生草本植物半夏(*Pinellia ternate* (Thunb.) Breit.),以块茎入药。半夏是一种常用的中药材。具有润燥化痰,降逆止呕,消痞散结之功,近年来,又有半夏抗肿瘤、抗旱孕的报道。半夏块茎富含淀粉(75%左右),其他主要成分还有 β-谷甾醇-D-葡萄糖苷、黑尿酸、半夏蛋白、鞣质、生物碱、原儿茶醛、多种氨基酸及 18 种微量元素。半夏的组织培养始于 20 世纪 80 年代。迄今为止,已有大量报道,并有了不少成功的经验。

任家惠等(1983)在国内最早进行了半夏组织培养的研究工作,并运用叶片和叶柄作为外植体,经 2 个月的时间,由愈伤组织得到大量完整的植株;与此同时,日本 Shoyama (1983)通过块茎培养,也获得了成功;朱鹏飞等(1985)则把外植体的范围扩大到了珠芽;何奕昆等(1994、1997)在研究了半夏离体培养中小块茎的形态发生特点之后,用它制作了人工种子,实现了半夏的茎尖培养,并利用半夏原生质体再生出植株。宋佩伦(1989)、夏海武(1994)、曾令波等(1995)也分别研究了半夏组织培养过程中各激素的种类、浓度不同对愈伤组织的诱导及对其分化的影响。

一、珠芽和块茎培养

1. 取半夏珠芽和块茎用水洗净,块茎剥去外皮,然后用 75%酒精浸泡 0.5 ~ 1 分钟,再用 2%次氯酸钠水溶液消毒 15 分钟,或者用 0.1%氯化汞水溶液消毒 10 分钟,然后在无菌条件下用无菌水冲洗。

2. 无菌条件下将珠芽和块茎切为 0.5 ~ 1 cm³ 的小块,接种在 MS + BA 1.0 ~ 3.0 mg/L + 蔗糖 3% + 琼脂 0.55%培养基上,pH 值为 5.8 ~ 6.2。培养温度为 26℃ ± 2℃,8 ~ 10 小时/天 (1000 ~ 2000Lux)。

3. 7 天后,基部膨大,2 周左右转绿,并在致密肉质状膨大的愈伤组织表面,出现淡绿色球形突起,顶端陆续长出绿色小芽,诱导率为 100%;3 周后每块外植体上可长出 7 ~ 10 个小芽,基部根系粗壮,长达 5 cm 以上,1 个月后,不需要转移培养基,最多的一块外植体可长出 30 株左右的小苗，叶柄长 2~3 cm，具 3 片叶以上，无珠芽，植株生长健壮，5cm 以上时，移栽于大田中，成活率较高，为 85% 以上。

4. 珠芽和块茎切块在 MS + NAA 0.2 mg/L + 6 – BA1 mg/L 和 MS + GA_3 0.1mg/L + 6 – BA 2 mg/L + NAA 0.2mg/L 培养基上培养，6 天后生长膨大，2 周左右渐转绿色，形成致密肉质状膨大的愈伤组织。珠芽和块茎的愈伤组织经继续培养，3 周后，表面出现淡绿色球形突起，其顶端逐渐长出绿色芽，并伸展出单叶，叶柄上无肉眼可见的珠芽。经 2 个月左右，一块外植体上可长出 3~7 个叶片，基部根系粗壮，长达 10 余厘米。在 MS 培养基上，白色外植体逐渐膨大，中间出现绿色芽点，继之形成绿芽最后成苗（朱鹏飞等，1985）。若将块茎切片接种在附加不同浓度的 2，4 – D、ZEA、6 – BA 及 NAA 的 MS、H、N_6 及改良 White 培养基中，经培养，MS 诱导率最高，30 天达 74.19%；其次为改良 White 和 H 培养基，分别为 63.33% 和 41.38%；最低是 N_6 培养基，诱导率为 28.13%。另外，在激素组合为 2，4 – D 0.5~4 mg/L + ZEA0.1 mg/L 范围内均能诱导出愈伤组织，以 2，4 – D 1.5 mg/L + ZEA0.1 mg/L 为最好，诱导率达 73.91%。所产生的愈伤组织在 MS + 6 – BA 2 mg/L + NAA 0.1 mg/L 培养基上，培养 2 周左右愈伤组织由淡黄色变为淡绿色，一部分在愈伤组织的下方产生许多细根，继续培养，颜色由淡绿色变为深绿色，1 个月左右发育成具叶的小苗。出苗方式有两种：一种是直接从愈伤组织分化出小苗，另一种是由愈伤组织逐渐形成直径 1~3 mm、形如珠芽的块茎，然后从小块茎上长出苗（苏新，1989）。Shoyama Y（1983）等将块茎在 MS + 2，4 – D 0.5 mg/L + KT 培养基上所产生的愈伤组织转入 MS + 2，4 – D 0.5 mg/L + KT 1 mg/L 培养基中进行分化培养，3 个月后，每块组织切片大约可获得 11 个再生植株，对再生能力作了测定，理论上用这一无性繁殖技术，在 1 年中可获得 4×10^{23} 株植物。覃章铎等（1985）将块茎在 MS + 2，4 – D 0.1~0.5 mg/L 培养基上所产生的愈伤组织转入 MS + NAA 0.1~0.5 mg/L + 6 – BA 0.2~2 mg/L 的分化培养基上，产生小苗或原球茎，若将其分割转接到 MS + NAA 0.01~0.05 mg/L + 6 – BA 0.1~0.5 mg/L 的培养基上，1 个月左右可长成 5~10 cm 高、根系完整的试管苗，平均每支试管可得到 6.3~7.9 个苗，还有 6.1~7.2 个原球茎。1 个直径 1 cm 的球茎，理论上可繁殖 1×10^{17} 以上的试管苗。

5. 再生植株的形成（非愈伤组织途径）：块茎、珠芽的切块在 MS_0、MS + NAA 0.2 mg/L + 6 – BA 2.0 mg/L 的 MS_1 和 MS + NAA 0.2 mg/L + GA_3 1.0 mg/L 的 MS_2 三种培养基上经 2~3 周可生长很多圆形粒体物，但大小、颜色不一致；它们逐渐长大形成绿色块状组织，并从中分化出 2~10 个幼芽和根，该过程无明显的脱分化现象。叶片、叶柄的切块在 MS_0 中未获得试管植株，而在 MS_1、MS_2 中，经 2~4 周可分化出根和芽，并逐渐形成苗。不论以田间材料为外植体还是试管植株切割后继代培养，均以 MS_1 能获得较多的带绿芽的小苗。而加入 GA_3 1.0 mg/L 后，则每块培养物分化出的绿芽数和叶片数减少，说明 GA_3 对绿芽及叶片的形成有抑制作用（李光胜等，1992）。

接种在附加不同激素组合的 MS 培养基的块茎切片，3 周后，切片逐渐增殖，形成绿色块，并在组织块表面形成少数原球茎或胚体，或发芽、生根，或组织块肥大，原球茎增殖。4 周培养后的结果表明，MS + 2，4 – D 0.25 mg/L 增殖最好，约增殖 190 倍，将组织块切成 $8mm^3$ 的大小，接入附加不同激素的 MS 琼脂增养基中培养，培养 12 周的调查结果表明，在

MS + 2，4 - D 0.5 ~ 1.0 mg/L + KT 0.5 ~ 2 mg/L 培养基中，每块切片平均分化 14.6 块，按本法计算理论上每块切片可生长出无菌繁殖苗 4×10^{23} 株（西冈五夫等，1988）。

二、叶片和叶柄培养

1. 无菌条件下将叶片切为 1 cm^2 见方小块，叶柄切成 1 cm 小段，其他培养条件同前。

2. 在附加 IAA 0.5 mg/L + GA_3 0.3 mg/L 的 MS 培养基上暗培养 14 天后，约 40.8% 的外植体四周膨大增厚，1 个月左右出现浅绿色愈伤组织，有的愈伤块上长出淡绿色芽状物，同时有 2 ~ 3 cm 长的细根；2 个月后，每块愈伤组织长出 5 ~ 7 株小苗。外植体诱导率为 41% 左右，成苗率 87%。

3. 接种到附加不同激素组合的 B_5、MS 等四种培养基中的叶柄、叶片，经 7 天培养后，外植体膨大，逐渐产生愈伤组织，颜色由乳白色变为绿色。其中，B_5 + NAA 0.2 mg/L + KT 0.5 mg/L + 2，4 - D 0.5 mg/L 和 B5 + NAA 0.2 mg/L + 6 - BA 0.2 mg/L 的叶柄愈伤组织诱导率较高，分别为 97.8% 和 97%。以原培养基对愈伤组织继续培养，当愈伤组织转绿时，分化达到高峰期，根和芽很快形成，经 2 个月的时间，形成大量的完整植株。其中 MS + NAA 0.2 mg/L + 2，4 - D 0.5 mg/L 培养基的叶柄、叶片愈伤组织分化率最高，分别为 8.1% 和 5.7%（任家惠等，1983）。幼嫩叶在 MS（或 B_5）+ 2，4 - D 0.2 mg/L + NAA 0.2 mg/L + KT 0.5 mg/L 培养基中，经 6 天培养，叶块开始膨大，10 天产生愈伤组织。对愈伤组织继续培养，30 天左右愈伤组织出现绿点，接着分化出幼苗，2 个月左右试管内形成 3 ~ 4cm 高的完整植株（杜承忠等，1988）。若将叶片、叶柄及根接种在 MS + 2，4 - D 0.5 mg/L、MS + 2，4 - D 1 mg/L、MS + 2，4 - D 0.5 mg/L + KT 1 mg/L 和 MS + 2，4 - D 1 mg/L + KT 0.5 mg/L 培养基中诱导愈伤组织，结果以叶片作材料为好，在培养基中很快形成愈伤组织（韩献忠，1989）。韩献忠认为 MS + 2，4 - D 0.5 mg/L + KT 1 mg/L 培养基对愈伤组织的分化成苗，效果最好，形成的苗最多。若用 IAA 代替 2，4 - D 可使成苗提早 1 个月左右，虽成苗数减少，但每瓶约 30 株苗对移栽是合适的。宋佩伦（1989）的试验表明：通过对三种培养基诱导叶柄、叶片形成愈伤组织的情况来看，2，4 - D 对愈伤组织的形成有促进作用。在 MS + NAA 0.2 mg/L + 2，4 - D 0.5 mg/L 培养基中只需 5 天即形成愈伤组织，13 天时愈伤组织的诱导率已达最高。而 MS + NAA 0.2 mg/L + 6 - BA 2 mg/L 和 MS + NAA 0.02 mg/L + 6 - BA 0.5 mg/L 次之。若将叶片接种在 MS + NAA 0.5 ~ 2 mg/L + KT 0.5 ~ 2 mg/L 中培养，结果发现 NAA 0.5 ~ 1 mg/L 不利于愈伤组织的形成，但 NAA 2 mg/L 刺激愈伤组织的形成。叶片在 MS + 2，4 - D 0.25 ~ 5 mg/L + KT 0.5 ~ 2.0 mg/L 中培养，愈伤组织的形成均良好，提高 2，4 - D 的浓度，促进愈伤组织的形成。将 MS + 2，4 - D 2mg/L + KT 1 mg/L 诱导的叶愈伤组织转入 MS + NAA 1 mg/L 中进行分化培养，结果每块愈伤组织形成 50.7 个小植物。愈伤组织经低温（4℃）处理，可提高愈伤组织的繁殖能力，而 0℃ 处理，20 周以后愈伤组织的繁殖再生和增殖能力降少，最后消失（Hatano K et al.，1986）。叶片切块在 MS_0（无激素）培养基上 2 周内逐渐变白色而枯萎。在 MS + NAA 0.2 mg/L + 6 - BA 1 mg/L 和 MS + GA_3·0.1 mg/L + 6 - BA 2 mg/L + NAA 0.2 mg/L 培养基上长期保持绿色，2 周后显著膨大增厚，形成愈伤组织。将 MS + NAA 0.2 mg/L + 6 - BA 1 mg/L 和 MS + GA_3 0.1 mg/L + 6 - BA 2.0 mg/L + NAA 0.2 mg/L 培养基上诱导的叶片愈伤组织，培养 4 周后，上面生出淡绿色芽状物，下面长出 2 ~ 3 mm 的细根。10 周后在绿色愈伤组织上，长出绿色心叶，其茎部有根数条。在不含有 NAA 的 MS + GA_3 0.1 mg/L + 6 - BA 1.0 mg/L 培养基上，叶片的切块也可以分化出根和芽，形成完整植株（朱鹏飞等，1985）。

三、原生质体培养

1. 按常规方法从三叶半夏叶片中分离制备叶肉原生质体。

2. 将大量具活力的叶肉原生质体，培养在无机盐、激素、蔗糖浓度不同的液体和固体双层培养基中（培养基为 1/4 MS + 2，4 - D 1mg/L + KT 0.5mg/L 和 1/2 MS + 2，4 - D 0.1mg/L + KT 0.1mg/L）。4 ~ 7 天内原生质体出现第一次分裂，分裂频率为 3% ~ 8%，3 周后形成 80 ~ 100 个细胞的细胞团，转入液体培养基 1/2 MS + 2，4 - D 0.5mg/L 中振荡培养，1 个月后将形成直径 1 ~ 2mm 的白色愈伤组织。

3. 把直径 2mm 的愈伤组织转移到分化培养基 B_5 + KT 1mg/L + IBA 0.5mg/L 上诱导分化，开始 2 ~ 3 周内愈伤组织很快地增殖、生长，到愈伤组织直径增殖长大到 6 ~ 10mm 后，表面形成绿色的瘤状突起，然后进一步分化出很多绿芽和小苗，再经 1 个月后再生的具根的植株长到 6 ~ 10cm 高，完成从原生质体到再生植株的全过程。另外，胚胎学观察表明，从半夏原生质体再生植株的分化途径有两条。①器官发生途径：在分化培养过程中，随着愈伤组织的增殖，组织块内部发生组织分化，形成芽原基，然后从愈伤组织表面分化出芽，同时产生大量不定根。②胚状体发生途径：随着愈伤组织的增殖，表面出现很多绿色的结节状小颗粒，继续发育，经球形胚状体、心形胚状体、鱼雷形胚状体直到子叶形胚状体，进一步在上端出芽下端生根，从愈伤组织块上脱落下来，长成一棵小植株。

四、人工种子制备

从愈伤组织表面剥取直径 2 ~ 3mm 的小块茎，用 1/2 MS 或蒸馏水配制海藻酸钠（4%，W/V），添加不同组合的生长调节物，湿热高温灭菌后，用口径 3 ~ 5mm 的滴管将包有小块茎的半凝胶态海藻酸钠溶液滴到氯化钙溶液（0.1mol/L）中浸泡 20 分钟左右，将固化的小球（人工种子）用无菌水冲洗 5 次，备用。

2. 脱水处理：将人工种子放进 100ml 的无菌三角瓶（底部垫 3 层滤纸），瓶口用 2 层牛皮纸封闭，置于干燥器中干燥。于不同时间计算失水量和萌发实验。

3. 低温贮藏：选择干燥到一定程度的人工种子，与对照同时分别放入小培养皿，用 Parafilm 密封，放入 4℃的冰箱，黑暗中贮藏。于不同时间后取出测定萌发。

4. 萌发实验：一组在无菌固体培养基（用蒸馏水加 0.8%琼脂凝固）上进行，另一组在装有营养泥炭土的营养钵内（未灭菌）进行。温度为 25℃ ~ 27℃，光强 1000Lux，光照 12 小时。

5. 结果表明在无菌培养基上的萌芽率可达 70%，在未灭菌泥土中约有 30%，人工种皮内添加营养元素和激素可以提高萌芽率，但激素的作用更大一些。由于人工种皮内含激素和大量水分，在常温下（15℃ ~ 30℃）容易萌发，给贮藏带来了困难，因此，适当脱水处理有利于人工种子贮藏。从组织学上看,直径 2～3mm 的小块茎已经有芽、根原基,具备萌发成完整植株的能力。由于小块茎内贮藏着丰富的营养物质,制作人工种子时,不必添加营养物质,这对大田生产是很有利的。

<h1 style="text-align:center">第九节 百 合</h1>

以百合科植物百合(*Lilium brownii* F. E. Brown var. *viridulum* Baker)、卷丹(*L. lancifolium* Thunb.)、细叶百合(*L. pumilum* DC.)的肉质鳞片入药。味甘、微苦,性平,归心、肺经。有养阴润肺,清心安神之功。主治阴虚久咳,痰中带血和热病后期,余热未清或情志不遂所致的虚烦惊悸,失眠多梦,精神恍惚,痈肿、湿疮。现代药理研究表明百合有镇咳、平喘、祛痰、抗应激性损伤和镇静催眠的作用,对免疫功能的提高亦有一定作用。

百合的繁殖分有性繁殖和无性繁殖两种,目前生产主要用无性繁殖,常用方法有鳞片繁殖、小鳞茎繁殖和珠芽繁殖等。传统生产方式繁殖率低,种质易退化,种植周期长,且易受病害如立枯病、腐烂病和虫害的侵袭。利用组织培养的方法既可为规模化种植提供种源,又可为百合的脱毒培养及新品种的培育奠定基础。

一、愈伤组织诱导与芽分化

洗净鳞片,在无菌室内于漂白粉的过饱和溶液上清液中浸泡 15 分钟,无菌水冲洗 1～2 次,70% 酒精浸泡 1～2 秒,无菌水冲洗 2～3 次,用 0.1% $HgCl_2$ 浸泡 5～8 分钟,无菌水冲洗 5～8 次,用消毒滤纸吸干表面水分。将鳞片接种入诱导培养基 MS + 0.5～1.0mg/L NAA + 0.1～0.5mg/L BA + 4% 蔗糖,培养温度为 20℃～24℃,光照强度为 1000～1500Lux,光照时间为每天 12～14 小时。接种后 10 天鳞片基部开始形成黄绿色的愈伤组织,继而生出丛芽。

二、增殖培养

培养 15～20 天后,切下基部带愈伤组织的丛芽,3～4 个芽为一丛,转入增殖培养基 MS + 0.1～0.5mg/L NAA + 1.0～2.0mg/L BA + 4% 蔗糖中增殖。每 25～30 天继代 1 次,继代时切除叶片,仅留基部带愈伤组织的丛芽。

三、生根培养与炼苗移栽

将健壮的无根丛苗分株,在基部切成创口后接种于生根培养基 1/2 MS + NAA 1.0mg/L,培养温度为 20℃～24℃,光照强度为 1000～1500Lux,光照时间每天为 12～14 小时。培养 10～12 天后开始生根,待根长达 1～2cm 时取出苗种,洗净基部的培养基,移栽于腐殖土中。炼苗时主要注意保湿,避免阳光直射,这样可提高成活率。

四、鳞茎培养

百合可药食兼用,经济价值较高。但是百合种植周期长,占地时间长,土地运转周期慢，种植成本高，这些都是百合生产中普遍存在的问题。利用组织培养的方法，诱导形成鳞茎，并加速鳞茎生长，在理论上能缩短百合种植周期，生根鳞茎苗可不经炼苗而直接移栽。一方面降低种植成本，为规模化种植提供种源；另一方面可为鳞茎脱毒培养、新品种培育等研究奠定基础。

培养基 MS + 0.5 ~ 1.0mg/L NAA + 0.1 ~ 0.5mg/L BA + 4%蔗糖能诱导鳞片产生芽丛；培养基 MS + 0.2 ~ 0.5mg/L NAA + 5 ~ 10mg/L KT + 9%蔗糖 + 0.5%活性炭能使鳞茎增殖；培养基 1/2 MS + 1.0mg/L NAA 能使鳞茎快速生根。最后获得生根鳞茎种苗，可直接移栽大田。

第十节　黄　连

黄连（*Coptis chinensis* Franch.）是毛茛科的一种重要的常用中药，具有清热燥湿，泻火解毒之功效。有关黄连组织培养方面的研究工作主要有胡之璧等（1988）、颜谦等（1997）的研究，主要有以下方面。

一、愈伤组织的诱导

1. 分别取黄连的根、根茎、嫩叶、叶柄、花梗等部位作为外植体，用自来水冲洗干净，于肥皂水中浸泡5分钟，再用0.1%的升汞溶液中浸泡5 ~ 15分钟。

2. 用无菌水冲洗5次后切成0.5cm见方的小块，接种于培养基中，培养基成分为：67 - V基本培养基附加2，4 - D 0.5mg/L、IAA 1.0mg/L、KT 2.0mg/L，含蔗糖30g/L、琼脂0.75%。培养温度25℃ ± 1℃，暗培养。嫩叶和叶柄为外植体的诱导率低，而花梗作为外植体的诱导率较高，且质量好，生长迅速。继代培养每月转接1次。

二、再生植株的形成

1. 以黄连叶片为外植体，在 MS + 2，4 - D 1mg/L 的基本培养基上培养，诱导出愈伤组织。

2. 将愈伤组织转入分化培养基 MS + 6 - BA 0.5mg/L + NAA 1mg/L 中培养，能诱导大量胚状体。胚状体经过球形、心形、鱼雷形和子叶期等诸阶段发育为小植株。

3. 将体胚分别继代培养在 MS + 6 - BA 1mg/L + NAA 0.2mg/L 或 MS + 2，4 - D 0.5mg/L + NAA 0.1mg/L 的培养基中培养。

4. 将一些具有子叶、发育正常的体胚转入 MS + IBA 0.5mg/L + GA_3 0.5mg/L 的培养基中进行光照培养，2周后体胚即变绿，并进一步发育成具芽及根的小植株。

三、细胞悬浮培养

液体悬浮培养基仍以 67 - V 为基本培养基。选择较松散的愈伤组织作接种培养材料。接种后置于恒温振荡器上进行悬浮培养，培养温度为23℃ ± 1℃，转速100 ~ 120rpm。当培养20天左右，细胞分散度大的可用于平板培养；细胞分散度小的再转入液体悬浮培养。

四、平板培养

用消毒后的 $300\mu m$ 孔径的尼龙网滤取细胞悬浮培养液，检测和调整细胞密度为 4×10^4 个/毫升左右（含聚集体细胞）。平板培养基含 2.5mg/L NAA、0.1mg/L KT、6.0mg/L L – 酪氨酸和 0.8%琼脂粉。当培养基加热溶解后冷至 35℃时，加入细胞悬浮液量为固体培养基的 30%左右，并迅速混合，倒入直径 7.5cm 的培养皿中。每个培养皿加入混合液 10ml 左右，荡平，加盖，外加一套直径 95cm 的培养皿，皿底放一张消毒后的滤纸，加无菌水浸湿，再用医用胶布密封。置于 23℃ ± 1℃的培养箱内进行暗培养。培养到 25 天左右，可观察到部分小的细胞团；培养到 55 天左右，有的细胞团可长到直径 0.2 ~ 0.5cm。在悬浮培养过程中，细胞分散度大的悬浮液可直接接种到固体培养基上。

五、黄连组织培养中培养物的小檗碱含量测定

（一）细胞株系的筛选和小檗碱含量的测定

当平板培养长出的细胞团直径达 0.2 ~ 0.5cm 时，选择色泽较黄和生长速度较快的细胞团块，但避免选择过大的细胞团块，它可能不一定来源于单一细胞。选择出的细胞株经 2 ~ 3 次继代繁殖后，扩大细胞株的"种子"量，部分供检测小檗碱用。入选的细胞株经继代繁殖后，再用于液体悬浮培养，按上述方法反复筛选 2 ~ 3 次。小檗碱含量采用硅胶薄层层析扫描测定。即取部分细胞株系培养物在 60℃ ± 1℃烘干、称重、甲醇回流提取、定容；薄层层析用青岛海洋化工厂生产的硅胶 G 和 0.4% CMC – N 溶液调制，PBQ – Ⅱ型薄层自动铺板器铺板，板厚 0.2mm，晾干后置于 105℃活化 1.5 ~ 2.0 小时，用微量点样器点样，采用外标两点法。小檗碱标样由贵阳制药厂提供。展开剂为正丁醇:冰醋酸:水（7:1:2）。再用日本岛津 CS – 920 高速薄层扫描仪测定，λmax = 342nm。

（二）愈伤组织中小檗碱含量的测定

取继代 5 代的黄连愈伤组织 2g，加少量 10%氢氧化铵溶液研磨成糊状，用氯仿萃取，回收氯仿，残渣做以下分析。

1. TLC 法

取上述残渣少许，用乙醇溶解，与标准小檗碱及药根碱同作薄层分析。展开剂为乙酸乙酯 – 乙醇 – 醋酸（8:2:1），正丁醇 – 醋酸 – 水（7:1:2）。在 UV365nm 下观察，再用改良碘化铋钾试剂显色。

2. HPLC 法

用 Waters501 泵，柱为 Radial – Pak，μ – Bondpark C（8mm 10cm），UV 检测，λ340nm。流动相为乙腈 – 水（55:45）– 3mmol/L 十二烷基硫酸钠 – 1%醋酸。流速 1.5ml/min。

第十一节　巴　戟　天

巴戟天（*Morinda officinalis* How）是茜草科植物，著名南药之一，其肉质根具补肾壮阳、强筋骨、祛风湿之功效，医疗保健需求量较大并能出口创汇。目前生产上主要以藤蔓扦插繁殖，但成活率不高并易感染真菌性茎基腐烂病。

贺红（2000）、邓沛峰（1991）、吴昭平（1985）报道以顶芽、腋芽、带节茎为外植体诱导出完整植株。

1. 取顶芽、腋芽，用 70% 酒精消毒 30 秒，0.1% 升汞浸泡 10 分钟，无菌水冲洗 5 次。

2. 顶芽、腋芽和茎段切成 0.5cm 的小段，接种在 MS + NAA0.5mg/L + BA6.0mg/L + GA_3 1.0mg/L + 3% 蔗糖的培养基上，于 25℃ 光照 10 小时条件下培养。

3. 外植体接种 1 周左右，开始变绿膨大，2 周后可分化出丛生的不定芽。

4. 将 2cm 长的不定芽转入生根培养基 1/2MS + IAA0.2mg/L + NAA0.4mg/L + 1% 蔗糖中，培养 1 个月左右开始形成根，获得完整植株。

5. 将已生根的健壮的试管苗，揭开瓶塞，让幼苗在自然光下或培养室光照下锻炼 2 天，然后取出转入已消毒的细沙中沙培炼苗，待生长稳定，长出新叶后即可移栽盆植，约 1～2 个月后即可移栽至露天土地种植。

第十二节　何　首　乌

何首乌（*Polygonum multiflorum* Thunb.）为蓼科植物，是一味著名的常用传统中药，为广东十大道地药材之一。药用块根，具有补肝肾，益精血，乌须发，强筋骨等功效。主治血虚萎黄，眩晕耳鸣，须发早白，腰膝酸软，肢体麻木，崩漏带下，久病体虚，高脂血症。何首乌的化学成分主要有蒽醌类化合物、卵磷脂以及微量元素等。

杜勤（1997）、于荣敏（1995）、衷维纲（1987）、施和平（1998）用何首乌的茎段、叶等诱导出愈伤组织、完整植株、毛状根等。

一、试管苗的研制

1. 取何首乌幼嫩茎、叶，自来水冲洗干净，用滤纸吸干表面水分，再用 70% 酒精漂洗 0.5 分钟，然后用 1‰ $HgCl_2$ 浸泡 10 分钟，无菌水冲洗 5 次，无菌滤纸吸干表面水分。

2. 叶片切成 1cm × 1cm 的小块；茎切成 1cm 长的小段，接种到培养基 MS + 2, 4 – D 1mg/L + 6 – BA1mg/L + IBA0.5mg/L 上，在黑暗条件下进行培养，3 天后改为光照培养。

3. 外植体接种 1 周后，叶表面、茎切段两端开始膨大，至 3 周时，叶表面产生分散的愈伤组织，质地疏松，茎段两端产生块状的愈伤组织，质地致密，其颜色均为淡黄白色。

4. 愈伤组织转移到新鲜培养基上，到第 12 天时，愈伤组织增长率达最大，此时愈伤组织生长最快，质地疏松。

5. 愈伤组织接种在 MS + 2, 4 – D1mg/L + 6 – BA0.5mg/L 的培养基上，颜色逐渐变绿，质地变得较致密；培养至第 3 周，开始有芽出现，再培养 1 周，芽伸展成 2cm 长的枝条，上有小叶 1~2 枚，颜色翠绿，生长健康。切取枝条移入 MS + IBA0.5mg/L + 1% 活性炭的生根培养基，光照培养 3 周，茎基部出现白色细根，至培养 1 个月时，根长约 10cm，并有侧根数条。将带根的完整植株移栽到土壤里，3 周后生出 3~4 片叶子，植株高 5cm 左右，形成完整植株。

二、毛状根的诱导及成分分析

1. 细菌培养

取发根农杆菌 Ri15834 菌株，接种到 YEB 固体培养基中活化，然后转移至 YEB 液体培养基中振荡培养，使处于指数生长期，用于转化何首乌。

2. 外植体制备

取何首乌茎、叶，在 75% 乙醇中浸泡 0.5 分钟，再用 1‰ 升汞消毒 15 分钟。无菌水冲洗干净后，茎切成 1cm 长的小段，叶切成 1cm × 1cm 的小块，接种于无激素的 MS_0 培养基上预培养 48 小时后用于转化。

3. 毛状根的诱导

将上述外植体浸入用 MS 培养液稀释 1 倍的农杆菌菌液中 10 分钟，取出，吸干多余液体，置 MS_0 培养基上培养 2 天后取出，转入含 500mg/L 羧苄氨基青霉素的 MS 培养基中，21℃暗培养。

发根农杆菌感染何首乌茎、叶外植体 1 周后，外植体茎节处及叶片边缘叶脉处出现毛状根，毛状根分枝多，密被白色根毛。

用何首乌的毛状根制作永久切片，进行观察，发现毛状根具有双子叶植物根初生构造特点：表皮细胞一层，排列紧密，有的表皮细胞特化为根毛；皮层细胞 4~5 层，排列疏松，内皮层细胞排列紧密，有明显的细胞壁加厚形成的凯氏带；初生木质部星角状，四原型，与韧皮部相间排列。

4. 毛状根的培养

何首乌毛状根在无激素的 MS 固体培养基中能自主生长，大部分紧贴培养基向上生长，生长快速，具有典型的毛状根特征；在液体振荡培养基中根毛明显减少，根表面颜色微有加深。将长度超过 3cm 的毛状根转移到 MS_0 固体培养基中继代培养，以后每 21 天继代 1 次，得到生长迅速的毛状根体系。收获毛状根，阴干。

5. 毛状根中有效成分的含量测定

在何首乌毛状根中含有与原药材相同的蒽醌类成分（大黄酚和大黄素）和磷脂类成分，说明毛状根能够合成与原亲本植物相同的次生代谢产物，但其含量均低于原药材，大黄酚约为原药材的 1/3.3，大黄素约为 1/4.5，磷脂约为 1/1.7。这可能与毛状根来源于何首乌茎、叶外植体，而茎、叶中此成分含量原本就比较低的缘故。另外何首乌毛状根培养时间只有 1个多月，而何首乌块根需生长多年才能供药用，因而其有效成分的含量有所差异。

研究还发现，在营养充足的条件下适时延长毛状根培养时间，在毛状根某些部位上能产生膨大，其表皮颜色明显加深，与何首乌块根的形状非常相似。

第十三节 金 铁 锁

金铁锁（*Psammosilene tunicoides* W.C. Wu et C.Y. Wu）为石竹科濒危药用植物，属国家二级保护植物。在《滇南本草》中早有记载，民间广为流传，可治风湿痹痛，胃痛，创伤出血，跌打损伤。在享誉海内外的云南中成药生产中具有独特的地位。金铁锁每果一粒种子，在人工条件下萌发率仅为 37% ~ 56%；目前金铁锁完全依靠自然生长，野生采挖，致使资源无序利用，自然蕴藏量下降；现已作为稀有濒危物种列于《中国植物红皮书》中。金铁锁在植物分类及药用植物野生资源保护方面均具有研究价值；由于野生资源贫乏，引种驯化，人工栽培势在必行；应用组培技术进行人工快速繁殖，既可满足市场需要，也是有效保护野生种质资源的必由之路。

一、愈伤组织诱导和芽分化

（一）消毒和接种

取幼嫩茎段用肥皂水摇洗后，自来水冲洗干净，用蒸馏水加 1 ~ 2 滴吐温 - 80 泡 10 分钟，然后流水冲 4 小时，在超净工作台内用 75% 酒精消毒 10 秒，无菌水冲洗 2 次，过饱和漂白粉溶液上清液浸泡 15 分钟，无菌水冲洗 2 次，0.1% 升汞浸泡 5 分钟，无菌水冲洗 5 ~ 7 次。用无菌滤纸吸去表面水分，接种于诱导愈伤组织和芽分化培养基 MS + 0.1 ~ 1.0mg/L IAA + 0.5 ~ 1.0mg/L BA 上。

（二）诱导愈伤组织和芽分化

接种 7 天后茎段开始膨大，逐渐长出淡紫色颗粒状的愈伤组织，10 ~ 15 天后形成芽，2 ~ 4 个芽聚生在一起形成芽丛，20 ~ 25 天后长成无根苗。

二、增殖培养

待分化苗长到约 3 ~ 4cm 时，将它们分成 3 ~ 4 株的丛苗，基部带部分愈伤组织，或取茎节转接到增殖培养基 MS + 0.5 ~ 1.5mg/L BA + 0.1 ~ 0.5mg/L KT + 0.1 ~ 0.5mg/L IAA + 0.1 ~ 0.5mg/L 2, 4 - D + 0.1 ~ 0.5mg/L NAA 中增殖，10 ~ 15 天后，从芽苗或茎节基部长出丛生芽，逐渐长成苗，每 22 ~ 25 天可继代 1 次。

（一）不同植物生长调节物质对金铁锁增殖的影响

将诱导出的丛苗切分，接种于增殖培养基上（表 14 - 1）。每瓶 5 株，每组 30 瓶。培养条件：温度 19.5℃ ± 1℃、光照强度 1200 Lux、光照周期 12 小时。第 24 天后观察计算出小叶增长对数、节间平均距离及植株生长状况，并将几项指标进行综合评分，以直观分析法选出最适培养基。

表14-1 不同培养基对金铁锁增殖的影响

组号	BA (mg/L)	IAA (mg/L)	2, 4-D (mg/L)	KT (mg/L)	NAA (mg/L)	小叶增加对数	节间长度（cm）	茎叶生长情况	综合评分
1	0	0	0	0	0	2.8	0.72	-0.85	28
2	0	0.1	0.1	0.1	0.1	9.0	0.58	+0.14	59
3	0	0.2	0.2	0.2	0.2	25.5	0.11	+0.13	60
4	0	0.5	0.5	0.5	0.5	24.5	0.10	+0.13	59
5	0.5	0	0.1	0.2	0.5	7.1	0.68	-0.59	41
6	0.5	0.1	0	0.5	0.2	16.1	0.54	+0.24	75
7	0.5	0.2	0.5	0	0.1	18.5	0.30	+0.35	68
8	0.5	0.5	0.2	0.1	0	19.6	0.21	+0.32	61
9	1	0	0.2	0.5	0.1	6.4	0.68	+0.10	47
10	1	0.1	0.5	0.2	0	9.1	0.41	+0.27	60
11	1	0.2	0	0.1	0.5	9.9	0.21	+0.67	50
12	1	0.5	0.1	0	0.2	18.1	0.11	+0.44	52
13	1.5	0	0.5	0.1	0.2	5.0	0.37	-0.13	47
14	1.5	0.1	0.2	0	0.5	5.1	0.25	+0.23	40
15	1.5	0.2	0.1	0.5	0	6.4	0.15	+0.08	33
16	1.5	0.5	0	0.2	0.1	6.3	0.15	+0.48	36

由表14-1可以看出，金铁锁在 MS 培养基上的增殖率随激素的种类和浓度的变化而不同。其中激素种类对其影响力度依次为 BA、IAA、NAA、2, 4-D 、KT（图14-1）。MS + 0.5mg/L BA + 0.1mg/L KT + 0.1mg/L IAA + 0.2mg/L NAA + 0.5mg/L 2, 4-D 为最适培养基。

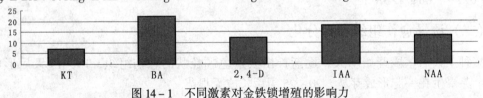

图14-1 不同激素对金铁锁增殖的影响力

注：以综合评分相对数值为纵坐标。

（二）培养温度对金铁锁增殖的影响

将丛苗同上法接种于最适培养基上，每组 30 瓶，每瓶 5 株，分别在 17℃±1℃、19.5℃±1℃、22℃±1℃培养箱中培养，光照强度 1200Lux，光照周期 12 小时。结果如表14-2所示。

表 14 - 2　　　　　　　　**不同温度对金铁锁增殖的影响**

温度	小叶增加对数	节间距离（cm）	植株生长状况
17℃ ± 1℃	12.8	0.68	植株细弱
19.5℃ ± 1℃	16.2	0.56	植株绿色
22℃ ± 1℃	15.8	0.58	植株黄化

由表 14 - 2 可知，金铁锁最佳增殖温度为 19.5℃ ± 1℃，高于 21℃植株黄化，低于 18℃则植株生长瘦弱，不利于增殖。

（三）光照周期对金铁锁增殖的影响

将丛苗同上法接种于最适培养基上，每组 30 瓶，每瓶 5 株，分别以光照周期 8 小时、12 小时、16 小时培养，温度 19.5℃ ± 1℃，光照强度 1200Lux。

表 14 - 3　　　　　　　　**光照周期对金铁锁增殖的影响**

光照周期	小叶增加对数	节间距离（cm）	植株生长状况
8 小时	9.1	0.54	植株绿色，纤细
12 小时	15.8	0.52	植株绿色
16 小时	11.3	0.32	植株矮小、茎基部紫色

由表 14 - 3 可知光照周期 12 小时为金铁锁增殖最佳光照周期，过短则植株纤细，生长不良；过长则植株易于老化。

三、生根培养与移栽

待苗长到 3 ~ 4cm 时，分成单株，除去基部愈伤组织或取顶部茎端接种于生根培养基 1/2 MS + NAA 0.1 ~ 0.2mg/L + IBA 0.1 ~ 0.2mg/L 中，7 天后开始生根，生根率可达 100%，根长到约 0.5cm 时开始炼苗。将经过锻炼的组培苗取出，洗去根部的培养基，移栽入腐殖土中，浇透水，定期浇水及观察，成活率为 85% ~ 90%。

第十五章
茎类和皮类药材的组织培养

第一节　黄　柏

黄柏是一味常用的中药材，来源于芸香科黄檗属植物黄檗（*Phyllodendron amurense* Rupr.）、黄皮树（*P. chinense* Schneid.）及其变种秃叶黄皮树（*P. chinense* Sehneid. var. *glabriusculum* Sehneid.）。前者称为关黄柏，主产东北，后者称为川黄柏，主产西南。以树皮入药，具有清热燥湿、泻火除蒸、解毒疗疮等功效。树皮中主要含小檗碱，是提取小檗碱的重要原料之一。黄柏为"东北三大硬阔树种之一"。它的材质坚韧而富有弹性，是船舶、车辆、航空及某些军事工业的重要用材树种，也是制作胶合板和上等家具的良好木材，还可以用它提炼药物、染料和香精等多种产品，因此具有很大的经济价值和开发价值。当前黄柏的生产以通用的母树采种、种子园制种以及苗圃育苗等常规方法为主，但面临无法保持单株的优良性状和树木个体之间的高度一致性等诸多问题，致使黄柏人工林的发展受到了很大限制。木本植物组织培养的成功，为解决黄柏的育种和繁殖提供了一条新途径。黄柏的组织培养国内外偶有报道，主要有黄檗的茎尖培养（崔德才，2003）、秃叶黄皮树的茎段培养（罗光明，1994）。

一、黄檗的茎尖培养

1. 于春季摘取成龄树（40~50年生）的叶芽，剥去芽鳞，再逐层剥去尚未展开的幼叶，最后取出茎尖。

2. 将剥取的茎尖，先用自来水加0.02%洗洁净浸泡10分钟，经常摇动，浸泡结束后用自来水冲洗10分钟以上，后用75%酒精浸泡杀菌30~60秒。无菌蒸馏水漂洗1次，0.1%的升汞（$HgCl_2$）浸泡杀菌5分钟，无菌蒸馏水冲洗4~6次。吸干水分。

3. 将茎尖接入分化固体培养基（MS + 6BA 1.5~2.5mg/L + NAA 0.3~0.5mg/L + 蔗糖2%）上，放入培养室中培养。培养条件：温度白天25℃~28℃，夜间18℃~20℃，光照10~12小时/天，光强度为15000Lux。

4. 茎尖接种1周左右开始膨胀，3周左右可以看到在膨胀的茎尖上长出许多丛生芽。

5. 壮苗与继代培养所用培养基与诱导分化培养基相同。经过2~3周小芽即可长成3~5cm高的无根苗。如果要进行继代培养，可按4周左右为一个周期，将无根苗的顶端（高

2~3cm）切下转换到新的壮苗与继代培养基上。

6. 选取较大的组培苗，从上面截取 2~3cm 移栽到生根培养基（1/2 MS + NAA 0.2~0.4mg/L + IAA 0.2~0.4mg/L + 蔗糖 2%）中。在生根培养基中可加入 14mg/L 的硼酸。适当增加硼酸含量对生根有促进作用。2 周左右即可看到大部分苗的基部长出白色的突起，3 周左右可形成根。

7. 当根长至 1cm 以上后即可以移栽。移栽用的介质可用消毒过的中性或弱酸性松软介质。温室内温度以不高于 20℃ 为宜，且应经常喷洒杀虫剂、杀菌剂。

二、秃叶黄皮树的茎段培养

1. 取其嫩枝，经 70% 酒精和 0.1% 升汞表面消毒后，在无菌条件下横切成长 0.5cm 的茎段作为外植体。

2. 将外植体置于 ①MS + BA 0.3 mg/L + NAA 0.5 mg/L + 蔗糖 3%；②MS + BA 0.5 mg/L + NAA 0.5 mg/L + 蔗糖 3% 固体培养基中培养，培养温度 25℃ ± 1℃，每日光照 12 小时，光照强度 200Lux。

3. 3 天后其茎段膨胀，培养基①中第 8~10 天茎段出现致密的愈伤组织，培养基②中则滞后 4~5 天形成愈伤组织，而且 4 周后培养基①中茎段成愈率（92%）明显高于培养基②中茎段成愈率（74%）。

4. 将所获愈伤组织转入 MS + BA 1.5 mg/L + NAA 0.5 mg/L 固体培养基中培养，10 天后，黄白色的愈伤组织逐渐分化出不定芽，但愈伤组织变褐，培养基变黄。4 周后分化率为 62%。

5. 将不定芽切割分植到 ④MS + BA 1.0 mg/L + NAA 0.1 mg/L；⑤MS + BA 0.5 mg/L + NAA 1.0 mg/L 固体培养基中。在培养基④中，不定芽基部形成新的芽点，并成为丛生芽；在培养基⑤中，不定芽不形成新的芽点，但 4 周后苗的高度大大超过前者。

6. 分离不定芽，植入 ⑥1/2 MS + NAA 1.0 mg/L + IBA 1.0 mg/L；⑦1/2 MS + NAA 1.0 mg/L + IBA 2.0 mg/L；⑧1/2 MS + NAA 1.0 mg/L 固体培养基中，4 周后，以培养基⑦中试管苗的不定根形成多且粗壮，生根也早。在培养基⑧中不定芽生根时间长（约 40 天），且试管苗叶片发黄，移栽后成活率低。将已生根的试管苗室内炼苗 5~6 天后，移栽于洁净细砂苗床中，保温保湿，成活率为 82%。

第二节 杜 仲

杜仲（*Eucommia ulmoides* Oliv.）系杜仲科落叶乔木，以树皮及叶入药。含有杜仲胶、树脂、绿原酸、维生素 C、桃叶珊瑚苷、杜仲苷、山柰酚、咖啡酸、黄酮类化合物及少量生物碱。具有补肝肾、强筋骨、安胎、降血压等功能。杜仲为我国特有植物，该植物的组织培养研究多为国内报道。左春芬等（1980）首先采用杜仲茎、叶和胚轴诱导出愈伤组织，继而产生了再生植株。张新英（1981）报道了杜仲离体未成熟的木质部可诱导出愈伤组织，并形成带状的分生组织。此后，张新英（1984）建立了杜仲韧皮部的组织培养体系，并形成了不定芽和根原基状的结构。张朝成等（1988）和苏新（1990）分别建立了通过非愈伤组织途径再生植株的途径。

一、茎叶培养

1. 取杜仲茎叶经自来水冲洗，后经常规灭菌后切成 0.3cm 长的小段，接种于附加不同植物生长物质的固体培养基上（其中加有蔗糖 3%，琼脂 0.7%）。于 26℃±2℃，12～16 小时/天的光照条件下培养，

2. 四年生杜仲嫩梢及嫩叶在附加不同激素组合的 MS 或 White 培养基上，经过 20～30 天培养，均能诱导出愈伤组织，诱导率为 85%～95%（左春芬等，1980）。愈伤组织开始为灰白色、淡绿色，逐渐变为深绿色和黄褐色。附加成分为 2，4-D 时，离体茎段表面肿胀，长大后质地疏松，呈絮状。附加成分为 NAA 0.1～0.3mg/L 时，浓度越低，愈伤组织逐渐紧实。愈伤组织在 MS+2，4-D 2mg/L+KT 1mg/L 培养基上的生长增值为 11.2～14.7 倍。在 White+NAA 0.2mg/L+KT 1mg/L 培养基上的生长增值为 5.1～6.9。

3. 将带腋芽的茎段接种在 MS+2，4-D 2mg/L+NAA 0.5mg/L+3%蔗糖+0.7%琼脂的培养基中，经 12 天左右的培养，外植体接触培养基的一端切口周围长出一小圈淡绿色、质地紧密的愈伤组织。从腋芽在 MS+2，4-D 2mg/L+NAA 0.5mg/L+3%蔗糖+0.7%琼脂的培养基中萌发产生的嫩枝上切取带有愈伤组织的幼枝，转入 MS+IBA 2mg/L+NAA 0.5mg/L+3%蔗糖的液体培养基上培养，液体培养基中架上滤纸做的纸桥，15 天左右在滤纸桥上生根，生长的根如伸入液体培养基中则不发生根毛，只有在滤纸桥上与空气接触才生出根毛。有茎尖的单苗生根快，不带茎尖的苗段生根慢，30 天左右生成具有根系的完整植株（苏新等，1990）。

4. 木质部培养：将杜仲离体未成熟的木质部接种在 32 个不同配比的培养基上（9 月进行培养最佳）。在 H+KT 0.5mg/L、H+KT 1mg/L、White+2，4-D 1mg/L、H+2，4-D 1mg/L 及 H 等 5 种培养基上可诱导出愈伤组织，其中以 H+KT 0.5mg/L 培养基效果最好，H 或 H+2，4-D 1mg/L 培养基的效果次之，而其他不同组合的培养基，都没有诱导出愈伤组织。木质部愈伤组织经过 15～30 天继续培养，可在其中产生不连续的、排列比较不规则而呈带状的分生组织。但是，这些分生组织细胞基本上都是等径的，没有形成像纺锤状原始细胞那样的细长细胞。这种分生组织可以向心地分化出木质部管胞分子，但是没有离心地分化出韧皮部分子。培养 6 个月以后，这种维管组织最后解体（张新英，1981）。

5. 韧皮部培养：杜仲的韧皮部剪成长度约为 5mm×2mm 大小，接种在 24 种不同组合的培养基中培养。除 MS+2，4-D 2mg/L 培养基以外，其他 23 种组合的培养基都可以诱导产生愈伤组织，其中以 H+KT 0.5mg/L 的效果最好，White+KT 0.5mg/L 次之，MS 培养基不论加上 KT 或 IAA 效果都较差。将培养基糖浓度增加一倍的各种组合，其效果都比原来糖浓度的培养基差。从接种的季节来讲，以 8 月接种的诱导频率最高。从性别上来讲，雄株的离体韧皮部比雌株的产生愈伤组织的诱导率高。韧皮部愈伤组织继续培养，从中分化出不连续的分生组织带或直接形成一些管胞状分子，后来并可出现成群的管胞状分子团。韧皮部愈伤组

织的分化：雄株韧皮部产生的愈伤组织，在原 H + KT 0.5mg/L 的培养基上继续培养，1 个月后，发现约有 2.5% 的愈伤组织块上产生不定芽。另外，从一系列发生不定芽的愈伤组织块切片中，可看到根原基状的结构（张新英，1984）。

6. 以杜仲幼苗的茎、叶为外植体，在附加植物激素的 MS、B_5 和 H 培养基上，诱导出了大量的愈伤组织（平均诱导率 94.2%）（杨振堂等，1999）。在继代培养中建立了 3 个愈伤组织无性系。绝大多数愈伤组织系以橡胶烃表示的杜仲胶含量都超过了对照（幼苗茎、叶）的 50%。B_5 培养基适宜于生产杜仲胶，附加激素 B 有利于提高含胶量。愈伤组织系的平均含胶量 5.62%，为对照的 59.4%。

二、芽培养

1. 采集杜仲芽（芽长为 0.2 ~ 0.5cm，宽为 0.2 ~ 0.3cm），常规消毒后，接种在 MS + IAA 1 ~ 2mg/L + 6BA 0.2L ~ 2mg/L + 1.5% 蔗糖固体培养基上，pH5 ~ 6，培养在 22℃ ~ 25℃，每天光照 10 ~ 12 小时。

2. 3 天后切口处开始膨大，1 周后生长愈伤组织，2 周后黄白色的愈伤组织已有 0.5 ~ 1cm 左右。在 MS + IAA 1mg/L + 6BA 0.5mg/L 和在 MS + IAA 2mg/L + 6BA 0.5mg/L 中杜仲的芽 5 天后 100% 长出愈伤组织且生长很好。

3. 当 IAA 与 6 – BA 相对比值为 10∶1 时，愈伤组织逐渐变绿，并且长出白点，由白点逐渐形成粗根。

4. 当 NAA 与 6 – BA 的比值为 1∶10 时，愈伤组织生长快且色泽好，且出现 3 小苗；当相对比值为 1∶4 时，愈伤组织生长快且色泽好，并长出了丛生苗；当相对比值为 1∶1 时，愈伤组织生长较慢，但可再生出完整植株。

接种在 MS + 6 – BA2mg/L + NAA0.2mg/L + 3% 蔗糖 + 0.8% 琼脂上的腋芽很快萌发，1 个月左右就能生成有 4 ~ 6 片叶、高约 3 ~ 5cm 的嫩枝。将此芽转接到新鲜培养基上培养，1 个月左右又长出一些新嫩枝，有时基部还发生一些丛生芽。若培养基中 6 – BA 的浓度超过 3，则叶片成细线形，茎极短，叶呈丛生状。将嫩枝接种于 1/2MS + IBA0.5mg/L + 活性炭 0.2g + 20g 蔗糖的生根培养基中，15 ~ 20 天即生出粗壮的根，但粗根在固体培养基中不发生根毛，只有当它伸出固体培养基，暴露于空气之中时，粗壮根的前端才迅速长出根毛，形成完整植株（张朝成，1988）。

杜仲茎尖接种在 MS + BA 3mg/L + NAA 0.5mg/L、MS + BA 2mg/L + IBA 0.5mg/L 上约 20 天，基部膨大，产生白色絮状愈伤组织，出愈率高达 100%。转至 MS + BA 1mg/L、MS、B_5 + BA 1mg/L 和 B_5 中，10 ~ 20 天后愈伤组织渐渐变成浅黄色或翠绿色，再转至 MS + BA 0.5mg/L + NAA 0.05mg/L 或 B_5 + BA 0.5mg/L + NAA 0.05mg/L 中，愈伤组织上产生 3 ~ 7 个不定芽，其分化频率高达 47.1%。以 1/2 MS + IBA 2mg/L 培养基诱导根效果最好。同时健壮且木质化程度稍高的无根苗有利于发根，发根率高达 84.1%。另外，分步诱导有利于壮苗（夏启史等，1994）。

三、胚轴和子叶培养

1. 取当年成熟杜仲种子，经去壳，常规灭菌，置于 1/2 MS 培养基上，于 26℃ ± 1℃，

12 小时/天光照下培养，10 天现白色胚根，15 天现子叶，发芽率为 30%。

2. 将杜仲下胚轴切成 1cm 长的小段，子叶切成 0.5cm 宽的细条，置于附加不同浓度激素的 MS 培养基上培养，培养条件同前。

3. 在 2，4 - D 浓度为 0.3mg/L 或者 NAA 浓度为 1.0mg/L 的固体培养基上诱导愈伤组织，诱导频率最高，分别为 50% 和 100%。下胚轴和子叶在 MS + NAA 1.0mg/L + 6 - BA 1.0mg/L 培养基上能 100% 诱导胚性愈伤组织。

4. 在附加 2，4 - D 的 MS 培养基上诱导的愈伤组织接种到再生培养基（含不同浓度的 6 - BA）上没有发现植株再生。在 NAA 浓度 ≤ 1.0mg/L 的培养基上诱导的愈伤组织接种到再生培养基上培养，只有数量极少的植株再生；在 NAA 浓度 > 1.0mg/L 的培养基上诱导的愈伤组织接种到再生培养基上培养，没有发现植株再生。胚性愈伤组织在 6 - BA 2.5mg/L + NAA 0.5mg/L 的 MS 培养基上植株再生频率最高为 92%，胚性愈伤组织在再生培养基上培养 8 天发现有绿色的小苗出现，半个月后长成 3 ~ 4 片小叶的小植株。

5. 再生小植株转移到含 IBA 1.5mg/L 的 1/2MS 培养基上，15 天左右长出较粗的根。

对杜仲种子无菌发芽后的胚轴进行不定芽的诱导。在添加 BAP 0.8mg/L + NAA 0.1 mg/L 的 MS 培养基上愈伤组织生长较快，愈伤组织诱导率为 100%。20 天后出现了芽的分化，其分化率为 25.6%。在探讨谷氨酰胺对芽分化的影响中，添加谷氨酰胺的培养基中能促进不定芽的分化。在根的诱导中，以 1/2MS + IBA 1.5mg/L 时，根系生长粗壮且生根率达 95%（蒋祥娥等，2000）。

将出土 25 天左右，仅有两片子叶的杜仲实生苗取下，去掉胚根及子叶，将胚轴切成约 0.5 ~ 1cm 长。接入附加 6 种不同激素的 MS 培养基中，20 天左右，均产生愈伤组织。胚轴愈伤组织在原培养基上继续培养，20 天左右，胚轴的愈伤组织分化出芽，越靠近子叶一端，胚轴愈伤组织出芽率越高。在 6 种分化培养基中，MS + IAA1mg/L + 6 - BA3mg/L 出芽率最高达 75%，而 MS + 2，4 - D 0.5mg/L + KT 2mg/L 和 MS + 2，4 - D 1mg/L + KT 0.5mg/L 所诱导的愈伤组织不能分化芽。当胚轴的芽长到 2cm 高，将芽从胚轴上切下，转移到 MS + IBA1mg/L 中，15 ~ 20 天开始形成根，获得完整植株（左春芬等，1980）。

四、超低温保存

1. 新鲜嫩茎、叶经常规消毒后切成 1cm 小段或 1cm × 1cm 小块，接种到 B_5 + 6 - BA 1mg/L + NAA 0.5mg/L 培养基上。

2. 将从外植体上剥离下来的愈伤组织转至 B_5 + 6 - BA 1 mg/L + NAA 0.5 mg/L + Suc3% + Agar0.7% 培养基中，连续培养 2 ~ 3 代。

3. 预培养：将愈伤组织转至含 5%DMSO 的培养基上，置 4℃ ~ 6℃ 低温下锻炼 12 天。

4. 预处理：选直径约 0.5cm 的愈伤组织，装入 4ml 聚乙烯冷冻管中，加入经 0℃ 预冷的冷冻保护剂，淹没愈伤组织，旋紧管塞，在 0℃ 冰浴中静置 30 分钟。采用均匀设计法考察 DMSO、Gly（甘油）、PEG、Glu（葡萄糖）、Suc（蔗糖）、LH（水解酪蛋白）6 种冷冻保护剂及其浓度配比的保护效能。

5. 冷冻方法：愈伤组织经预处理后，以 0.5℃/min 的降温速度，从 0℃ 降至 -32℃，停留1小时，然后投入液氮中保存。

6. 化冻与洗涤：愈伤组织在液氮中保存10天后。取出置于30℃温水浴中快速化冻。待冷冻管中的冰融化后，立即加入MS培养液，轻轻振摇，停留10分钟，倾出溶液。如此反复洗涤3~4次。洗涤后的愈伤组织用于再培养或测定细胞生活力。

7. 细胞生活力的测定：取化冻洗涤后的愈伤组织200g，放入试管中，加入0.1%TTC溶液5ml，置于22℃恒温箱中染色26小时，吸去TTC液，加入蒸馏水漂洗2~3次，再加入5ml丙酮，在乳钵中研磨，提取氯化三苯基四氮唑被脱氢酶还原后生成的甲䐑（formazan）。在离心机上离心5分钟（2500rpm），取上清液，在721型分光光度计490nm波长处测定吸收值。用吸收值（TTC值）表示各处理愈伤组织在超低温保存后细胞的生活力。

第三节　牡　丹

牡丹（*Paeonia suffruticosa* Andr.）为芍药科植物。主产于安徽铜陵凤凰山一带的牡丹叫凤丹，是药用牡丹中的珍品。凤丹的根皮和花均为药用部位，根皮具有降压、催眠、镇痛、镇静、抗菌等作用，花具有调经活血作用。利用组织培养技术进行的体外增殖有少量报道。主要是利用腋芽茎尖、上胚轴和胚诱导生成小植株。倪跃元等利用带腋芽的茎段经诱导生成丛生芽，生根后形成小植物。

一、种胚培养

1. 种子先用自来水冲洗干净，然后用70%酒精灭菌1分钟，再用10%安替福民溶液灭菌40分钟。无菌水冲洗后，放入装有少许无菌水的三角瓶中，置于摇床（100rpm）上，在35℃下振荡。72小时后取出种子，无菌水冲洗。

2. 在超净台上去除种皮，剥开胚乳，取出白色胚，接种于1/2MS + 10%椰汁 + 3%蔗糖的培养基上进行光照培养，pH5.7，光照时间14小时，光强1500~2000Lux，培养温度25℃±1℃。1个月后，获得无菌苗，用作体外增殖的初始材料。

3. 将子叶展开并除去根的幼苗接种于MS + BA 1mg/L培养基上，1个月后幼苗茎和叶伸长，基部长出腋芽。把伸长茎的每一节切下，放置在培养基上，这样可以不断产生腋芽。

4. 当幼芽长出2~3片叶子时，分别转移至MS + IBA 1mg/L + 3%蔗糖培养基上进行培养，1个月后即长出白色的直根，形成完整的植株。

二、茎尖培养

1. 从腋芽上剥取2~3mm长的茎尖，接种在MS + KT 0.2~10mg/L + BA0.5~10mg/L + GA0.1~0.5mg/L培养基上，4~5天后，茎尖基部周围产生粉红色的愈伤组织。

2. 把茎尖接种到MS + BA 2mg/L + NAA 0.2mg/L + LH 500mg/L + 50g/L蔗糖 + 5g/L琼脂粉的培养基上，1周后开始萌动生长，1个月后茎尖伸长到1~2cm，其上腋芽开始萌动，同时茎尖基部周围产生愈伤组织。

3. 茎尖愈伤组织在原培养基上继续培养，即可分化出芽。分化的芽转移继代培养可从基部再分化出芽。将小芽丛移置到 MS + BA 2mg/L + IAA 0.5mg/L + 3g/L 蔗糖壮苗培养基，有叶柄、叶片长出。

4. 将长大的苗切割下来，接种到 1/2MS + IAA 1mg/L + IBA 1mg/L + 蔗糖 20g/L 诱导生根培养基上，30 天左右形成根原基，再转移至不加激素的 MS 基本培养基上，10 天后长出白色粗壮的根，形成完整的植株。

三、叶片培养

1. 把嫩叶切成 1cm 见方的小片，叶柄切成 1～2cm 的切段，接种在 MS + LH 500mg/L + BA 2mg/L + NAA 0.1～0.5mg/L 培养基上，嫩叶切块培养 25～30 天，叶柄培养 15～20 天后形成愈伤组织。

2. 将叶、叶柄愈伤组织转移至 MS + IAA 0.2～0.5mg/L + BA 2mg/L 培养基上，分化出芽丛，这些芽丛每隔 2 个月继代培养 1 次，1 年后 1 个芽可获得 5 000～10 000 株试管苗。

四、胚轴培养

1. 将牡丹种子无菌萌发后，切取上胚轴，长约 3mm，接种到 MS + BA 2mg/L + NAA 0.2mg/L + LH 500mg/L + 蔗糖 80g/L + 琼脂粉 5g/L 的培养基上，半个月后切段渐膨大，1 个月后膨大的切段外表产生白色愈伤组织。

2. 将愈伤组织在原培养基上继续培养，分化出芽。把分化的芽切割转移至 MS + BA 2mg/L + NAA 0.2mg/L + LH 500mg/L + 蔗糖 50g/L + 琼脂粉 5g/L 培养基上，芽增殖生长，转入生根培养基中，可诱导生根，形成完整植株。

第四节 厚 朴

厚朴（*Magnolia officinalis* Rehd.et Wils）是木兰科落叶乔木。以树皮入药，药材名"温朴"，有效成分主要是酚类物质和生物碱，具有温中，行气，燥湿，祛痰之功。是我国特有的常用的珍贵中药材厚朴皮、花的原植物，分布于亚热带地区；用种子反之，需二年生苗木才能定植，生长较缓慢，一般采 15～20 年以上厚朴树的树皮作药用。因其特殊的生长特性和资源的日益枯竭而被列为国家濒危植物。

因此利用现代生物技术，通过组织培养，对于加速繁殖，促进次生代谢产物的工业化生产有一定意义。

一、顶芽和嫩叶的培养

1. 5 月初，取成年树当年生嫩枝的顶芽和嫩叶作外植体。先用 75% 乙醇消毒 1 分钟，再用 0.2% 升汞溶液浸泡 10 分钟，无菌水冲洗 3～4 遍。

2. 顶芽剥去外苞叶，基部纵向切开；叶柄切成 0.5cm 小段；叶片切成 0.25cm^2 小块，接种到培养基上。

3. 以 $B_5 + 2$，$4 - D$ 2mg/L + 6 – BA 1mg/L 为诱导培养基，蔗糖量为 3%，琼脂 0.65%，pH5.8 ~ 6.0。25℃ ± 2℃培养，光照强度 1500Lux，光照时间 8 ~ 10 小时/天。刘贤旺等（1997）研究表明，顶芽的愈伤组织诱导率最高，达 65%；叶柄次之，为 40%；叶片最差，仅为 8.3%。厚朴顶芽接种后 1 周左右，芽体开始膨大，约 4 周左右在芽体切口周围或芽体表面开始形成愈伤组织。叶柄愈伤组织从髓外的维管束呈环状长出，叶片愈伤组织在叶脉的切面形成，体积小，生长慢，并且易老化。其中，以愈伤组织稍紧密，带有淡绿色者增殖生长最优。

4. 经培养愈伤组织在 $B_5 + 2$，$4 - D$ 1mg/L + 6 – BA 1.5mg/L 培养基上，黑暗培养能迅速生长。在培养基中添加 10% 豆芽汁能显著增加愈伤组织的生长量。

二、枝梢的培养

1. 截取成年（约 20 年）厚朴树的细枝条的顶端，直径不超过 1cm 的部分 3 ~ 5cm，洗净后在 70% 酒精中浸 3 分钟，然后 0.1% 升汞溶液浸泡 20 分钟，以无菌水冲洗数次。在无菌条件下剥去包裹枝段的幼叶，刮掉外部栓皮，把枝梢横切成厚 1 ~ 2mm 的切片，接种。

2. 以 MS + NAA 1.0mg/L + KT 0.5mg/L 为诱导培养基；pH 调至 5.8；22℃ ± 2℃，暗培养。

3. 接种后，外植体逐渐膨大，1 周后开始形成愈伤组织，愈伤组织多从髓外的维管束部分呈环状长出，初质地疏松，多为淡黄色，少数浅灰色。愈伤组织 45 ~ 65 天继代转接 1 次。

4. 继代 2 ~ 3 次后，转到 MS + NAA 2.0mg/L 培养基上培养，较致密的愈伤组织易产生不定根，愈伤组织的各个部位均能分化根，其表面首先长出白色圆锥状细小突起，渐渐长成白色幼根，向下、向侧或向上生长。伸入培养基的能长成 3 ~ 5cm 长的较粗壮的白色直根。

第五节 刺 五 加

刺五加（*Acanthopanax senticosus*（Rupr. et Maxim.）Harms）是五加科落叶灌木，其树皮、根及根茎均可入药，可祛风除湿、扶正固本、益智安神、健脾补肾，是重要的中药材。近年来，由于对刺五加的需求量增大，其资源消耗与日俱增。同时，又因其本身结实的植丛少，种子产量低、质量差，进一步制约了刺五加种群的持续和发展。1992 年出版的《中国植物红皮书》已把刺五加定为渐危种。因此，广泛开展刺五加野生资源的栽培、引种驯化和组织培养方面的研究工作就显得十分重要。

一、叶和根培养

1. 选择生长健壮的植株，取植株上部新展开的幼叶和当年生根作为外植体。材料取回后，先用自来水冲洗干净，用 70% 酒精浸泡 30 秒，再用 0.2% 升汞消毒 8 分钟，取出后用无菌水冲洗 5 ~ 6 次，用无菌滤纸吸去表面水珠。用解剖刀剥取茎尖，叶片切成 0.5mm² 左右的小方块，根切成 0.2 ~ 0.3cm 的小段，接种。

2. 以 MS + ZT 0.2mg/L + NAA 2.0mg/L + GA₃ 1.5mg/L 为诱导培养基。温度 20℃ ± 2℃，暗培养。

3. 接种后 10 ~ 15 天开始萌动生长，20 ~ 25 天开始发生愈伤组织，30 天继代 1 次，愈伤组织的增殖在光下进行，以 MS + NAA 3.0mg/L + 6 - BA 2.0mg/L 为分化培养基，20℃ ± 2℃，光照强度 1500 Lux，光照 10 小时/天培养。

4. 健壮的继代分化的单芽，转接在生根培养基（MS + IBA 0.2mg/L）中培养。

二、茎尖培养

1. 4 ~ 5 月取材茎尖成活率达 80% 以上，生长速度较快。

2. 以 White 培养基为基本培养基，其激素组成为 BA 0.5mg/L + NAA 0.1mg/L，愈伤组织产生多，苗木生长较快。并加入 3% 葡萄糖作为碳源，对刺五加幼苗生长具有促进作用。

3. 刺五加无性系植株较合适的生根培养基为 1/2 MS + IAA 1mg/L，适宜的移栽基质为沙：森林腐殖土 = 2:1。

三、越冬芽培养

1. 选取野生刺五加当年形成的越冬枝条，室内培养至刚刚萌发，用解剖刀切下芽并带一块枝条，然后将外植体用洗衣粉溶液洗净表面，再以自来水冲洗 30 分钟，然后用 70% 酒精表面灭菌 2 分钟，再用 0.1% 升汞浸泡 10 分钟，无菌水冲洗 5 次，在解剖镜下去掉所有芽的鳞片，再用 0.1% 升汞灭菌 4 分钟，无菌水冲洗 5 次后，切下解剖芽接种。

2. 以 MS + 6 - BA 1.0mg/L + NAA 0.1mg/L 为诱导培养基。附加蔗糖浓度为 3%，琼脂浓度为 0.6%，pH5.8，培养温度为 23℃ ~ 25℃，光照强度 1500 ~ 2000Lux，光照 12 小时/天。接种后 7 ~ 10 天芽开始萌动生长，16 天左右芽基部有绿色突起出现。

3. 将外植体分化的芽丛转切入继代分化的培养基中培养，以 MS + 6 - BA 0.5mg/L + ZT 0.1mg/L 为分化培养基，使其达到较高的芽增殖数和有效芽数，20 天后分化出丛芽。

4. 将高度为 1.5cm 左右、健壮的继代单芽，插入生根培养基（1/2MS + NAA 0.5mg/L）中，10 天左右，有部分芽基部开始形成根原基突起，15 天左右开始出现小根，20 天后生根达高峰。

5. 炼苗后期，以蛭石 + 森林腐殖土（1:1）的培养基质效果好，能加速成苗。

四、胚状体的诱导

1. 取刺五加干种子在蒸馏水中浸泡 24 小时，然后与含水 10% 的沙子以 1:3 的比例混合，置于室温，每隔 3 天翻动 1 次并补充水分。4 ~ 5 个月后种子陆续裂口，将裂口种子放置于 0℃ ~ 5℃ 条件下冷藏，15 ~ 60 天后取成熟的刺五加种子，将种皮去掉，用 0.1% 升汞灭菌 10 分钟，经无菌水冲洗 4 ~ 5 遍。

2. 在无菌条件下剥出刺五加的种胚接入 MS 基本培养基中。经 1 ~ 2 周长出无菌苗，从无菌苗切取子叶和胚轴，接种到诱导培养基上。

3. 胚状体的诱导培养基为 MS + 2, 4 - D 0.5 mg/L, pH 5.8, 培养温度 23℃ ~ 25℃, 暗培养, 20 天后继代培养。

4. 胚状体最初为一些小的黄白色的球形突起, 表面光滑, 以后胚状体纵向伸长, 顶端开始出现瓣状裂片, 这个时期整个胚状体呈喇叭状, 胚状体与其他组织之间很容易分离, 只需用镊子轻轻一碰即可脱离。将具有子叶的正常胚状体转至光下培养, 即可发育成正常植株, 但在原培养条件下继续培养, 从老的胚状体上又可重新再分化出新的胚状体来。

第十六章

叶类药材的组织培养

第一节　枇　杷

枇杷（*Eriobotrya japonica*（Thunb.）Lindl.）是蔷薇科植物，其果实在春末夏初成熟，正值百果奇缺，可谓果中佳品，而且果实酸甜适口，深受人们喜爱。但枇杷种子大而多、抗逆性差等性状急需改良。

由于枇杷童期长，基因高度杂合，常规育种难度大，通过生物技术可加速枇杷改良的进程。

一、果实培养

1. 从枇杷树上摘取未成熟果实，擦掉果实表面绒毛并切去宿萼，用自来水冲洗，用洗衣粉浸泡 20 分钟，再用自来水冲洗 30 分钟；然后在无菌条件下，用 75% 酒精消毒 5 分钟，无菌水冲洗 1 次，再用 0.1% 升汞消毒 15 分钟，无菌水冲洗 5 次，剥出种子，取出幼胚，接入培养基中培养。

2. 诱导胚萌芽以 1/2MS 为基本培养基，附加 6 - BA 2.0mg/L、IAA 0.5mg/L，并每升培养基加 30g 蔗糖和 6g 琼脂，pH 值调至 5.8。培养温度为 22℃ ~ 26℃，16 小时光照，光照强度 15000Lux。

3. 幼胚接种 10 天后，子叶开始陆续张开，子叶颜色由原来的白色变为浅黄色、淡绿色，逐渐变为绿色，接种 2 周以后，部分幼芽基部开始有淡黄色或淡绿色致密愈伤组织，这部分胚不萌芽。不发生愈伤组织的离体培养幼胚，萌芽与否与子叶是否张开关系很大，子叶张开的幼胚有的萌发出芽，有的不萌芽，而子叶不张开的幼胚均不萌芽。

4. 当幼胚形成的芽苗长至 1.0cm 左右时，移入增殖培养基，扩大繁殖，增殖培养基以 MS 为基本培养基，并附加 6 - BA 1.0mg/L，NAA 0.2mg/L，且每升培养基加 30g 蔗糖和 6g 琼脂，pH 值调至 5.8。培养条件同上。从第 10 天开始能陆续看到新增殖出的芽苗。

二、原生质体培养

1. 取枇杷的花蕾期、开花期及授粉后的雌蕊。分离原生质体的酶为纤维素酶 Onozuka 9 ~ 10 和果胶酶。把不同发育时期的胚按常规方法接种培养。待开始形成愈伤组织后 3 周，选出质量较好的愈伤组织，转入低浓度生长调节剂的培养基（MS 培养基附加 2，4 - D 0.5mg/L 和 BA 1mg/L）中，获得了黄色、质地松紧适度、由粘连成小团的圆形细胞组成的愈伤组织，把这种愈伤组织转入 MS + BA 0.5mg/L 的培养基上继续培养，有少数胚状体出现，说明这种黄色、稍松的愈伤组织为胚性愈伤组织。把胚性愈伤组织转入生长调节剂浓度进一步降低（2，4 - D 0.1mg/L 和 BA 0.5mg/L）的培养基中继代培养，愈伤组织的继代培养间隔期为 4 周。

2. 原生质体起源的愈伤组织长至 0.5cm 左右时，转入分化培养。原生质体经液体浅层培养在合适的培养基（MS + BA 2mg/L + 10%蔗糖 + 5%山梨醇 + 2，4 - D 1mg/L）中，培养 4 天后，再生壁形成细胞，并进行第一次细胞分裂。再培养 1～2 天后，细胞进行第二次分裂，形成 3 个细胞，进而可形成细胞团和愈伤组织。

3. 将带有芽原基的愈伤组织转入 MS + ZT 2mg/L + Ad 20mg/L 的培养基上，即抽生出芽苗。芽苗长至 2～3cm 高并具有 5～8 个叶片时，移入长根培养基，诱导长根，形成完整植株。

三、顶芽培养

1. 选取 1.5～2.0cm 长的顶芽作外植体，预处理后，流水冲洗 2 小时，无菌条件下 70%酒精处理 1.5 分钟后，用 0.1%的升汞灭菌水漂洗 12 分钟，无菌水漂洗 5～6 次，剥取 0.3～0.5cm 顶芽接入展芽培养基中。

2. 培养基用 MS + 6 - BA 1.75mg/L + NAA 0.3mg/L + GA₃ 0.5mg/L，在 25℃左右黑暗培养 15～20 天，芽萌动长出新叶后转入光照培养，光强 1500～2000Lux，每天 12 小时，经 10～15 天培养，既转入增殖培养基再增殖培养，培养条件同上。经 50 天左右培养，当丛芽长到 2cm 左右时，切下，分别转入生根增殖培养基，后者经 6～7 天，苗基部生出白色根原基，再经过 7～10 天培养，既可进行移栽。

第二节　罗　布　麻

罗布麻（*Apocynum venetum* L.）系夹竹桃科半灌木植物，因其茎部的韧皮纤维光泽优、弹性好、抗曲挠性强，可用于精细纺织的原料，是重要的野生纤维植物，也是一种药用植物，具有强心、降压、降血脂、利尿等多种功能；其植物体中含有乳汁，可提取工业橡胶，所以长期以来备受植物学及药学界的重视和青睐，有着广阔的开发前景。有关罗布麻的组织培养工作的研究主要是魏凌基等（2000）、马森（2001）对其茎段进行的组织培养及植株再生方面的研究。具体方法如下。

1. 将罗布麻幼嫩茎剪去叶片及叶柄，用自来水冲洗干净，切成 5cm 长的茎段，用 84 消毒液浸泡洗涤 15 分钟，自来水充分冲洗 3～4 小时，然后移至超净工作台上，用 75%酒精浸泡 30 秒，再用 0.2%升汞溶液消毒 15 分钟，取出后用无菌水冲洗 3 次，切成长度约 0.5cm 左右的小段，每段上包括一对侧芽，接种于 MS 培养基上。

2．将培养瓶置于25℃的光照培养箱中，光照时间每天为12小时，光照强度为2000Lux。6天后于叶腋处有侧芽萌发，待芽长至1cm左右时，将芽切下进行继代培养，芽诱导分化与增殖培养基配方为：MS＋6－BA 2.0mg/L＋NAA 0.2 mg/L＋水解乳蛋白300 mg/L。

3．当苗高2cm左右时转入生根培养基中。生根培养基配方为：MS＋IAA 0.2mg/L＋水解乳蛋白300mg/L＋蔗糖15g/L。

4．待苗基部长出3～5条粗壮长达2cm左右的根时，将瓶口的覆膜打开，置于室内阳光下锻炼2天。

5．取出生根苗，轻轻地洗去基部的培养基（避免使根毛区受伤），分别栽种于盛有经高温灭菌处理过的珍珠岩、锯末及沙土的花盆中，并覆盖薄膜，2天后去掉薄膜，空气相对湿度保持在90％水平。

第三节 银 杏

银杏（*Ginkgo biloba* L.）为银杏科植物，又名白果、公孙树，是当今地球上现存种子植物中最古老的孑遗植物，为我国独存的珍稀名贵树种，素有裸子植物"活化石"之称，具有重要的经济价值、科学价值和观赏价值。其所含的黄酮、双黄酮及银杏内酯等对心脑血管疾病具有独特疗效，因此银杏叶提取物及其制剂备受国内外市场的青睐，这也对银杏的繁殖和育种提出了新的要求。由于银杏是雌雄异株植物，实生苗定植后需要20～30年才能开花结果，常规育种时间长，效率低，自然状态下种植银杏，不仅繁殖困难，生长缓慢，而且占用大量的耕地，造成粮林矛盾。为此，开展银杏组织与细胞培养，并利用培养的细胞进行黄酮等生理活性物质的生产加工，是银杏研究与开发中的一个重要方面。

一、外植体培养及愈伤组织诱导

许多学者通过银杏茎段培养已得到了丛生芽。王洪善等用银杏优良无性系为外植体进行离体培养诱导产生愈伤组织，经分化诱导获得丛生芽和不定根，培育出完整的银杏植株。徐利均等以银杏胚芽为外植体进行组织培养，筛选出了适宜银杏腋芽萌发、增殖、生根的培养基配方和培养条件。徐刚标等以银杏种子子叶、幼叶片、茎段为外植体，进行愈伤组织诱导及继代培养。陈学森等发现的0.1％植酸（肌醇六磷酸酯）有明显促进愈伤组织生长，抑制褐变的作用。张德华等发现不同培养条件对银杏愈伤组织形成的影响有差异，以银杏幼茎的茎尖、茎段为外植体，两者无明显差异，茎、叶外植体比较，成愈率基本相同，但它们所形成的愈伤组织的形态结构迥然不同：幼叶形成者结构紧密，表面较平滑，浅绿色，生长较慢；幼茎形成者较疏松，呈粒状，色浅黄，生长迅速。徐承水通过对银杏茎段培养表明，低浓度NAA对芽的生长有促进作用，改良MS＋0.1mg/L NAA促进腋芽的萌动和顶芽的生长，但具有抑制顶芽进一步生长发育，并容易形成愈伤组织的作用。胡蕙露等通过正交试验，研究了不同浓度的三种激素配合使用对银杏茎段愈伤组织的诱导和植株再生的效果，筛选出了最佳诱导愈伤组织培养基MS＋NAA 0.5mg/L＋BA 0.1mg/L＋KT0.5mg/L，最佳分化培养基

MS + NAA 0.1mg/L + BA 1.0mg/L + KT1.0mg/L。

（一）取材和方法

用作组织培养的材料最好是幼嫩叶片，也可选用子叶、胚轴、茎段。幼嫩叶片诱导虽然不是很容易，诱导频率也不是很高，但取材方便、来源丰富、可满足规范化生产的需求。取材的季节以早春为最好，此时刚萌发形成的幼叶营养丰富，带菌少，细胞分化程度低。如果在夏天采集，虽然叶片也很幼嫩，但内部营养积累较少，带菌多，不仅难进行消毒处理，而且难以培养成功。所以，取材的时间在一定程度上决定了实验的成败。

以幼叶为例，取材后先用自来水漂洗 10 分钟，75%酒精杀菌 30 秒，无菌蒸馏水漂洗 1 次，转入 10%次氯酸钠溶液中 10 ~ 20 分钟，或 0.1%升汞液中 5 ~ 6 分钟，无菌水清洗 4 ~ 5 次，放在无菌滤纸上吸干表面的水分。如果叶片较小，尽量不要损伤叶片，直接放到培养基上，这样可以减轻褐化。如果叶片较大，可切成 2 ~ 3 小块，再放到培养基上。无论是切的叶片还是不切的叶片，都要让其背面接触培养基，这样有利于愈伤组织的产生，这主要是因为叶片背面有丰富的气孔，可以使水分和营养较快地进入叶片内部；另外，靠近背面的叶肉为海绵组织，细胞排列疏松，细胞间隙较大，有利于液体和气体的进出与交换。

（二）愈伤诱导培养基

愈伤诱导培养基可选用 MS 基本培养基或 MT 基本培养基，附加 6 – BA 1.0mg/L + 蔗糖 5%，或 6 – BA 2.0mg/L + NAA 3.0mg/L + 蔗糖 5%。最好不用 2，4 – D 作为生长素，因为它虽然最初对诱导愈伤组织有利，但对以后的生长不利，特别容易引起细胞褐变。培养基中可适当加植酸、聚乙烯吡咯烷酮、维生素 C 等抗氧化剂，以减少褐化。

（三）接种

将消毒处理过的叶片接种于上述培养基上。使用的培养基容器最好是培养皿，这样不仅可用较少的培养基接种较多的材料，而且可以保湿以及防止过多的氧气引起培养物的大量褐变。密度以叶片中间相距 1.5cm 左右为宜。这样可充分保证每个叶片的养分供应，同时在个别叶片发生污染或褐变严重时，也可及时将没有污染或未褐变的叶片转移到新的培养基上，减少材料浪费。在接种过程中，应尽量避免损伤叶片，因为损伤越严重，褐化越严重。

二、细胞悬浮培养

自从韩国、加拿大等国学者提出通过银杏细胞培养技术生产银杏天然药物以来，许多学者逐渐开始了相关研究。陈学森等比较了不同外植体愈伤组织的银杏黄酮含量，认为银杏黄酮含量为叶 > 茎段 > 子叶；并确定了银杏叶片愈伤组织培养生产银杏黄酮的最佳培养条件为：在 MT + 6 – BA 1.0mg/L + NAA 3.0mg/L + 蔗糖 0.5% + PM（PVP 2.0% + MES 0.05%）培养基上光照培养 40 ~ 45 天。姜玲等和徐利均等通过对银杏悬浮细胞培养，得到的悬浮细胞中黄酮苷含量接近叶片中的含量水平。都兴范等将 0.1%的无菌芦荟汁添加到银杏细胞悬浮培养基中可使银杏细胞干重增加 13%，添加 0.05%的芦荟汁可使总黄酮含量增加 16.7%。

倪静静等实验表明胚诱导的愈伤组织中黄酮类化合物含量要高于胚乳和 3 个月苗龄的幼叶诱导的愈伤组织。两相培养等一些新技术的研究和应用可使培养物的次生代谢物含量大幅度提高。于荣敏等以银杏种子萌发的无菌苗的根为材料，诱导愈伤组织，从中得到了银杏内酯，筛选出银杏内酯高产细胞系，结果使银杏愈伤组织培养物中银杏内酯含量达 0.01%，属国际领先水平。戴均贵等在培养基中添加适量的前体物质（异戊二烯等）及真菌诱导因子（日本根霉），可明显增加银杏悬浮培养细胞产生银杏内酯 B 的量。王关林等利用银杏高内酯含量的圆铃品种筛选出优良银杏细胞悬浮系；银杏内酯 B 含量可达细胞干样质量的 0.0758%。Huh 等人在实验中发现，离体条件下器官型培养物（根和茎尖）中银杏内酯的含量远比非器官型的愈伤组织或悬浮细胞培养物的高。

（一）挑选愈伤组织，准备用做细胞悬浮培养的材料

由于同一株树上的叶片自身生理状况的差异，即使用同一种培养基，产生的愈伤组织也有所不同，为此应认真观察、记录和挑选愈伤组织，主要从这几个方面进行调查：①愈伤组织出现的早晚；②愈伤组织的生长速度；③愈伤组织的质量。一般来说，乳黄色、松散型愈伤组织比较好，在继代培养和细胞培养中能较快变成颗粒状，且不易发生褐变；表面呈瘤状突起或水泡状发亮的愈伤组织较差，应该丢弃。经过挑选后，必要时做一下黄酮等有效成分的含量分析，选出含量高、增长又快的愈伤组织作为下一步的试材。

愈伤组织的细胞悬浮培养，一般采取两种方法。①直接把松散型的愈伤组织团块转到三角瓶内的液体培养基中，通过振荡培养就可以逐渐将团块分散为单个细胞或小细胞团。再对每个三角瓶的细胞进行连续继代培养，筛选出好的材料进一步扩大繁殖，用作工厂化生产。②先把愈伤组织团块破碎成小细胞团，再涂布在固体培养基上，进行固体培养，选出生长速度快、质量好的作为细胞系或细胞株，进一步扩大繁殖，用做工厂化生产。两种方法各有利弊，可根据个人喜好来决定，但是如果要做诱变处理，通过诱变来筛选和建立质量高、产生黄酮等有效成分高的细胞系或细胞株，则必须采取方法②，因为只有这种方法才能筛选出单个突变细胞。

从诱导愈伤组织产生到建立细胞系悬浮培养，是工厂化生产的关键性步骤，需要花很长时间进行试验研究，因为要筛选一个好的细胞悬浮系是很不容易的。在筛选和鉴定细胞系时，除注意培养基成分外，还应注意培养条件，如光能诱导愈伤细胞产生叶绿体，但光又能加速细胞褐化和细胞老化，影响黄酮的合成和积累。培养温度低时，细胞褐化减轻，但细胞生长缓慢；培养温度高于 25℃ 时细胞生长快，但褐化也随之加重，所以要协调好这种矛盾，温度最好在 22℃～24℃ 之间，这样可使两方面得到兼顾。抗氧化剂的加入对防止褐变有一定效果，但量要适当，而且通过诱变筛选后最好选择一些不需要添加抗氧化剂的细胞系，这样对有效成分的合成和积累有利，同时从药用角度出发，也应尽量避免其副作用。

利用 $^{60}Co\gamma$ 射线照射法处理愈伤组织细胞，是目前一种比较流行和切实有效的筛选突变体的方法，它方便、无毒、无残留效应，比用化学诱变剂安全。但 $^{60}Co\gamma$ 射线是一种强辐射源，不能随便安装和使用，必须在有钴源的地方由专业技术人员操作使用。

（二）建立细胞悬浮系、开展工业化生产的预备实验

经诱变、筛选和鉴定后获得的细胞系，是十分重要的材料，应加速其增殖。对银杏来说，为了尽快投入到工业化生产，应使悬浮细胞系在较短时间内发挥最大潜力，迅速扩大繁殖，而且繁殖的代数应尽可能少。在细胞培养密度上应以适中偏低为好，这样可用有限的细胞尽快地繁殖扩大，当细胞群体达到目标后即开始投入工厂化生产。

在银杏组织培养、次生物质生产方面虽然取得了一些进展，但也面临一些问题，比如褐化严重、没有建立起完善的再生体系、次生物质生产还处在实验阶段等等。银杏组织培养促进银杏产业的更快发展，就需要重视和解决这些问题。减轻或控制褐变发生是许多植物细胞、组织培养研究的重要内容，银杏次生物质含量多，褐化问题也是银杏组织培养过程中的一个难题，在进行银杏离体培养过程中，一方面要考虑外植体的生理状态，最好采新鲜和生长旺盛的外植体，选取合适的培养基和激素配比，使外植体和细胞处于旺盛的生长状态；另一方面再配合使用一些抗褐变剂，这样才能取得良好效果。利用银杏组织培养生产黄酮类化合物、银杏内酯等次生物质，一方面要进行银杏黄酮类化合物、银杏内酯组培生产的进一步优化，另一方面应尽快形成一套完整的生产工艺流程。

第十七章 花类药材的组织培养

第一节 红 花

红花（*Carthamus tinctorius* L.）是菊科一年生草本植物，具有活血通经、散瘀止痛等功效。有关红花植物组织培养的研究主要是甘烦远和郑光植（1991）、刘继红等（1992）进行的。

一、愈伤组织的诱导

用红花种子诱发无菌苗，再分别剪取不同器官（胚根、胚轴和子叶）进行常规条件下的愈伤组织诱导。诱导培养基为 MS + 2，4 - D 2mg/L + KT 0.1mg/L + 椰子汁（CM）10% + 琼脂 0.7%。于 25℃ ± 1℃暗培养。切段（0.5 ~ 1.0cm）1 周左右开始膨大，2 周即长出愈伤组织。如以花蕾为外植体，用 0.2%升汞消毒 10 分钟，于超净工作台上用无菌水冲洗干净后剥掉萼片，切取花小段（0.5 ~ 1.0cm）于相同的培养基和培养条件下 2 周左右也可长出愈伤组织。

二、愈伤组织培养

将不同器官诱导出的愈伤组织，培养于含 2，4 - D 2mg/L + KT 0.1mg/L 和酪蛋白氨基酸（CA）0.1%的 MS 固体培养基上，培养条件与上相同。愈伤组织每 30 天继代 1 次。

三、细胞悬浮培养及维生素 E 的诱导

在无菌的条件下，以花瓣为外植体，接种于 MS + 2，4 - D 0.1 ~ 1mg/L + 6 - BA 0.5 ~ 3mg/L + NAA 0.1 ~ 1.5mg/L + 蔗糖 3% + 琼脂 0.9%，培养 3 ~ 4 周，90%以上花瓣诱导成乳白色愈伤组织。在转入 MS + IBA 0.5 ~ 2.5mg/L + KT 0.1mg/L + 酪蛋白 0.1%的培养基中，经过 3 周的培养，在转入不含琼脂的相同培养基中进行液体培养，1 周后，在无菌条件下，投入以下前体化合物，D - 酪氨酸、L - 酪氨酸香茅醇、苯丙氨酸、植物醇等 10 ~ 100mg/L 再培养 2 周，收集培养物进行低温冷冻干燥，用正己烷抽出。用 HPLC 法分别测出 α - 维生素 E、β - 维生素 E 和 δ - 维生素 E 的量。

四、红花愈伤组织中 α – 生育酚的提取及测定

干燥后的愈伤组织在 40℃下用石油醚（30℃~60℃）暗中回流 8 小时，样品过滤，滤液减压真空干燥，再用石油醚定容至刻度。α – 生育酚的定量方法用 HPLC 法进行，流动相为甲醇（分析纯），流速 1.5ml/min，柱温 50℃，在 290nm 紫外光下检测。以标准的 α – 生育酚作对照，用双点外标法进行定量计算。最后换算成每 100g 干重样品中含 α – 生育酚的毫克数（mg/100g 干重）。

第二节　菊　花

菊花（*Chrysanthemum morifolium* Ramat.）为菊科多年生宿根草本植物，可观赏、入药、酿酒、制作饮料等。用组织培养技术繁殖菊花，有用材料少，成苗量大，脱毒、去病及能保持品种优良特性等优点。裘文达等用茎尖或茎段培养获得植株，王康才等用杭菊花花瓣组织培养，实现优良种苗的有效快繁。

一、茎尖或茎段培养

1. 切取带 2 个叶原基、长度小于 0.5mm 的茎尖组织，先用自来水冲洗 5~15 分钟，用 0.1%升汞消毒 8~12 分钟，然后用无菌水洗涤 8~10 次，用无菌纱布吸干水分。

2. 茎尖正放在 MS + NAA 0.01~0.02mg/L + BA 2~3mg/L，pH5.8 的培养基上，室温 26℃，每日光照 1000~1500Lux，8 小时，一般 4~6 周可产生丛生芽。

3. 生根可采用瓶内生根和瓶外生根。瓶内生根可采用 1/2MS + NAA（或 IBA）0.1mg/L +3%蔗糖培养基；瓶外生根时，直接将试管内 2~3cm 高的无根苗扦插在用生根溶液浸透的蛭石、珍珠岩或蛭石和珍珠岩等比例混合基质中，12 天后生根率可达 95%~100%。其中珍珠岩比蛭石更透气，生根效果也更好。

4. 移栽时要注意保温保湿，避免日晒，还要注意有害菌类的侵袭，以免造成烂苗。移栽后 2~3 周后，待长出新叶、新根，即可上盆或定植。

5. 若采用单芽茎段方式，可将带 1 个节（或叶腋）的嫩茎段接种于 MS 或 MS + NAA 0.1mg/L 培养基上，4~5 周后，腋芽可发育成新的生根小植株。照此方式进行增殖继代，可移出驯化。

二、花序轴培养

1. 将开放而未开放的花蕾（太幼嫩的花蕾不便于灭菌和剥离）直径 9~10mm，用自来水冲洗 20~30 分钟，洗净后用 70%乙醇浸泡 15 秒，用无菌水洗 2 次，再用 10%的漂白粉液浸泡 20 分钟，无菌水洗 3 次，然后用无菌滤纸吸干水分后切割接种。

2. 将花蕾切成 0.5cm 的小段，在 MS + BA 2.3mg/L + NAA 0.02~0.2mg/L 或 MS + KT 1.0mg/L + IAA 0.3~3mg/L 培养基上培养。室温 26℃，光照 1000~1500Lux，每天 8 小时。

3. 过 1～2 个月，分化出绿色枝芽。再将分化出来的绿色芽转移到 White ＋ NAA 1～2mg/L 培养基上，约 1 个月后可诱导生出健壮根系。再培养 1 个月，可种于室外。按原来培养液的半量浇灌，这是试管苗取得成功的关键。

三、叶片切段培养

1. 将材料消毒、切段，在 MS ＋ BA 2mg/L ＋ NAA 0.2mg/L 或 MS ＋ BA 1mg/ L ＋ KT 0.1mg/L ＋ IAA 1mg/L 上培养，经 1～2 个月后可诱导出愈伤组织。

2. 将愈伤组织在 MS ＋ KT 2mg/L ＋ NAA 0.02mg/L 培养基上摇动培养，增殖率极高，每 3 天增加 1 倍。

3. 将愈伤组织转移到 MS ＋ KT 0.5～2mg/L（或 GA$_3$ 1mg/L）的琼脂培养基上时，在 6～12 周内可形成植株。

四、花瓣培养

1. 将始花期花蕾（花蕾直径以 1.5～2cm 刚露白时为佳）的花瓣（长度以 0.5～0.7cm 为佳），经过灭菌消毒处理后，将靠近花瓣基部的切面插入 MS ＋ NAA 0.2mg/L ＋ KT 2mg/L 培养基中培养。光照强度为 2000Lux，光照时间 12 小时，昼夜培养温度 25℃ ±2℃。

2. 培养 7 天后愈伤组织开始形成，再经过 20 天愈伤组织诱芽率可达 80.8%。

3. 可采用 1/2MS ＋ NAA（或 IBA）0.1mg/L ＋ 蔗糖 3% 培养基生根，一般培养 8～10 天即可移栽。

五、试管苗移栽

1. 打开瓶塞，取出试管苗洗净，移到备好的室外苗床上，边移栽边用喷雾器喷湿苗床，栽后立即覆盖塑料薄膜和草帘。如天气干热，可进行沟灌以保证相对湿度达 85%～95%。移栽的关键是选择小苗，要求小苗根长 1cm 左右，茎带有 3～5 片叶子。春季覆盖塑膜，上午 9 点到下午 5 点加盖草帘。

2. 7 天后，小苗长出新叶，可逐渐揭去塑膜，只盖草帘。14 天后茎叶长粗转绿时，可除去遮盖。苗期管理的关键是保湿和增光锻炼。生长初期喷 1～2 次 1/2MS 培养基基质或 0.1% 尿素液肥。1 个月后苗高 10～15cm 时可定植于大田，苗成活率达 100%。

第三节 金 银 花

以忍冬科植物忍冬（*Lonicera japonica* Thunb.）、红腺忍冬（*L. hypoglauca* Miq.）、山银花（*L. confusa* DC.）或毛花柱忍冬（*L. dasystyla* Rehd.）的花蕾或初开的花和茎枝入药。味甘，性寒。具有清热解毒，疏散风热的功效。主治痈肿疔疮，肺痈，肠痈，热毒血痢，外感风热，温病初起等。能与胆固醇结合，可减少肠道对胆固醇的吸收。茎有通络作用，茎叶可治肝炎、高脂血症。本品应用广泛，药食兼用，有较好的开发前景。金银花（Loniceraspp）的生物学特性使其具有良好的蓄水保土效益，可防风固沙，防止土壤板结，减少灾害，是保持水土的优良植物资源；另外，在盐碱地上种植金银花还有改良土壤、调节气候的作用。

一、愈伤组织诱导与芽分化

选取带腋芽的金银花幼嫩茎段，洗净，在无菌室内，漂白粉过饱和溶液上清液浸泡 15 分钟，无菌水冲洗 1～2 次，70%酒精消毒 1～2 秒，无菌水冲洗 2～3 次，用 0.05% $HgCl_2$ 消毒 6～8 分钟，无菌水冲洗 5～8 次，用消毒滤纸吸干表面水分，切成带腋芽的小段，接种入培养基 MS＋0.5～BA 1.0mg/L＋NAA 0.01mg/L＋3%蔗糖中。培养温度为 18℃～25℃，光照强度为 1000～1500Lux，光照时间为 12～14 小时/天。培养 1～2 周后，腋芽萌发生长，茎段基部形成黄白色的愈伤组织，3～4 周后形成丛芽。

二、增殖培养

待丛芽形成后，及时分切成带芽的小段，转接到培养基 MS＋BA 1.0～2.0mg/L＋GA_3 0.5～1.0mg/L＋NAA 0.1mg/L＋蔗糖 3%中继代培养。

三、生根培养及炼苗移栽

将长得健壮的无根苗分成单株，接种于生根培养基 1/2MS＋NAA 0.5～1.0mg/L＋GA_3 0.5～1.0mg/L 中培养，12～15 天后开始生根。取出小苗，洗去基部的培养基，移栽入营养袋中，注意保湿，避免阳光直射。待新叶长出，生长健壮后，带袋移入大田。

第四节　月　　季

以蔷薇科植物月季（*Rosa chinensis* Jacq.）的干燥花入药。味甘、微苦，性平。具有活血调经，舒肝解郁，消肿解毒的功效。主治月经不调，经闭痛经，胸胁胀痛，跌打损伤，瘀血疼痛，瘰疬，痈肿，烫伤等。除了供药用外，月季还是主要的观赏花卉之一。用传统的方法繁殖月季的某些名贵品种速度太慢，难以满足需要。

一、愈伤组织诱导与芽分化

选取带腋芽的月季幼嫩茎段，洗净，在无菌室内，漂白粉过饱和溶液上清液浸泡 15 分钟，无菌水冲洗 1～2 次，70%酒精消毒 1～2 秒，无菌水冲洗 2～3 次，用 0.1% $HgCl_2$ 浸泡 7～8 分钟，无菌水冲洗 5～8 次，用消毒滤纸吸干表面水分，切成带腋芽的小段，接种入培养基 MS＋BA 0.5～1.0mg/L＋NAA 0.01mg/L＋3%蔗糖中。培养温度为 18℃～25℃，光照强度为 1000～1500Lux，光照时间每天为 12～14 小时。

培养 1～2 周后，腋芽萌发生长，茎段基部形成白色的愈伤组织。切下嫩芽转入培养基 MS＋BA 1.0～2.0mg/L＋NAA 0.05～0.1mg/L＋GA_3 0.2mg/L＋蔗糖 3%中，4～5 周后形成丛芽。

二、增殖培养

待苗长到 5 ~ 6cm 长时，分切成带芽的小段，转接到培养基 MS + BA 2.0mg/L + GA$_3$ 2.0mg/L + NAA 0.1mg/L + 蔗糖 3%中继代培养。

三、生根培养及炼苗移栽

将长得健壮的无根苗分成单株，接种于生根培养基 1/2MS + NAA 0.5 ~ 1.0mg/L 中培养，8 ~ 12 天后，转入培养基 1/2MS 中，10 ~ 15 天绝大部分无根苗生根。取出小苗，洗去基部的培养基，移栽营养袋中，注意保湿，避免阳光直射。待新叶长出，生长健壮后，带袋移入大田。

第十八章

果实和种子类药材的组织培养

第一节　枸　　杞

以茄科植物宁夏枸杞（*Lycium barbarum* L.）的成熟果实入药，味甘，性平，具有滋补肝肾，益精明目的功效。用于虚劳精亏、腰膝酸痛、眩晕耳鸣、血虚萎黄、目昏不明。除药用外，枸杞还作为保健食品的原料，有较大的经济价值。采用扦插育苗的不足之处是育苗周期较长，所获果实品质难以保证。

一、愈伤组织诱导与芽分化

（一）茎叶培养

1. 取幼嫩带叶枝条，用 70% 酒精消毒数秒钟，放在 0.1% 升汞液中浸 4～5 分钟，无菌水冲洗 4～5 次。

2. 幼茎切成 0.5～1cm 的小块，接种在含 MS + 2，4 - D 0.5mg/L + 蔗糖 2% 的固体培养基上，于 26℃ 和 10 小时光照培养。

3. 约 7 天后，茎段一端明显膨大，叶片发皱，形成愈伤组织，10 天可观察到叶片切口处叶脉部分有愈伤组织产生，愈伤组织呈淡黄色，质松而透明。培养基中加 BA 愈伤组织则紧密，生长较慢。

4. 20～30 天后，将愈伤组织分割成 0.5cm 大小，转移到 MS + BA 0.5mg/L + IAA 0.1mg/L 上培养，约 20 余天从愈伤组织开始分化出芽，约再过 20 天可长成 2～3cm 高的小苗。

（二）花药培养

1. 取花粉发育时期处于单核中期或单核中晚期的花蕾，先用 70% 酒精浸泡几秒钟，再置于 0.02% 升汞溶液中浸泡 7～8 分钟，进行表面灭菌，无菌水冲洗 3～4 次。

2. 从花蕾中取出花药，接种在 MS + BA 1mg/L + NAA 0.1mg/L + 蔗糖 5% 的培养基上，置于 28℃ 和每天 10 小时光照培养，胚状体的诱导频率约 16%。

3. 若在 MS + KT 1mg/L + 2，4 - D 2mg/L + 蔗糖 3% 的培养基上，花药可直接产生胚状体，也可通过愈伤组织再分化出芽。

（三）胚乳培养

1. 取幼嫩果实，用 70% 酒精消毒几秒钟，再用 0.1% 升汞液消毒 6～7 分钟，无菌水冲洗 2～3 次。

2. 切开果实，取出种子，剥去种皮和胚，将胚乳接种在 MS + 2, 4 - D 2.0mg/L + KT 0.5mg/L 的培养基上，约 1 周后产生米粒大小的愈伤组织，15～20 天后愈伤组织长到 1～2cm 大小，色淡黄而疏松，1 个月后愈伤组织的发生频率约 40%。

3. 将愈伤组织移到 MS + BA 0.5mg/L 或 MS + BA 0.5mg/L + NAA 0.1mg/L 或 MS + BA 0.5mg/L + NAA 0.1mg/L + GA$_3$ 2mg/L 的培养基上，放在 28℃和 2000Lux，每天 10～12 小时光照培养，15 天后开始分化出芽点，20 天后分化出小苗。但这三种培养基的分化频率稍有不同，以 MS + BA 0.5mg/L + NAA 0.1mg/L 的分化频率最高，可达到 85% 以上，每块愈伤组织可分化出数个芽。

（四）叶片培养

1. 从未开花植株上取叶片，先用流水冲去尘土，然后在 70% 的酒精中浸 20 秒钟左右，再在 0.02% 升汞溶液中消毒 4～5 分钟，用无菌水洗 3～5 次。

2. 在无菌条件下，将叶片横切成 1cm 左右的切段，接种在 MS 培养基上，培养基附加 KT 2mg/L + IAA 20mg/L 或 IAA 4mg/L + KT 4mg/L + 蔗糖 3%，pH5.6 左右。将培养物在弱光（1000Lux）下全日光照，25℃下培养。1 个月后叶片的整个切口上逐渐产生白色致密的愈伤组织，愈伤组织生长较缓慢。

3. 将这种愈伤组织切下转移到附加 BA 0.5mg/L 和 2, 4 - D 0.25mg/L 的 MS 培养基上继代培养，愈伤组织生长正常，但速度仍较慢，1 个月左右形成一团白色紧密的愈伤组织块。

4. 将组织块切成 3～4mm 见方的小块，接种到分化培养基中（MS 基本培养基分别加 BA 0.5mg/L + 玉米素 0.5mg/L + KT 0.5mg/L 或 BA 0.5mg/L + IAA 0.25mg/L 四种不同激素成分）。除在含 KT 0.5mg/L 的培养基中不能产生分化芽之外，其他三种培养基中均能诱导芽的形成，但玉米素诱导芽形成的能力很弱，并且芽不能长大。

二、生根培养及炼苗移栽

1. 茎叶培养

将小苗转到无激素的 1/2 MS 培养基上，或用 BA 50mg/L 浸 30 分钟再培养，约 1 周后开始生根，2 周后形成发达的根系。

2. 花药培养

胚状体或芽进一步发育成完整植株，经根尖细胞压片检查，其染色体为 N = 12，证明是单倍体。

3. 胚乳培养

苗高 1cm 时，从基部切下，在无激素的 MS 培养基上培养 10 天左右，从茎基部长出根，形成完整植株。

4. 叶片培养

当在含 BA 培养基中的芽长至 1 ~ 2cm 时，将其转移到附加 0.1mg/L IBA 或 NAA 的 MS 培养基上（蔗糖浓度降低到 1.5%）2 周左右，诱导根的形成。在两种激素中都能逐渐形成根，可产生健康正常的植株。如培养基中无生长素存在，则根不能形成，地上部分亦逐渐枯黄。

小植株生长 1 个月左右，可移到用 MS 大量元素配制的溶液浸润的砾石中，加以覆盖。在光下培养，植株易于成活。如将植株切成带有腋芽的切段，再接种于 MS + IBA 0.1mg/L + 维生素 B_1 10mg/L 的培养基中，切段在 1 周内就可生根，同时腋芽迅速生长，1 个月后又可形成一棵新的小植株，以后每个月约可以 5 倍的速度繁殖，在 1 年中就可形成大量的植株。

三、细胞培养

1. 用无菌苗胚轴，放在 MS + 2，4 – D 0.2mg/L + CH 500mg/L + 蔗糖 3% 的固体培养基上诱导，可形成愈伤组织。

2. 愈伤组织在固体培养基上继代 1 次。

3. 把愈伤组织移到液体培养基上，进行悬浮培养，并不断继代培养，约每 8 ~ 10 天继代 1 次，每次细胞可增殖 4 倍。

4. 悬浮细胞用 100 目筛过滤，得到 99% 的单细胞，调整到 4.5×10^4 单细胞悬浮液，在 4rpm 的摇床上培养，约 2 天开始出现细胞分裂，第 3 天形成有若干个细胞的细胞团。

5. 把细胞团植板到琼脂平板上培养，可产生大量愈伤组织，并继代培养 1 次。

6. 将愈伤组织移到 MS + BA 0.3mg/L 的分化培养基上培养，可分化出芽并伸长出苗。

7. 把苗移至 MS + NAA 0.2mg/L 培养基上培养，从芽基部很快形成根，也发育成完整植株。

第二节　山　　楂

以蔷薇科植物山里红（*Crataegus pinnatifida* Bge. var. *major* N. E. Br.）或山楂（*Cr. pinnatifida* var. *pinnatifida* Bge.）的成熟果实入药。味酸、甘，性微温。具有消食化积，行气散瘀的功效。用于主治肉食积滞，泻痢腹痛，疝气痛，胸胁瘀痛，痛经等。除药用外，山楂还适于鲜食和加工，有较大的经济价值。采用嫁接育苗的不足之处是育苗周期长，繁殖速度慢，难以满足发展山楂种植业的需要。

一、愈伤组织诱导与芽分化

在春冬季节选取发育饱满的芽，洗净，在无菌室内，漂白粉过饱和溶液上清液浸泡 15 分钟，无菌水冲洗 1 ~ 2 次，70% 酒精浸 30 秒，无菌水冲洗 2 ~ 3 次，用 0.1% $HgCl_2$ 浸泡 7 ~ 10 分钟，无菌水冲洗 5 ~ 8 次，用消毒滤纸吸干表面水分，剥出苞叶，取出芽内的生长锥，接种入培养基 MS + BA 0.5mg/L + IAA 0.01 ~ 0.1mg/L + 蔗糖 3% 中。培养温度为 25℃ ~ 27℃，光照强度为 1000~1500Lux，光照时间为每天 14~16 小时。

培养 1~2 周后，茎尖萌发，叶展开，茎尖基部形成愈伤组织。愈伤组织的适当形成有利于茎基分化，苗长势旺盛；愈伤组织化程度太大，则抑制苗的分化，相反，程度太小会引起苗干枯死亡。再继代培养 1 次，形成无性繁殖系。

二、增殖培养

待苗长到 5~6cm 长时，将苗分切成带芽的小段，转接到培养基 MS + BA 0.5~1.0mg/L + GA$_3$ 0.01~0.05mg/L + 蔗糖 3% 中，平均 20~25 天继代 1 次。培养基温度为 25℃~27℃，光照强度为 1000~1500Lux。光照时间每天为 12~14 小时。

三、生根培养及炼苗移栽

将长得健壮的苗分成单株，接种于生根培养基 1/2 MS + IBA 1.0~1.5mg/L，或 1/2 MS + IAA 2.0mg/L 中，培养基温度为 25℃~27℃，光照强度为 1000~1500Lux。光照时间每天为 12~14 小时。3~4 天后茎切口基部开始膨大，15 天后根的生长达到旺盛期，取出小苗，洗去基部的培养基，及时移栽于腐殖土中，延迟移栽会降低生根率。也可以在试管外生根，将无根苗茎切段的基部插入含 BA（或 NAA）0.5mg/L 的沙基质中，保持高湿度，促使生根。将生根试管苗冲洗净后，植入营养袋中，待新叶长出，生长健壮后，带袋移至大田。

第三节　枳　壳

枳壳为芸香科常绿小乔木植物酸橙（*Citrus aurantium* L.）及其栽培变种或甜橙（*C. sinensis* Osbeck）的干燥幼果。用于治疗胃肠积滞，湿热泻痢，痰滞喘满，胸痹结胸等症。

一、愈伤组织诱导与芽分化

（一）消毒与接种

选取结实母树上生长健壮的新枝，切取 1~1.5cm 长的梢尖，洗净。在无菌室内，漂白粉过饱和溶液上清液浸泡 15 分钟，无菌水冲洗 1~2 次，75% 酒精浸泡 5~10 秒，无菌水冲洗 3~4 次。用消毒滤纸吸干表面水分，切取 1~2mm 的茎尖进行培养。

（二）诱导愈伤组织和芽分化

将茎尖接种入诱导愈伤组织培养基 MS + 2，4 - D 0.25mg/L + NAA 2.5mg/L + KT 0.5mg/L + 叶酸 0.1mg/L + 维生素 B$_1$ 0.1mg/L + 维生素 C 5mg/L + 核黄素 0.1mg/L + 蔗糖 5% 中，接种 4~6 天后，长出浅黄色不透明的愈伤组织，10~25 天内是愈伤组织形成的高峰。研究表明，液体培养可促进愈伤组织形成。将愈伤组织转入培养基 MS + 6 - BA 0.25mg/L + NAA 0.1mg/L，培养温度为 27℃，光照强度为 1000~1500Lux。光照时间为每天 12~14 小时。30

天后可见茎叶器官的分化。

二、增殖培养

将有芽分化的愈伤组织转接到培养基 MS + BA 0.5mg/L + ZT 0.5mg/L，形成丛生芽。

三、生根培养及炼苗移栽

将长得健壮的苗分成单株，去除基部愈伤组织接种于生根培养基 MS + KT 2.0mg/L + YE 1000mg/L 中，培养形成完整植株。待根达 1 ~ 2cm 时，打开瓶盖，置于室温下，炼苗 2 ~ 3 天后，取出小苗，洗去基部的培养基，移栽于腐殖土中，移入温室，保持湿度。温度可控制在 25℃ ~ 27℃。

第四节 龙 眼

龙眼（*Dimocarpus longan* Lour.）为无患子科常绿乔木。其假种皮入药，味甘，性温。具有补益心脾，养血安神的功效。主治劳伤心脾，心悸怔忡，失眠健忘等。

一、消毒与接种

洗净果实，在无菌室内，漂白粉过饱和溶液上清液浸泡 15 分钟，无菌水冲洗 1 ~ 2 次，70%酒精浸泡 1 分钟，无菌水冲洗 2 ~ 3 次，用 0.1% $HgCl_2$ 浸泡 4 ~ 5 分钟，无菌水冲洗 5 ~ 8 次，用消毒滤纸吸干表面水分，将种子剥离出来，接种入 MS 培养基，在 27℃ ~ 30℃ 下暗培养 7 ~ 12 天后，种子萌发，取其子叶上胚轴、下胚轴作为外植体。

也可以取茎段、腋芽或顶芽作为外植体，用在无菌室内，经漂白粉过饱和溶液上清液（15 分钟）、70%酒精（1 ~ 2 秒）、0.05% $HgCl_2$（6 ~ 8 分钟）消毒处理，无菌水冲洗，接种入诱导培养基。

二、愈伤组织诱导、芽分化和增殖

将子叶上胚轴、下胚轴接种入培养基 MS + BA 1mg/L 中，于 25℃ ~ 28℃ 下暗培养，5 天后外植体开始膨大，长出浅黄色的愈伤组织，25 天后，愈伤组织诱导率达到 100%。

将茎段接种入培养基 MS + BA 2.5mg/L + IBA 2.5mg/L 中，弱光下培养 50 ~ 60 天，直接分化出芽。将腋芽或顶芽种入培养基 MS + BA 5mg/L + IBA 1.0mg/L + KT 2.0mg/L 中，30 天后就可以不断增殖。

三、生根培养及炼苗移栽

待芽长到 2 ~ 3cm 长时，转接到生根培养基 MS + IBA 0.1mg/L 中，12 天后开始长根，25 天后生根率达 70%。待根达 1 ~ 2cm 长时，将生根试管苗取出、冲洗净后，植入营养袋中，待新叶长出，生长健壮后，带袋移至大田。其间注意保持湿度和温度，避免阳光直射。

第五节 荔 枝

荔枝（*Litchi chinensis* Sonn.）为无患子科常绿乔木植物，是珍贵果品之一；其成熟种子经干燥后可以入药，味辛、微苦，性温；具有行气散结，散寒止痛的功效。用于主治疝痛，睾丸肿痛，胃脘疼痛，痛经，产后腹痛等。

一、愈伤组织诱导

选取 3～4mm 大小的花蕾（此时，多数花粉处于单核期）洗净后，在无菌室内，漂白粉过饱和溶液上清液浸泡 15 分钟，无菌水冲洗 1～2 次，70% 酒精浸 10 秒，无菌水冲洗 2～3 次，用 0.1% $HgCl_2$ 浸泡 8～10 分钟，无菌水冲洗 5～8 次，用消毒滤纸吸干表面水分，取出花药，接种入培养基 MS + 2, 4 - D 1.2mg/L + KT 1～2mg/L + NAA 0.5～1.0mg/L + 蔗糖 3% 中。在培养温度 24℃～27℃ 下暗培养。

培养 3 周后，花药壁上开始形成浅褐色的愈伤组织（为体细胞愈伤组织）。培养两个半月后，由花药裂缝中形成浅黄色的花粉愈伤组织。

二、胚状体诱导培养

将花粉愈伤组织转接到培养基 MS + KT 0.5mg/L + NAA 0.1mg/L + LH 500mg/L + 蜂皇浆 400mg/L + 蔗糖 3% 中，培养 1 个月后，在花粉愈伤组织上分化出胚状体。

三、成苗培养及炼苗移栽

将胚状体接种于培养基 MS + KT 0.5mg/L + GA_3 1.0mg/L + LH 500mg/L + 蜂皇浆 100 mg/L + 谷氨酰胺 1600mg/L + 蔗糖 3% 中，胚状体的小球首先分化出子叶，接着分化出胚根和胚芽，最后长成有根、茎、叶的完整植株。

取出小苗，洗净基部的培养基，及时植入营养袋中，注意保持湿度和温度，避免阳光直射。待新叶长出，生长健壮后，带袋移至大田。

第六节 莲

莲藕（*Nelumbo nucifera* Gaetn.）别名藕，属睡莲科多年生大型水生草本植物。在我国出土文物中，至少已有 7000 年的历史，在我国古籍文献记载中，至少也有 3000 多年的历史。公元前 1000 多年的《诗经·郑风》中记有："彼泽之陂，有蒲有荷。"可见在当时我国大地上有水泽的地方，已有莲的生长。现在莲藕仍是我国广泛栽培的水生蔬菜，栽培面积居水生蔬菜之首。莲藕用途广，经济价值高，其全株含有淀粉、糖类（棉子糖、葡萄糖）、纤维素、蛋白质（精氨酸等几种氨基酸）、脂肪和卵磷脂；除此之外，还含有少量的生物碱、黄酮类、胡萝卜素、核黄素（维生素 B_2）、尼克酸、维生素 C、维生素 B_6 和硫胺素等化学物质及铜、锰、钛、钙、磷、铁等元素。除可供鲜食外，还可加工制成罐头、蜜饯、莲藕汁饮料和藕粉等。莲子是滋补佳品，莲花可供观赏。莲藕的整个植株，均可供药用，有镇静安神、降血压、强心、止血、止泻等功能。其产品较耐贮藏和运输，在国内外市场上销路很广。目前，盐水藕、速冻藕已销往日本、香港、东南亚等国家和地区。

于文进等（1999）以莲藕顶芽或叶芽，李良俊等（1995、1998）、彭静等（2001）、张建设等（2002）以幼胚和茎尖等诱导获得再生植株。

1. 取子藕上顶芽或叶芽的藕梢，洗净，用 2% 洗涤剂液浸泡 10 分钟，在自来水下冲洗 15 分钟，然后用 75% 的酒精进行表面消毒 60 秒，随即用 0.15% $HgCl_2$ 溶液灭菌 8 分钟。灭菌过程中不断摇动搅拌外植体，灭菌完毕立即用无菌水冲洗外植体 3～4 次。然后在无菌条件下剥掉外体上的叶鞘，露出芽鞘，去掉幼叶，接种在 1/2MS + 6 - BA 2.5mg/L + IBA 0.05mg/L 培养基上，接种插入深度为外植体长度的 1/3。

2. 接种后 14 天，芽开始萌发并伸长。接种后 35 天顶芽已伸长至 2～4cm，长出小叶 1～2 片并长出 3～6 个侧芽。此时，将侧芽切成单芽，转接于 1/2MS + 6 - BA 2.5mg/L + IBA 0.05mg/L 继代培养基上进行继代培养，培养 25 天后，可长出 2～4cm 长的侧芽 4～6 个，每一侧芽上长有 1～2 片小叶。通过不断继代增殖，其繁殖系数可达 4～6。

3. 将通过诱导获得的丛生芽切成单芽，在分别添加 IBA 1.0mg/L 和 6 - BA 0.05mg/L 的 1/2 MS 培养基上进行生根培养，接种后 14 天开始生根，25 天生根率达 82.5%，根长 4.5cm，根数 2～6 条，生根后芽进一步伸长。

4. 把瓶移出培养室在室温下锻炼 5 天，然后打开瓶盖再炼苗 2 天，将苗取出洗净根上的培养基，假植于素沙中，遮阴，盖塑料薄膜保持空气相对湿度 85% 左右，20 天后移植于大盆中。盆内用塘泥加水搅拌成泥浆状，然后静置 2～3 天再移植，保持 2～3cm 深的水，成活率 86%。

第十九章

全草类药材的组织培养

第一节 石 斛

石斛主要为兰科（Orchidaceae）石斛属（*Dendrobium*）植物。全世界有兰科植物约700个属，2万多种，我国有兰科植物150个属，1000种，主要分布在秦岭、长江流域及其以南各省区。美国学者 Kundson 于1922年用兰科植物种子建立了无菌系，并首次证明了兰科植物种子可以在无机盐、糖和琼脂组成的培养基上萌发，无需共生菌的存在。石斛果实内种子量大，种子无胚乳，在自然条件下常常需要某种真菌的帮助才能萌发，因此繁殖率很低，不易发育成植株。药用石斛中，鼓槌石斛（*Dendrobium chrysotoxum* Lindl.）、金钗石斛（*Dendrobium nobile* Lindl.）、铁皮石斛（黑节草）（*Dendrobium candidum* Wall.ex Lindl.）、霍山石斛（*Dendrobium huoshanense* G.Z.Tang *et* S.J.Cheng）等均成功地建立组织培养与快速繁殖体系。其外植体选择有胚、幼茎、茎段、茎尖、幼叶等。

一、鼓槌石斛

鼓槌石斛胚培养选取生长良好未开裂的果实，用70%的酒精擦拭表面，然后依次用5%的次氯酸钠消毒、无菌蒸馏水冲洗，切开果实，用接种勺将胚均匀地播散于培养基上。在1/2 MS 培养基上，幼胚40天后开始膨大，逐渐萌发形成圆形的圆球茎，60天后圆球茎顶端产生叶原基突起，发育成幼叶。基本培养基以1/2 MS 培养基、B_5 和 N_6 培养基最佳。0.5mg/L 的 NAA 能加快根的分化，1mg/L 的 6 - BA 对叶的分化有利，1mg/L 的 KT 与 0.1mg/L 的 2,4 - D 也能加快苗的生长，但以 NAA 0.5mg/L + 6 - BA 1mg/L 最有利于苗的生长和分化。培养温度为 25℃±1℃，每日光照12小时，光照强度 1600~2000Lux。

二、铁皮石斛

铁皮石斛可以选用种子（胚）、茎尖和茎段进行培养。种子培养选取授粉良好的果实用75%的酒精表面消毒30秒后用0.1%的升汞消毒8分钟，再用无菌水冲洗4~5次，而后在无菌条件下把果实切成0.1mm的方块，接种到培养基上。茎尖培养选用当年萌发的幼嫩茎尖，用10%的次氯酸钠消毒10分钟，用无菌水冲洗4~5次即可接种到培养基上。茎段培养取铁皮石斛茎去除叶片、清洗和表面消毒处理后在无菌条件下切成5mm长的小段，每段带1

个茎节，再接种到培养基上。

三、金钗石斛

金钗石斛可选取叶片、幼茎和根等不同的器官进行培养。幼茎培养时，先将幼茎去掉叶片，用棉花蘸淡肥皂水轻轻擦洗，用自来水冲洗 30 分钟，在无菌条件下用 70% 的酒精消毒 30 秒，2% 的次氯酸钠溶液消毒 8 分钟，无菌水冲洗 5 次后用镊子去除膜质叶鞘，切取带芽茎段接种在诱导培养基上。选用 MS + 6 - BA 0.5mg/L + NAA 0.2mg/L 为诱导培养基，接种 1 周后，叶腋处开始有侧芽萌发，切口处有少量白色粒状愈伤组织形成。培养 30 天后，芽苗可长至 3~6 个节，即可转入继代组织培养基中培养。继代增殖培养基选用 MS + 6 - BA 3.0mg/L + NAA 0.5mg/L。当芽长至一定量时，将长至 2~3 cm 的丛芽切成单芽转至 MS + IBA 0.3mg/L + NAA 0.1mg/L 的生根培养基中进行生根培养。生根培养 25 天后，苗壮根粗时，将瓶盖打开，置于自然光下炼苗 3 天，然后取出生根苗，洗净基部的培养基，即可进行假植。

四、霍山石斛

霍山石斛在去掉植株的根和叶，将其切成 0.7~1.0cm 的带茎节的茎段消毒并接种在培养基上。诱导培养基为：MS + IBA 1mg/L + NAA 0.5mg/L；继代培养基为：MS + IBA 0.4mg/L + NAA 0.6mg/L；生根培养基为：Ms + IBA 0.15mg/L + NAA 0.5mg/L。茎段接种约 7 天后开始出芽；10 天时芽长 0.4~0.5cm，有长 0.2cm、宽 0.5cm 的幼叶 2 片；30 天时，高度为 0.8~1.0cm，茎径达 0.1cm；60 天时，普遍有 2 片真叶，苗高 12cm 左右，茎径达 0.2cm；培养 5~6 个月时，幼苗可长成 4~5cm 高，6~8 片叶，2~3 个丛生芽。

第二节 灯 盏 花

灯盏花（*Erigeron breviscapus*（Vant.）Hand. – Mazz.）属菊科飞蓬属野生草本植物，其药性味甘温，主要功能是散寒解表、祛风除湿、舒筋活血、消积止痛，对心脑血管类疾病所致的瘫痪及脑后遗症等具有明显的疗效，因其花似灯盏，根似细辛又名灯盏细辛。在灯盏花组织培养方面，杨耀文报道了用花序诱导愈伤组织及其继代和生根等方面的初步研究；林春等报道了成熟的胚培养诱导成苗；杨生超等用以植株幼叶作为外植体，就不同激素及其浓度对灯盏花愈伤组织诱导、继代增殖和生根等过程中的影响进行了进一步研究。

一、外植体消毒

选取生长旺盛的灯盏花的幼嫩叶片，用自来水冲洗干净，投入 75% 酒精溶液中消毒 3~4 秒后用 0.1% HgCl_2 进行消毒 60 秒，再用无菌水漂洗 3~4 次，最后接种到愈伤组织诱导培养基上诱导愈伤组织。

二、愈伤组织诱导与分化

用 MS 培养基作为基本培养基。愈伤组织诱导采用暗培养，继代培养和生根培养部分采用培养室内的自然光，温度为 28℃ ± 2℃。愈伤组织诱导培养基为 MS + 2，4 - D 0.5 ~ 1.0mg/L。外植体接种后 20 ~ 60 天诱导出愈伤组织和分化成苗。

三、继代增殖

BA 为 0.5mg/L 水平时植株生长势最佳，BA 为 0 和 1.0mg/L 水平的培养基在 NAA 浓度不超过 2.0mg/L 时均生长良好，但较高浓度的 NAA 和较高浓度的 BA 浓度的培养基灯盏花均生长一般。叶色变化较为复杂，与两种激素及其不同浓度无明显的规律性。在继代培养基中灯盏花月增殖倍数达到极显著水平的差异，在 NAA 浓度低于 2.0mg/L 时，添加 2.0mg/L 的 BA 的增殖倍数较不添加 BA 的 NAA 为 0 ~ 2.0mg/L 的 4 组培养基的增殖倍数的 2 ~ 3 倍，其余条件下的增殖倍数居于其间。不同培养基对于灯盏花株高的影响差异显著，其规律与增殖倍数的规律不同。0.5 ~ 1.0mg/L 的 NAA 和低于 2.0mg/L 的 BA 有利于植株长高，过高或过低浓度的 NAA 和较高浓度的 BA 则不利于长高。单株鲜重随激素及其浓度的不同，差异达到极显著水平。高浓度的 BA 培养基和 BA 的浓度与 NAA 浓度差异较大均不利于植株干物质的积累。

四、生根培养

灯盏花组培苗在添加有不同浓度的 IBA 和 NAA 培养基上的生根时间变化在接种后 17 ~ 21 天的时间内。随 IBA 浓度增加，生根时间缩短，而 NAA 则差异不大。不同的培养基上的灯盏花组培苗均具有很高的生根率，变化在 93% ~ 100% 之间，在 CK 中也有较高的生根率。不同培养基的单株根数差异达到极显著水平，IBA 对灯盏花生根效果较为明显，高浓度的 IBA 有利于提高单株根数，而 NAA 对单株根数的影响不大。根鲜重受激素的影响也较大，但规律不甚明显，其中 IBA 为 1.0mg/L，NAA 为 2.0mg/L 时根重最高，IBA 为 2.0mg/L 而 NAA 为 0mg/L 时根重最低。

五、炼苗移栽

生根试管苗放置于室温下炼苗 2 天后，用清水漂洗干净，再用 0.3% 的多菌灵溶液浸泡 5 分钟消毒。经消毒的组培苗假植到铺有 2 ~ 3cm 厚的苗床上，在其上建小拱棚覆盖塑料薄膜和遮荫网。在移栽初期要注意保持墒面较高的湿度，10 ~ 15 天后可以揭开塑料薄膜和遮荫网，并适当追施肥料。经 30 天的苗圃假植后即可成苗，并定植于大田。用这一方法假植炼苗成活率可达 95% 以上。

第三节　广　藿　香

广藿香为唇形科植物广藿香（*Pogostemon cablin*（Blanco）Benth），以全草入药。具有芳香化浊，开胃止呕，发表解暑的功效。广藿香是广东道地药材，"十大广药"之一。广藿香原产于菲律宾、马来西亚、印度等国，引种到我国后由于广东栽培药用历史长，故名"广藿香"。广藿香引种到我国南亚热带地区种植后，由于气温低，很少见到开花，即使开花也多不孕，因此广藿香的繁殖方法主要采取无性扦插繁殖，但又存在繁殖速度慢、易带病菌、受环境条件影响大、需消耗大量原植物材料等缺点，对种苗的供应极为不利，组织培养技术为这一问题的迅速解决提供了思路。

杜勤（2002）、贺红（2001）等对其组织培养进行了研究。

1. 取广藿香幼嫩叶片，用自来水冲洗干净，滤纸吸干表面水分，75%酒精漂洗 0.5 分钟，0.2%升汞浸泡 15 分钟，无菌滤纸吸干表面水分。

2. 叶片切开一半接种于 MS + 2, 4 – D 0.5 mg/L + 6 – BA 1.5mg/L + NAA 1.25mg/L 的培养基上，叶片接种后先于黑暗条件下培养 2 天，后置于光照条件下培养。培养 2 周后叶片开始膨胀，3 周后，从叶片切口处及叶缘锯齿凹陷处长出大量黄绿色颗粒状的胚性愈伤组织，长势良好。

3. 将胚性愈伤组织转移至培养基 MS + 6 – BA 2mg/L 上，2 周后可产生大量丛生芽。

4. 将丛生芽接种于 1/2 MS 培养基上，能够产生根，3 周后丛生苗基部形成许多白色细根，叶片也逐渐长大，同时茎上也会从节的部位产生一些不定根，这些根均细而弱，不利于移栽，可接种到培养基 1/2 MS + 马铃薯泥 5% 上进行复壮培养，待根及叶片得到进一步生长，再进行移栽。

5. 将已经生根的试管苗，打开瓶盖炼苗 2 天，用镊子轻轻夹出试管苗，洗去基部的琼脂，移栽到添加了 MS 营养液的沙土中，保持一定湿度。4 周后移栽到大田，移栽成活率达 95% 以上，植株长势良好。

第四节　长　春　花

长春花（*Catharanthurs roseus*（L.）G.Don）属于夹竹桃科植物。全株入药，有毒。迄今已经分离出 70 多种生物碱，例如长春碱（vinblastine, vincaleukoblastine）、长春新碱（vincristine, leurocristine）等。药理方面具有抗肿瘤、降压、降血糖、利尿以及止血、抗菌、镇痛等作用，具有较大的药用开发价值。现在我国市场上纯生物碱主要靠进口，价格相当高。因此，用组织细胞培养提高长春花生物碱的产量具有很大市场潜力。

一、茎培养

1. 选幼嫩、健康的茎为接种材料。将取来的茎刷洗干净，再用自来水冲洗数次，在无菌操作条件下，用 0.1% 升汞灭菌 8 分钟，再用无菌蒸馏水冲洗 3 次，将茎剪成 0.5cm 长的小段，接到已灭过菌的三角瓶的培养基内，每瓶接一段。

2. 以 MS + 2，4 - D 0.5mg/L + IAA 0.5mg/L 为培养基；pH 调至 5.8。

3. 将接种后的三角瓶放在 25℃ 恒温室内，暗培养。

二、叶培养

1. 取长春花顶芽下第三片叶，用自来水清洗干净，吸干水分，先用 70% 酒精灭菌 2 分钟后，转入 0.1% 升汞灭菌 10 分钟，无菌蒸馏水冲洗 5 次，剪成小块，接种于诱导培养基上。

2. 以 MS + 2，4 - D 1mg/L + KT 0.1mg/L + 3% 蔗糖 + 0.7% 琼脂为培养基，诱导效果好，愈伤组织浅黄疏松，生长较快，愈伤组织发生较早，生长状态好。

3. 将培养基在高温灭菌前均调至 pH8.5。每瓶接种物约为 0.4g。置于黑暗中培养，培养温度均为 23℃ ± 2℃。

葛枫认为长春花愈伤组织变褐，可能与培养过程中培养基的 pH 值下降有关，同时证明选材灭菌方法为 0.1% 升汞，灭菌 8 分钟，再用无菌水冲洗。MS 培养基上，pH 调至 5.8。在 0.5mg/L IAA 和 0.5mg/L 2，4 – D 的刺激下，25℃ 恒温室内，黑暗条件下培养，经过 15 天的诱导培养可长出愈伤组织，诱导率为 86%。

三、种子培养

1. 选饱满、干燥的新鲜种子用蒸馏水冲洗干净后，用 75% 酒精浸泡 3 ~ 5 秒，无菌水冲洗后，再转入 0.1% 升汞灭菌 10 分钟，最后用无菌水冲洗 5 遍，接种在培养基上。

2. 以 MS + 2.4 - D 1.0mg/L + NAA 1.0mg/L + ZT 0.1mg/L + 3% 蔗糖 + 0.8% 琼脂为诱导培养基，pH 调至 5.8，培养温度 25℃，夜间 20℃，光照强度 2500Lux，每日光照时间 12 小时。

3. 3 周后，种子开始萌动、发芽并突破种皮，胚体上长满白色的愈伤组织，将愈伤组织转接到分化培养基上。

4. 以 MS + 6 – BA 2.0mg/L + NAA 0.3mg/L + 3% 蔗糖 + 0.8% 琼脂为分化培养基，pH 调至 5.8，培养条件同上。2 周后，其表面出现浅绿色小体，经 20 天左右生长可分化成芽，再经培养芽可长至 2cm。

5. 切取高约 2cm 的单芽转接到 MS + 6 – BA 3.0mg/L + NAA 0.5mg/L + 3% 蔗糖 + 0.8% 琼脂的丛生芽增殖培养基上，pH 调至 5.8，培养条件同上。继续培养约 30 天，单芽基部长出许多淡绿色芽点，并逐渐形成十几个芽的芽丛，约 30 天为 1 个继代周期。

6. 切取高约 2 ~ 3cm 的芽体，接种在 1/2 MS + NAA 0.3mg/L + IBA 0.2mg/L + 2% 蔗糖 + 0.8% 琼脂的生根培养基上，pH 调至 5.8，培养条件同上。经培养，芽体基部可分化出不定根并具有 2~3 对的叶片。

7. 将长有生根苗的三角瓶瓶盖打开，并加入 1ml 蒸馏水，在实验室散射光下炼苗 2~5 天后，取出小苗，洗去根部培养基，栽植于由蛭石和细沙各半配制的基质中，放半阴处，保持湿润，5 天后浇 1 次不含生长素的 MS 液体培养基，10 天后移植于培养土中。

四、毛状根诱导及培养

1. 种子经水冲洗后，用 75% 酒精浸 30 秒，用 5% 安替福民灭菌 20 分钟，再用无菌水冲洗 3~4 次，将灭菌后的种子置于内含湿润滤纸的无菌平皿内萌发，3 天后萌发的种子再植于无激素的 MS 培养基三角瓶中，在光强 3000Lux，光照 16 小时/天，温度 25℃ 的条件下培养，7 天的幼苗下胚轴用于感染，稍大一些幼苗子叶、茎、叶片可用于感染。

2. 农杆菌培养基 YEM，固体培养基为内含 1.5 琼脂的 YEM。外植体感染前一天，挑取单个菌落接种于 10ml YEM 培养基中，150rpm 振荡，27℃ 黑暗培养过夜。菌液即可用于感染。

3. 叶盘法感染：无菌苗叶片切成 5mm^3 小块，置菌液中 15 分钟，或先置于无激素的 MS 培养基中，创伤部位涂抹少量菌液，散射光下培养 3 天，之后取出置于内含 0.5mg/ml 头孢霉素的培养基内杀菌，再继续培养。

4. 下胚轴及茎段感染：切取 7 日龄无菌苗下胚轴 1cm，茎段 1cm，横向或纵向倒置于无激素的 MS 培养基中，顶端涂抹菌液，继代培养方法同上。

5. 经 15~20 天左右的诱导转化培养，叶片及下胚轴创伤处长出 1~3 根 2~4mm 的毛状小根，继续生长至 1~2cm 时，切下毛状根，置于固体或液体 MS 培养基中，内含 0.5mg/ml 头孢霉素，继续培养。

6. 侵染及毛状根诱导：利用具有 Ri 质粒的发根农杆菌 A$_4$、LBA9402 和 R1600 3 个菌株，对外植体进行感染诱导。A$_4$ 感染下胚轴诱导效果最好，其次是 LBA9402 和 R1600。

7. 在无菌条件下，将毛状根切割下来，移植到 1/2MS 培养基上（内含 0.5mg/ml 头孢霉素），毛状根继续生长并长出侧根。培养基中如有农杆菌生长，应继续加抗生素连续培养，直至完全除菌为止。

8. Ri 质粒诱导的毛状根在无激素培养基上能迅速繁殖，且遗传及代谢特性稳定，比起细胞培养和植物组织浸提法具有生化遗传特性稳定、易操作、适合规模化生产的优越性。

第五节　薄　荷

薄荷（*Mentha haplocalyx* Briq.）是唇形科草本植物，有特异的芳香气味，具疏风退热、解郁理气、祛风止痒、健胃止痛等作用，广泛应用于医药、食品和化妆品工业中。郝建平等用幼叶和幼茎诱导形成愈伤组织。

一、茎叶愈伤组织的诱导

1. 取幼叶或幼茎切段按常规方法消毒以后，分别接种于添加激素 2，4 - D 的 MS 培养基中，接入培养基 10 天左右时，在叶片和幼茎的切口端产生愈伤组织，幼茎的愈伤组织为白色，质地致密，叶片愈伤组织为颗粒状，白中略带棕色，比较疏松。

2. 愈伤组织的液体悬浮培养：选择结构比较疏松的叶片愈伤组织，在附加 2，4 - D 0.5~10mg/L 的 MS 液体培养基中进行悬浮培养每隔 10 天继代 1 次，在继代培养过程中，MS + 2，4 - D 8mg/L 培养基中的愈伤组织逐渐发生变化，由颗粒状转变为小而分散的状态。

二、茎段培养

1. 取薄荷新发生的茎，经常规消毒后，切割成节段接种到附加 6 - BA 1mg/L + IAA 0.5mg/L 的 MS 培养基上，2 周后得到无菌苗。

2. 将无菌苗节段切成 1cm 长，接种到附加 6 - BA 1mg/L + IAA 0.5mg/L + 3% 蔗糖的 MS 培养基上（以 6 - BA 1mg/L + IAA 0.5~1mg/L 最好），第 3~4 天后开始有腋芽生长，8 天出芽率达 98%，成苗高度为 2.5cm。若想得到较高的丛生芽和不定芽率，以 6 - BA 2~3mg/L + IAA 0.3mg/L 培养最好。

3. 将薄荷无根试管苗接种到附加 IBA 0.2mg/L 的 1/2 MS 和 1/2 B_5 培养基上培养，6 天后均诱导生根，生根率很高，一般为 5~7 根。

4. 切取无菌苗带有一对对生叶的小段，切段扦插于 MS + 6 - BA 2mg/L 上进行培养，2 周后从切段叶腋内生长出 2 根枝条，平均每个切段可产生 5 对对生叶，4 周后每个切段可产生 10 对对生叶，并能同时形成根系，发育成小植株。因此，每隔 2 周传代增殖 1 次，可增加 5 倍；每隔 1 个月，传代增殖 1 次，可增加 10 倍。将小植物移于土中进行盆栽，便会长成健康植株。

第六节 穿 心 莲

穿心莲（*Andrographis paniculata* (Burm. f.) Nees）是爵床科的植物。具有清热解毒、泻火、燥湿的功能。现代药理及临床研究指出，它有解热、抗炎、抑菌、抗肿瘤、保肝利胆等多种作用，应用较为广泛，为穿心莲片、穿心莲丸等的主药。目前，它的繁殖方式主要是种子播种育苗，但由于其种皮外包有一层蜡质，影响其通气及透水，出芽速度慢且出苗不整齐。利用植物组织培养技术，可在短期内培育出大量整齐一致的试管苗，且不受季节和环境条件的限制，有利于优良种苗的推广。

贺红等（2004）用穿心莲无菌带节茎进行组织培养，获得了再生植株。惠月明等（1987）成功诱导出愈伤组织，胡月红等（1987）以穿心莲花轴为外植体诱导出愈伤组织，再经愈伤组织器官发生再生植株。

1. 取穿心莲种子除去杂质，用 0.1% 升汞消毒 3 分钟，无菌水冲洗 4~5 次，接种于 MT

培养基上。当苗长至一定大小时，切取带节茎进行培养。

2. 将切取的带节茎以形态学下端朝下（竖放），1 周左右开始出芽，2 周时出芽数基本恒定，附加 BA 0.5～1mg/L 的 MT 培养基外植体增殖速度较快，而且长出的芽生长健壮，叶片舒展。

3. 待节茎上诱导的芽生长至 2cm 长时，切下转入含不同生长素的生根培养基中，诱导生根。附加生长素 IBA 的 MT 培养基，生根率可达 93.0%。

4. 移栽选取已生根的健壮试管苗，揭开瓶塞，让幼苗在自然光下或培养室光照下锻炼 2 天，取出试管苗，洗去琼脂，转入装有已消毒细沙的塑料杯中炼苗，添加 1/2MT 培养液作养分，杯上罩上玻璃杯保湿，2 周后可除掉玻璃杯，3 周左右试管苗长出新根及新叶，再将其移栽于露天种植，一般成活率在 85% 左右。

第七节　芦　荟

芦荟（*Aloe vera* L.）是百合科植物，该植物产量高，既可做化妆品，也可以食用及药用。味苦，性寒，有清热导积，通便，杀虫，通经等功能。芦荟植株要生长数年后才开花结实，加之雌雄花开放时间不一致，故种子很少。芦荟种子细小，存放 1 年发芽率即降低，一般是采后及时播种，但用种子育苗手续繁杂，在生产上主要通过扦插和分株方式进行繁殖，繁殖率较低，且容易感染病菌，引起品种退化。

曲春香（2002）、雷呈（2002）、唐玉明（2002）、丰锋（2000）、郑维全（2000）、张瑛（1999）、潘学峰（1995）等先后报道了用芦荟茎尖、茎段培养芦荟再生植株。

1. 取整株芦荟，用利刀切去较长的叶片，仅留下基部 3～4cm，自来水冲洗 20 分钟。75% 酒精溶液浸泡 30 秒，无菌水冲洗 3～5 次，0.1% 升汞浸泡 8～10 分钟，可在灭菌液中加入 0.1% 吐温 20 或适量吐温 80，无菌水冲洗 5～6 次，无菌滤纸吸干表面水分。

2. 将外植体切成具有 1～2 个芽点的茎切段，接入培养基 MS + IBA 0.05mg/L + 6 - BA 2.0mg/L 上。30 天左右芽点开始萌动生长并诱导成数个丛芽。

外植体接种到培养基后，在切割伤口部位常会发生褐化现象，这可能是外植体和培养物分泌的蒽类或酚类化合物氧化所致，褐化导致培养物组织死亡，甚至导致整个培养物死亡。可以采取以下措施克服或减轻：①依靠培养物自身的生理机能，生长发育旺盛的培养物的褐化程度明显低于生长发育弱的；②在培养基中加抗氧化剂，如 PVP（聚乙烯吡咯烷酮）、抗坏血酸和活性炭、复合氨基酸、水解酪蛋白等；③适时切除褐化部分；④适时转接，提高转接次数。

3. 将诱导出的丛芽切下，分别接种到培养基 MS + IBA 0.05mg/L + 6 - BA 4.0mg/L 和 MS + IBA 0.05mg/L + NAA 0.2mg/L 上进行增殖，20 天左右，每个外植体可形成 3～10 个丛生芽，在多次继代中，交替使用两种培养基效果较好。

4. 将丛生芽单个切下，接种到生根培养基 MS + IBA 2.0mg/L + 活性炭 0.3% 中，1 周后开始生根，30 天左右，小芽可长到 5～8cm，粗根有 4～5 条，叶色浓绿。

5. 在散射光下炼苗 3 天，洗净根部琼脂，移入沙床。经过 2 周的过渡，植株叶色转绿，恢复生长，当抽出新叶时，即可移植于大田。

实 验 指 导

实验一 植物组织培养基的制备

经典的组织培养用培养基是 MS 配方，其基本上划分为：大量元素、微量元素、铁盐、有机复合物、植物激素、糖和支持物。这些成分的用量都在毫克级，用普通天平难以称量，我们可以按比例放大各成分的用量配制成母液，使用时按一定比例加入即可。一般将大量元素配制成 10 倍或 20 倍的母液，使用时再分别稀释 10 倍或 20 倍；将微量元素配制成 100 倍或 200 倍的母液。各种生长素和细胞分离素要单独配制成激素母液，需要时用微量移液器加入。生长素类一般要先用少量 95% 的酒精或 0.1mol/L 的 NaOH 溶解，再用蒸馏水定容至一定体积；细胞分裂素类一般要先用 0.5 ~ 1mol/L 的 HCl 或稀 NaOH 溶解再用蒸馏水定容至一定体积；激素母液的浓度一般为 0.5 ~ 1mg/L，赤霉素等可用蒸馏水直接配制。

一、实验目的

掌握制备植物组织培养基的整个过程；熟悉植物组织培养的一般技术和无菌操作的基本方法；了解植物组织培养的基本设备。

二、实验用品及药品

玻棒、量筒、试管、烧杯、磨口试剂瓶、三角瓶、试管架、漏斗、棉花、纱布、线绳、牛皮纸、骨匙、天平、电炉、手提式高压灭菌锅、NH_4NO_3、KH_2PO_4、KNO_3、$CaCl_2 \cdot 2H_2O$、$MgSO_4 \cdot 7H_2O$、KI、$MnSO_4 \cdot 4H_2O$、烟酸、甘氨酸、蔗糖、琼脂（或卡拉胶）、蒸馏水等。

三、实验方法

（一）培养容器和玻璃仪器的准备

1. 玻璃器皿的洗刷

将试管、培养瓶、三角烧瓶等用洗洁精或洗衣粉浸泡 4 ~ 8 小时（用过的应先煮沸），用毛刷洗涤，流水冲至无水珠挂壁；移液管要用吸球来清洗，反复用蒸馏水吹吸直到洁净为止。一支移液管只能使用 1 次，应多准备几支移液管（一般 10ml 2 支，5ml 2 支，1ml 5 支），置 60℃ ~ 80℃ 电热干燥箱中烘干备用。

2. 棉塞制作

将棉花包入纱布内卷紧，使其 2/3 在瓶口内，1/3 在瓶口外，松紧以瓶不下落为准。

（二）MS 培养基的配制

1. 母液配制

（1）大量元素母液（20 倍）的配制　要配制 1000ml 母液，先用量筒取 800ml 蒸馏水，放入 1000ml 的烧杯中，依次称取：

NH_4NO_3　33g	KH_2PO_4　3.4g	KNO_3　38g
$CaCl_2 \cdot 2H_2O$　8.8g	$MgSO_4 \cdot 7H_2O$　7.4g	

按顺序倒入烧杯中，用玻璃棒搅动，在第一种化合物完全溶解后再加入第二种，当最后一种完全溶解后，将溶液倒入 1000ml 的容量瓶中，用蒸馏水定容至 1000ml，然后倒入磨口试剂瓶中，存放于 4℃ 冰箱中或 25℃ 以下室温保存。

（2）微量元素母液（200 倍）的配制　配制 1000ml 母液，按上述方法，依次称取：

KI　166mg	$MnSO_4 \cdot 4H_2O$　4460mg	H_3BO_3　1240mg
$ZnSO_4 \cdot 7H_2O$　1720mg	$Na_2MoO_4 \cdot 2H_2O$　50mg	$CuSO_4 \cdot 5H_2O$　5mg
$CoCl_2 \cdot 6H_2O$　5mg		

用容量瓶定容后装入 1000ml 磨口试剂瓶中，于 4℃ 下贮存。

（3）有机母液（200 倍）的配制　依次称取：

肌醇（环己六醇）　20 000mg		盐酸硫胺素（维生素 B_1）　100mg
烟酸　100mg	甘氨酸　400mg	盐酸吡哆醇（维生素 B_6）　100mg

用容量瓶定容后装入 1000ml 磨口试剂瓶中，于 4℃ 下贮存。

（4）铁盐母液（200 倍）的配制　取 500ml 烧杯，加蒸馏水 400ml，称取 $FeSO_4 \cdot 7H_2O$ 5560mg 倒入烧杯中，微加热并不断搅拌使之全部溶解；再取 500ml 烧杯一只，加蒸馏水 400ml，称取 $Na_2EDTA \cdot 2H_2O$ 7640mg，倒入烧杯中微加热并不断搅拌使之全部溶解。将两种溶液倒入同一个 1000ml 的容量瓶中，混合均匀，再加蒸馏水定容至 1000ml，倒入一棕色磨口瓶中，先放在室温下一段时间令其充分反应，再转入 4℃ 冰箱中保存（立即放入会形成沉淀）。

2. 配制 1L MS 培养基

（1）用量筒取 750～800ml 的蒸馏水，倒入 1.5L 的烧杯或大于 2L 的不锈钢锅内。

（2）按比例分别取大量母液 50ml，微量母液、有机母液和铁盐母液各 5ml，每加一种母液都要混合均匀，然后再加入第二种母液（可按需要添加微量移液器各种激素）。

（3）称取一定量的蔗糖（MS 培养基中加入量多为 20～30g/L）倒入上述溶液中，待蔗糖全部溶化后将溶液倒回量筒中，加蒸馏水定容至 1L，再倒回烧杯或不锈钢锅内。

（4）调整培养基的 pH 至 5.7～5.8（一般应加 7～8 滴 1mol/L KOH）。

（5）在电炉（或微波炉）内加热至 70℃ 左右，加入一定量的琼脂（一般在 4～10g/L 范围内），再加热至沸腾，并搅拌直到琼脂彻底熔化（注意防止溢出）。

(三) 分装及灭菌

1. 分装

将配好的培养基用夹有弹簧夹的玻璃漏斗趁热分装于试管、三角瓶中（其他或培养容器内），装量约为瓶容积的 1/6 ~ 1/5，注意不要将培养基沾污容器口壁挂在瓶的外壁，这样容易造成污染。塞入棉塞，上用两层牛皮纸（防潮纸）包扎（或用耐高温高压的塑料膜及羊皮纸封口），用线绳扎紧。

2. 灭菌

先在手提式高压灭菌锅夹层中放适量沸水（铁圈以下），将准备好的培养基和要灭菌的器皿装入锅内，不要装得太满，以不超过锅的容量的 3/4 为宜，加上盖拧紧后，加热至 5 磅（0.05 Mpa）把冷空气排除，然后关闭排气阀，加热升压当蒸汽压到达 15 磅（0.15 Mpa），121℃保持 20 ~ 30 分钟灭菌，而后停止加热冷却至 5 磅（0.05Mpa），打开排气阀，待气压计指针到零时取出培养基及物品。

(四) 倾置斜面及检菌

将培养基平放在实验台上令其冷却凝固成平面培养基，或根据需要趁热（至手温）将试管倾置成 20° ~ 30°斜面，冷却凝固后即成斜面培养基（可以扩大培养基的表面积，接种较多的培养物）。置培养基于 25℃ ~ 30℃下培养 2 ~ 3 天，无菌者备用。

实验二　百合愈伤组织的诱导

一、目的

药用植物愈伤组织形成的影响因素及状态的调控是组织培养过程中一个很重要的环节。通过实验，掌握药用植物愈伤组织诱导的基本操作技术。

二、材料

百合（*Lilium brownii* F.E.Brown. var. *viridulum* Backer）的鳞茎。

三、实验用具及药品

光照培养箱、超净工作台、高压灭菌锅、镊子、手术刀、滤纸、无菌水、MS 培养基、2，4 - 二氯苯氧乙酸（2，4 - D）、6 - 苄基腺嘌呤（6 - BA）、蔗糖、琼脂（粉）。

四、实验方法

（一）培养基的制备

参照附录一（培养基的组成）配制 MS 基本培养基，附加 6 - BA 1.0mg/L + 2, 4 - D 3.0mg/L + 蔗糖 3% + 琼脂 0.8%，调培养基 pH5.8 ~ 6.0，分装于 100ml 培养瓶中，于高压灭菌锅中灭菌后，取出，静置后，预培养 2 ~ 3 天。

（二）取材与消毒

分取各鳞茎的鳞片，自来水冲洗，在无菌室内，漂白粉过饱和溶液上清液浸泡 15 分钟，无菌水冲洗 1 ~ 2 次，70% 酒精浸泡 1 ~ 2 秒，无菌水冲洗 2 ~ 3 次，用 0.1% $HgCl_2$ 浸泡 8 ~ 10 分钟，无菌水冲洗 5 ~ 8 次，消毒滤纸吸干表面水分，备用。

（三）接种

在超净工作台上，将鳞叶切成 0.5 ~ 1.0 cm^2 的小块，随机接种于培养瓶内，每瓶 6 ~ 8 块，并于培养瓶外做好标记。

（四）培养与观察

置于光照培养箱中培养，培养条件为：温度 25℃ ± 2℃。光照强度 3000Lux，每天光照 12h。

鳞片经培养 10 ~ 15 天后，外植体接触培养基基部出现淡黄色突起，后膨大成无特定形态结构、颜色为淡黄绿色、表面呈瘤状突起的愈伤组织。

愈伤组织状结构在 35 ~ 40 天以后，表面形态开始发生变化，一些瘤状突起分化为次级小鳞茎。

（五）统计

30 ~ 35 天后统计产生愈伤组织的外植体数，从而计算愈伤组织诱导率（%）。

$$愈伤组织诱导率（\%）= \frac{产生愈伤组织的外植体数}{接种数} \times 100\%$$

实验三　桔梗体细胞胚胎发生的诱导

一、目的

掌握药用植物桔梗体细胞胚胎发生的诱导方法和步骤。

二、材料

桔梗（*Platycodon grandiflourum*（Jacq.）DC.）种子。

三、实验用具及药品

无菌工作台、高压灭菌锅、光照培养箱、镊子、手术刀、滤纸、无菌水、乙醇、升汞、MS 培养基、2，4 – 二氯苯氧乙酸（2，4 – D）、萘乙酸（NAA）、苄基腺嘌呤（6 – BA）、激动素（KT）、椰乳（CM）、玉米素（ZT）、蔗糖、蜂皇浆、琼脂。

四、实验方法

（一）配制培养基

1. 种子萌发培养基：MS 培养基。
2. 愈伤组织诱导培养基：MS + 2，4 – D 0.2 ~ 0.5mg/L。
3. 体细胞胚胎诱导培养基：MS + KT 0.5mg/L + NAA 0.1mg/L + LH 500 mg/L + 蔗糖 3% 。

（二）种子消毒

洗净种子，于无菌室内在漂白粉过饱和溶液上清液中浸泡 15 分钟；用无菌水冲洗 1 ~ 2 次后，浸泡于 70% 酒精浸泡 1 ~ 2 秒；再用无菌水冲洗 2 ~ 3 次；接着用 0.05% $HgCl_2$ 浸泡 2 ~ 3 分钟，无菌水冲洗 5 ~ 8 次，最后用消毒滤纸吸干表面水分。将种子接种入 MS 培养基。

（三）种子萌发

在 25℃ ± 1℃ 下暗培养 10 ~ 15 天后，种子萌发，取其上胚轴作为外植体。

（四）诱导愈伤组织

将上胚轴接种入固体诱导培养基 MS + 2，4 – D 0.2 ~ 0.5mg/L 中，暗培养 10 天后，上胚轴开始膨大，长出浅绿色的愈伤组织。

（五）悬浮培养

选取未分化、易散碎的愈伤组织，转入液体培养基 MS + 2，4 – D 0.2 ~ 0.5mg/L 中，置于转速为 110rpm 的震荡培养箱中进行培养。

（六）继代培养

每 20 ~ 25 天继代 1 次，换掉大约 4/5 的旧液，淘汰飘浮于原培养液上层的细胞碎片和长弯形衰败细胞。继续继代培养，培养液由浊变清，开始出现胞质浓密的单细胞和小细胞团，直至建成良好的悬浮培养物。

（七）体细胞胚胎诱导

将愈伤组织块或部分悬浮培养物转入培养基 MS + KT 0.5mg/L + NAA 0.1mg/L + LH 500mg/L + 蔗糖 3% 中，培养 3 ~ 4 周后，将出现大量的体细胞胚。（可以通过调节生长调节物质的种类和浓度，观察生长调节物质对体细胞胚胎发生的影响，例如在培养基中添加 KT 或 BA 0.5 ~ 1.0mg/L、2，4 – D 0.2 ~ 0.5mg/L、NAA 0 ~ 0.5mg/L、CM 10%、ZT 0.05 ~ 0.1mg/L、蜂皇浆 400mg/L）。

实验四　百合花药培养实验

一、目的

掌握药用植物百合花药培养的具体方法和步骤。

二、材料

未开放的百合（*Lilium brownii* F.E.Brown. var. *viridulum* Backer）花蕾。

三、实验用具及药品

无菌工作台、高压灭菌锅、光照培养箱、镊子、手术刀、滤纸、无菌水、乙醇、升汞、MS 培养基、2，4 – 二氯苯氧乙酸（2，4 – D）、激动素（KT）、蔗糖、卡拉胶。

四、实验方法

1. 选取长度为 12 ~ 15mm 的花蕾，在 3℃ ~ 5℃ 的冰箱里处理 48 ~ 60 小时。

2. 选取处理过的花蕾，于无菌室内在漂白粉过饱和溶液的上清液中浸泡 15 分钟；用无菌水冲洗 1 ~ 2 次后，浸泡于 70% 酒精中 1 ~ 2 秒；再用无菌水冲洗 2 ~ 3 次；接着用 0.1%

$HgCl_2$浸泡 5 ~ 8 分钟，无菌水冲洗 5 ~ 8 次，最后用消毒滤纸吸干表面水分。

3. 将消毒过的花蕾接种入培养基 MS + 3. 0mg/L 2，4 – D + 3. 0mg/L KT，培养温度为 21℃ ~ 25℃，暗培养。约 30 天后开始形成花粉愈伤组织。

4. 待愈伤组织块长到 3 ~ 4mm 大小时，转入分化培养基 MS + 2.0mg/L KT + 2.0mg/L 2，4 – D + 4% 蔗糖中，培养温度为 21℃ ~ 25℃，光照强度为 2000 ~ 3000Lux，光照时间每天为 12 ~ 14 小时；愈伤组织进一步生长并开始分化，形成试管植株。

实验五　细胞融合实验

一、目的

掌握粉蓝烟草（*Nicotiana glauca*）+ 大豆（*Glycine max*）细胞融合的方法和步骤。

二、材料

大豆悬浮培养物和粉蓝烟草幼小植株。

三、实验用具及药品

四、实验方法

（一）原生质体制备

1. 取 1ml 继代 2 天后的大豆悬浮培养物加入 0.7ml 酶液中，在 24℃酶解 8 小时，随后在 10℃酶解 18 ~ 20 小时。

2. 将撕掉下表皮的粉蓝烟草幼嫩叶片放入酶液中酶解，酶液组成是 1% Cellulase Onozuka R – 10，1% Hemicellulase（Rhome），0.5% Pectinase（Sigma），6mmol/L $CaCl_2$，0.7mmol/L NaH_2PO_4，3mmol/L MES 和 0.7mmol/L 葡萄糖（pH5.7，NaOH）及原生质体培养基（KPR）。叶片和酶液以 1:1 比例混合，在 24℃酶解 6 ~ 7 小时。

（二）原生质体融合及培养

1. 酶解结束后，将大豆和粉蓝烟草的原生质体混合在一起，用溶液 D——含有 9g 葡萄糖、50mg $CaCl_2 \cdot 2H_2O$，10mg $KH_2PO_4 \cdot H_2O$，100ml H_2O（pH5.5，KOH）洗涤一次，并制成 4% ~ 5% 的悬浮液（V/V）。

2. 取 2 ~ 3μl 硅胶液放在 Falcon 培养皿（60mm × 15mm）的中部，将一片 22mm × 22mm 的盖玻片放在硅胶顶部。

3. 用吸管取约 150μl 的原生质体悬浮液放在盖玻片上。5 分钟后原生质体悬液可形成一薄层。

4. 从原生质体层的一侧缓慢加入 450μl PEG 溶液，并在倒置显微镜下观察粘接情况。PEG 溶液的组成为溶解 1g PEG 1540（1300～1600mw）于含有 0.1mol/L 葡萄糖、10.5mmol/L $CaCl_2$ 和 0.7mmol/L KH_2PO_4 的 2ml 溶液中，用 KOH 调 pH 至 5.5。

5. 在室温下使原生质体于 PEG 溶液中温育 15 分钟。

6. 两份 500μl 的高 pH 高 Ca^{2+} 溶液以 15 分钟的间隔慢慢地加入 PEG - 原生质体混合物中。再过 15 分钟，添加 1ml 原生质体培养基。高 pH 高 Ca^{2+} 溶液为临用之前混合相同数量的溶液 a 和 b。

溶液 a：5.4g 葡萄糖，0.75g 甘氨酸，100ml 双重蒸馏水（用 NaOH 调 pH 至 10.5，于 4℃黑暗保存）。

溶液 b：5.4g 葡萄糖，1.47g $CaCl_2 \cdot 2H_2O$，100ml 双重蒸馏水。

7. 用总量为 15～20ml 的原生质体培养基以 5 分钟的间隔冲洗 5 次。并在倒置镜下观察新形成的异核体。

注意在用带 2ml 橡胶头的吸管转移液体时，每次都须在原生质体层的边上添加 PEG 溶液或新鲜的原生质体培养基，并尽量避免冲散原生质体层；在洗涤用 PEG 处理过的混合物时，确保添加新鲜培养基时在盖玻片上留一薄层培养基（约 150μl）。

8. 将 PEG 处理时的原生质体培养在一薄层约 500μl 的原生质体培养基中（KPR），后者放在一培养皿中的盖玻片上。另外沿盖片周边逐滴加入 1ml 培养基以保持培养皿湿度。培养皿用 Parafilm 封口，培养在有散射荧光灯下（约 60Lux，每天光照 10 小时），相当于湿度培养箱的塑料盒中。作为对照，对粉蓝烟草原生质体也用上述方法进行融合处理（塑料盒中放有湿润的吸水纸）。

（三）单个异核体的分离和培养

1. 培养 24～48 小时后，向原生质体培养物中添加渗透压略微降低的新鲜培养基（为 1/3 细胞培养基和 2/3 原生质体培养的混合物）。再培养 24～48 小时后，将上述培养物进一步稀释成 200～300 个/毫升。

2. 将 3ml 无菌重蒸水和原生质体的混合物（1:1）加入 Cuprak 培养皿（Coster3268）的外腔中。

3. 用可任意使用的微吸管（25μl）（drummond microcaps）将原生质体（细胞）悬浮物转入 Cuprak 培养皿的内腔的小室中。

4. 该培养皿用 Parafilm 封口，并在倒置镜下镜检。将仅含一个异核体的小室全部记录下来。在某些情况下，将含几个异核体的小室也记录下来并在培养几天后再分离异核体。

5. 2 周后，异核体发育为 100～200 个细胞的大细胞团。将其转入盛于 Falcon 塑料培养皿（60mm×15mm）的体积为 100～200μl 的培养基液滴中（1/3 细胞培养基和 2/3 原生质体培养基）。在该培养皿中另外加一些培养基以保持湿度。培养皿用 Parafilm 封口并在 20℃～25℃散射光下（50～100Lux）或黑暗中培养。

实验六　黄芪遗传转化实验

一、目的

了解发根农杆菌介导法的基本原理和一般步骤，掌握遗传转化的基本操作技术。

二、材料

发根农杆菌 15834 的质粒、黄芪（*Astragalus membranaceus*（Fisch.）Bge. var. *mongholicus*（Bge.）Hsiao）的种子。

三、实验用具及药品

无菌工作台、高压灭菌锅、光照培养箱、镊子、手术刀、滤纸、无菌水、干燥漂白粉、乙醇、升汞、YEP 培养基、MS 培养基、卡那霉素、羧苄青霉素、萘乙酸（NAA）、6－苄基腺嘌呤（6－BA）、2，4－二氯苯氧乙酸（2，4－D）、激动素（KT）、蔗糖、卡拉胶、酵母、水解蛋白、头孢噻肟。

四、实验方法

（一）配制培养基

1.YEP 培养基：每 100ml 含 NaCl 0.5g、酵母 1g、水解蛋白 1g、卡拉胶 1.5g；pH 值 7.0。
2.MS 培养基 ＋ 500mg/L 头孢噻肟。
3.MS 培养基。

（二）发根农杆菌的活化

农杆菌接种于平板培养基上，可在 –70℃ 的超低温冰箱中长期保存，而在 4℃ 以下的低温冰箱中可保存数月。发根农杆菌 15834 的质粒上带有抗头孢噻肟（cefotaximes）选择标记基因。临用前将农杆菌培养于 YEB 固体培养基，培养温度为 25℃，每周转接 1 次；感染前 2 天转接 1 次。活化 3 次后转入 YEB 培养液中，置于振荡培养箱，进行暗培养，培养温度为 25℃，震荡速率为 100rpm；12 小时后用于感染外植体。利用对数生长期的农杆菌来进行转化，可使转化最为有效。

（三）黄芪无菌苗培养

洗净黄芪种子，于无菌室内在漂白粉过饱和溶液的上清液中浸泡 15 分钟；用无菌水冲洗1~2次后，浸泡于70%酒精中1~2秒；再用无菌水冲洗2~3次；接着用0.05% HgCl$_2$浸泡2~3分钟，无菌水冲洗5~8次，最后用消毒滤纸吸干表面水分。将种子接种入MS培养基。25℃下暗培养，待苗生长至大约4cm长时，切取下胚轴作为共培养的材料。

（四）外植体的转化

用解剖针蘸取培养好的发根农杆菌，在黄芪下胚轴上扎眼，然后切段接种于含500mg/L头孢噻肟的MS培养基上，培养温度25℃，暗培养，诱导毛状根。

毛状根多丛生，多分枝，多根毛，无向地性，不依赖激素快速生长。这些特征与未转化的根不同，可以用来鉴定诱导出的毛状根是否确为转基因产物。

（五）毛状根的除菌

剪下长出的毛状根，接种于含500mg/L头孢噻肟的MS培养基上培养，每5天转接1次。转接3次以后，将培养瓶放入39.5℃的恒温培养箱中除菌，48小时后转入MS中培养。转化的毛状根可快速生长，大大快于未转化的根培养物。

实验七　百合组织培养及快速繁殖实验

一、目的

掌握药用植物百合组织培养及快速繁殖的具体方法和步骤。

二、材料

百合（*Lilium brownii* F.E.Brown. var. *viridulum* Backer）的鳞茎作为外植体。

三、实验用具及药品

无菌工作台、高压灭菌锅、光照培养箱、镊子、手术刀、滤纸、无菌水、乙醇、升汞、MS培养基、萘乙酸（NAA）、6-苄基腺嘌呤（6-BA）、蔗糖、琼脂。

四、实验方法

（一）配制培养基

1. 诱导愈伤组织培养基：MS + 1.0mg/L NAA + 0.1mg/L BA + 4%蔗糖。
2. 增殖培养基：MS + 0.1mg/L NAA + 1.0mg/L BA + 4%蔗糖。
3. 生根培养基：1/2 MS + NAA 1.0mg/L。
基础培养基为 MS 培养基，pH5.8，卡拉胶 6.0g/L。

（二）消毒与接种

洗净鳞片，于无菌室内在漂白粉过饱和溶液的上清液中浸泡 15 分钟；用无菌水冲洗 1~2次后，浸泡于 70% 酒精中 1~2 秒；再用无菌水冲洗 2~3 次；接着用 0.1% HgCl$_2$浸泡 5~8分钟，无菌水冲洗 5~8 次，最后用消毒滤纸吸干表面水分。将鳞片接种入诱导愈伤组织培养基，培养温度为 20℃~24℃，光照强度为 1000~1500Lux，光照时间每天为 12~14 小时。

接种后 10 天鳞片基部开始形成黄绿色的愈伤组织，继而生出芽丛。

（三）继代培养

培养温度为 20℃~24℃，光照强度为 1000~1500Lux，光照时间每天为 12~14 小时。培养 15~20 天后，切下基部带愈伤组织的芽丛，3~4 个芽为一丛，转入增殖培养基中增殖。每 25~30 天继代 1 次，继代时切除叶片，仅留基部带愈伤组织的芽丛。

（四）生根培养

将健壮的无根丛苗分株，在基部切成创口后接种于生根培养基，培养温度为 20℃~24℃，光照强度为 1000~1500Lux，光照时间每天为 12~14 小时。培养 10~12 天后开始生根，待根生长到 1~2cm 时取出苗种，洗净基部的培养基，移栽于腐殖土中。

（五）炼苗

炼苗时主要注意保湿，避免阳光直射，这样可提高成活率。

实验八 月季组织培养及快速繁殖实验

一、目的

掌握药用植物月季组织培养及快速繁殖的具体方法和步骤。

二、材料

月季（*Rosa chinensis* Jacq.）带腋芽的幼嫩茎段作为外植体。

三、实验用具及药品

无菌工作台、高压灭菌锅、光照培养箱、镊子、手术刀、滤纸、无菌水、乙醇、升汞、MS 培养基、萘乙酸（NAA）、6 – 苄基腺嘌呤（6 – BA）、赤霉酸（GA_3）、蔗糖、琼脂。

四、实验方法

（一）配制培养基

1. 诱导愈伤组织与芽分化培养基

MS + BA 0.5 ~ 1.0mg/L + NAA 0.01mg/L + 蔗糖 3%。

MS + BA 1.0 ~ 2.0mg/L + NAA 0.05 ~ 0.1mg/L + GA_3 0 ~ 2mg/L + 蔗糖 3%。

2. 增殖培养基

MS + BA 2.0mg/L + GA_3 2.0mg/L + NAA 0.1mg/L + 蔗糖 3%。

3. 生根培养基

1/2 MS + NAA 0.5 ~ 1.0mg/L。

基础培养基为 MS 培养基，pH5.8，卡拉胶 6.0g/L。

（二）消毒与接种

选取带腋芽的月季幼嫩茎段，洗净，于无菌室内在漂白粉过饱和溶液上清液中浸泡 15 分钟；用无菌水冲洗 1 ~ 2 次后，浸泡于 70%酒精中 1 ~ 2 秒；再用无菌水冲洗 2 ~ 3 次；接着用 0.1% $HgCl_2$ 浸泡 7 ~ 8 分钟，无菌水冲洗 5 ~ 8 次，最后用消毒滤纸吸干表面水分。切成带腋芽的小段，接种入培养基 MS + BA 0.5 ~ 1.0mg/L + NAA 0.01mg/L + 蔗糖 3%中，培养温度为 18℃ ~ 25℃，光照强度为 1000 ~ 1500Lux，光照时间每天为 12 ~ 14 小时。

培养 1 ~ 2 周后，腋芽萌发生长，茎段基部形成白色的愈伤组织。切下嫩芽转入培养基 MS + BA 1.0 ~ 2.0mg/L + NAA 0.05 ~ 0.1mg/L + GA_3 0.2mg/L + 蔗糖 3%中，4 ~ 5 周后形成

丛芽。

（三）增殖培养

待苗生长到 5~6cm 长时，分切成带芽的小段，转接到培养基 MS + BA 2.0mg/L + NAA 0.1mg/L + 蔗糖 3%中继代培养。

（四）生根培养

将生长健壮的无根苗切分成单株，接种于生根培养基 1/2 MS + NAA 0.5~1.0mg/L 中，培养 8~12 天后，转入培养基 1/2 MS 中，10~15 天绝大部分无根苗生根。

（五）炼苗移栽

取出小苗，洗去基部的培养基，移栽营养袋中，注意保湿，避免阳光直射。待新叶长出，生长健壮后，带袋移入大田。

附　录

附录一　常用培养基配方

AA 培养基（用于禾本科植物的悬浮细胞培养）*

成分	含量（mg/L）	成分	含量（mg/L）	成分	含量（mg/L）
$CaCl_2 \cdot 2H_2O$	440	$NaMoO_4 \cdot 2H_2O$	0.25	盐酸硫胺素	0.5
KH_2PO_4	170	$MnSO_4 \cdot 4H_2O$	22.3	甘氨酸	75
$MgSO_4 \cdot 7H_2O$	370	$CuSO_4 \cdot 5H_2O$	0.025	L–谷氨酰胺	877
KCl	2940	$ZnSO_4 \cdot 7H_2O$	8.6	L–天冬氨酸	266
KI	0.83	Na_2EDTA	37.3	精氨酸	228
$CoCl_2 \cdot 6H_2O$	0.025	$FeSO_4 \cdot 7H_2O$	27.8	蔗糖	30000
H_3BO_3	6.2	肌醇	100	pH 值	5.6

B5 培养基（用于多种植物的各类组织培养）

成分	含量（mg/L）	成分	含量（mg/L）	成分	含量（mg/L）
KNO_3	3000	$ZnSO_4 \cdot 7H_2O$	2	盐酸硫胺素	10
$(NH_4)_2SO_4$	134	H_3BO_3	3	盐酸吡哆素	1
NaH_2PO_4	150	KI	0.75	烟酸	1
$CaCl_2 \cdot 2H_2O$	150	$Na_2MoO_4 \cdot 2H_2O$	0.25	蔗糖	20000
$MgSO_4 \cdot 7H_2O$	500	$CuSO_4 \cdot 5H_2O$	0.025	琼脂	10000
$FeNa_2EDTA$	28	$CoCl_2 \cdot 6H_2O$	0.025	pH 值	5.5
$MnSO_4 \cdot 4H_2O$	10	肌醇	100		

C17 培养基（用于禾本科植物的花药培养）＊

成分	含量（mg/L）	成分	含量（mg/L）	成分	含量（mg/L）
NH_4NO_3	300	$MnSO_4 \cdot 4H_2O$	11.2	盐酸硫胺素	0.5
KNO_3	1400	$ZnSO_4 \cdot 7H_2O$	8.6	盐酸吡哆素	0.5
KH_2PO_4	400	H_3BO_3	6.2	烟酸	0.5
$CaCl_2 \cdot 2H_2O$	150	KI	0.83	生物素	1.5
$MgSO_4 \cdot 7H_2O$	150	$CuSO_4 \cdot 5H_2O$	0.025	蔗糖	90000
$FeSO_4 \cdot 7H_2O$	27.8	肌醇	100	琼脂	7000
Na_2EDTA	37.3	甘氨酸	2	pH 值	5.8

PHG 培养基（用于禾本科植物的花药及花粉培养）

成分	含量（mg/L）	成分	含量（mg/L）	成分	含量（mg/L）
KNO_3	1900	$ZnSO_4 \cdot 7H_2O$	8.6	肌醇	100
NH_4NO_3	1650	H_3BO_3	6.2	盐酸硫胺素	0.4
KH_2PO_4	170	KI	0.83	谷酰胺	730
$CaCl_2 \cdot 2H_2O$	440	$Na_2MoO_4 \cdot 2H_2O$	0.25	麦芽糖	62000
$MgSO_4 \cdot 7H_2O$	370	$CuSO_4 \cdot 5H_2O$	0.025	Ficoll – 400	20000
$FeNa_2EDTA$	40	$CoCl_2 \cdot 6H_2O$	0.025	pH 值	5.6
$MnSO_4 \cdot 4H_2O$	22.3				

H 培养基（用于多种植物的各类组织培养）＊

成分	含量（mg/L）	成分	含量（mg/L）	成分	含量（mg/L）
NH_4NO_3	720	$MnSO_4 \cdot 4H_2O$	225	盐酸硫胺素	0.5
KNO_3	950	$ZnSO_4 \cdot 7H_2O$	10	盐酸吡哆素	0.5
KH_2PO_4	68	H_3BO_3	10	叶酸	0.5
$CaCl_2 \cdot 2H_2O$	166	$Na_2MoO_4 \cdot 2H_2O$	0.25	生物素	0.05
$MgSO_4 \cdot 7H_2O$	185	$CuSO_4 \cdot 5H_2O$	0.025	蔗糖	30000
$FeSO_4 \cdot 7H_2O$	27.8	肌醇	100	琼脂	8000
Na_2EDTA	37.3	甘氨酸	2	pH 值	5.5

KM – 8P 培养基（用于禾本科和豆科植物的原生质体培养）

成分	含量（mg/L）	成分	含量（mg/L）	成分	含量（mg/L）
NH_4NO_3	600	葡萄糖	68400	酮酸钠	20
KNO_3	1900	肌醇	100	柠檬酸	40
$CaCl_2 \cdot 2H_2O$	600	烟酸	1	苹果酸	40
$MgSO_4 \cdot 7H_2O$	300	盐酸硫胺素	1	延胡素酸	40
KH_2PO_4	170	盐酸吡哆素	1	果糖	250
KCl	300	生物素	0.01	核糖	250
$FeNa_2EDTA$	28	氯化胆碱	1	木糖	250

成分	含量（mg/L）	成分	含量（mg/L）	成分	含量（mg/L）
KI	0.75	核黄素	0.2	甘露糖	250
H_3BO_3	3	抗坏血酸	2	鼠李糖	250
$MnSO_4 \cdot 4H_2O$	10	D–泛酸钙	1	纤维二糖	250
$ZnSO_4 \cdot 7H_2O$	2	叶酸	0.4	山梨糖	250
$Na_2MoO_4 \cdot 2H_2O$	0.25	对氨基苯甲酸	0.02	甘露醇	250
$CuSO_4 \cdot 5H_2O$	0.025	维生素 A	0.01	水解酪蛋白	250
$CoCl_2 \cdot 6H_2O$	0.025	维生素 D_3	0.01	椰子汁	25ml/L
蔗糖	250	维生素 B_{12}	0.02	pH 值	5.6

Knudson C 培养基（用于兰科植物的种子培养和萌发）

成分	含量（mg/L）	成分	含量（mg/L）	成分	含量（mg/L）
$(NH_4)_2SO_4$	500	$MgSO_4 \cdot 7H_2O$	250	蔗糖	20000
KH_2PO_4	250	$FeSO_4 \cdot 7H_2O$	25	琼脂	17500
$Ca(NO_3)_2 \cdot 4H_2O$	1000	$MnSO_4 \cdot 4H_2O$	7.5	pH 值	5.8

LS 培养基（用于多种植物的各类组织培养）*

成分	含量（mg/L）	成分	含量（mg/L）	成分	含量（mg/L）
NH_4NO_3	1650	$MnSO_4 \cdot 4H_2O$	22.3	$CoCl_2 \cdot 6H_2O$	0.025
KNO_3	1900	$ZnSO_4 \cdot 7H_2O$	8.6	肌醇	100
KH_2PO_4	170	H_3BO_3	6.2	盐酸硫胺素	0.4
$CaCl_2 \cdot 2H_2O$	440	KI	0.83	蔗糖	30000
$MgSO_4 \cdot 7H_2O$	370	$Na_2MoO_4 \cdot 2H_2O$	0.25	琼脂	8000
$FeSO_4 \cdot 7H_2O$	27.8	$CuSO_4 \cdot 5H_2O$	0.025	pH 值	5.8
Na_2EDTA	37.3				

Miller 培养基（用于多种植物的各类组织培养）

成分	含量（mg/L）	成分	含量（mg/L）	成分	含量（mg/L）
NH_4NO_3	1000	$FeNa_2EDTA$	32	盐酸硫胺素	0.4
KNO_3	1000	$MnSO_4 \cdot 4H_2O$	4.4	盐酸吡哆素	0.5
KH_2PO_4	330	$ZnSO_4 \cdot 7H_2O$	1.5	烟酸	0.5
KCl	65	H_3BO_3	1.6	蔗糖	30000
$Ca(NO_3)_2 \cdot 4H_2O$	347	KI	0.8	琼脂	8000
$MgSO_4 \cdot 7H_2O$	35	甘氨酸	2	pH 值	5.8

MS 培养基（广泛用于多种植物的各类组织培养）*

成分	含量（mg/L）	成分	含量（mg/L）	成分	含量（mg/L）
NH_4NO_3	1650	$ZnSO_4 \cdot 7H_2O$	8.6	盐酸硫胺素	0.4
KNO_3	1900	H_3BO_3	6.2	盐酸吡哆素	0.5

成分	含量（mg/L）	成分	含量（mg/L）	成分	含量（mg/L）
KH_2PO_4	170	KI	0.83	烟酸	0.5
$CaCl_2 \cdot 2H_2O$	440	$Na_2MoO_4 \cdot 2H_2O$	0.25	蔗糖	30000
$MgSO_4 \cdot 7H_2O$	370	$CuSO_4 \cdot 5H_2O$	0.025	琼脂	8000
$FeSO_4 \cdot 7H_2O$	27.8	$CoCl_2 \cdot 6H_2O$	0.025	pH 值	5.8
Na_2EDTA	37.3	肌醇	100		
$MnSO_4 \cdot 4H_2O$	22.3	甘氨酸	2		

N6 培养基（用于禾本科植物花药、原生质体培养和诱导细胞胚胎发生）*

成分	含量（mg/L）	成分	含量（mg/L）	成分	含量（mg/L）
KNO_3	2830	Na_2EDTA	37.3	盐酸硫胺素	1.0
NH_4NO_3	463	$MnSO_4 \cdot 4H_2O$	4.4	盐酸吡哆素	0.5
KH_2PO_4	400	$ZnSO_4 \cdot 7H_2O$	1.5	烟酸	0.5
$CaCl_2 \cdot 2H_2O$	166	H_3BO_3	1.6	蔗糖	30000
$MgSO_4 \cdot 7H_2O$	185	KI	0.8	琼脂	8000
$FeSO_4 \cdot 7H_2O$	27.8	甘氨酸	2.0	pH 值	5.8

诱导体细胞胚胎发生时在基本培养基中添加脯氨酸 690mg/L。

Nitsch 培养基（用于传粉后子房培养）

成分	含量（mg/L）	成分	含量（mg/L）	成分	含量（mg/L）
$Ca(NO_3)_2 \cdot 4H_2O$	500	$MnSO_4 \cdot 4H_2O$	3	蔗糖	20000
KNO_3	125	$ZnSO_4 \cdot 7H_2O$	0.05	蔗糖	20000
KH_2PO_4	125	H_3BO_3	0.5	琼脂	10000
$FeSO_4 \cdot 7H_2O$	125	$Na_2MoO_4 \cdot 2H_2O$	0.025	pH 值	6.0
柠檬酸铁	10	$CuSO_4 \cdot 5H_2O$	0.025		

T 培养基（用于双子叶植物的原生质体培养）*

成分	含量（mg/L）	成分	含量（mg/L）	成分	含量（mg/L）
NH_4NO_3	1650	$FeSO_4 \cdot 7H_2O$	27.8	$CuSO_4 \cdot 5H_2O$	0.025
KNO_3	1900	Na_2EDTA	37.3	蔗糖	10000
KH_2PO_4	170	$MnSO_4 \cdot 4H_2O$	25	琼脂	8000
$CaCl_2 \cdot 2H_2O$	440	H_3BO_3	10	pH 值	6.0
$MgSO_4 \cdot 7H_2O$	370	$Na_2MoO_4 \cdot 2H_2O$	0.25		

W14 培养基（用于禾本科植物花药培养）*

成分	含量（mg/L）	成分	含量（mg/L）	成分	含量（mg/L）
KNO_3	2000	$MnSO_4 \cdot 4H_2O$	8.0	甘氨酸	2.0
$NH_4H_2PO_4$	380	$ZnSO_4 \cdot 7H_2O$	3.0	盐酸硫胺素	2

成分	含量（mg/L)	成分	含量（mg/L)	成分	含量（mg/L)
KH_2PO_4	400	H_3BO_3	3.0	盐酸吡哆素	0.5
$CaCl_2 \cdot 2H_2O$	140	KI	0.5	烟酸	0.5
$MgSO_4 \cdot 7H_2O$	200	$Na_2MoO_4 \cdot 2H_2O$	0.005	蔗糖	10000
$FeSO_4 \cdot 7H_2O$	27.8	$CuSO_4 \cdot 5H_2O$	0.025	琼脂	5000
Na_2EDTA	37.3	$CoCl_2 \cdot 6H_2O$	0.025	pH 值	6.0

＊螯合铁盐配制法：称 5.56g $FeSO_4 \cdot 7H_2O$ 和 7.46g Na_2EDTA，溶于 1L 蒸馏水中，制成铁盐母液。配制 1L 培养基，取螯合铁盐母液 5ml。

附录二　常用微量单位及换算

英文全名	符号	中文名称	换算
litre	L	升	
millilitre	ml	毫升	10^{-3}L
microlitre	μl	微升	10^{-6}L
kilogram	kg	千克	10^{3}g
gram	g	克	
milligram	mg	毫克	10^{-3}g
microgram	μg	微克	10^{-6}g
nanogram	ng	纳克	10^{-9}g
picogram	pg	皮克	10^{-12}g
mole	mol	摩尔	
millimole	mmol	毫摩尔	10^{-3}mol
micromole	μmol	微摩尔	10^{-6}mol
nanomole	nmol	纳摩尔	10^{-9}mol
picomole	pmol	皮摩尔	10^{-12}mol
Dalton	Da	道尔顿	
kilodalton	kDa	千道尔顿	10^{3}道尔顿
basepair	bp	碱基对	
kilopair	kb	千碱基对	10^{3}碱基对
megabase	Mb	百万碱基对	10^{6}碱基对

附录三　常用植物生长激素浓度单位换算表

A. mg/L→μmol/L

mg/L	μmol/L								
	NAA	2, 4 – D	IAA	IBA	6 – BA	KT	ZT	2ip	GA₃
1	5.731	4.524	5.708	4.921	4.439	4.647	4.561	4.920	2.887
2	10.741	9.048	11.417	9.841	8.879	9.293	9.112	9.840	5.774
3	16.112	13.572	17.125	14.762	13.318	13.940	13.683	14.760	8.661
4	21.482	18.096	22.834	19.682	17.757	18.586	18.224	19.680	11.584
5	26.853	22.620	28.542	24.603	22.197	23.233	22.805	24.600	14.435
6	2.223	17.144	34.250	29.523	26.636	27.880	27.336	29.520	17.322
7	37.594	31.668	39.959	34.444	31.057	32.526	31.927	34.440	20.210
8	42.964	36.192	45.667	39.364	35.514	37.173	36.488	39.360	23.096
9	48.355	40.716	51.376	44.285	39.954	41.820	41.049	44.280	25.984

B. μmol/L→mg/L

μmol/L	mg/L								
	NAA	2, 4 – D	IAA	IBA	6 – BA	KT	ZT	2ip	GA₃
1	0.182	0.2210	0.1752	0.2032	0.2253	0.2152	0.2192	0.2032	0.3464
2	0.3724	0.4421	0.3504	0.4064	0.4505	0.4304	0.4084	0.4064	0.6297
3	0.5586	0.6631	0.5255	0.6094	0.6758	0.6456	0.6567	0.6996	1.0391
4	0.7448	0.8842	0.7008	0.8128	0.9010	0.8608	0.8788	0.8128	1.3855
5	0.9310	1.1052	0.8759	1.0160	1.1263	1.0761	1.0960	1.0160	1.7319
6	1.1172	1.3262	1.0511	1.2192	1.3516	1.2913	1.3152	1.2190	2.0782
7	1.3034	1.5473	1.2263	1.4224	1.5768	1.5065	1.5344	1.4224	2.4246
8	1.4896	1.7683	1.4014	1.6256	1.8021	1.7217	1.7536	1.6256	2.7712
9	1.6758	1.9894	1.5768	1.8288	2.0273	1.9369	1.9728	1.8288	3.1176

附录四　常用缩略词

A	adenine	腺嘌呤
ABA	abscisic acid	脱落酸
AC	acitiveted charcoal	活性炭
ADP	adenosine diphosphate	腺苷二磷酸
AMP	adenosine	磷酸腺苷，腺苷酸
ATP	adenosine triphosphate	腺苷三磷酸
BA（BAP），6 – BA	6 – benzylaminopurine	6 – 苄基氨基嘌呤，6 – 苄基腺嘌呤
BTDA	2 – benzothiazoleacetic acid	2 – 苯丙噻唑乙酸
C.	cytosine	胞嘧啶
CH	casein hydrolysate	酪蛋白水解物
CM	coconut milk	椰乳
CPA	（4 – chlorophenoxy）acetic acid	对氯苯氧乙酸
CW	coconut water	椰子水
2, 4 – D	2, 4 – dichlorophenoxy	2, 4 – 二氯苯氧乙酸
EDTA	ethylene diamine tetra acetic acid	乙二胺四乙酸
G	guanine	鸟嘌呤
GA、GA$_3$	gibberellic acid（3）	赤霉素
IA	iodoacetic acid	碘乙酸
IAA	indole – 3 – acetic acid	吲哚乙酸
IBA	indole butyric acid	吲哚丁酸
IOA	iodoacetamide	碘乙酰胺
IPA	indole propionic acid	吲哚丙酸
2ip	（2 – isopentenyl）adenine	2 – 异戊烯基腺嘌呤
K、KT	kinetin	激动素
LH	lactolbumin hydrolysate	乳蛋白水解物
MCPA	2 – methyl – 4 – chlorophenoxyacetic acid	2 – 甲基 – 4 氯苯氧乙酸
MYO –	myo – inositol	肌 – 肌醇，肌醇
NAA	naphthalene acetic acid	萘乙酸
NBA	naphthalene acetic butyric acid	萘丁酸
PEG	polyethylene glycol	聚乙二醇
T	thymine	胸腺嘧啶
TIBA	2, 3, 5 – triiodbenzoic acid	三碘苯甲酸
U	uracil	尿嘧啶
VB$_6$	Vitamin B$_6$	盐酸吡哆素

VB$_1$	Vitamin B$_1$	盐酸硫胺素
VC	Vitamin C	抗坏血酸
Vpp	Vitamin pp	烟酸
VBc	Vitamin Bc	叶酸
Z、ZT	zeatin	玉米素

主要参考文献

1. 中国科学院上海植物生理研究所细胞室. 植物组织和细胞培养. 上海：上海科学技术出版社. 1978
2. 李浚明编译. 植物组织培养教程（第2版）. 北京：中国农业大学出版社. 2002
3. 周维燕. 植物细胞工程原理与技术. 北京：中国农业大学出版社. 2001
4. 李承森. 植物科学进展（第3卷）. 北京：高等教育出版社. 2000
5. 颜昌敬. 植物组织培养手册. 上海：上海科学技术出版社. 1990
6. 谭文澄，戴策刚. 观赏植物组织培养技术. 北京：中国林业出版社. 1991
7. 瞿礼嘉，顾红雅. 现代生物技术导论. 北京：高等教育出版社. 1998
8. 宋思扬，楼士林. 生物技术概论. 北京：科学出版社. 1999
9. 姚振生. 药用植物学. 北京：中国中医药出版社. 2003
10. 詹亚华. 药用植物学. 北京：中国中医药出版社. 1998
11. 孟金陵. 植物生殖遗传学. 北京：科学出版社. 1997
12. 周云龙. 植物生物学. 北京：高等教育出版社. 1997
13. 李竞雄，宋同明. 植物细胞遗传学. 北京：科学出版社. 1997
14. 徐良. 中药无公害栽培加工与转基因工程学. 北京：中国医药科技出版社. 2000
15. 徐良. 中国名贵药材规范化栽培与产业化开发新技术. 北京：中国协和医科大学出版社. 2001
16. 田波，许智宏. 植物基因工程. 济南：山东科学技术出版社. 1996
17. 朱至清. 植物细胞工程. 北京：化学工业出版社. 2003
18. 崔德才，徐培文. 植物组织培养与工厂化育苗. 北京：化学工业出版社. 2003
19. 刘庆昌，吴国良. 植物细胞组织培养. 北京：中国农业大学出版社. 2003
20. 王关林，方宏筠. 植物基因工程. 北京：科学出版社. 2002
21. 谢从华，柳俊. 植物细胞工程. 北京：高等教育出版社. 2004
22. 高文远，贾伟. 药用植物大规模组织培养. 北京：化学工业出版社. 2005